“十四五”时期国家重点出版物出版专项规划项目
先进制造理论研究与工程技术系列

随机量子系统的镇定控制

Stabilization of Stochastic Quantum Systems

温杰 著

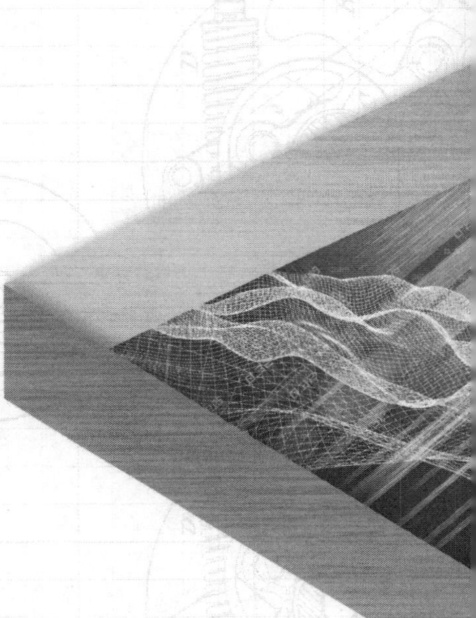

哈爾濱工業大學出版社
HARBIN INSTITUTE OF TECHNOLOGY PRESS

内 容 简 介

本书基于作者科研项目成果撰写而成，共分 8 章：第 1 章描述了量子系统状态控制的研究与发展，并给出了本书的主要内容和结构安排；第 2 章介绍了量子力学基础知识以及研究中涉及的控制理论和数学工具；第 3 章研究了随机量子系统混合态的全局镇定；第 4 章介绍了随机量子系统的指数镇定；第 5 章描述了随机量子系统快速镇定的统一框架；第 6 章研究了随机时滞量子系统的快速镇定；第 7 章描述了随机时滞量子系统的指数镇定；第 8 章对本书进行了总结与展望。此外，本书还附有附录以供读者参考。

本书按照研究过程，采用从低维到高维、从简单到复杂、从特殊到一般的顺序进行编写。本书可作为控制领域和量子信息领域相关学者的参考书。

图书在版编目（CIP）数据

随机量子系统的镇定控制 / 温杰著. — 哈尔滨：哈尔滨工业大学出版社，2024.8. —（先进制造理论研究与工程技术系列）. — ISBN 978-7-5767-1563-7

Ⅰ. O413；TP273

中国国家版本馆 CIP 数据核字第 2024XU3922 号

策划编辑　王桂芝
责任编辑　周一瞳　刘　威
出版发行　哈尔滨工业大学出版社
社　　址　哈尔滨市南岗区复华四道街 10 号　邮编 150006
传　　真　0451-86414749
网　　址　http://hitpress.hit.edu.cn
印　　刷　哈尔滨圣铂印刷有限公司
开　　本　720 mm×1 000 mm　1/16　印张 16.5　字数 251 千字
版　　次　2024 年 8 月第 1 版　2024 年 8 月第 1 次印刷
书　　号　ISBN 978-7-5767-1563-7
定　　价　99.00 元

前　言

当今世界已进入第二次量子革命，量子信息科学有望成为下一个改变世界的技术领域。量子信息技术以量子态为信息载体，量子态成为一个重要的研究对象。为快速准确地进行量子态的操控，经典控制理论被引入量子系统，并形成了量子系统控制研究领域。由于测量会导致量子态的塌缩，因此为在量子系统中利用闭环反馈控制获得好的鲁棒性，量子滤波理论被提出，其以 Itô 型随机微分方程描述量子滤波器状态的演化，从而产生了一系列针对量子滤波器状态的控制问题，即随机量子系统的控制，并在近十年成为量子系统控制领域的一个研究热点。

本书聚焦随机量子系统的镇定控制，围绕随机量子系统的快速镇定和时滞控制两方面展开，集中反映了作者多年来在随机量子系统控制研究工作中取得的成果。全书共分 8 章，包括绪论、基础知识、随机量子系统混合态的全局镇定、随机量子系统的指数镇定、随机量子系统快速镇定的统一框架、随机时滞量子系统的快速镇定、随机时滞量子系统的指数镇定及总结与展望。此外，本书还附有附录以供读者参考。

本书绝大部分内容为作者的研究成果，并由作者策划、执笔和统一定稿。

本书内容的研究得到了国家自然科学面上基金（No.72071183）、山西省应用基础研究计划项目（No.202403021211088）、山西省高等学校科技创新项目（No.2019L583）等的资助。

限于作者水平，书中难免存在不足之处，恳请广大读者批评指正！

作　者

2024 年 4 月

符号说明

a.s.：几乎必然

$\mathrm{i}=\sqrt{-1}$

$\Re(\cdot)$：实部

$\Im(\cdot)$：虚部

$\varnothing$：空集

$\mathrm{tr}(\boldsymbol{A})$：矩阵 $\boldsymbol{A}$ 的迹

$\mathbb{R}$：实数集

$\mathbb{C}$：复数集

$\mathbb{R}^n$：n 维欧氏空间

$\mathbb{R}_+$：非负实数集

x^*：复数 x 的共轭

$\boldsymbol{A}^\dagger$：矩阵 $\boldsymbol{A}$ 的共轭转置

$\boldsymbol{A}^\mathrm{T}$：矩阵 $\boldsymbol{A}$ 的转置

泡利（Pauli）矩阵：$\boldsymbol{\sigma}_x=\begin{bmatrix}0 & 1\\ 1 & 0\end{bmatrix}$，$\boldsymbol{\sigma}_y=\begin{bmatrix}0 & -\mathrm{i}\\ \mathrm{i} & 0\end{bmatrix}$，$\boldsymbol{\sigma}_z=\begin{bmatrix}1 & 0\\ 0 & -1\end{bmatrix}$

$\mathbb{I}_n$：$n\times n$ 维单位阵

$\boldsymbol{D}=\mathrm{diag}(d_1,\cdots,d_n)$：对角线元素为 $d_1,\cdots,d_n$ 的对角矩阵

$[\boldsymbol{A},\boldsymbol{B}]=\boldsymbol{AB}-\boldsymbol{BA}$：矩阵 $\boldsymbol{A}$ 和 $\boldsymbol{B}$ 的对易算符

$\otimes$：Kronecker 积

$\mathbb{P}(\cdot)$：事件的概率

$|\boldsymbol{x}|$：向量 $\boldsymbol{x}\in\mathbb{R}^n$ 的欧几里得范数

$|\boldsymbol{A}|$，$\|\boldsymbol{A}\|$：矩阵 $\boldsymbol{A}$ 的迹范数和算子范数

$\mathbb{E}(\cdot)$：随机变量的期望

$\mathcal{C}([-\tau,0];\mathbb{R}^n)$：由定义在 $[-\tau,0],\tau>0$ 上的连续 $\mathbb{R}^n$-值函数 φ 构成的集合，其中

$$\|\varphi\|=\sup_{-\tau\leqslant\theta\leqslant 0}|\varphi(\theta)|$$

$\mathcal{C}^b_{\mathcal{F}_t}([-\tau,0];\mathbb{R}^n)$：由 $\mathcal{F}_t$-可测的有界 $\mathcal{C}([-\tau,0];\mathbb{R}^n)$-值随机变量构成的集合

$\mathfrak{L}^p(\Omega;\mathbb{R}^n)$：由 $\mathbb{R}^n$-值随机变量 ζ 构成的集合，其中 $\mathbb{E}|\zeta|^p<\infty$

$\mathfrak{L}^p_{\mathcal{F}_t}(\Omega;\mathbb{R}^n)$：由 $\mathbb{R}^n$-值的 $\mathcal{F}_t$-可测的随机变量 ζ 构成的集合，其中 $\mathbb{E}|\zeta|^p<\infty$

$\mathfrak{L}^p_{\mathcal{F}_t}(\Omega;\mathcal{C}([-\tau,0];\mathbb{R}^n))$：由 $\mathcal{C}([-\tau,0];\mathbb{R}^n)$-值 $\mathcal{F}_t$-可测的随机变量 ξ 构成的集合，其中

$$\mathbb{E}\left(\sup_{-\tau\leqslant u\leqslant 0}|\xi(u)|\right)^p<\infty$$

目　　录

第1章　绪　　论

作为20世纪自然科学的代表性成就，量子力学于20世纪初被创立。此后，量子物理的发展历程迅猛而精彩，而20世纪初也堪称物理学发展史上最伟大的年代之一，尤其是量子论的奠基人之一玻尔（Niels Bohr）和相对论的创立者爱因斯坦（Albert Einstein）两位伟大科学家的多次辩论，永载史册。那个黄金时代至今仍被很多物理学家津津乐道，令人向往。随着科学技术的发展，量子物理的发展不再局限于理论猜想和推导。通过使用更先进的现代工具和手段，很多科学家经过精妙的设计实验，验证和实现了理论物理学家提出或推导的若干结论和设想。

进入21世纪，以量子计算、量子通信和量子精密测量为代表的量子信息技术的研究与应用在全球范围内加速发展，量子科技领域的国际竞争日益激烈。作为量子技术的早期推动者，英国在2013年启动了耗资2.7亿英镑的国家量子技术项目。紧随其后，欧盟在2018年开始实施量子旗舰计划，将在未来10年投资10亿欧元，支持量子计算等领域的研究和应用推广。同样，2018年，日本和德国分别发布了量子飞跃旗舰计划和联邦量子技术计划，而美国则颁布了《国家量子倡议法案》，计划投入超过12亿美元用于量子信息科学的研究。最近，法国启动了18亿欧元量子国家战略，希望跻身量子领域世界前三。作为世界主要经济体，我国也在量子科技领域进行了重大投资，并取得了令人瞩目的成果，如世界首颗量子科学实验卫星“墨子号”、国际上首条远距离量子保密通信骨干网“京沪干线”等。与此同时，谷歌、IBM、阿里巴巴等国内外科技公司均在量子科技领域投入了大量的资源，发布了一系列成果，如72量子比特处理器 Bristlecone、量子电路模拟器“太章”等。特别值得一提的是，谷歌在2019年基于超导量子计算处理器 Sycamore，首次实现了量子计算优越性[1]，而我国科学家则分别构建了超导量子计算原型机“祖冲之”系列[2-3]

和光量子计算原型机“九章”系列[4-6]，同样实现了量子计算的优越性，使我国成为世界上唯一在两种物理体系都实现量子计算优越性的国家。此外，2022 年的诺贝尔物理学奖授予了“用纠缠光子进行实验，证伪贝尔不等式，开创量子信息科学”的三位科学家。因此，学术研究、商业投入及国家战略布局均显示，量子信息科学极有可能成为下一个改变世界的技术领域。

量子信息技术以量子态为信息载体，利用光子等微观粒子构成量子比特进行信息的计算、存储及传输。无论是量子计算还是量子通信，其发展都需要借助其他学科的研究成果。量子系统控制理论正是在这种背景下被提出并发展起来的。控制论自 20 世纪 80 年代被引入量子系统以来，在国内外众多学者的努力下，取得了丰硕的成果：最优控制[7-9]、滑模控制[10-11]、鲁棒控制[12-13]及李雅普诺夫（Lyapunov）控制[14-16]等经典控制方法已被广泛应用于量子系统的状态操控[17-20]、量子逻辑门制备[21-23]、相干性保持[24]等任务。因此，量子系统控制理论就是将经典控制理论引入量子系统，为解决理论或实际应用中遇到的控制问题提供支持。本书的主要内容是研究量子系统状态的控制，在陈述具体研究之前，有必要简要介绍经典控制理论应用于量子系统得到的理论结果和在实际实验中的应用，从而对量子系统控制有一个初步的印象和大致的了解。

1.1 量子系统状态控制的研究与发展

1.1.1 量子系统的可控性及开环控制

对于很多研究学科和研究领域，理论往往是领先于实践的，即在理论成熟的情况下，通过实际操作实现理论上的结果。但是，由于量子系统的特殊性，因此在量子系统控制的发展过程中，实践是领先于理论的，如 20 世纪 30 年代就开始使用辐射频率共振技术操纵原子。20 世纪六七十年代，激光技术逐渐发展成熟，并在很多实验中被广泛使用。此后，量子控制的重点集中于控制的实现。

1983 年，Huang 等从理论上研究了量子系统控制，将经典控制理论推广到量子系统，讨论了量子系统的可控性[25]。Ong 等和 Clark 等分别研究了量子系统的可逆性和可观性[26-27]。这三项成果是经典控制理论与量子系统相结合的标志性工作。随后，很多学者投身到量子系统可控性的研究中。无论是对于经典控制理论还是对于量子控制理论，系统可控性均是一个基本问题，即只有当系统可控或控制目标可控时，设计控制律实现控制目标才有理论依据。

根据是否与环境存在相互作用，量子系统可以分为封闭量子系统和开放量子系统，其中开放量子系统根据环境特性还可进一步分为马尔可夫（Markovian）量子系统和非马尔可夫（non-Markovian）量子系统。根据系统的维度，量子系统可以分为有限维量子系统和无限维量子系统。对于不同类型的量子系统，均需要研究其可控性。由于量子系统的状态包含多种类型，因此不同的可控性概念被提出。对于有限维的封闭量子系统，基于李群和李代数，经典控制理论可以直接被应用并获得系统可控的条件。当系统维度很大时，可以基于图论获得系统可控的条件。对于无限维量子系统，获得系统可控性的难度比有限维量子系统要大得多，但是经过多个学者的努力，依然获得了一些成果[25,28-29]。对于开放量子系统，已有结果表明只使用相干控制（coherence control），有限维的马尔可夫量子系统是不可控的[30]。Yuan 经过研究得到了两能级马尔可夫量子系统的状态可达集[31]，即如果状态位于可达集内，那么这些状态是可控的。因此，马尔可夫量子系统的所有状态虽然不是都可控，但是其中的部分状态在特定的适当控制下是可控的。另外，可以用 Kraus 映射表示的有限维开放量子系统是完全运动态可控的[32]。

系统的可控性结果只是提供了系统的控制目标能否达到的理论结果，并没有提供如何实现控制目标的具体方法。因此，对于可控的量子系统，设定的控制目标（如驱动系统状态到一个期望的目标量子态）如何实现依然是一个需要研究的重要问题。与宏观系统相似，最优控制理论在量子系统中得到了广泛应用。对于一个特定的量子系统控制问题，最优控制方法就是在满足系统动力学方程的前提下，最小化性能指标（cost functional），典型的有限制能量并最小化时间或时间限定并最小化能量等，从而获得实现控制目标的控制律。最优控制策略已经被广泛应用于物理化学中的控制量子现象、激光驱动的分子反应及核磁共振（nuclear magnetic resonance，NMR）实验中。对于不同的控制问题，可以优化不同的性能指标；对于相同的量子最优控制问题，可以使用不同的优化方法。特别地，产生分段常数控制（piecewise constant control）的迭代算法可以分为 Korotov 型和 GRAPE 型。其中，Korotov 型是每个时间间隔依次更新；GRAPE 型是所有时间间隔同时更新。使用数值方法，基于庞特里亚金（Pontryagin）最大值原理极值解的显式计算，一些适用于低维系统的分析结果已经出现[33]。另外，很多最优控制问题的解为棒棒控制（bang-bang control）。例如，Boscain 等在研究两能级量子系统的状态转移最优控制问题时，限定控制律的最大幅值，根据最大幅值和能级的关系，在 Bloch 球上分析系统状态在常量控制作用下的状态轨迹，通过最小化控制时间，得到的控制律即棒棒控制[34-35]。同样是基于系统状态在 Bloch 球上的几何信息，Lou 和 Cong 通过规划系统状态在 Bloch 球上的演化轨迹，限定控制律的最大幅值，设计了用于状态转移的几何控制[36]。此外，棒棒控制还可以被用于消除相干抑制和操纵相干态等控制问题，且相对而言，棒棒控制是在实际实验和应用中较容易实施和实现的一种控制。最优控制还可以与其他控制结合，如闭环学习控制和量子反馈控制，从而可以用于操纵量子纠缠[37]、哈密顿参数辨识[38]、控制化学反应[39-40]及量子态跟踪[41]等。上面介绍的最优控制方法属于相干控制的范畴，另一种常用的相干控制是李雅普诺夫控制方法。本书的主要内容就是使用李雅普诺夫控制方法解决若干状态的镇定控制问题，因此在 1.1.2 节中将会详细介绍李雅普诺夫控制方法在量子系统的应用，这里不再赘述。

如前所述，在相干控制下，一些量子系统是不可控的。对于这些不可控的量子系统，可以采用的方法是引入额外的源或特殊控制策略改变量子系统的可控性或增强控制量子系统的能力。通过使用新的控制策略，如变结构控制（variable structure control）或非相干控制（incoherence control），可以在控制过程中破坏量子系统的相干性，从而增强量子调控的能力。在经典控制理论中，滑模控制（sliding mode control）是变结构控制的一种重要方法，而这种控制方法已经在量子系统中被用于处理反馈控制的不确定性且具有潜在用于量子态制备和量子纠错的能力。非相干控制就是在已有的控制方法中引入非相干源，这是解决相干控制局限性的自然扩展。引入非相干源的主要方式包括非相干控制场、使用辅助系统及量子测量。量子测量通常会破坏量子系统的相干特性，然而一些研究结果表明，量子测量在某些情况下可以提高量子系统的可控性[42-43]。若干基于量子测量的非相干控制已经被提出[44-46]，在这些控制方案中，测量作为控制工具被使用。从控制的角度看，无论是相干控制（包括最优控制及李雅普诺夫控制）还是非相干控制及变结构控制，均属于开环控制。此外，平均哈密顿方法和动力学解耦（dynamical decoupling）也属于开环控制。开环控制虽然可以解决很多控制问题，但是依然有一定的局限性，此时就需要闭环控制。闭环控制相对于开环控制在鲁棒性和可控性方面均有优势。特别地，开放量子系统与不可控环境存在相互作用，不确定性或噪声的存在不可避免，为获得更好的鲁棒性，闭环控制更实用。量子闭环控制包括闭环学习控制、量子反馈控制、线性二次高斯（linear quadratic Gaussian，LQG）控制等。本书的后续章节中将使用量子反馈控制实现不同量子系统状态（本征态、混合态、纠缠态）的全局镇定，因此在 1.1.3 节中，会详细介绍量子反馈控制，这里不再赘述。除开环控制和闭环控制外，很多学者还将经典控制理论中的若干鲁棒控制方法扩展到量子领域，如小增益定理、传递函数方法、H_∞ 控制等。

1.1.2 基于李雅普诺夫方法的量子系统控制

在经典控制理论中，李雅普诺夫控制方法属于闭环控制。但是，李雅普诺夫控制方法需要使用被控系统的内部信息。对于量子系统，目前还没有在不破坏或不影响系统的情况下获取量子系统信息的方法，因此在量子系统中使用李雅普诺夫控制方法属于开环控制的范畴。在目前的情况下，在量子系统中使用李雅普诺夫控制方法通常是首先在虚拟或模拟系统中通过闭环设计获得控制律，然后将控制律直接施加到实际的被控量子系统，即闭环设计-开环控制。

相较于其他控制方法，李雅普诺夫控制方法应用于量子系统的时间较晚，在 2002

年才开始引入量子领域。此后，经过多位学者的努力，李雅普诺夫控制方法在量子系统的应用开始得到广泛的研究。大部分李雅普诺夫方法应用于量子系统的工作可以分为两大类：一类是使用李雅普诺夫方法设计控制律实现特定的控制目标；另一类是对设计的控制律进行收敛性分析，理论上验证设计的控制律可以实现控制目标。

对于实现控制目标的工作，李雅普诺夫控制方法已经用于状态转移，包括封闭量子系统和开放量子系统、状态跟踪及量子逻辑门制备等工作。然而，并不是所有依据李雅普诺夫定理设计的控制律都可以完成控制任务，需要在理论上研究所设计控制律的收敛性。对于控制律的收敛性分析，Mirrahimi 及其合作者研究了封闭量子系统本征态的收敛控制。结果表明，在系统哈密顿量满足一定条件下，系统状态可收敛到目标态[47]。在此基础上，Kuang 和 Cong 解决了封闭量子系统本征态的收敛控制问题，并研究了封闭量子系统对角混合态的收敛控制[48]。此后，Schirmer 等分别研究了目标态具有非退化本征谱和退化本征谱时的状态收敛问题[49]。但是，上述两组研究者的工作均需要被控量子系统的哈密顿量满足很强的条件（强正则，全连接）。为突破这个限制，隐李雅普诺夫方法被引入量子系统控制，其中 Cong 和 Meng 分别基于薛定谔（Schrödinger）方程和刘维尔（Liouville）方程研究了使用隐李雅普诺夫控制方法来解决封闭量子系统退化情况下任意目标态（本征态、叠加态及混合态）的收敛控制[50]。而 Zhao 等通过使用多个李雅普诺夫函数并设计切换控制（switching control）同样解决了封闭量子系统退化情况下的状态收敛控制问题[51]。在解决量子系统状态收敛问题时，大部分学者使用的是拉塞尔（LaSalle）不变集原理或 Barbalat 引理，但是 Wang 等另辟蹊径，通过结合自由演化和设计的控制律，解决了两能级量子系统的状态收敛控制问题[52]。

与其他控制方法类似，使用李雅普诺夫方法设计控制律的最终目的是在实际系统中使用，目前这方面的工作还没有取得显著的成果。但是，一些学者已经考虑并做了相关工作。例如，Cong 等将李雅普诺夫方法应用于半导体双量子点中，设计出满足物理系统和实际脉冲发生器的控制律，实现量子位高性能的状态转移[53]。

1.1.3 量子反馈控制的研究及发展

在控制系统中使用反馈已经有很长的历史，且反馈是消弱噪声影响的有效方法之一。在量子系统中引入反馈控制始于 20 世纪 80 年代早期，但是其直到 20 世纪 90 年代才开始被重视和研究。在 20 世纪 80 年代后期和 90 年代早期，很多学者独立研究了描述量子系统连续测量的方程。例如，Srinivas 和 Davies 获得了在光探测（photo detections）下光共振腔（optical cavity）的状态方程[54]；Diosi 获得了描述开放量子系统状态的随机方程[55]；在相近的时间，Barchielli 和 Lupieri 推导了海森堡图景下描述连续测量的方程[56]。随后，Belavkin[57]、Diosi[58-59]及 Wiseman 和 Milburn[60-61]分别独立研究了在连续测量下伴随高斯噪声的量子系统状态的演化方程，即量子随机主方程（stochastic master equation，SME）。但是，理解和学习这些成果要求很高的数学能力，这使得它们并没有被相似研究领域的人广泛关注和应用。

1994 年，Wiseman 指出，如果将测量结果的一个简单函数进行反馈，则量子系统的连续反馈可以用一个马尔可夫主方程描述，这种反馈方法称为马尔可夫反馈（Markovian feedback）[62]。1998 年，Yanagisawa 和 Kimura[63]及 Doherty 和 Jacobs[64]提出了从量子随机主方程获得状态估计并执行反馈的概念，并指出对于线性系统，这种反馈等价于经典控制理论中的反馈控制，因此最优控制的标准结果可以应用于量子系统，这种反馈方法称为贝叶斯反馈（Bayesian feedback）。2000 年，Lloyd 提出了不需要明确测量的反馈控制概念[65]，这种反馈控制称为相干反馈控制（coherent feedback control，CFC）。相对地，所有涉及明确测量的控制通常称为基于测量的反馈控制或简称测量反馈控制（measurement-based feedback control，MFC），因此马尔可夫反馈和贝叶斯反馈均属于基于测量的反馈。

在量子系统中，噪声会引起消相干（decoherence）。因此，与经典反馈相似，量子反馈最重要的应用之一就是抑制噪声的影响。例如，马尔可夫量子反馈控制用于抑制薛定谔猫态的消相干，即可以产生和保护薛定谔猫态。此外，马尔可夫量子反馈控制还可以用于单个两能级原子状态的镇定。更一般地，贝叶斯反馈则可以用于多种微观系统的状态镇定，这些系统包括纳米力学谐振器（nano-mechanical resonator）、量子点及超导量子比特。基于测量的反馈控制还有很多其他重要的应用，如量子纠错、操纵量子纠缠、量子态的区分及量子参数估计等。同时，相干反馈控制也可以用于量子纠错、产生和控制连续变量的多点光学量子纠缠态等。

特别地，如果在量子状态的还原过程中执行反馈操作，可以通过设计合适的控制律使某些特定状态全局镇定，即系统状态可以从任意初始态收敛到选定的目标态。通过分别单独考虑量子滤波问题和状态反馈控制问题，van Hondel 等将量子反馈控制问题作为随机非线性控制问题进行处理，并研究了使用随机李雅普诺夫技术设计量子自旋系统的反馈控制律[66]。但是，van Handel 等的工作具有很大的局限性：使用的李雅普诺夫函数是通过数值的 SOSTOOLS 寻找得到的，对于不同的量子自旋系统，均需要重新经过 SOSTOOLS 搜索，并不具有通用性；考虑的系统是量子自旋系统，对于高维量子系统，这种控制律设计方法因计算复杂度随着系统维度的增加而变得不可采用。为解决有限维随机量子系统的状态镇定问题，特别是高维量子系统，Mirrahimi 等针对一个特殊的有限维量子系统——量子角动量系统（angular momentum system），提出了一种切换控制策略驱动系统状态从任意初态收敛到系统的任意一个本征态，并根据系统状态的样本轨迹对提出的控制策略进行了严格的数学证明[67]。考虑到切换控制在实际应用中的不便，Tsumura 于 2007 年提出使用连续反馈控制也可以实现量子角动量系统一个本征态的全局镇定[68]。更进一步地，Tsumura 于 2018 年设计了可以使量子角动量系统的任意本征态全局镇定的连续控制律[69]。在同一年，Altafini 和 Ticozzi 将量子角动量系统推广到更一般的随机量子系统。他们考虑了一个有限维随机量子系统，根据方差的定义，结合已经使用的李雅普诺夫函数，构造了一个新颖的函数，并根据这个函数设计了一个非线性控制律。但是，由于量子滤波器状态空间的对称拓扑，因此设计的控制律只能实现系统本征态的局部镇定[70]。为实现有限维度随机量子系统任意本征态的全局镇定，Ge 等基于非平滑类李雅普诺夫稳定性定理，分别设计了饱和形式的切换控制和连续控制，实现了有限维随机量子系统本征态的全局镇定[71]。非平滑的特性可以保证所设计的控制律能够应对量子滤波器状态空间的对称拓扑，从而解决了量子滤波器状态的全局镇定问题。考虑到量子态操控对快速性的要求，Liang 等设计了连续的指数形式状态反馈分别实现了量子自旋$-\frac{1}{2}$系统[72]和 n 能级量子角动量系统本征态的指数镇定[73]，并对所设计状态反馈的鲁棒性进行了研究[74-75]。与以上所有工作采用的状态反馈不同，Cardona 等提出了噪声辅助反馈策略，使用布朗噪声作为控制输入同样实现了本征态的全局指数镇定[76]。此外，由于量子系统的演化速度非常快，因此采用基于测量的状态反馈进行量子系统控制时，系统状态的测量、控制输入的计算和实施等操作所花费的时间往往是不能忽略的，即反馈回路中会存在延迟时间，而这个延迟时间是量子控制系统不稳定的来源之一，忽视它可能会导致不正确的分析结论和设计缺陷，从而影响状态反馈的控制性能。解决这个问题的一种方法是利用时滞反馈控制，在控制输入中引入一个延迟时间对状态的测量、控制输入的计算和实施等操作花费的时间进行补偿。Kashima 等将通过半代数方法获得的随机时滞系统稳定性准则应用于量子自旋系统，设计了使其本征态全局镇定的时滞状态反馈[77]，而 Ge 等在[71]的基础上研究了控制存在延迟时间情况下有限维随机量子系统本征态的全局镇定[78]。

不同于单比特随机量子系统，多比特随机量子系统的镇定控制研究主要集中在特殊纠缠态的制备。针对两比特量子系统，Zhou 等采用李雅普诺夫方法设计了一个非光滑的状态反馈制备了 Bell 态[79]，而 Vu 等则是通过结合量子态还原和棒棒控制制备了 Bell 态和三比特格林伯格-霍恩-泽林格（GHZ）态[80]。基于 Zhou 等的工作，Liu 等将被控系统由两比特量子系统拓展到 n 比特具有简并测量算符的量子系统，通过使用两个控制通道制备了 GHZ 态[81]。最近，Liu 等针对具有简并测量算符的多比特量子系统，考虑控制存在延迟时间的情况，设计了两种时滞切换控制实现了一类纠缠态的全局镇定[82]。为快速制备纠缠态，Vu 等在文献[78, 80]的基础上采用耦合李雅普诺夫函数法设计了切换控制，通过减少切换次数，提高了 Bell 态的制备速度[83]。基于 Vu 等的工作，Kuang 等将状态空间分为两个子空间，设计了快速切换控制实现了多比特随机量子系统 GHZ 态和 W 态的全局镇定[84]。Li 等进一步将目标态所在子空间中的控制设计为近似棒棒形式以加速控制过程[85]。本书作者则通过拓展[83]中的结果，实现了控制存在延迟时间情况下随机量子系统本征态和 Bell 态的快速镇定[86]。与此同时，与单比特系统类似，Liang 等使用李雅普诺夫方法，通过借助随机控制和几何控制工具设计状态反馈，实现了 Bell 态[87]和 GHZ 态[88]的全局指数镇定，而 Sanchez 等则采用噪声辅助反馈同样实现了 GHZ 态的指数镇定[89]。

近年来，在量子态镇定控制的基础上，随机量子系统子空间的镇定控制研究也取得了一定进展。子空间的镇定对于纠错和无噪声量子码的初始化、冷却简并基子空间及利用准局域源制备多体量子态等都非常重要。Ticozzi 等针对不同的系统参数设定，分别采用开环哈密顿控制和闭环状态反馈实现了随机量子系统子空间的全局镇定[90]。Benoist 等进一步研究了子空间的指数镇定[91]。基于 Ticozzi 等的工作，Liang 等设计了基于测量的状态反馈实现子空间的全局指数镇定，并对鲁棒性进行了严格分析，给出了状态反馈设计的参数化条件[92]。不同于状态反馈，Grigoletto 和 Ticozzi 也分别设计了基于时间和基于状态的算符切换算法，实现了随机量子系统子空间的全局镇定[93]，而 Liang 等进一步改进了算符切换算法，实现了随机量子系统子空间的全局指数镇定[94]。此外，纯态在量子理论，特别是量子动力学的许多方面起着关键作用，而纯态属于特殊的不变子空间，因此所有针对子空间的镇定控制研究结果均可直接应用于纯态的镇定控制。

无论是基于测量的反馈控制还是相干反馈控制，都不仅在理论上得到了相当程度的关注和研究，而且在多个实际实验中也得到了广泛的应用。在量子光学中，基于测量的反馈控制应用于自适应相位测量、自适应相位估计及纠正一个单光子态；相干反馈控制则可以应用于噪声消除、压缩光（squeezing light）及经典逻辑门。对于阱离子，基于测量的反馈控制可以用于量子态的镇定、Fock 态的制备、原子态的经典反馈控制及控制阱离子的运动。在超导电路中，基于测量的反馈控制用于单比特状态的稳定及制备两比特间的纠缠，Kerckho 和 Lehnert 则在双稳态超导电路中使用了相干反馈网络。此外，两种反馈控制均可以应用于光力学和电机学中，如文献

[95-97]所示。对于反馈网络，James 等研究了线性量子系统的反馈网络[98]；Gough 和 James 基于输入输出理论构建了一个简洁方便的形式处理任意复杂的网络[99]。最近，很多学者针对多种控制问题研究了非线性相干反馈网络的使用[100-103]。2009 年，Nurdin 等指出，线性相干反馈网络可以执行线性基于测量的反馈[104]，因此基于测量的反馈与相干反馈之间的关系也是目前的一个研究方向[105]。

1.2　本书的主要内容和结构安排

本书聚焦随机量子系统的镇定控制，主要研究使随机量子系统状态全局快速收敛的反馈控制策略的设计和分析。针对随机量子系统的镇定控制，本书共分 8 章，内容结构安排如图 1.1 所示。

本章概述了本书的研究背景和组织结构，介绍了量子系统状态控制的研究现状和发展历程。第 2 章简要介绍了量子力学的基础知识、本书所研究的随机量子系统的数学模型，以及设计、分析反馈控制所需要的随机系统控制理论和数学工具。第 3 章针对一般的随机量子系统，研究了混合态的全局镇定，并通过系统状态样本轨迹对所设计的切换控制进行了严格的收敛性分析。第 4 章重点关注两能级量子系统的指数镇定，在这一章中设计了多种反馈控制，包括连续噪声辅助反馈、切换状态反馈、组合反馈和改进状态反馈，在此基础上，提出了一种划分状态空间的方法和思路以进一步提高系统状态的收敛速度。第 5 章将减少切换控制的切换次数技术和状态反馈的局部指数镇定技术结合使用，提出了使随机量子系统快速镇定的统一框架，并将其应用于不同量子系统多种状态的快速镇定，包括单比特量子系统、两比特量子系统及多比特量子系统。第 6 章研究了随机时滞量子系统的快速镇定，在这一章中将减少切换状态反馈的切换次数技术拓展到一类非线性随机时滞微分方程，获得了一个类李雅谱诺夫-拉塞尔定理，并将其应用于本征态和 Bell 态的快速镇定。在第 5 章和第 6 章的基础上，第 7 章研究随机时滞量子系统的指数镇定，即同时考虑时滞控制和指数镇定，获得了一个采用非时滞控制形式设计时滞控制仍能保证被控系统指数镇定的延时上界，并将其分别应用于状态反馈和噪声辅助反馈，以指数镇定随机时滞量子系统。第 8 章总结了随机量子系统的镇定控制成果并对可能的研究方向进行了讨论。特别地，在附录中提供了应用本书所设计反馈控制的部分 Matlab 源代码。

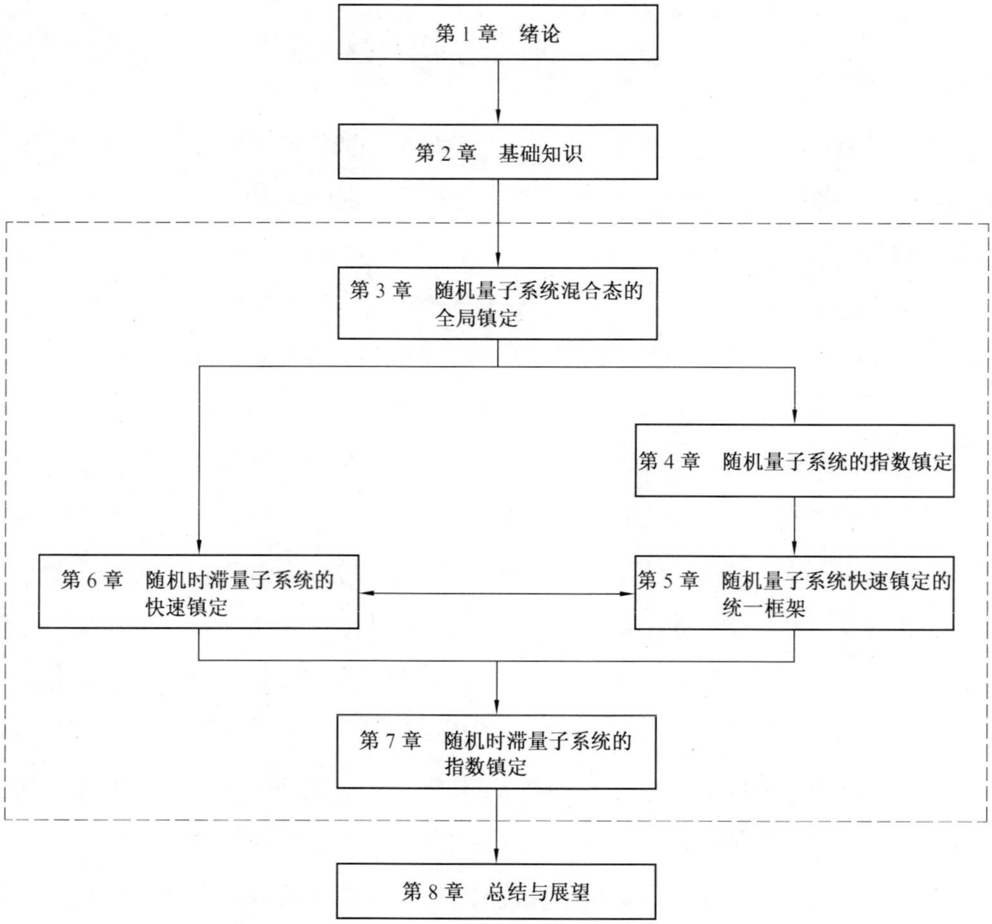

图 1.1　内容结构安排

第 2 章　基础知识

为增强本书的可读性，本章会介绍一些量子力学的基础知识和相关的理论基础。本章的主要内容包括量子系统状态的表示方法、一些算符的定义和性质、随机量子系统的数学模型以及后续章节涉及和使用的数学知识与控制理论。

2.1　量子力学基础

本节将介绍一些量子力学的基本知识和概念。

2.1.1　量子态与状态空间

在量子力学中，系统的状态构成一个完备内积空间——希尔伯特(Hilbert)空间 $\mathcal{H}$，内积 $(\cdot,\cdot):\mathcal{H}\times\mathcal{H}\to\mathbb{C}$ 满足：

（1）$(x,x)\geqslant 0, \forall x\in\mathcal{H}$，且 $(x,x)=0$ 仅当 $x=0$；

（2）$(x,y)=(y,x)^*$，$\forall x,y\in\mathcal{H}$；

（3）$(\alpha x+\beta y,z)=\alpha(x,z)+\beta(y,z)$，$\forall x,y,z\in\mathcal{H},\alpha,\beta\in\mathbb{C}$。

那么，状态则可以用 $\mathcal{H}$ 中的矢量表示，称为态矢量。不过，狄拉克（Dirac）提出了一套简洁的表示符号，即右矢“$|\rangle$”（ket vector），表示系统状态。对应地，符号“$\langle|$”为左矢（bra vectro）。

在介绍了量子系统状态的表示方法后，下面介绍量子态叠加原理。如果 $|\psi_1\rangle,|\psi_2\rangle,\cdots,|\psi_n\rangle$ 为系统的可能状态，则它们的线性叠加

$$|\psi\rangle=c_1|\psi_1\rangle+\cdots+c_n|\psi_n\rangle=\sum_{k=1}^{n}c_k|\psi_k\rangle \tag{2.1}$$

也是该系统的一个状态。

当系统的一个状态可以用态矢量表示时，则称这个状态为纯态。特别地，如果 λ_k 为自由哈密顿量 H_0 的一个本征值，存在纯态 $|k\rangle$，满足 $H_0|k\rangle=\lambda_k|k\rangle$，则称 $|k\rangle$ 为本征态。

另一种描述量子系统状态的方法是使用密度矩阵 $\boldsymbol{\rho}$。对于纯态 $|\psi\rangle$，用密度矩阵可描述为 $\boldsymbol{\rho}=|\psi\rangle\langle\psi|$，此时 $\boldsymbol{\rho}$ 满足如下性质：

（1）$\boldsymbol{\rho}=\boldsymbol{\rho}^{\dagger}$；

（2）$\mathrm{tr}(\boldsymbol{\rho})=1$ 且 $\mathrm{tr}(\boldsymbol{\rho}^2)=1$；

（3）半正定。

如果一个系统由两个子系统 A 和 B 组成，那么 $A+B$ 系统的纯态为

$$|\psi\rangle_{AB}=\sum_{m,n}c_{mn}|m\rangle_A\otimes|n\rangle_B \tag{2.2}$$

式中，$|m\rangle_A\otimes|n\rangle_B$ 为正交归一的基矢。$A+B$ 系统的纯态分为以下两类：

（1）可分离态，$|\psi\rangle_{AB}=|\psi\rangle_A\otimes|\psi\rangle_B$；

（2）不可分离态。

当系统的一个状态不能用态矢量表示时，则称这个状态为混合态。此时，只能使用密度矩阵来描述系统的状态，即

$$\boldsymbol{\rho}=\sum_{k=1}^{n}\omega_k|\psi_k\rangle\langle\psi_k| \tag{2.3}$$

式中，$|\psi_k\rangle$ 为系统可能处于的状态，对应的概率为 ω_k，满足 $0\leqslant\omega_k\leqslant1$ 且 $\sum_{k=1}^{n}\omega_k=1$。与纯态不同的是，对于混合态，$\mathrm{tr}(\boldsymbol{\rho}^2)<1$。类似地，$A+B$ 系统的混合态分为以下三类：

（1）未关联态，$\boldsymbol{\rho}_{AB}=\boldsymbol{\rho}_A\otimes\boldsymbol{\rho}_B$；

（2）可分离态，$\boldsymbol{\rho}_{AB}=\sum_k\alpha_k\boldsymbol{\rho}_A^k\otimes\boldsymbol{\rho}_B^k, 0\leqslant\alpha_k<1$；

（3）不可分离态。

2.1.2 力学量与算符

在量子力学中，基本假设之一就是任意力学量均可以用一个算符表示。因此，本节将介绍几个基本算符的定义和性质。

（1）对易算符。对于两个算符 A 和 B，如果满足条件 $AB = BA$，则称 A 和 B 是对易的。

（2）厄米算符。对于算符 A，如果 A 的共轭转置等于算符 A 本身，即 $A = A^{\dagger}$，则称算符 A 是厄米算符。

（3）幺正算符。对于算符 $\boldsymbol{U}$，如果满足 $\boldsymbol{U}^{\dagger}\boldsymbol{U} = \boldsymbol{U}\boldsymbol{U}^{\dagger} = \mathbb{I}$，则称算符 $\boldsymbol{U}$ 是幺正算符。幺正算符具有以下两条主要性质：

①在希尔伯特空间上，保持内积不变，即对任意矢量 $\boldsymbol{x}$ 和 $\boldsymbol{y}$，有 $(\boldsymbol{Ux}, \boldsymbol{Uy}) = (\boldsymbol{x}, \boldsymbol{y})$；

②满射。

2.2 量子随机主方程

研究量子系统的特性及其控制问题时，系统状态遵循的动力学方程是十分重要的基础，因此本节将介绍本书研究的描述量子滤波器状态演化的随机量子系统主方程。

在不同的控制方法中，为获得更好的鲁棒性，反馈控制是一种常见的控制方法。使用反馈控制，涉及对被控系统输出的测量。然而，对量子系统进行测量会导致一些非经典的特性：对经典系统的测量不会改变系统的状态，而对量子系统的测量（无论是投影测量还是连续测量）会不可避免地导致系统状态以一种概率的方式改变，这种特性称为量子态还原（quantum state reduction）。此时，为在反馈控制中使用系统状态，需要借助量子滤波器。首先将测量设备测量得到的系统输出作为量子滤波器的输入，在反馈控制中使用量子滤波器状态代替被控量子系统的状态；然后将设计的控制律分别作用在被控量子系统和滤波器，通过观察量子滤波器的输出来判断控制效果，即如果滤波器的输出达到控制目标，则被控量子系统也被看作达到控制目标。这种基于连续测量的量子系统反馈控制示意图如图 2.1 所示。图中的被控对象是光共振腔（optical cavity）中的原子，通过零差探测将测量到的信息作为量子滤波器的输入，在控制律中使用滤波器的状态，然后将得到的控制律分别反馈作用到光共振腔（图中为磁场形式）和滤波器，从而改变系统状态的演化。

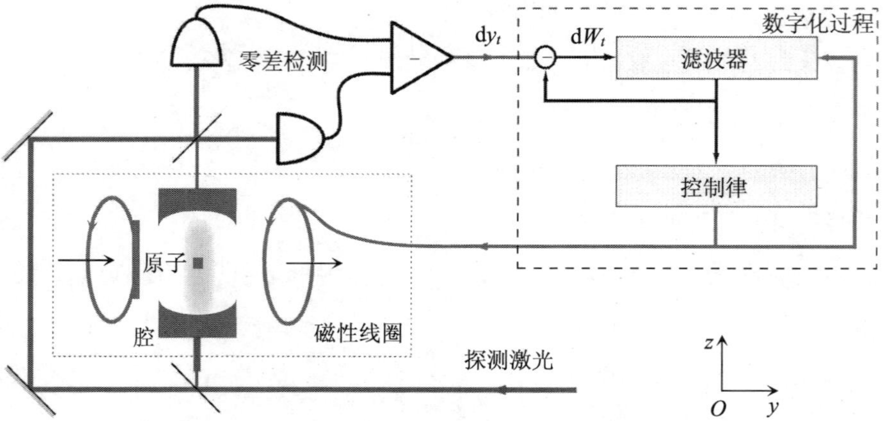

图 2.1 基于连续测量的量子系统反馈控制示意图

根据量子滤波器理论，对量子系统基于测量的反馈控制可以看作量子滤波器的状态反馈控制[106]。在连续测量下，量子滤波器状态的演化遵循一个 Itô 型随机微分方程，这个方程又称量子随机主方程，即

$$\begin{cases} \mathrm{d}\boldsymbol{\rho}_t = \left(-\mathrm{i}\left[H_0, \boldsymbol{\rho}_t\right] - \sum_{k=1}^{q} \mathrm{i}\left[H_k, \boldsymbol{\rho}_t\right] u_{k,t} + \sum_{j=1}^{m} \Gamma_{\boldsymbol{L}_j} \mathcal{D}(\boldsymbol{L}_j, \boldsymbol{\rho}_t)\right)\mathrm{d}t + \sum_{j=1}^{m} \sqrt{\eta_{\boldsymbol{L}_j} \Gamma_{\boldsymbol{L}_j}} \mathcal{H}(\boldsymbol{L}_j, \boldsymbol{\rho}_t)\mathrm{d}W_{\boldsymbol{L}_j,t} \\ \quad = f\left(\boldsymbol{\rho}_t\right)\mathrm{d}t + g\left(\boldsymbol{\rho}_t\right)\mathrm{d}\boldsymbol{W}_{\boldsymbol{L},t} \\ \mathrm{d}y_{j,t} = \sqrt{\eta_{\boldsymbol{L}_j} \Gamma_{\boldsymbol{L}_j}}\, \mathrm{tr}(\boldsymbol{L}_j \boldsymbol{\rho}_t + \boldsymbol{\rho}_t \boldsymbol{L}_j^{\dagger})\mathrm{d}t + \mathrm{d}W_{\boldsymbol{L}_j,t}, \quad j = 1, \cdots, m \end{cases} \tag{2.4}$$

式中，$\boldsymbol{\rho}_t$ 为描述量子滤波器状态的密度矩阵，且 $\boldsymbol{\rho}_t \in \mathcal{S} = \{\boldsymbol{\rho}_t \in \mathbb{C}^{n\times n} : \boldsymbol{\rho}_t = \boldsymbol{\rho}_t^{\dagger} \geqslant 0, \mathrm{tr}(\boldsymbol{\rho}_t) = 1\}$，$\mathcal{S}$ 代表状态空间；H_0 和 H_k 分别为自由哈密顿量和控制哈密顿量；$\boldsymbol{L}_j$ 为测量算符；$\Gamma_{\boldsymbol{L}_j}$ 和 $\eta_{\boldsymbol{L}_j}$ 分别为测量强度和测量效率；$W_{\boldsymbol{L}_j,t}$ 为定义在经典完备状态空间

$(\Omega, \mathcal{F}, \{\mathcal{F}_t\}_{t>0}, \mathbb{P})$ 中的维纳（Wiener）过程；$\mathrm{d}W_{L_j,t}$ 为独立的维纳增量，满足 $\mathrm{d}W_{L_i,t}\mathrm{d}W_{L_j,t} = \delta_{ij}\mathrm{d}t$，其中 δ_{ij} 为 Kronecker 符号；$\mathrm{d}\boldsymbol{W}_{\boldsymbol{L},t} = [\mathrm{d}W_{L_1,t}, \cdots, \mathrm{d}W_{L_m,t}]^{\mathrm{T}}$；$u_{k,t} \in \mathbb{R}$ 为控制输入；$y_{j,t}$ 为测量输出；超算符 $\mathcal{D}(\boldsymbol{L}_j, \rho_t)$ 和 $\mathcal{H}(\boldsymbol{L}_j, \rho_t)$ 分别定义为

$$\mathcal{D}(\boldsymbol{L}_j, \rho_t) = \boldsymbol{L}_j \rho_t \boldsymbol{L}_j^{\dagger} - \frac{1}{2} \boldsymbol{L}_j^{\dagger} \boldsymbol{L}_j \rho_t - \frac{1}{2} \rho_t \boldsymbol{L}_j^{\dagger} \boldsymbol{L}_j$$
$$\mathcal{H}(\boldsymbol{L}_j, \rho_t) = \boldsymbol{L}_j \rho_t + \rho_t \boldsymbol{L}_j^{\dagger} - \mathrm{tr}(\boldsymbol{L}_j \rho_t + \rho_t \boldsymbol{L}_j^{\dagger})\rho_t \tag{2.5}$$

普朗克（Planck）常量设为 1。

量子随机主方程即式（2.4）可以用来描述许多物理实验系统，如腔镜中激光冷却的铯原子系统[63,67,107]、由放置在两个相距较远的腔中并通过辐射场以色散方式相互作用的一对双量子比特系统[108]等。

2.3　随机系统的稳定性

对于线性定常系统，可以使用代数稳定判据、奈奎斯特稳定判据等来判定系统的稳定性。而对于一些状态方程无法求解或求解很困难的系统，如某些非线性系统或时变系统，为对系统的平衡状态进行稳定性判断，可以使用李雅普诺夫第二法。李雅普诺夫第二法不需要求解系统方程的解，适用范围广泛，是更一般的系统稳定性判断和分析方法。

设系统的动力学方程为

$$\dot{x} = f(x,t) \tag{2.6}$$

式中，x 是定义在 D 上的变量。假设函数 $f\ V(x,t) = 0$ 有一个零点，即 $f(x_{\mathrm{e}}) = 0$，则称 x_{e} 是式（2.6）的平衡点。李雅普诺夫稳定性定理如定理 2.1 所述。

定理 2.1　存在一个标量函数 $V(x,t): D \to \mathbb{R}$，满足如下三个条件：

（1）$V(x,t)$ 关于 x 一阶连续可导；

（2）$V(x,t)$ 不小于零，且仅当 $x = x_{\mathrm{e}}$ 时；

（3）$\dot{V}(x,t) \leqslant 0$。

则称 x_e 是李雅普诺夫稳定的。另外，如果 $\dot{V}(x,t)<0$，则称 x_e 是渐近稳定的。

需要注意的是，李雅普诺夫稳定性定理只是判断平衡点稳定性的充分不必要条件，也就是如果找不到满足定理 2.1 中所列三个条件的函数，则不能说明系统是不稳定的。而到目前为止，并没有一种构造李雅普诺夫函数的一般性方法，通常只能采用试误法来寻找合适的李雅普诺夫函数。因此，在使用李雅普诺夫方法设计控制律或判断系统稳定性时，构造合适的李雅普诺夫函数是极其重要的。

本书主要研究随机量子系统的镇定控制，其中适用于量子随机主方程即式（2.4）的李雅普诺夫稳定性定理发挥了关键的作用。为描述该定理，首先给出一些符号说明：定义 $V(\cdot)$ 为一个在状态空间 $\mathcal{S}$ 的非负实值连续函数；$\boldsymbol{\rho}_t^{\boldsymbol{\rho}_0}$ 代表起点为 $\boldsymbol{\rho}_0$ 的状态运动轨迹，即 $\boldsymbol{\rho}_t^{\boldsymbol{\rho}_t}=\boldsymbol{\rho}_t, \boldsymbol{\rho}_0=\boldsymbol{\rho}_t$；水平集 $\mathcal{Q}_\varepsilon=\{\boldsymbol{\rho}\in\mathcal{S}:V(\boldsymbol{\rho})<\varepsilon\}$；$\tau_\varepsilon=\inf\{t:\boldsymbol{\rho}_t^{\boldsymbol{\rho}_t}\notin\mathcal{Q}_\varepsilon\}$；$\tilde{\boldsymbol{\rho}}_t^{\boldsymbol{\rho}_t}=\boldsymbol{\rho}_{t\wedge\tau_\varepsilon}^{\boldsymbol{\rho}_t}$，其中 $t\wedge\tau_\varepsilon=\min(t,\tau_\varepsilon)$；$\mathcal{L}_\varepsilon$ 表示作用在 $\tilde{\boldsymbol{\rho}}_t^{\boldsymbol{\rho}_t}$ 的无穷小算子 $\mathcal{L}$（infinitesimal operator），对于式（2.4），$\mathcal{L}$ 为

$$\mathcal{L}[\cdot]=\frac{\partial[\cdot]}{\partial\boldsymbol{\rho}_t}f(\boldsymbol{\rho}_t)+\frac{1}{2}\mathrm{tr}\left(g(\boldsymbol{\rho}_t)^{\mathrm{T}}\frac{\partial^2[\cdot]}{\partial\boldsymbol{\rho}_t^2}g(\boldsymbol{\rho}_t)\right)\tag{2.7}$$

下面给出一些针对式（2.4）的若干稳定性定义。

定义 2.1 令 $\boldsymbol{\rho}_e$ 为式（2.4）的一个平衡点，即 $\mathrm{d}\boldsymbol{\rho}_t\big|_{\boldsymbol{\rho}_t=\boldsymbol{\rho}_e}=0$，则有：

（1）如果平衡点 $\boldsymbol{\rho}_e$ 满足

$$\lim_{\boldsymbol{\rho}_0\to\boldsymbol{\rho}_e}\mathbb{P}\left(\sup_{0<t<\infty}V(\boldsymbol{\rho}_t)\geqslant\varepsilon\right)=0,\quad\forall\varepsilon>0$$

则称 $\boldsymbol{\rho}_e$ 概率稳定；

（2）如果平衡点 $\boldsymbol{\rho}_e$ 是概率稳定的，且满足

$$\mathbb{P}(\lim_{t\to\infty}\boldsymbol{\rho}_t=\boldsymbol{\rho}_e)=1,\quad\forall\boldsymbol{\rho}_0\in\mathcal{S}_l,\mathcal{S}_l\subset\mathcal{S}$$

则称 $\boldsymbol{\rho}_e$ 局部稳定，如果 $\mathcal{S}_l=\mathcal{S}$，则称 $\boldsymbol{\rho}_e$ 全局稳定；

（3）如果存在正常数 α 和 β，使得

$$\mathbb{E}[V(\boldsymbol{\rho}_t)] \leqslant \alpha V(\boldsymbol{\rho}_0)\mathrm{e}^{-\beta t}, \quad \forall \boldsymbol{\rho}_0 \in \mathcal{S}$$

则称 $\boldsymbol{\rho}_{\mathrm{e}}$ 均方指数稳定；

（4）对任意 $\boldsymbol{\rho}_0 \in \mathcal{S}$，如果

$$\lim_{t\to\infty}\sup \frac{1}{t}\lg V(\boldsymbol{\rho}_t) < 0, \quad \text{a.s.}$$

则称 $\boldsymbol{\rho}_{\mathrm{e}}$ 几乎必然指数稳定。

根据稳定的定义及设定的符号，可以得到适用于式（2.4）的李雅普诺夫（局部）稳定性定理，其主要内容如定理 2.2 所述。

定理 2.2　假设在 $\mathcal{Q}_\varepsilon$ 中 $\mathcal{L}_\varepsilon V \leqslant 0$，则下面的结论均成立：

（1）$\lim\limits_{t\to\infty} V(\tilde{\boldsymbol{\rho}}_t^{\boldsymbol{\rho}_1})$ 几乎确定存在，因此对一直停留在 $\mathcal{Q}_\varepsilon$ 中的几乎每条路径，$V(\boldsymbol{\rho}_t^{\boldsymbol{\rho}_1})$ 均收敛；

（2）$\mathbb{P}-\lim\limits_{t\to\infty}\mathcal{L}_\varepsilon V(\tilde{\boldsymbol{\rho}}_t^{\boldsymbol{\rho}_1})=0$，因此对几乎所有从不离开 $\mathcal{Q}_\varepsilon$ 的路径，在 $t\to\infty$ 时，$\mathcal{L}_\varepsilon V(\boldsymbol{\rho}_t^{\boldsymbol{\rho}_1})$ 依概率趋于 0；

（3）当 $\boldsymbol{\rho}_1 \in \mathcal{Q}_\varepsilon$ 且 $\lambda \leqslant \varepsilon$ 时，可有一致估计，即

$$\mathbb{P}\left(\sup_{0\leqslant t<\infty} V(\boldsymbol{\rho}_t^{\boldsymbol{\rho}_1}) \geqslant \lambda\right) = \mathbb{P}\left(\sup_{0\leqslant t<\infty} V(\tilde{\boldsymbol{\rho}}_t^{\boldsymbol{\rho}_1}) \geqslant \lambda\right) \leqslant \frac{V(\boldsymbol{\rho}_1)}{\lambda}$$

（4）对于一个状态 $\boldsymbol{\rho}_{\mathrm{sp}} \in \mathcal{Q}_\varepsilon$，如果 $V(\boldsymbol{\rho}_{\mathrm{sp}})=0$ 且对 $\boldsymbol{\rho} \neq \boldsymbol{\rho}_{\mathrm{sp}}$，$V(\boldsymbol{\rho}) \neq 0$，则 $\boldsymbol{\rho}_{\mathrm{sp}}$ 概率稳定；

（5）如果存在正常数 r 使 $\mathcal{L}_\varepsilon V(\boldsymbol{\rho}_t^{\boldsymbol{\rho}_1}) \leqslant -rV(\boldsymbol{\rho}_t^{\boldsymbol{\rho}_1})$，则 $\mathbb{E}[V(\boldsymbol{\rho}_t^{\boldsymbol{\rho}_1})] \leqslant V(\boldsymbol{\rho}_1)\mathrm{e}^{-rt}, \forall t \geqslant 0$。

另外，在研究随机系统状态的收敛控制时，适用于式（2.4）的拉塞尔不变集定理也发挥了重要的作用。这里，首先给出不变集的定义。

定义 2.2　对于一个集合 $\mathcal{R} \subseteq \mathcal{S}$，如果无论何时，只要 $\boldsymbol{\rho}_1 \in \mathcal{R}$，且 $\boldsymbol{\rho}_t^{\boldsymbol{\rho}_1} \in \mathcal{R}, \forall t \geqslant 0$，则称集合 $\mathcal{R}$ 是一个不变集。

在不变集定义的基础上，给出适用于式（2.4）的拉塞尔不变集定理[67]。

定理 2.3　假设下面的条件满足：

（1）$\mathcal{Q}_\varepsilon$ 有界且 $\mathcal{L}_\varepsilon V(\boldsymbol{\rho}) \leqslant 0, \forall \boldsymbol{\rho} \in \mathcal{Q}_\varepsilon$；

（2）对于任意有界标量连续函数 $f(\boldsymbol{\rho})$ 和一个固定的 t 及 $\boldsymbol{\rho}_0 = \boldsymbol{\rho}_l$，$\mathbb{E}(f(\boldsymbol{\rho}_t^{\boldsymbol{\rho}_l}))$ 是连续的；

（3）对任意正实数 $\boldsymbol{\kappa}$ 且 $\boldsymbol{\rho}_l \in \mathcal{Q}_\varepsilon$，当 $t \to 0$ 时，$\mathbb{P}(|\boldsymbol{\rho}_t - \boldsymbol{\rho}_e| \geqslant \kappa) \to 0$。

令 $\mathcal{Q}_0 := \{\boldsymbol{\rho} : \mathcal{L}_\varepsilon V(\boldsymbol{\rho}) = 0, \boldsymbol{\rho} \in \mathcal{Q}_\varepsilon\}$，且 $\mathcal{R}$ 为在 $\mathcal{Q}_0$ 中的最大不变集，则当 $t \to \infty$ 时，在 $\mathcal{Q}_\varepsilon$ 的每一条路径，$\boldsymbol{\rho}_t$ 均收敛到 $\mathcal{R}$。

2.4 数学工具

2.4.1 Itô 引理及 Itô 乘积法则

在计算复杂函数的无穷小算子时，如果直接使用式（2.7），计算过程会相对比较复杂。这时，可以借助 Itô 引理及 Itô 乘积法则，得到这些函数的无穷小算子。

引理 2.1（Itô 引理） 一个 Itô 过程 x_t 为

$$\mathrm{d}x_t = \mu_t \mathrm{d}t + \sigma_t \mathrm{d}W_t \tag{2.8}$$

式中，W_t 是一个维纳过程。那么，对于一个二阶可导函数 $f(x_t)$，有

$$\mathrm{d}f(x_t) = \left(\frac{\mathrm{d}f(x_t)}{\mathrm{d}x_t}\mu + \frac{1}{2}\frac{\mathrm{d}^2 f(x_t)}{\mathrm{d}x_t^2}\sigma^2 \right)\mathrm{d}t + \sigma\frac{\mathrm{d}f(x_t)}{\mathrm{d}x_t}\mathrm{d}W_t \tag{2.9}$$

特别地，对 $f(x_t,t)$，式（2.9）可以写为

$$\mathrm{d}f(x_t,t) = \left(\frac{\partial f(x_t,t)}{\partial t} + \mu_t\frac{\partial f(x_t,t)}{\partial x_t} + \frac{1}{2}\sigma_t^2\frac{\partial^2 f(x_t,t)}{\partial x_t^2} \right)\mathrm{d}t + \sigma_t\frac{\partial f(x_t,t)}{\partial x_t}\mathrm{d}W_t \tag{2.10}$$

另外，应用 Itô 引理可以得到如下 Itô 乘积法则。

引理 2.2（Itô 乘积法则） 如果 x_t 和 y_t 是两个 Itô 随机过程，则有

$$\mathrm{d}(x_t y_t) = x_t \mathrm{d}y_t + y_t \mathrm{d}x_t + \mathrm{d}x_t \mathrm{d}y_t \tag{2.11}$$

2.4.2　一些有用的定理

本节直接罗列一些在后续章节分析设计反馈控制收敛性时需要的数学定理，包括 Itô 等距、Borel-Cantelli 引理、Couchy-Schwarz 不等式、Hölder 不等式、Doob 鞅不等式、Gronwall 不等式和 Chebyshev 不等式。

定理 2.4（Itô 等距）　令 x_t 为一个简单可预测过程，则有

$$\mathbb{E}\left(\int_0^\infty x_s \mathrm{d}B_s\right)^2 = \mathbb{E}\int_0^\infty x_s^2 \mathrm{d}s$$

式中，B_s 代表一个布朗运动。

引理 2.3（Borel-Cantelli 引理）　给定一系列随机事件 $\{E_n\}_{n\geqslant 1}$，若 $\sum \mathbb{P}(E_n) < \infty$，则事件 E_n 发生无穷多次的概率为 0，即 $\mathbb{P}(\limsup E_n) = 0$。

定理 2.5（Cauchy-Schwarz 不等式）　设 $f(x)$ 和 $g(x)$ 在$[a, b]$上可积，则有

$$\left(\int_a^b f(x)g(x)\mathrm{d}x\right)^2 \leqslant \int_a^b f^2(x)\mathrm{d}x \int_a^b g^2(x)\mathrm{d}x$$

等号成立的充分必要条件是存在常数 k 使得 $f(x) = kg(x)$ 或 $g(x) = kf(x)$。

定理 2.6（Hölder 不等式）　连续形式：设在区间 I 上，函数 f 和 g 可积且绝对可积，fg 可积，则对任意的 $p > 1$，有

$$\left|\int_I f(x)g(x)\mathrm{d}x\right| \leqslant \left(\int_I |f(x)|^p \,\mathrm{d}x\right)^{\frac{1}{p}} \cdot \left(\int_I |g(x)|^q \,\mathrm{d}x\right)^{\frac{1}{q}}$$

式中，$\dfrac{1}{p} + \dfrac{1}{q} = 1$。

离散形式：设 $p > 1$，$\{a_n\}$ 和 $\{b_n\}$ 满足 $\sum_{n=1}^{\infty} |a_n|^p < +\infty$，$\sum_{n=1}^{\infty} |b_n|^q < +\infty$，则有

$$\sum_{n=1}^{\infty} |a_n b_n| \leqslant \left(\sum_{n=1}^{\infty} |a_n|^p\right)^{\frac{1}{p}} \cdot \left(\sum_{n=1}^{\infty} |b_n|^q\right)^{\frac{1}{q}}$$

式中，$\dfrac{1}{p} + \dfrac{1}{q} = 1$。

定理 2.7（Doob 鞅不等式） 设$\{M_t\}_{t\geqslant 0}$是一个$\mathbb{R}^n$值鞅，令$[a, b]$是$\mathbb{R}_+$上的一个有界区间，则可得出：

（1）如果$p\geqslant 1$且$M_t \in \mathcal{L}^p(\Omega;R^d)$，则对所有$c>0$，有

$$\mathbb{P}\left\{\omega: \sup_{a\leqslant t\leqslant b} |M_t(\omega)|\geqslant c\right\}\leqslant \frac{\mathbb{E}|M_b|^p}{c^p}$$

（2）如果$p>1$且$M_t \in \mathcal{L}^p(\Omega;R^d)$，则有

$$\mathbb{E}\left(\sup_{a\leqslant t\leqslant b} |M_t|^p\right)\leqslant \left(\frac{p}{p-1}\right)^p \mathbb{E}|M_b|^p$$

定理 2.8（Gronwall 不等式） 设$T>0$，$c\geqslant 0$。令$u(\cdot)$是一个定义在$[0, T]$上的布尔可测有界非负函数，并令$v(\cdot)$是$[0, T]$上的非负可积函数。如果

$$u(t)\leqslant c+\int_0^t v(s)u(s)\mathrm{d}s,\quad 0\leqslant t\leqslant T$$

则有

$$u(t)\leqslant c\mathrm{e}^{\left(\int_0^t v(s)\mathrm{d}s\right)},\quad 0\leqslant t\leqslant T$$

定理 2.9（Chebyshev 不等式） 设随机变量X具有数学期望$E(X)=\mu$，方差$D(X)=\sigma^2$，则对于任意正数ε，不等式$\mathbb{P}\{|X-\mu|\geqslant \varepsilon\}\leqslant \frac{\sigma^2}{\varepsilon^2}$成立。

第 3 章 随机量子系统混合态的全局镇定

将量子系统从状态空间中的任意初态转移到期望的目标态，即量子态的全局镇定，在量子化学和原子物理的应用中具有重要意义。考虑到在涉及混合态的量子计算中，基于混合态的量子编程方法有助于分析误差传播，本章研究随机量子系统混合态的全局镇定，其主要工作是设计使随机量子系统目标混合态全局镇定的控制律，即设计控制律驱动量子系统状态由任意初态收敛到设定的目标混合态。

3.1 系统约束及特性

量子滤波器状态的演化方程如式（2.4）所示，如果采用单一控制并使用一个测量算符，即q=1，m=1，则在测量强度$\varGamma$为1的条件下，式（2.4）可以写为

$$\begin{cases} \mathrm{d}\boldsymbol{\rho}_t = \left(-\mathrm{i}[H_0,\boldsymbol{\rho}_t] + \boldsymbol{L}\boldsymbol{\rho}_t\boldsymbol{L}^\dagger - \dfrac{1}{2}\boldsymbol{L}^\dagger\boldsymbol{L}\boldsymbol{\rho}_t - \dfrac{1}{2}\boldsymbol{\rho}_t\boldsymbol{L}^\dagger\boldsymbol{L}\right)\mathrm{d}t - \mathrm{i}[H_1,\boldsymbol{\rho}_t]u_t\mathrm{d}t + \\ \qquad \sqrt{\eta}(\boldsymbol{L}\boldsymbol{\rho}_t + \boldsymbol{\rho}_t\boldsymbol{L}^\dagger - \mathrm{tr}(\boldsymbol{L}\boldsymbol{\rho}_t + \boldsymbol{\rho}_t\boldsymbol{L}^\dagger)\boldsymbol{\rho}_t)\mathrm{d}W_t \\ \quad = \alpha(\boldsymbol{\rho}_t)\mathrm{d}t + \beta(\boldsymbol{\rho}_t)\mathrm{d}t + \delta(\boldsymbol{\rho}_t)\mathrm{d}W_t \\ \mathrm{d}y_t = \mathrm{d}W_t + \sqrt{\eta}\,\mathrm{tr}(\boldsymbol{L}\boldsymbol{\rho}_t + \boldsymbol{\rho}_t\boldsymbol{L}^\dagger)\mathrm{d}t \end{cases} \tag{3.1}$$

本章研究与自由哈密顿量$\boldsymbol{H}_0$对易的混合态的全局镇定，将目标混合态设为

$\boldsymbol{\rho}_f = \begin{bmatrix} \boldsymbol{\rho}_{f1} & \boldsymbol{0} \\ \boldsymbol{0} & \boldsymbol{0} \end{bmatrix} = [\rho_{f_{ij}}]_{n\times n}$，其中 $\boldsymbol{\rho}_{f1} = \begin{bmatrix} a & b \\ b^* & 1-a \end{bmatrix}$，$b \neq 0$ 且 $\mathrm{tr}(\boldsymbol{\rho}_f^2) < 1$。混合态的全局镇定可以描述为如下的控制任务。

设计控制律u_t驱动随机量子系统，即式（3.1）从状态空间$\mathcal{S}$的任意初始状态ρ_0几乎确定地到达期望的目标混合态$\boldsymbol{\rho}_f$，即

$$\mathbb{P}\left(\lim_{t\to\infty}\boldsymbol{\rho}_t=\boldsymbol{\rho}_f\right)=1,\quad \forall\rho_0\in\mathcal{S}$$

为完成这个控制任务，首先要保证混合态全局镇定问题的可解性。为此，需要对被控量子系统的参数设置一定的约束条件。

假设 3.1　测量算符$\boldsymbol{L}$是对角、自伴随、非正则的厄米矩阵，即

$$\boldsymbol{L}=\boldsymbol{L}^{\dagger}=\mathrm{diag}(l_1,l_2,\cdots,l_n),\quad n>2$$

且至少有两个对角元素是相同的。进一步地，令

$$l_1=l_2\neq l_k\text{，}\quad k=3,\cdots,n$$

且有

$$l_1+l_2\neq l_i+l_j\text{，}\quad i,j\neq 1,2$$

引理 3.1　如果测量算符$\boldsymbol{L}$正则且自由哈密顿量$\boldsymbol{H}_0$是对角的，则仅本征态是式（3.1）自由演化下的平衡点。

证明　式（3.1）的平衡点$\boldsymbol{\rho}_{\mathrm{e}}$满足$\mathrm{d}\boldsymbol{\rho}_t|_{\boldsymbol{\rho}_t=\boldsymbol{\rho}_{\mathrm{e}}}=0$，即

$$\begin{cases}\alpha(\boldsymbol{\rho}_{\mathrm{e}})+\beta(\boldsymbol{\rho}_{\mathrm{e}})=0\\ \delta(\boldsymbol{\rho}_{\mathrm{e}})=0\end{cases}\tag{3.2}$$

如果$\boldsymbol{L}$正则且$\boldsymbol{H}_0$是对角的，则所有本征态$\boldsymbol{\rho}_k=\mathrm{diag}(\underbrace{0\cdots0}_{k-1}10\cdots0)$ $(k=1,\cdots,n)$满足式（3.2），因此所有本征态是式（3.1）的平衡点。

由于$\boldsymbol{L}=\mathrm{diag}(l_1,l_2,\cdots,l_n)$，$\boldsymbol{\rho}=[\rho_{kl}]_{n\times n}$，因此有

$$\boldsymbol{L\rho}=\begin{bmatrix}l_1\rho_{11}&l_1\rho_{12}&\cdots&\cdots&\cdots&l_1\rho_{1n}\\ l_2\rho_{21}&l_2\rho_{22}&\cdots&\cdots&\cdots&l_2\rho_{2n}\\ \vdots&\vdots&\ddots&&&\vdots\\ \vdots&\vdots&&l_i\rho_{ii}&&\vdots\\ \vdots&\vdots&&&\ddots&\vdots\\ l_n\rho_{n1}&l_n\rho_{n2}&\cdots&\cdots&\cdots&l_n\rho_{nn}\end{bmatrix}$$

$$\boldsymbol{\rho L}=\begin{bmatrix} l_1\rho_{11} & l_2\rho_{12} & \cdots & \cdots & \cdots & l_n\rho_{1n} \\ l_1\rho_{21} & l_2\rho_{22} & \cdots & \cdots & \cdots & l_n\rho_{2n} \\ \vdots & \vdots & \ddots & & & \vdots \\ \vdots & \vdots & & l_i\rho_{ii} & & \vdots \\ \vdots & \vdots & & & \ddots & \vdots \\ l_1\rho_{n1} & l_2\rho_{n2} & \cdots & \cdots & \cdots & l_n\rho_{nn} \end{bmatrix}$$

$$2\mathrm{tr}(\boldsymbol{L\rho})=\sum_{i=1}^{n}2l_i\rho_{ii}$$

$$\boldsymbol{L\rho}+\boldsymbol{\rho L}=\begin{bmatrix} 2l_1\rho_{11} & (l_1+l_2)\rho_{12} & \cdots & \cdots & \cdots & (l_1+l_n)\rho_{1n} \\ (l_2+l_1)\rho_{21} & 2l_2\rho_{22} & \cdots & \cdots & \cdots & (l_2+l_n)\rho_{2n} \\ \vdots & \vdots & \ddots & & & \vdots \\ \vdots & \vdots & & 2l_i\rho_{ii} & & \vdots \\ \vdots & \vdots & & & \ddots & \vdots \\ (l_n+l_1)\rho_{n1} & (l_n+l_2)\rho_{n2} & \cdots & \cdots & \cdots & 2l_n\rho_{nn} \end{bmatrix}$$

如果 $\delta(\boldsymbol{\rho}_f)=0$，那么

$$\begin{aligned} &\boldsymbol{L\rho}+\boldsymbol{\rho L}=2\mathrm{tr}(\boldsymbol{L\rho})\cdot\rho \\ &\Rightarrow\sum_{i=1}^{n}2l_i\rho_{ii}=l_j+l_k,\quad 1\leqslant j,k\leqslant n \\ &\Rightarrow l_j+l_k=\text{常数} \\ &\Rightarrow l_j=l_k,\quad \rho_{jk}\neq 0 \end{aligned}\tag{3.3}$$

这与 $\boldsymbol{L}$ 正则矛盾。因此，当 $\boldsymbol{L}$ 正则时，仅有本征态是式（3.1）自由演化下的平衡点。

注 3.1　在假设 3.1 中，测量算符 $\boldsymbol{L}$ 为对角阵。如果实际物理系统中测量算符 $\boldsymbol{L}$ 不是对角阵，则可以通过基变换将 $\boldsymbol{L}$ 变为对角阵。

假设 3.2　自由哈密顿量 $\boldsymbol{H}_0=\begin{bmatrix}\boldsymbol{H}_{01} & \boldsymbol{0}\\ \boldsymbol{0} & \boldsymbol{D}\end{bmatrix}$，其中 $\boldsymbol{H}_{01}=\begin{bmatrix}h_{0-11} & h_{0-12}\\ h_{0-21} & h_{0-22}\end{bmatrix}$，$h_{0-12}\neq 0$ 且

$$\boldsymbol{D}=\mathrm{diag}(d_3,\cdots,d_n)$$

引理 3.2 在假设 3.1 和假设 3.2 下，式（3.1）自由演化下的平衡点是本征态 $\boldsymbol{\rho}_k=\mathrm{diag}(\underbrace{0\cdots0}_{k-1}10\cdots0)\ (k=3,\cdots,n)$ 和满足 $[\boldsymbol{H}_0,\boldsymbol{\rho}_{\mathcal{R}}]=0$ 的状态 $\boldsymbol{\rho}_{\mathcal{R}}=\begin{bmatrix}\boldsymbol{\rho}_{\mathcal{R}1} & \mathbf{0}\\ \mathbf{0} & \mathbf{0}\end{bmatrix}\in\mathcal{S}$，其中

$$\boldsymbol{\rho}_{\mathcal{R}1}=\begin{bmatrix}\rho_{\mathcal{R}11} & \rho_{\mathcal{R}12}\\ \rho_{\mathcal{R}21} & \rho_{\mathcal{R}22}\end{bmatrix}$$

证明 当 $\boldsymbol{\rho}$ 是本征态，即 $\boldsymbol{\rho}=\boldsymbol{\rho}_k\ (k=3,\cdots,n)$ 时，由于 $\boldsymbol{L}$ 是对角阵，$\boldsymbol{L}\boldsymbol{\rho}_k=\boldsymbol{\rho}_k\boldsymbol{L}$，因此

$$\boldsymbol{L}\boldsymbol{\rho}_k\boldsymbol{L}^{\dagger}-\frac{1}{2}\boldsymbol{L}^{\dagger}\boldsymbol{L}\boldsymbol{\rho}_k-\frac{1}{2}\boldsymbol{\rho}_k\boldsymbol{L}^{\dagger}\boldsymbol{L}=0$$

此外，$[\boldsymbol{H}_0,\boldsymbol{\rho}_k]=0$，因此 $\alpha(\boldsymbol{\rho}_k)=0$。同时，有

$$\boldsymbol{L}\boldsymbol{\rho}_k+\boldsymbol{\rho}_k\boldsymbol{L}^{\dagger}-\mathrm{tr}(\boldsymbol{L}\boldsymbol{\rho}_k+\boldsymbol{\rho}_k\boldsymbol{L}^{\dagger})\boldsymbol{\rho}_k=2\boldsymbol{L}\boldsymbol{\rho}_k-2\mathrm{tr}(\boldsymbol{L}\boldsymbol{\rho}_k)\boldsymbol{\rho}_k=2\boldsymbol{L}\boldsymbol{\rho}_k-2l_k\boldsymbol{\rho}_k=0$$

从而 $\delta(\boldsymbol{\rho}_k)=0$。基于这些计算，很明显 $\boldsymbol{\rho}_k$ 是式（3.1）自由演化下的平衡点。

当 $\boldsymbol{\rho}=\boldsymbol{\rho}_{\mathcal{R}}$ 时，$\boldsymbol{L}=\mathrm{diag}(l_1,l_2,\cdots,l_n)$，其中 $l_1=l_2\neq l_k\ (k\neq1,2)$，那么

$$\boldsymbol{L}\boldsymbol{\rho}_{\mathcal{R}}=\begin{bmatrix}l_1\rho_{\mathcal{R}11} & l_1\rho_{\mathcal{R}12} & \mathbf{0}\\ l_2\rho_{\mathcal{R}21} & l_2\rho_{\mathcal{R}22} & \\ & \mathbf{0} & \mathbf{0}\end{bmatrix}$$

$$\boldsymbol{\rho}_{\mathcal{R}}\boldsymbol{L}=\begin{bmatrix}l_1\rho_{\mathcal{R}11} & l_2\rho_{\mathcal{R}12} & \mathbf{0}\\ l_1\rho_{\mathcal{R}21} & l_2\rho_{\mathcal{R}22} & \\ & \mathbf{0} & \mathbf{0}\end{bmatrix}$$

$$\boldsymbol{L}\boldsymbol{\rho}_{\mathcal{R}}+\boldsymbol{\rho}_{\mathcal{R}}\boldsymbol{L}=\begin{bmatrix}2l_1\rho_{\mathcal{R}11} & (l_1+l_2)\rho_{\mathcal{R}12} & \mathbf{0}\\ (l_2+l_1)\rho_{\mathcal{R}21} & 2l_2\rho_{\mathcal{R}22} & \\ & \mathbf{0} & \mathbf{0}\end{bmatrix}=2l_1\boldsymbol{\rho}_{\mathcal{R}}$$

$$2\mathrm{tr}(\boldsymbol{L}\boldsymbol{\rho}_{\mathcal{R}})\cdot\boldsymbol{\rho}_{\mathcal{R}}=2(l_1\rho_{\mathcal{R}11}+l_2\rho_{\mathcal{R}22})\cdot\boldsymbol{\rho}_{\mathcal{R}}=2l_1\boldsymbol{\rho}_{\mathcal{R}}$$

因此 $\delta(\boldsymbol{\rho}_{\mathcal{R}})=0$。考虑到

$$\boldsymbol{L}\boldsymbol{\rho}_{\mathcal{R}}\boldsymbol{L}=\begin{bmatrix} l_1^2\rho_{\mathcal{R}11} & l_1l_2\rho_{\mathcal{R}12} & \mathbf{0} \\ l_2l_1\rho_{\mathcal{R}21} & l_2^2\rho_{\mathcal{R}22} & \\ \mathbf{0} & & \mathbf{0} \end{bmatrix}=l_1^2\boldsymbol{\rho}_{\mathcal{R}}$$

且 $\boldsymbol{L}^2\boldsymbol{\rho}_{\mathcal{R}}=\boldsymbol{L}\boldsymbol{\rho}_{\mathcal{R}}\boldsymbol{L}=\boldsymbol{\rho}_{\mathcal{R}}\boldsymbol{L}^2=l_1^2\boldsymbol{\rho}_{\mathcal{R}}$， $\alpha(\boldsymbol{\rho}_{\mathcal{R}})=-\mathrm{i}[\boldsymbol{H}_0,\boldsymbol{\rho}_{\mathcal{R}}]$。

由于 $[\boldsymbol{H}_0,\boldsymbol{\rho}_{\mathcal{R}}]=0$，$\alpha(\boldsymbol{\rho}_{\mathcal{R}})=0$，因此 $\boldsymbol{\rho}_{\mathcal{R}}$ 是式（3.1）自由演化下的平衡点。

注 3.2　根据引理 3.2，假设 3.1 和假设 3.2 使目标混合态 $\boldsymbol{\rho}_f$ 是式（3.1）的平衡点之一。

注 3.3　如果自由哈密顿量 $\boldsymbol{H}_0$ 是对角阵，即

$$\boldsymbol{H}_0=\mathrm{diag}(h_{0-11},h_{0-22},d_3,\cdots,d_n)$$

则式（3.1）的控制哈密顿量可以分为两部分，即

$$\boldsymbol{H}_1+\boldsymbol{H}_2=\begin{bmatrix} \boldsymbol{H}_{11} & \boldsymbol{H}_{12} \\ \boldsymbol{H}_{21} & \boldsymbol{H}_{22} \end{bmatrix}+\begin{bmatrix} \boldsymbol{H}_{2-21} & \mathbf{0} \\ \mathbf{0} & \mathbf{0} \end{bmatrix}$$

其中

$$\boldsymbol{H}_{2-21}=\begin{bmatrix} 0 & h_{0-12} \\ h_{0-21} & 0 \end{bmatrix}$$

可以看到，与 $\boldsymbol{H}_1$ 关联的控制为 u_t，与 $\boldsymbol{H}_2$ 关联的控制为 1，从而式（3.1）可以写为

$$\begin{cases} \mathrm{d}\boldsymbol{\rho}_t=\left(-\mathrm{i}[\boldsymbol{H}_0+\boldsymbol{H}_2,\boldsymbol{\rho}_t]+\boldsymbol{L}\boldsymbol{\rho}_t\boldsymbol{L}^\dagger-\dfrac{1}{2}\boldsymbol{L}^\dagger\boldsymbol{L}\boldsymbol{\rho}_t-\dfrac{1}{2}\boldsymbol{\rho}_t\boldsymbol{L}^\dagger\boldsymbol{L}\right)\mathrm{d}t-\mathrm{i}[\boldsymbol{H}_1,\boldsymbol{\rho}_t]u_t\mathrm{d}t+ \\ \qquad\sqrt{\eta}(\boldsymbol{L}\boldsymbol{\rho}_t+\boldsymbol{\rho}_t\boldsymbol{L}^\dagger-\mathrm{tr}(\boldsymbol{L}\boldsymbol{\rho}_t+\boldsymbol{\rho}_t\boldsymbol{L}^\dagger)\boldsymbol{\rho}_t)\mathrm{d}W_t \\ \mathrm{d}y_t=\mathrm{d}W_t+\sqrt{\eta}\,\mathrm{tr}(\boldsymbol{L}\boldsymbol{\rho}_t+\boldsymbol{\rho}_t\boldsymbol{L}^\dagger)\mathrm{d}t \end{cases} \tag{3.4}$$

即具有非对角自由哈密顿量和一个控制哈密顿量的式（3.1）等价于具有对角自由哈密顿量和两个控制哈密顿量的式（3.4），因此本章通过研究式（3.1）代替对式（3.4）的研究。

假设 3.3　控制哈密顿量 $\boldsymbol{H}_1=\begin{bmatrix} \boldsymbol{H}_{11} & \boldsymbol{H}_{12} \\ \boldsymbol{H}_{21} & \boldsymbol{H}_{22} \end{bmatrix}=\left[h_{ij}\right]_{n\times n}$ 是连接的，即

$$h_{i(i+1)} \neq 0, \quad i=1,\cdots,n-1$$

且有

$$\boldsymbol{H}_{11} = \begin{bmatrix} 0 & h_{12} \\ h_{21} & 0 \end{bmatrix}$$

此外，$\boldsymbol{H}_1$ 中 $h_{1i} \neq 0, h_{2i} \neq 0\,(i=3,\cdots,n)$，且 $h_{i1}=h_{i2}$ 或 $h_{i1}=-h_{i2}(i=3,\cdots,n)$ 不能同时成立。

引理 3.3 在假设 3.1～3.3 下，不存在状态 $\boldsymbol{\rho}_{\mathrm{ar}} \in \mathcal{S}$ 在任意控制下均是式（3.1）的平衡点。

证明 假如状态 $\boldsymbol{\rho}_{\mathrm{ar}}$ 是式（3.1）在任意控制下的平衡点，那么

$$\alpha(\boldsymbol{\rho}_{\mathrm{ar}}) = \beta(\boldsymbol{\rho}_{\mathrm{ar}}) = \delta(\boldsymbol{\rho}_{\mathrm{ar}}) = 0$$

且有

$$\boldsymbol{\rho}_{\mathrm{ar}} \in \{\boldsymbol{\rho}_k\,(k=3,\cdots,n)\text{ 或}\boldsymbol{\rho}_{\mathcal{R}}\}$$

根据引理 3.2，$\alpha(\boldsymbol{\rho}_{\mathrm{ar}}) = \delta(\boldsymbol{\rho}_{\mathrm{ar}}) = 0$。由于

$$\begin{aligned}[\boldsymbol{H}_1,\boldsymbol{\rho}_{\mathcal{R}}] &= \boldsymbol{H}_1\boldsymbol{\rho}_{\mathcal{R}} - \boldsymbol{\rho}_{\mathcal{R}}\boldsymbol{H}_1 \\ &= \begin{bmatrix} h_{12}\rho_{\mathcal{R}21} - h_{21}\rho_{\mathcal{R}12} & h_{12}\rho_{\mathcal{R}22} - h_{12}\rho_{\mathcal{R}11} & -(h_{13}\rho_{\mathcal{R}11} + h_{23}\rho_{\mathcal{R}12}) & \cdots & -(h_{1n}\rho_{\mathcal{R}11} + h_{2n}\rho_{\mathcal{R}12}) \\ h_{21}\rho_{\mathcal{R}11} - h_{21}\rho_{\mathcal{R}22} & h_{21}\rho_{\mathcal{R}12} - h_{12}\rho_{\mathcal{R}21} & -(h_{13}\rho_{\mathcal{R}21} + h_{23}\rho_{\mathcal{R}22}) & \cdots & -(h_{1n}\rho_{\mathcal{R}21} + h_{2n}\rho_{\mathcal{R}22}) \\ h_{31}\rho_{\mathcal{R}11} + h_{32}\rho_{\mathcal{R}21} & h_{31}\rho_{\mathcal{R}12} + h_{32}\rho_{\mathcal{R}22} & 0 & \cdots & 0 \\ \vdots & \vdots & \vdots & & \vdots \\ h_{n1}\rho_{\mathcal{R}11} + h_{n2}\rho_{\mathcal{R}21} & h_{n1}\rho_{\mathcal{R}12} + h_{n2}\rho_{\mathcal{R}22} & 0 & \cdots & 0 \end{bmatrix}\end{aligned}$$

因此为使 $[\boldsymbol{H}_1,\boldsymbol{\rho}_{\mathcal{R}}]=0$ 成立，需要

$$h_{12}\rho_{\mathcal{R}21} = h_{21}\rho_{\mathcal{R}12},\ \rho_{\mathcal{R}22} = \rho_{\mathcal{R}11} \tag{3.5}$$

和

$$h_{k1}\rho_{\mathcal{R}11} + h_{k2}\rho_{\mathcal{R}21} = 0,\ h_{k1}\rho_{\mathcal{R}12} + h_{k2}\rho_{\mathcal{R}22} = 0, \quad \forall k \in \{3,\cdots,n\} \tag{3.6}$$

同时成立。

$\rho_{\mathcal{R}21}=\rho_{\mathcal{R}12}=0$ 或 $h_{12}=h_{21}$ 且 $\rho_{\mathcal{R}21}=\rho_{\mathcal{R}12}$ 可使式（3.5）成立。考虑到 $\rho_{\mathcal{R}22}=\rho_{\mathcal{R}11}$，当 $\rho_{\mathcal{R}21}=\rho_{\mathcal{R}12}=0$ 时，有

$$[\boldsymbol{H}_1,\boldsymbol{\rho}_{\mathcal{R}}]=\rho_{\mathcal{R}11}\begin{bmatrix}0 & 0 & -h_{13} & \cdots & -h_{1n}\\ 0 & 0 & -h_{23} & \cdots & -h_{2n}\\ h_{31} & h_{32} & 0 & \cdots & 0\\ \vdots & \vdots & \vdots & & \vdots\\ h_{n1} & h_{n2} & 0 & \cdots & 0\end{bmatrix}$$

对所有的 $k=1,\cdots,n-1$，$h_{k(k+1)}\neq 0$，使得 $[\boldsymbol{H}_1,\boldsymbol{\rho}_{\mathcal{R}}]\neq 0$，从而在这种情况下 $\beta(\boldsymbol{\rho}_{\mathcal{R}})\neq 0$。当 $h_{12}=h_{21}$ 且 $\rho_{\mathcal{R}21}=\rho_{\mathcal{R}12}$ 时，根据式（3.6），有

$$\rho_{\mathcal{R}11}=\frac{-h_{k2}\rho_{\mathcal{R}21}}{h_{k1}}$$

且有

$$h_{k1}^2\rho_{\mathcal{R}12}-h_{k2}^2\rho_{\mathcal{R}21}=0$$

即 $h_{k1}^2=h_{k2}^2$，这与 $h_{k1}=h_{k2}$ 或 $h_{k1}=-h_{k2}(k=3,\cdots,n)$ 不能同时成立矛盾，使得 $[\boldsymbol{H}_1,\boldsymbol{\rho}_{\mathcal{R}}]\neq 0$，因此 $\beta(\boldsymbol{\rho}_{\mathcal{R}})\neq 0$。此外，对于本征态 $\boldsymbol{\rho}_k\,(k=3,\cdots,n)$，有

$$[\boldsymbol{H}_1,\boldsymbol{\rho}_k]=\begin{bmatrix}0 & \cdots & 0 & h_{1k} & 0 & \cdots & 0\\ \vdots & & \vdots & \vdots & \vdots & & \vdots\\ 0 & \cdots & 0 & h_{(k-1)k} & 0 & \cdots & 0\\ -h_{k1} & \cdots & -h_{k(k-1)} & 0 & -h_{(k+1)k} & \cdots & -h_{kn}\\ 0 & \cdots & 0 & h_{k(k+1)} & 0 & \cdots & 0\\ \vdots & & \vdots & \vdots & \vdots & & \vdots\\ 0 & \cdots & 0 & h_{nk} & 0 & \cdots & 0\end{bmatrix}$$

由于 $h_{k(k+1)}\neq 0$，$[\boldsymbol{H}_1,\boldsymbol{\rho}_k]\neq 0$，因此 $\beta(\boldsymbol{\rho}_k)\neq 0$。然后，根据 $\delta(\boldsymbol{\rho}_{\mathrm{ar}})\neq 0$ 可知，不存在一个状态 $\boldsymbol{\rho}_{\mathrm{ar}}\in\mathcal{S}$ 在任意控制下均是式（3.1）的平衡点。

3.2 李雅普诺夫控制设计

本节将基于适用于量子随机主方程的李雅普诺夫定理 2.2 设计使目标混合态局部镇定的控制律。本节构造的李雅普诺夫函数为

$$\begin{aligned}V(\boldsymbol{\rho}_t)&=V_1(\boldsymbol{\rho}_t)+c\mathrm{tr}^2(\boldsymbol{P\rho}_t)\\&=\mathrm{tr}((\boldsymbol{\rho}_t-\boldsymbol{\rho}_f)^2)+c\mathrm{tr}^2(\boldsymbol{P\rho}_t)\\&=\mathrm{tr}(\boldsymbol{\rho}_t^2)-2\mathrm{tr}(\boldsymbol{\rho}_t\boldsymbol{\rho}_f)+\mathrm{tr}(\boldsymbol{\rho}_f^2)+c\mathrm{tr}^2(\boldsymbol{P\rho}_t)\end{aligned}\tag{3.7}$$

式中，$c\in\mathbb{R}$ 且 $c\geqslant 0$； $\boldsymbol{P}=\begin{bmatrix}\boldsymbol{P}_1 & \boldsymbol{0}\\ \boldsymbol{0} & \boldsymbol{0}\end{bmatrix}$， $\boldsymbol{P}_1=\begin{bmatrix}p_{11} & p_{12}\\ p_{21} & p_{22}\end{bmatrix}$，满足 $\mathrm{tr}(\boldsymbol{P\rho}_f)=0$，即

$$\Re(p_{12}b^*)=\frac{1}{2}[(a-1)p_{22}-ap_{11}]\tag{3.8}$$

参数 $\boldsymbol{P}$ 在解决不可数系统平衡点问题中发挥重要的作用，通过设计 $\boldsymbol{P}$ 可以确定不变集中状态的个数和类型，通过设计参数 c 可以使不变集中仅包含目标态。需要注意的是，由于研究的目标态 $\boldsymbol{\rho}_f$ 是混合态，因此设定 $V_1(\boldsymbol{\rho}_t)=\mathrm{tr}((\boldsymbol{\rho}_t-\boldsymbol{\rho}_f)^2)$ 来代替文献[71]中目标态为本征态时的 $V_1(\boldsymbol{\rho}_t)=1-\mathrm{tr}(\boldsymbol{\rho}_t\boldsymbol{\rho}_f)$。

与式（3.1）关联的作用于 $V(\boldsymbol{\rho}_t)$ 的无穷小算子为

$$\mathcal{L}V(\boldsymbol{\rho}_t)=\mathcal{L}V_1(\boldsymbol{\rho}_t)+c\mathcal{L}\mathrm{tr}^2(\boldsymbol{P\rho}_t)=\mathcal{L}\mathrm{tr}(\boldsymbol{\rho}_t^2)-2\mathcal{L}\mathrm{tr}(\boldsymbol{\rho}_t\boldsymbol{\rho}_f)+c\mathcal{L}\mathrm{tr}^2(\boldsymbol{P\rho}_t)\tag{3.9}$$

由式（3.9）可知，为获得 $\mathcal{L}V(\boldsymbol{\rho}_t)$， $\mathcal{L}\mathrm{tr}(\boldsymbol{\rho}_t^2)$、$\mathcal{L}\mathrm{tr}(\boldsymbol{\rho}_t\boldsymbol{\rho}_f)$ 和 $\mathcal{L}\mathrm{tr}^2(\boldsymbol{P\rho}_t)$ 需要依次计算。

由于 $\boldsymbol{L}$ 是自伴随的，因此式（3.1）中的 $\alpha(\boldsymbol{\rho}_t)$ 和 $\beta(\boldsymbol{\rho}_t)$ 可以写为

$$\begin{cases}\alpha(\boldsymbol{\rho}_t)=-\mathrm{i}[\boldsymbol{H}_0,\boldsymbol{\rho}_t]+\boldsymbol{L\rho}_t\boldsymbol{L}-\dfrac{1}{2}\boldsymbol{L}^2\boldsymbol{\rho}_t-\dfrac{1}{2}\boldsymbol{\rho}_t\boldsymbol{L}^2\\ \beta(\boldsymbol{\rho}_t)=\sqrt{\eta}(\boldsymbol{L\rho}_t+\boldsymbol{\rho}_t\boldsymbol{L}-2\mathrm{tr}(\boldsymbol{L\rho}_t)\boldsymbol{\rho}_t)\end{cases}\tag{3.10}$$

从而

$$\mathrm{dtr}(\boldsymbol{P\rho}_t)=\mathrm{tr}(\boldsymbol{P}\mathrm{d}\boldsymbol{\rho}_t)=\mathrm{tr}(\boldsymbol{P}\alpha(\boldsymbol{\rho}_t))\mathrm{d}t-\mathrm{tr}(\mathrm{i}[H_1,\boldsymbol{\rho}_t]\boldsymbol{P})u_t\mathrm{d}t+\mathrm{tr}(\boldsymbol{P}\delta(\boldsymbol{\rho}_t))\mathrm{d}W_t\tag{3.11}$$

根据式（3.11）并应用引理 2.2，可得

$$\begin{aligned}\mathrm{dtr}^2(\boldsymbol{P}\rho_t) &= 2\mathrm{tr}(\boldsymbol{P}\mathrm{d}\rho_t)\mathrm{dtr}(\boldsymbol{P}\rho_t) + (\mathrm{dtr}(\boldsymbol{P}\rho_t))^2 \\ &= 2\mathrm{tr}(\boldsymbol{P}\mathrm{d}\rho_t)(\mathrm{tr}(\boldsymbol{P}\alpha(\rho_t))\mathrm{d}t - \mathrm{tr}(\mathrm{i}[H_1,\rho_t]\boldsymbol{P})u_t\mathrm{d}t + \\ &\quad \mathrm{tr}(\boldsymbol{P}\delta(\rho_t))\mathrm{d}W_t) + (\mathrm{dtr}(\boldsymbol{P}\rho_t))^2\end{aligned} \tag{3.12}$$

因此

$$\mathcal{L}\mathrm{tr}^2(\boldsymbol{P}\rho_t) = 2\mathrm{tr}(\boldsymbol{P}\rho_t)(\mathrm{tr}(\boldsymbol{P}\alpha) + \mathrm{tr}(-\mathrm{i}\boldsymbol{H}_1[\rho_t,\boldsymbol{P}])u_t) + \mathrm{tr}^2(\boldsymbol{P}\delta) \tag{3.13}$$

此外，由于$[\boldsymbol{H}_0,\boldsymbol{\rho}_f]=0$及$[\boldsymbol{L},\boldsymbol{\rho}_f]=0$，因此有

$$\begin{aligned}\mathrm{dtr}(\rho_t\boldsymbol{\rho}_f) &= \mathrm{tr}\left(-\mathrm{i}[\boldsymbol{H}_0,\rho_t]\boldsymbol{\rho}_f + \boldsymbol{L}\rho_t\boldsymbol{L}\boldsymbol{\rho}_f - \frac{1}{2}\boldsymbol{L}^2\rho_t\boldsymbol{\rho}_f - \frac{1}{2}\rho_t\boldsymbol{L}^2\boldsymbol{\rho}_f\right)\mathrm{d}t - \\ &\quad \mathrm{tr}(\mathrm{i}[\boldsymbol{H}_1,\rho_t]\boldsymbol{\rho}_f)u_t\mathrm{d}t + \sqrt{\eta}\,\mathrm{tr}(\boldsymbol{L}\rho_t\boldsymbol{\rho}_f + \rho_t\boldsymbol{L}\boldsymbol{\rho}_f - 2\mathrm{tr}(\boldsymbol{L}\rho_t)\rho_t\boldsymbol{\rho}_f)\mathrm{d}W_t \\ &= -\mathrm{tr}(\mathrm{i}[\boldsymbol{H}_1,\rho_t]\boldsymbol{\rho}_f)u_t\mathrm{d}t + 2\sqrt{\eta}\,\mathrm{tr}((\boldsymbol{L} - tr(\boldsymbol{L}\rho_t))\rho_t\boldsymbol{\rho}_f)\mathrm{d}W_t\end{aligned} \tag{3.14}$$

从而

$$\mathcal{L}\mathrm{tr}(\rho_t\boldsymbol{\rho}_f) = \mathrm{tr}(-\mathrm{i}[\boldsymbol{H}_1,\rho_t]\boldsymbol{\rho}_f)u_t \tag{3.15}$$

根据 Itô 引理 2.1，有

$$\mathrm{dtr}(\rho_t^2) = \mathrm{tr}(2\rho_t(\alpha(\rho_t) + \beta(\rho_t) + \delta^2(\rho_t))\mathrm{d}t) + 2\mathrm{tr}(\delta(\rho_t)\rho_t)\mathrm{d}W_t \tag{3.16}$$

考虑到$\mathrm{tr}(\rho_t[\boldsymbol{H}_0,\rho_t]) = \mathrm{tr}(\rho_t[\boldsymbol{H}_1,\rho_t]) = 0$，有

$$\begin{cases}\mathrm{tr}(\rho_t\alpha(\rho_t)) = \mathrm{tr}(\rho_t[\boldsymbol{L},\rho_t]\boldsymbol{L}) \\ \mathrm{tr}(\rho_t\beta(\rho_t)) = 0\end{cases} \tag{3.17}$$

使得式（3.16）可以写为

$$\mathrm{dtr}(\rho_t^2) = \mathrm{tr}(2\rho_t[\boldsymbol{L},\rho_t]\boldsymbol{L} + \delta^2(\rho_t))\mathrm{d}t + 2\mathrm{tr}(\delta(\rho_t)\rho_t)\mathrm{d}W_t \tag{3.18}$$

因此

$$\mathcal{L}\mathrm{tr}(\rho_t^2) = \mathrm{tr}(2\rho_t[\boldsymbol{L},\rho_t]\boldsymbol{L} + \delta^2(\rho_t)) \tag{3.19}$$

将式（3.13）、式（3.15）及式（3.19）代入式（3.9）中，有

$$\begin{aligned}\mathcal{L}V(\boldsymbol{\rho}_t) &= 2c\mathrm{tr}(\boldsymbol{P}\boldsymbol{\rho}_t)\mathrm{tr}(\boldsymbol{P}\alpha) + c\mathrm{tr}^2(\boldsymbol{P}\delta) + \mathrm{tr}(2\boldsymbol{\rho}_t[L,\boldsymbol{\rho}_t]\boldsymbol{L} + \delta^2(\boldsymbol{\rho}_t)) + \\ &\quad 2c\mathrm{tr}(\boldsymbol{P}\boldsymbol{\rho}_t)\mathrm{tr}(-\mathrm{i}\boldsymbol{H}_1[\boldsymbol{\rho}_t,\boldsymbol{P}])u_t - 2\mathrm{tr}(-\mathrm{i}\boldsymbol{H}_1[\boldsymbol{\rho}_t,\boldsymbol{\rho}_f])u_t \\ &= G(\boldsymbol{\rho}_t) + u_t g(\boldsymbol{\rho}_t)\end{aligned} \tag{3.20}$$

其中

$$G(\boldsymbol{\rho}_t) = 2c\mathrm{tr}(\boldsymbol{P}\boldsymbol{\rho}_t)\mathrm{tr}(\boldsymbol{P}\alpha) + c\mathrm{tr}^2(\boldsymbol{P}\delta) + \mathrm{tr}(2\boldsymbol{\rho}_t[\boldsymbol{L},\boldsymbol{\rho}_t]\boldsymbol{L} + \delta^2(\boldsymbol{\rho}_t))$$

$$g(\boldsymbol{\rho}_t) = 2c\mathrm{tr}(\boldsymbol{P}\boldsymbol{\rho}_t)\mathrm{tr}(-\mathrm{i}\boldsymbol{H}_1[\boldsymbol{\rho}_t,P]) - 2\mathrm{tr}(-\mathrm{i}\boldsymbol{H}_1[\boldsymbol{\rho}_t,\boldsymbol{\rho}_f])$$

为使$\mathcal{L}V(\boldsymbol{\rho}_t)\leqslant 0$，控制律 u_t 可以设为

$$u_t = u(\boldsymbol{\rho}_t) = -\frac{G(\boldsymbol{\rho}_t)}{g(\boldsymbol{\rho}_t)} - k_v g(\boldsymbol{\rho}_t), \quad k_v \in \mathbb{R} \text{ 且 } k_v > 0 \tag{3.21}$$

则式（3.20）变为

$$\mathcal{L}V(\boldsymbol{\rho}_t) = -k_v g^2(\boldsymbol{\rho}_t) \leqslant 0 \tag{3.22}$$

为分析状态 $\boldsymbol{\rho}_t$ 在控制律 $u(\boldsymbol{\rho}_t)$ 作用下的收敛行为，可以应用拉塞尔不变集原理即定理 2.3。根据拉塞尔不变集原理，系统状态 $\boldsymbol{\rho}_t$ 在控制律 $u(\boldsymbol{\rho}_t)$ 的作用下从任意初态依概率收敛于不变集

$$\mathcal{R} = \{\boldsymbol{\rho}_{\mathcal{R}} : \mathcal{L}V(\boldsymbol{\rho}_{\mathcal{R}}) = 0\} = \{\boldsymbol{\rho}_{\mathcal{R}} : g(\boldsymbol{\rho}_{\mathcal{R}}) = 0\} \tag{3.23}$$

考虑到不变集 $\mathcal{R}$ 中的状态 $\boldsymbol{\rho}_{\mathcal{R}}$ 包含于系统平衡点，$\boldsymbol{\rho}_{\mathcal{R}}$ 具有形式 $\boldsymbol{\rho}_{\mathcal{R}} = \begin{bmatrix} \boldsymbol{\rho}_{\mathcal{R}1} & \boldsymbol{0} \\ \boldsymbol{0} & \boldsymbol{0} \end{bmatrix}$，其中 $\boldsymbol{\rho}_{\mathcal{R}1} = \begin{bmatrix} \rho_{\mathcal{R}11} & \rho_{\mathcal{R}12} \\ \rho_{\mathcal{R}21} & \rho_{\mathcal{R}22} \end{bmatrix}$ 或 $\boldsymbol{\rho}_{\mathcal{R}}$ 是本征态。很明显，目标态 $\boldsymbol{\rho}_f \in \mathcal{R}$ 且控制律 $u(\boldsymbol{\rho}_t)$ 能够驱动系统状态从特定区域到目标态 $\boldsymbol{\rho}_f$，即 $u(\boldsymbol{\rho}_t)$ 可使 $\boldsymbol{\rho}_f$ 局部镇定。

为使 $\boldsymbol{\rho}_f$ 全局镇定，需要基于拉塞尔不变集原理分析不变集中的状态并确定收敛域 $\mathcal{Q}_{cd}$。一个可能的方法是设计另一个控制器 u_c，当初态不在 $\mathcal{Q}_{cd}$ 时，u_c 可以使系统状态在有限时间内进入 $\mathcal{Q}_{cd}$。通过这种方式，控制律 $u(\boldsymbol{\rho}_t)$ 与 u_c 结合构成切换控制 u_t，使目标态全局镇定。下节将给出 u_t 的完整描述。

3.3　切换控制设计

为便于描述设计的切换控制，先进行一些符号定义，有

$$\begin{cases} V_{\max} = \max\limits_{\rho\in\mathcal{S}} V(\boldsymbol{\rho}) \\ \mathcal{Q}_{>\epsilon} = \{\boldsymbol{\rho}\in\mathcal{S}:\epsilon\leqslant V(\boldsymbol{\rho})<V_{\max}\} \\ \mathcal{Q}_{\geqslant\epsilon} = \{\boldsymbol{\rho}\in\mathcal{S}:\epsilon\leqslant V(\boldsymbol{\rho})\leqslant V_{\max}\} \\ \mathcal{Q}_{<\epsilon} = \{\boldsymbol{\rho}\in\mathcal{S}:0\leqslant V(\boldsymbol{\rho})<\epsilon\} \\ \mathcal{Q}_{\leqslant\epsilon} = \{\boldsymbol{\rho}\in\mathcal{S}:0\leqslant V(\boldsymbol{\rho})\leqslant\epsilon\} \\ Q = \min V(\boldsymbol{\rho}_t) - V(\boldsymbol{\rho}_{\mathbb{I}_n}) \\ M = V(\boldsymbol{\rho}_{\mathbb{I}_n}) + \dfrac{Q}{2} \end{cases}$$

式中，$\boldsymbol{\rho}_t\in\mathcal{R}$ 且 $\boldsymbol{\rho}_t\neq\boldsymbol{\rho}_f$；$\boldsymbol{\rho}_{\mathbb{I}_n}=\dfrac{1}{n}\mathbb{I}_n$。在这些定义下，收敛域 $\mathcal{Q}_{\text{cd}}$ 设为 $\mathcal{Q}_{\leqslant M}$，这样可以得到定理 3.1。

定理 3.1　对于式（3.1），在假设 3.1～3.3 下，系统状态在下面的切换控制 u_t 作用下可以从状态空间 $\mathcal{S}$ 中的任意初态收敛到目标混合态 $\boldsymbol{\rho}_f=\begin{bmatrix}\boldsymbol{\rho}_{f1} & \mathbf{0}\\ \mathbf{0} & \mathbf{0}\end{bmatrix}$，其中 $\boldsymbol{\rho}_{f1}=\begin{bmatrix}a & b\\ b^* & 1-a\end{bmatrix}$ 且 $a(a-1)+bb^*<0$：

（1）如果 $\boldsymbol{\rho}_t\in\mathcal{Q}_{\geqslant M+Q/4}$，则 $u_t=u_c=1$；

（2）如果 $\boldsymbol{\rho}_t\in\Phi=\mathcal{Q}_{<M+Q/4}\cap\mathcal{Q}_{>M}$，则当 ρ_t 最后通过 $\mathcal{Q}_M$ 的边界进入 Φ 时，$u_t=u(\boldsymbol{\rho}_t)$，否则 $u_t=u_c=1$；

（3）如果 $\boldsymbol{\rho}_t\in\mathcal{Q}_{\leqslant M}$，则 $u_t=u(\boldsymbol{\rho}_t)$。

其中

$$u(\rho_t) = -\frac{G(\rho_t)}{g(\rho_t)} - k_v g(\rho_t)$$

$$G(\rho_t) = 2c\text{tr}(\boldsymbol{P}\rho_t)\text{tr}(\boldsymbol{P}\alpha) + c\text{tr}^2(\boldsymbol{P}\delta) + \text{tr}(2\rho_t[\boldsymbol{L},\rho_t]\boldsymbol{L} + \delta^2(\rho_t))$$

$$g(\rho_t) = 2c\text{tr}(\boldsymbol{P}\rho_t)\text{tr}(-\text{i}\boldsymbol{H}_1[\rho_t,\boldsymbol{P}]) - 2\text{tr}(-\text{i}\boldsymbol{H}_1[\rho_t,\rho_f])$$

对 $\boldsymbol{P} = \begin{bmatrix} \boldsymbol{P}_1 & \boldsymbol{0} \\ \boldsymbol{0} & \boldsymbol{0} \end{bmatrix}$，其中 $\boldsymbol{P}_1 = \begin{bmatrix} p_{11} & p_{12} \\ p_{21} & p_{22} \end{bmatrix}$ 的约束如下。

情况 1：如果 $\Im(b) = 0$ 且 $a \neq 0.5$，则 $\dfrac{\Im(h_{21}p_{12})}{\Im(h_{12})} \neq \dfrac{p_{22} - p_{11}}{2a-1}b$。

情况 2：如果 $\Im(b) \neq 0$ 且 $a \neq 0.5$，则 $\dfrac{p_{11} - p_{22}}{2a-1} \neq -\dfrac{\Im(h_{21}p_{12})}{\Im(h_{12}b^*)}$。

情况 3：如果 $\Im(b) = 0$ 且 $a = 0.5$，则 $p_{11} \neq p_{22}$。

情况 4：如果 $\Im(b) \neq 0$ 且 $a = 0.5$，则当 $\Lambda < 0$ 时， $p_{11} \neq p_{22}$， $Y > 0$；当 $\Lambda > 0$ 时，$p_{11} \neq p_{22}$， $Y > 0$， $\dfrac{\Lambda}{Y} < n(n+1)N$。

其中

$$Y = \left(\frac{1}{2}(p_{11} + p_{22}) + 2\Re(p_{12}h_{21})\right)^2 - \frac{1}{n^2}(p_{11} + p_{22})^2$$

$$\Lambda = \frac{n-2}{2n} + 4\Re(bh_{21}) - 2h_{12}h_{21}$$

$$N = (p_{11} + p_{22})^{-2}$$

对 c 的约束为：当 $\Lambda > 0$ 且 $Y > 0$ 时，$\max\left\{\dfrac{\Lambda}{Y}, \dfrac{2n}{n+2}N\right\} < c < n(n+1)N$；否则，有

$$\frac{2n}{n+2}N < c < n(n+1)N$$

在给出定理 3.1 的证明之前，先给出引理 3.4 和引理 3.5 及其证明。

引理 3.4　在 $u_t = 1$ 的作用下，$\lim\limits_{t\to\infty}\mathbb{E}(\rho_t) = \rho_{\mathbb{I}_n}$。

证明　令 $\overline{\rho}_t=\mathbb{E}(\rho_t)$，在 $u_t=1$ 作用下，$\overline{\rho}_t$ 的演化遵循方程

$$\frac{\mathrm{d}\overline{\rho}_t}{\mathrm{d}t}=-\mathrm{i}[\boldsymbol{H}_0,\overline{\rho}_t]-\frac{1}{2}[\boldsymbol{L},[\boldsymbol{L},\overline{\rho}_t]]-\mathrm{i}[\boldsymbol{H}_1,\overline{\rho}_t] \tag{3.24}$$

考虑函数

$$W(\rho_t)=\mathrm{tr}((\rho_t-\rho_{\mathbb{1}_n})^2)=\mathrm{tr}(\rho_t^2)-\frac{1}{n} \tag{3.25}$$

根据式（3.24），$W(\overline{\rho}_t)$ 对时间的一阶导数为

$$\begin{aligned}\frac{\mathrm{d}W(\overline{\rho}_t)}{\mathrm{d}t}&=-2\,\mathrm{tr}(\mathrm{i}[\boldsymbol{H}_0,\overline{\rho}_t]\overline{\rho}_t)-\mathrm{tr}([\boldsymbol{L},[\boldsymbol{L},\overline{\rho}_t]]\overline{\rho}_t)-2\,\mathrm{tr}(\mathrm{i}[\boldsymbol{H}_1,\overline{\rho}_t]\overline{\rho}_t)\\&=-\mathrm{tr}([\boldsymbol{L},\overline{\rho}_t]^{\dagger}[\boldsymbol{L},\overline{\rho}_t])\\&=-\|[\boldsymbol{L},\overline{\rho}_t]\|^2\leqslant 0\end{aligned} \tag{3.26}$$

在控制律 $u_t=1$ 的作用下，$\overline{\rho}_t$ 收敛到包含在集合 $\{\rho_t:\|[\boldsymbol{L},\rho_t]\|=0\}$ 的最大不变集 $\mathcal{M}$ 中。将 $\mathcal{M}$ 中的状态轨迹记为 $\overline{\rho}_t^{\mathcal{M}}$，由于

$$\|[\boldsymbol{L},\overline{\rho}_t^{\mathcal{M}}]\|=0$$

因此 $[\boldsymbol{L},\overline{\rho}_t^{\mathcal{M}}]=0$。

$\boldsymbol{L}$ 是对角阵，且有

$$l_1=l_2\neq l_k,\quad k\neq 1,2$$

因此

$$\overline{\rho}_t^{\mathcal{M}}=\begin{bmatrix}\rho_F & 0\\ 0 & \tilde{\boldsymbol{D}}\end{bmatrix}$$

式中，$\rho_F=\begin{bmatrix}\rho_{F11} & \rho_{F12}\\ \rho_{F21} & \rho_{F22}\end{bmatrix}$ 为一个 2×2 矩阵，$\tilde{\boldsymbol{D}}=\mathrm{diag}(\tilde{d}_3,\cdots,\tilde{d}_n)$ 代表一个 $(n-2)\times(n-2)$ 对角阵。

由于 $[\boldsymbol{H}_0,\rho_f]=0$，因此当 $a\neq 0.5$ 时，$h_{0-22}=Xh_{0-11}$ 且 $h_{0-12}=\dfrac{1-X}{2a-1}b$；当 $a=0.5$ 时，$h_{0-22}=h_{0-11}$ 且 $\Im(h_{0-12}b^*)=0$。当 $a=0.5$ 时，有

$$\boldsymbol{H}_{01}+u\boldsymbol{H}_{11}=\begin{bmatrix} h_{0-11} & h_{0-12} \\ h_{0-21} & h_{0-11} \end{bmatrix}+u\begin{bmatrix} 0 & h_{12} \\ h_{21} & 0 \end{bmatrix}=\begin{bmatrix} h_{0-11} & 0 \\ 0 & h_{0-11} \end{bmatrix}+u\begin{bmatrix} 0 & h_{12}+\dfrac{h_{0-12}}{u} \\ h_{21}+\dfrac{h_{0-21}}{u} & 0 \end{bmatrix} \tag{3.27}$$

令

$$\boldsymbol{H}_{01}^{u}=\begin{bmatrix} h_{0-11} & 0 \\ 0 & h_{0-11} \end{bmatrix},\quad \boldsymbol{H}_{11}^{u}=\begin{bmatrix} 0 & h_{12}+\dfrac{h_{0-12}}{u} \\ h_{21}+\dfrac{h_{0-21}}{u} & 0 \end{bmatrix}$$

则 $\boldsymbol{H}_0$ 和 $\boldsymbol{H}_1$ 分别变为 $\boldsymbol{H}_0^u=\begin{bmatrix} \boldsymbol{H}_{01}^u & 0 \\ 0 & \bar{\boldsymbol{D}} \end{bmatrix}$，$\boldsymbol{H}_1^u=\begin{bmatrix} \boldsymbol{H}_{11}^u & \boldsymbol{H}_{12} \\ \boldsymbol{H}_{21} & \boldsymbol{H}_{22} \end{bmatrix}$，其中 $\bar{\boldsymbol{D}}$ 代表一个对角阵。

需要注意的一点是，当 $u_t=1$ 时，有

$$\boldsymbol{H}_{11}^{1}=\begin{bmatrix} 0 & h_{12}+h_{0-12} \\ h_{21}+h_{0-21} & 0 \end{bmatrix}$$

$$\boldsymbol{H}_{12}=\begin{bmatrix} h_{13} & \cdots & h_{1n} \\ h_{23} & \cdots & h_{2n} \end{bmatrix}$$

$$\boldsymbol{H}_{21}=\begin{bmatrix} h_{31} & h_{32} \\ \vdots & \vdots \\ h_{n1} & h_{n2} \end{bmatrix}$$

$$\boldsymbol{H}_{22}=\begin{bmatrix} 0 & h_{34} & \cdots & h_{3n} \\ h_{43} & 0 & \cdots & h_{32} \\ \vdots & \vdots & & \vdots \\ h_{n3} & h_{32} & \cdots & 0 \end{bmatrix}$$

当 $a\neq 0.5$ 时，有

$$\boldsymbol{H}_{01}+u\boldsymbol{H}_{11}=\begin{bmatrix} h_{0-11} & h_{0-12} \\ h_{0-21} & Xh_{0-11} \end{bmatrix}+u\begin{bmatrix} 0 & h_{12} \\ h_{21} & 0 \end{bmatrix}=\begin{bmatrix} h_{0-11} & 0 \\ 0 & h_{0-11} \end{bmatrix}+u\begin{bmatrix} 0 & h_{12}+\dfrac{h_{0-12}}{u} \\ h_{21}+\dfrac{h_{0-21}}{u} & (X-1)\dfrac{h_{0-11}}{u} \end{bmatrix} \tag{3.28}$$

令

$$\boldsymbol{H}_{11}^{u}=\begin{bmatrix} 0 & h_{12}+\dfrac{h_{0-12}}{u} \\ h_{21}+\dfrac{h_{0-21}}{u} & (X-1)\dfrac{h_{0-11}}{u} \end{bmatrix}$$

则 $\boldsymbol{H}_1$ 可以写为

$$\boldsymbol{H}_{1}^{u}=\begin{bmatrix} \boldsymbol{H}_{11}^{u} & \boldsymbol{H}_{12} \\ \boldsymbol{H}_{21} & \boldsymbol{H}_{22} \end{bmatrix}$$

$\boldsymbol{H}_0$ 与 $a=0.5$ 时相同。需要注意的是，当 $u_t=1$ 时，有

$$\boldsymbol{H}_{11}^{1}=\begin{bmatrix} 0 & h_{12}+h_{0-12} \\ h_{21}+h_{0-21} & (X-1)h_{0-11} \end{bmatrix}$$

因此，$a\neq 0.5$ 和 $a=0.5$ 两种情况的不同之处在于 $\boldsymbol{H}_{11}^{1}$，但 $\boldsymbol{H}_{11}^{1}$ 不影响后续证明，因此以 $a=0.5$ 的情况为例继续引理 3.4 的证明。

与 $\boldsymbol{L}$ 相似，$\boldsymbol{H}_0^1$ 也为对角阵，故 $[\boldsymbol{H}_0^1,\bar{\boldsymbol{\rho}}_t^{\mathcal{M}}]=0$。$\bar{\boldsymbol{\rho}}_t^{\mathcal{M}}$ 的形式与 $\bar{\boldsymbol{\rho}}_t^{\mathcal{M}}$ 相同，因此 $[\boldsymbol{H}_1^1,\bar{\boldsymbol{\rho}}_t^{\mathcal{M}}]$ 的形式与 $\bar{\boldsymbol{\rho}}_t^{\mathcal{M}}$ 相同。由于

$$\left[\boldsymbol{H}_1^1,\bar{\boldsymbol{\rho}}_t^{\mathcal{M}}\right]=\begin{bmatrix} \left[\boldsymbol{H}_{11}^1,\boldsymbol{\rho}_F\right] & \boldsymbol{H}_{12}\tilde{\boldsymbol{D}}-\boldsymbol{\rho}_F\boldsymbol{H}_{12} \\ \boldsymbol{H}_{21}\boldsymbol{\rho}_F-\tilde{\boldsymbol{D}}\boldsymbol{H}_{21} & \left[\boldsymbol{H}_{22},\tilde{\boldsymbol{D}}\right] \end{bmatrix}$$

因此 $[\boldsymbol{H}_{22},\tilde{\boldsymbol{D}}]$ 为一对角阵且 $\boldsymbol{H}_{12}\tilde{\boldsymbol{D}}=\boldsymbol{\rho}_F\boldsymbol{H}_{12}$。$\boldsymbol{H}_{22}$ 是连接的，从而 $\tilde{\boldsymbol{D}}$ 是一个元素均相等的对角阵，记为 $\tilde{\boldsymbol{D}}=\boldsymbol{\kappa}_{\mathbb{I}_{n-2}}$。此时，有

$$\boldsymbol{H}_{12}\tilde{\boldsymbol{D}}=\kappa\boldsymbol{H}_{12}=\kappa\begin{bmatrix}h_{13}&\cdots&h_{1n}\\0&\cdots&0\end{bmatrix}+\kappa\begin{bmatrix}0&\cdots&0\\h_{23}&\cdots&h_{2n}\end{bmatrix}$$

$$\begin{aligned}\boldsymbol{\rho}_F\boldsymbol{H}_{12}&=\begin{bmatrix}h_{13}\rho_{F11}+\rho_{F12}h_{23}&\cdots&h_{1n}\rho_{F11}+\rho_{F12}h_{2n}\\h_{13}\rho_{F21}+\rho_{F22}h_{23}&\cdots&h_{1n}\rho_{F21}+\rho_{F22}h_{2n}\end{bmatrix}\\&=\rho_{F11}\begin{bmatrix}h_{13}&\cdots&h_{1n}\\0&\cdots&0\end{bmatrix}+\rho_{F12}\begin{bmatrix}h_{23}&\cdots&h_{2n}\\0&\cdots&0\end{bmatrix}+\\&\quad\rho_{F21}\begin{bmatrix}0&\cdots&0\\h_{13}&\cdots&h_{1n}\end{bmatrix}+\rho_{F22}\begin{bmatrix}0&\cdots&0\\h_{23}&\cdots&h_{2n}\end{bmatrix}\end{aligned}\tag{3.29}$$

由于 $h_{k1}=h_{k2}$ 或 $h_{k1}=-h_{k2}\ (k=3,\cdots,n)$ 不能同时成立，因此

$$\begin{bmatrix}h_{13}&\cdots&h_{1n}\\0&\cdots&0\end{bmatrix}\neq\pm\begin{bmatrix}h_{23}&\cdots&h_{2n}\\0&\cdots&0\end{bmatrix}$$

且有

$$\begin{bmatrix}0&\cdots&0\\h_{13}&\cdots&h_{1n}\end{bmatrix}\neq\pm\begin{bmatrix}0&\cdots&0\\h_{23}&\cdots&h_{2n}\end{bmatrix}$$

由于 $h_{1k}\neq0$ 且 $h_{2k}\neq0\ (k=3,\cdots,n)$，因此

$$\begin{bmatrix}h_{13}&\cdots&h_{1n}\\h_{13}&\cdots&h_{1n}\end{bmatrix}\neq\begin{bmatrix}0\\0\end{bmatrix},\quad\begin{bmatrix}h_{23}&\cdots&h_{2n}\\h_{23}&\cdots&h_{2n}\end{bmatrix}\neq\begin{bmatrix}0\\0\end{bmatrix}$$

从而只有当 $\rho_{F11}=\rho_{F22}=\kappa$ 且 $\rho_{F12}=\rho_{F21}=0$ 时，$\boldsymbol{H}_{12}\tilde{\boldsymbol{D}}=\boldsymbol{\rho}_F\boldsymbol{H}_{12}$，即

$$\boldsymbol{\rho}_F=\begin{bmatrix}\kappa&0\\0&\kappa\end{bmatrix}$$

由于 $\tilde{\boldsymbol{D}}=\boldsymbol{\kappa}_{\mathbb{I}_{n-2}}$，并考虑到 $\mathrm{tr}(\overline{\boldsymbol{\rho}}_t^{\mathcal{M}})=1$，有 $\kappa=\dfrac{1}{n}$，因此 $\overline{\boldsymbol{\rho}}_t^{\mathcal{M}}=\dfrac{1}{n}{}_{\mathbb{I}_n}$，即

$$\mathcal{M}=\{\boldsymbol{\rho}_{\mathbb{I}_n}\},\quad\lim_{t\to\infty}\mathbb{E}(\boldsymbol{\rho}_t)=\lim_{t\to\infty}\overline{\boldsymbol{\rho}}_t=\boldsymbol{\rho}_{\mathbb{I}_n}$$

引理 3.5 令 $\tau_{\rho_0}(\mathcal{Q}_{>M})$ 是从 $\boldsymbol{\rho}_0$ 开始的 $\boldsymbol{\rho}_t$ 首次离开 $\mathcal{Q}_{>M}$ 的时间，则 $\tau_{\rho_0}(\mathcal{Q}_{>M})<\infty$。

证明　由于$V(\boldsymbol{\rho}_t)$是连续的且$\lim\limits_{t\to\infty}\mathbb{E}(\boldsymbol{\rho}_t)=\boldsymbol{\rho}_{\mathbb{I}_n}$，因此有

$$\lim_{t\to\infty}\mathbb{E}(V(\boldsymbol{\rho}_t))=V(\lim_{t\to\infty}\mathbb{E}(\boldsymbol{\rho}_t))=V(\boldsymbol{\rho}_{\mathbb{I}_n})=1-\frac{1}{\boldsymbol{n}}+c\mathrm{tr}^2(\boldsymbol{P}\boldsymbol{\rho}_{\mathbb{I}_n}) \tag{3.30}$$

由于$M-V(\rho_{\mathbb{I}_n})=\dfrac{Q}{2}>0$，因此存在$T>0$，使得对所有的$t\geqslant T$，有

$$|\mathbb{E}(V(\boldsymbol{\rho}_t))-V(\boldsymbol{\rho}_{\mathbb{I}_n})|<\frac{Q}{2}$$

从而当$t\geqslant T$时，有

$$\mathbb{E}(V(\boldsymbol{\rho}_t))<V(\boldsymbol{\rho}_{\mathbb{I}_n})+\frac{Q}{2}=M \tag{3.31}$$

定义　$T(\boldsymbol{\rho}_0)=\inf\{T:\mathbb{E}(V(\boldsymbol{\rho}_t))<M,t\geqslant T\}$，$\bar{T}=\sup\limits_{\boldsymbol{\rho}_0\in\mathcal{S}}T(\boldsymbol{\rho}_0)$。由于$\mathbb{E}(V(\boldsymbol{\rho}_t))$的连续性，因此$T(\boldsymbol{\rho}_0)$对$\boldsymbol{\rho}_0$是连续的，从而$\bar{T}<\infty$一定成立，即存在$\bar{T}<\infty$，使得在控制律$u_t=1$作用下，有

$$\mathbb{E}(V(\boldsymbol{\rho}_t))<M,\quad \forall t\geqslant\bar{T},\forall\boldsymbol{\rho}_0\in\mathcal{S} \tag{3.32}$$

下面需要证明$\tau_{\rho_0}(\mathcal{Q}_{>M})<\infty$。根据文献[109]中的引理 4.3，有

$$\mathbb{E}(\tau_{\rho_0}(\mathcal{Q}_{>M}))\leqslant\frac{2\bar{T}}{1-\sup\limits_{\xi\in\mathcal{S}}\mathbb{P}(\tau_\xi(\mathcal{Q}_{>M})>2\bar{T})} \tag{3.33}$$

这里用反证法证明$\sup\limits_{\xi\in\mathcal{S}}\mathbb{P}(\tau_\xi(\mathcal{Q}_{>M})>2\bar{T})<1$。假设

$$\sup_{\xi\in\mathcal{S}}\mathbb{P}(\tau_\xi(\mathcal{Q}_{>M})>2\bar{T})=1 \tag{3.34}$$

明显地，对所有的$\xi\in\mathcal{Q}_{<M}$有$\mathbb{P}(\tau_\xi(\mathcal{Q}_{>M})>2\bar{T})<1$。根据式（3.34），存在$\xi_{Q/2}\in\mathcal{Q}_{>M}$使得

$$\mathbb{P}(\tau_\xi(\mathcal{Q}_{>M})>2\bar{T})>1-\frac{Q}{2}$$

因此，在$\boldsymbol{\rho}_0=\xi_{Q/2}$时，有

$$\mathbb{E}(V(\boldsymbol{\rho}_t))>M\,\mathbb{P}(\tau_\xi(\mathcal{Q}_{>M})>2\bar{T})>\left(\frac{Q}{1-2}\right)M \tag{3.35}$$

当$\frac{Q}{2}\to 0$时，存在$\xi_\infty\in\mathcal{Q}_{>M}$使得

$$\mathbb{E}(V(\boldsymbol{\rho}_t))>M \tag{3.36}$$

这与式（3.32）矛盾，因此$\sup\limits_{\xi\in\mathcal{S}}\mathbb{P}(\tau_\xi(\mathcal{Q}_{>M})>2\bar{T})<1$。根据式（3.33），$\mathbb{E}(\tau_{\rho_0}(\mathcal{Q}_{>M}))<\infty$，从而$\tau_{\rho_0}(\mathcal{Q}_{>M})<\infty$。引理 3.5 得证。

下面借助引理 3.4 和引理 3.5 给出定理 3.1 的证明。

证明 将$u_t=1$和$u_t=u(\boldsymbol{\rho}_t)$作用下的状态区域分别记为$\mathcal{M}_1$和$\mathcal{M}_u$。图 3.1 所示为定理 3.1 的证明示意图。在图 3.1 中，$\mathcal{Q}_{>M+Q/4}\subset\mathcal{M}_1$且$\mathcal{Q}_{\leqslant M}\subset\mathcal{M}_u$，如果$\boldsymbol{\rho}_t$最后经过边界$\mathcal{Q}_{>M}$进入$\Phi$，则$\Phi\subset\mathcal{M}_u$，否则$\Phi\subset\mathcal{M}_1$。证明分为以下三步。

第 1 步：在有限时间内，$\mathcal{M}_1$中的状态会转移到$\mathcal{M}_u$。

第 2 步：状态在$\mathcal{M}_1$与$\mathcal{M}_u$之间的交替次数是有限的，且最终会在$\mathcal{M}_u$中。

第 3 步：如果系统状态一直在$\mathcal{M}_u$中，则状态会收敛到目标混合态$\boldsymbol{\rho}_f$。

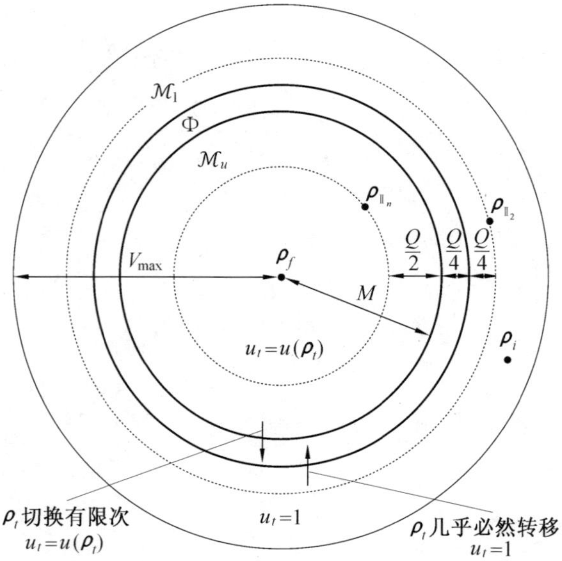

图 3.1 定理 3.1 的证明示意图

第 1 步可以通过常量控制 $u_t=1$ 完成，即对于任意初态 $\boldsymbol{\rho}_0\in\mathcal{Q}_{>M}$，系统状态 $\boldsymbol{\rho}_t$ 在 $u_t=1$ 作用下会在有限时间内离开 $\mathcal{M}_1$ 并转移到 $\mathcal{M}_u$。因此，第 1 步的证明包含以下两部分：

（1）系统状态 $\boldsymbol{\rho}_t$ 在控制律 $u_t=1$ 的作用下会收敛到一个确定的状态，且该状态位于 $\mathcal{M}_u$，即 $\boldsymbol{\rho}_t$ 可以从 $\mathcal{M}_1$ 转移到 $\mathcal{M}_u$；

（2）在控制律 $u_t=1$ 的作用下，系统状态 $\boldsymbol{\rho}_t$ 从 $\mathcal{M}_1$ 转移到 $\mathcal{M}_u$ 可以在有限时间内完成，这一部分已经通过引理 3.5 给出。

引理 3.4 表明在常量控制 $u_t=1$ 下，状态会收敛到一个固定的状态 $\boldsymbol{\rho}_{\mathbb{I}_n}$，且 $\boldsymbol{\rho}_{\mathbb{I}_n}\in\mathcal{M}_u$。引理 3.5 表明 $\boldsymbol{\rho}_t$ 可以在有限时间内在控制 $u_t=1$ 作用下离开 $\mathcal{Q}_{>M}$。结合引理 3.4 和引理 3.5，第 1 步的证明完成。

下面证明第 2 步。第 1 步成立意味着在有限时间内，系统状态从 $\mathcal{M}_1$ 转移到了 $\mathcal{M}_u$，标记这个时间为 $T_{1\text{st}}$。然而，状态从 $\mathcal{M}_1$ 转移到 $\mathcal{M}_u$ 并不总是一次就可以完成，这使得在 $t>T_{1\text{st}}$ 时，有两种可能：状态一直停留在 $\mathcal{M}_u$，记这个事件发生的概率为 $\mathbb{P}_{\mathcal{M}_u}$；状态再一次回到 $\mathcal{M}_1$，该事件发生的概率为 $1-\mathbb{P}_{\mathcal{M}_u}$。因此，第 2 步的证明同样包含以下两部分：

（1）在控制律 u_t 作用下，系统状态 $\boldsymbol{\rho}_t$ 在 $\mathcal{M}_1$ 与 $\mathcal{M}_u$ 之间的转移次数是有限的，这一部分将由命题 3.1 给出；

（2）在有限次转移之后，系统状态 $\boldsymbol{\rho}_t$ 将永久留在 $\mathcal{M}_u$ 中，在转移次数有限的前提下，结合第 1 步，这个结论很容易得到。

下面给出命题 3.1 及其证明。

命题 3.1　系统状态在 $\mathcal{M}_1$ 与 $\mathcal{M}_u$ 之间的转移次数是有限的。

证明　根据李雅普诺夫定理 2.2，有

$$\mathbb{P}\left(\sup_{0\leqslant t<\infty}V(\boldsymbol{\rho}_t)\geqslant\lambda\right)\leqslant\frac{V(\boldsymbol{\rho}_0)}{\lambda}$$

当 $\lambda=M+\dfrac{Q}{4}$ 时，由于 $V(\boldsymbol{\rho}_0)\leqslant M$，因此

$$\mathbb{P}\left(\sup_{0\leqslant t<\infty} V(\boldsymbol{\rho}_t) \geqslant M+\frac{Q}{4}\right) \leqslant \frac{M}{M+\frac{Q}{4}} = 1-p<1$$

从而

$$\mathbb{P}\left(\sup_{0\leqslant t<\infty} V(\boldsymbol{\rho}_t) < M+\frac{Q}{4}\right) \geqslant p$$

即状态轨迹以不小于 $p=1-\dfrac{M}{M+\dfrac{Q}{4}}$ 的概率停留在 $\mathcal{Q}_{<M+Q/4}$。

令事件 $\mathcal{B}_m=\{\text{状态从}\mathcal{M}_u\text{到}\mathcal{M}_1\text{交替}m\text{次}, m=1,2,\cdots\}$，则 $\mathcal{B}_m$ 发生的概率为 $\mathbb{P}(\mathcal{B}_m)\leqslant(1-p)^m$。由于

$$\sum_{m=1}^{\infty}\mathbb{P}(\mathcal{B}_m)\leqslant\sum_{m=1}^{\infty}(1-p)^m=\frac{1-p}{p}<\infty \tag{3.37}$$

因此根据 Borel–Cantelli 引理[110]，式（3.37）意味着状态从 $\mathcal{M}_u$ 到 $\mathcal{M}_1$ 的交替次数是有限的，从而完成第 2 步的证明。

最后，证明第 3 步。第 1 步和第 2 步的结果显示，在有限时间以后，系统状态将永久留在 $\mathcal{M}_u$，即只有控制律 $u_t=u(\boldsymbol{\rho}_t)$ 作用在系统上。根据拉塞尔不变集定理，在 $u_t=u(\boldsymbol{\rho}_t)$ 的作用下，系统状态 $\boldsymbol{\rho}_t$ 会收敛到不变集 $\mathcal{R}$。对于目标态 $\boldsymbol{\rho}_f$，很明显 $g(\boldsymbol{\rho}_f)=0$，因此 $\boldsymbol{\rho}_f\in\mathcal{R}$。如果不变集 $\mathcal{R}$ 仅包含目标态 $\boldsymbol{\rho}_f$，则控制律 $u(\boldsymbol{\rho}_t)$ 可以使 $\boldsymbol{\rho}_t$ 从任意初态收敛到 $\boldsymbol{\rho}_f$，从而使目标态 $\boldsymbol{\rho}_f$ 全局镇定。然而，不变集 $\mathcal{R}$ 可能包含除目标态 $\boldsymbol{\rho}_f$ 外的其他状态，且 $\mathcal{R}$ 中状态的个数甚至是不可数的。对于这种情况，状态 $\boldsymbol{\rho}_t$ 在 $u(\boldsymbol{\rho}_t)$ 作用下可能收敛到 $\mathcal{R}$ 中的任意一个状态。因此，需要分析 $\mathcal{R}$ 中的状态 $\boldsymbol{\rho}_{\mathcal{R}}$，并通过改进 $u(\boldsymbol{\rho}_t)$ 使目标态 $\boldsymbol{\rho}_f$ 全局镇定。

由于 $\boldsymbol{\rho}_{\mathcal{R}}$ 包含于系统平衡点的集合，因此根据引理 3.2，$\boldsymbol{\rho}_{\mathcal{R}}$ 应该满足条件 $[\boldsymbol{H}_0,\boldsymbol{\rho}_{\mathcal{R}}]=0$，从而可得 $\boldsymbol{\rho}_{\mathcal{R}}$ 的一般形式为

$$\boldsymbol{\rho}_{\mathcal{R}}=\begin{bmatrix}\boldsymbol{\rho}_{\mathcal{R}1} & \boldsymbol{0}\\ \boldsymbol{0} & \boldsymbol{0}\end{bmatrix}$$

其中

$$\boldsymbol{\rho}_{\mathcal{R}1}=\begin{bmatrix}\rho_{\mathcal{R}11} & \rho_{\mathcal{R}12}\\ \rho_{\mathcal{R}21} & 1-\rho_{\mathcal{R}11}\end{bmatrix}$$

且当 $a\neq 0.5$ 时，$\rho_{\mathcal{R}12}=\dfrac{2\rho_{\mathcal{R}11}-1}{2a-1}b$，否则 $\rho_{\mathcal{R}11}=\rho_{\mathcal{R}22}=0.5$ 且 $\Im(h_{0-12}\rho_{\mathcal{R}21})=0$。由于 $[\boldsymbol{H}_0,\boldsymbol{\rho}_f]=0$ 成立，因此当 $a\neq 0.5$ 时，$h_{0-22}=Xh_{0-11}$ 且 $h_{0-12}=\dfrac{1-X}{2a-1}b$，否则当 $a=0.5$ 时，$h_{0-22}=h_{0-11}$ 且 $\Im(h_{0-12}b^*)=0$。这样，存在以下三种状态使 $g(\boldsymbol{\rho}_{\mathcal{R}})=0$ 成立。

（1）$\boldsymbol{\rho}_{\mathcal{R}}\in\mathcal{R}_1=\{\boldsymbol{\rho}_{\mathcal{R}}:\mathrm{tr}(\boldsymbol{H}_1[\boldsymbol{\rho}_{\mathcal{R}},\boldsymbol{\rho}_f])=0\text{且}\mathrm{tr}(\boldsymbol{P}\boldsymbol{\rho}_{\mathcal{R}})\cdot\mathrm{tr}(\boldsymbol{H}_1[\boldsymbol{\rho}_{\mathcal{R}},\boldsymbol{P}])=0\}$，即

$$\Im(h_{12}\rho_{\mathcal{R}21})\cdot(2a-1)+\Im(h_{21}b)\cdot(2\rho_{\mathcal{R}11}-1)=0 \tag{3.38}$$

$$\Im(h_{12}\rho_{\mathcal{R}21})\cdot(p_{11}-p_{22})+\Im(h_{21}p_{12})\cdot(2\rho_{\mathcal{R}11}-1)=0 \tag{3.39}$$

（2）$\boldsymbol{\rho}_{\mathcal{R}}\in\mathcal{R}_2=\{\boldsymbol{\rho}_{\mathcal{R}}:\mathrm{tr}(\boldsymbol{H}_1[\boldsymbol{\rho}_{\mathcal{R}},\boldsymbol{\rho}_f])\neq 0\text{且}2c\mathrm{tr}(\boldsymbol{P}\boldsymbol{\rho}_{\mathcal{R}})\mathrm{tr}(\boldsymbol{H}_1[\boldsymbol{\rho}_{\mathcal{R}},\boldsymbol{P}])=\mathrm{tr}(\boldsymbol{H}_1[\boldsymbol{\rho}_{\mathcal{R}},\boldsymbol{\rho}_f])\}$；

（3）$\boldsymbol{\rho}_{\mathcal{R}}\in\mathcal{R}_3=\{\boldsymbol{\rho}_k:k=3,\cdots,n\text{且}g(\boldsymbol{\rho}_k)=0\}$

从而 $\mathcal{R}=\mathcal{R}_1\cup\mathcal{R}_2\cup\mathcal{R}_3\cup\boldsymbol{\rho}_f$。

因此，为系统性地研究，根据 $\Im(b)$ 和 a 将目标态 $\boldsymbol{\rho}_f$ 分为四种情况，然后分别分析使 $g(\rho_{\mathcal{R}})=0$ 的状态。

情况 1 $\Im(b)=0$ 且 $a\neq 0.5$。在这种情况下，$\Im(\rho_{\mathcal{R}12})=0$ 且 $\rho_{\mathcal{R}21}=\dfrac{2\rho_{\mathcal{R}11}-1}{2a-1}b$，因此无论 $\Im(h_{12})$ 是否为零，式（3.38）都可以写为

$$\rho_{\mathcal{R}21}\Im(h_{12})\cdot(2a-1)=b\Im(h_{12})\cdot(2\rho_{\mathcal{R}11}-1) \tag{3.40}$$

同时，式（3.39）可以写为

$$\rho_{\mathcal{R}21}\Im(h_{12})\cdot(p_{11}-p_{22})+\Im(h_{21}p_{12})\cdot(2\rho_{\mathcal{R}11}-1)=0 \tag{3.41}$$

当 $\Im(h_{12})=0$ 且 $\rho_{\mathcal{R}11}\neq 0.5$ 时，式（3.41）变为 $h_{21}\Im(p_{12})\cdot(2\rho_{\mathcal{R}11}-1)=0$，只要 $\Im(p_{12})\neq 0$，该等式就不成立。当 $\Im(h_{12})\neq 0$ 且 $\rho_{\mathcal{R}11}\neq 0.5$ 时，由式（3.41）可得

$$\rho_{\mathcal{R}21} = -\frac{2\rho_{\mathcal{R}11}-1}{p_{11}-p_{22}} \cdot \frac{\Im(h_{21}p_{12})}{\Im(h_{12})}$$

如果

$$\frac{\Im(h_{21}p_{12})}{\Im(h_{12})} \neq \frac{p_{22}-p_{11}}{2a-1}b$$

则这个等式也不成立。此外，当 $\rho_{\mathcal{R}21}=0$ 时，$\rho_{\mathcal{R}11}=0.5$，对应的状态记为 $\boldsymbol{\rho}_{\mathbb{I}_2}$，即

$$\boldsymbol{\rho}_{\mathbb{I}_2} = \begin{bmatrix} \boldsymbol{\rho}_{\mathbb{I}_2 1} & 0 \\ 0 & 0 \end{bmatrix}$$

其中

$$\boldsymbol{\rho}_{\mathbb{I}_2 1} = \begin{bmatrix} 0.5 & 0 \\ 0 & 0.5 \end{bmatrix}$$

对于 $\boldsymbol{\rho}_{\mathbb{I}_2}$，式（3.41）一定成立，因此在这种情况下，$\boldsymbol{\rho}_{\mathbb{I}_2} \in \mathcal{R}_1$。

情况 2　$\Im(b)\neq 0$ 且 $a\neq 0.5$。在这种情况下，当 $\rho_{\mathcal{R}11}\neq 0.5$ 时，有

$$\Im(\rho_{\mathcal{R}12}) = \frac{2\rho_{\mathcal{R}11}-1}{2a-1}\Im(b) \neq 0$$

从而式（3.38）变为

$$(2\rho_{\mathcal{R}11}-1)\Im(h_{12}b^* + h_{21}b) = 0$$

由于 $\Im(h_{12}b^* + h_{21}b) = 0$，因此式（3.38）一定成立。同时，式（3.39）变为

$$\frac{p_{11}-p_{22}}{2a-1}\Im(h_{12}b^*) + \Im(h_{21}p_{12}) = 0$$

设计 $\boldsymbol{P}_1$ 使其满足

$$\frac{p_{11}-p_{22}}{2a-1} \neq -\frac{\Im(h_{21}p_{12})}{\Im(h_{12}b^*)}$$

可使式（3.39）一定不成立。另外，当 $\rho_{\mathcal{R}11}=0.5$ 时，$\Im(\rho_{\mathcal{R}12})=0$，由于 $\Im(h_{12}\rho_{\mathcal{R}21})=0$

且 $2\rho_{\mathcal{R}11}-1=0$，式（3.38）和式（3.39）一定成立，因此在这种情况下，$\boldsymbol{\rho}_{\mathbb{I}_2}$ 也属于 $\mathcal{R}_1$。

情况 3　$\Im(b)=0$ 且 $a=0.5$。在这种情况下，$\Im(h_{0-12})=0$，$\Im(\rho_{\mathcal{R}21})=0$ 且 $\rho_{\mathcal{R}11}=0.5$。当 $\Re(\rho_{\mathcal{R}21})\neq 0$ 时，式（3.38）变为 $\Im(h_{21}b)\cdot(2\rho_{\mathcal{R}11}-1)=0$ 且一定成立。同时，式（3.39）变为 $\rho_{\mathcal{R}21}\Im(h_{12})\cdot(p_{11}-p_{22})=0$，令 $\Im(h_{12})\neq 0$ 且 $p_{11}\neq p_{22}$ 可使式（3.39）不成立。另外，当 $\Re(\rho_{\mathcal{R}21})=0$ 时，$\rho_{\mathcal{R}21}=0$，即 $\boldsymbol{\rho}_{\mathcal{R}}=\boldsymbol{\rho}_{\mathbb{I}_2}$。很明显，式（3.38）和式（3.39）都成立，因此在这种情况下 $\boldsymbol{\rho}_{\mathbb{I}_2}\in\mathcal{R}_1$。

情况 4　$\Im(b)\neq 0$ 且 $a=0.5$。在这种情况下，$\Im(h_{0-12})\neq 0$。当 $\Im(\rho_{\mathcal{R}21})\neq 0$ 时，式（3.38）变为 $\Im(h_{21}b)\cdot(2\rho_{\mathcal{R}11}-1)=0$ 且一定成立。同时，式（3.39）变为

$$\Im(h_{12}\rho_{\mathcal{R}21})\cdot(p_{11}-p_{22})=0 \tag{3.42}$$

那么当 $\Im(h_{12}\rho_{\mathcal{R}21})\neq 0$ 即 $h_{12}\neq\rho_{\mathcal{R}12}$ 时，令 $p_{11}\neq p_{22}$ 可使式（3.42）不成立。当 $h_{12}=\rho_{\mathcal{R}12}$ 时，式（3.42）成立，即 $\boldsymbol{\rho}_{\mathcal{R}}\in\mathcal{R}_1$，其中 $\boldsymbol{\rho}_{\mathcal{R}1}=\begin{bmatrix}0.5 & h_{12}\\ h_{21} & 0.5\end{bmatrix}$，对应的状态记为 $\boldsymbol{\rho}_h$。当 $\Im(\rho_{\mathcal{R}21})=0$ 且 $\Re(\rho_{\mathcal{R}21})=0$ 时，$\rho_{\mathcal{R}21}=0$，从而 $\boldsymbol{\rho}_{\mathcal{R}}=\boldsymbol{\rho}_{\mathbb{I}_2}\in\mathcal{R}_1$。另外，当 $\Im(\boldsymbol{\rho}_{\mathcal{R}21})=0$ 且 $\Re(\rho_{\mathcal{R}21})\neq 0$ 时，对应的状态不满足 $\boldsymbol{\rho}_{\mathcal{R}}$ 的一般形式。

根据对情况 1～4 的分析可知，只要 $\boldsymbol{P}$ 中的 $\boldsymbol{P}_1$ 满足一定的条件，则当 $\boldsymbol{\rho}_{\mathcal{R}}=\boldsymbol{\rho}_{\mathbb{I}_2}$ 时，$\boldsymbol{\rho}_{\mathcal{R}}\in\mathcal{R}_1$，否则 $\boldsymbol{\rho}_{\mathcal{R}}\notin\mathcal{R}_1$。同时，由于式（3.38）一定成立，因此不存在状态 $\boldsymbol{\rho}_{\mathcal{R}}\in\mathcal{R}_2$。结合 $\mathcal{R}_3$，对于情况 1～3，不变集 $\mathcal{R}=\{\boldsymbol{\rho}_f,\boldsymbol{\rho}_{\mathbb{I}_2},\boldsymbol{\rho}_k,k=3,\cdots,n\}$。根据对情况 4 的分析，只要 $\boldsymbol{P}_1$ 满足一定的条件，则仅当 $\boldsymbol{\rho}_{\mathcal{R}}=\boldsymbol{\rho}_{\mathbb{I}_2}$ 或 $\boldsymbol{\rho}_h$ 时，$\boldsymbol{\rho}_{\mathcal{R}}\in\mathcal{R}_1$，否则 $\boldsymbol{\rho}_{\mathcal{R}}\notin\mathcal{R}_1$。相似地，由于式（3.38）成立，因此不存在状态 $\boldsymbol{\rho}_{\mathcal{R}}\in\mathcal{R}_2$。结合 $\mathcal{R}_3$，对于情况 4，不变集 $\mathcal{R}=\{\boldsymbol{\rho}_f,\boldsymbol{\rho}_h,\boldsymbol{\rho}_{\mathbb{I}_2},\boldsymbol{\rho}_k,k=3,\cdots,n\}$。

下面证明只要式（3.7）中的 c 满足一定的条件，则定理 3.1 中的 M 一定存在。对于 $\mathcal{R}$ 中的状态，有

$$\begin{cases} V(\boldsymbol{\rho}_{\mathbb{1}_n}) = \mathrm{tr}(\boldsymbol{\rho}_f^2) - \dfrac{1}{n} + c\cdot\dfrac{1}{n^2}(p_{11}+p_{22})^2 \\ V(\boldsymbol{\rho}_k) = 1 + \mathrm{tr}(\boldsymbol{\rho}_f^2), \qquad k = 3,\cdots,n \\ V(\boldsymbol{\rho}_h) = \dfrac{1}{2} + 2h_{21}h_{12} - 1 - 4\Re(bh_{21}) + \mathrm{tr}(\boldsymbol{\rho}_f^2) + c\cdot\left(\dfrac{1}{2}(p_{11}+p_{22}) + 2\Re(p_{12}h_{21})\right)^2 \\ V(\boldsymbol{\rho}_{\mathbb{1}_2}) = \mathrm{tr}(\boldsymbol{\rho}_f^2) - \dfrac{1}{2} + c\cdot\dfrac{1}{4}(p_{11}+p_{22})^2 \end{cases} \tag{3.43}$$

对于$\mathcal{R}$中的状态$\boldsymbol{\rho}_t$，考虑$V(\boldsymbol{\rho}_{\mathbb{1}_n}) < V(\boldsymbol{\rho}_t)$。

（1）对于情况 1～3，$\mathcal{R} = \{\boldsymbol{\rho}_f, \boldsymbol{\rho}_{\mathbb{1}_2}, \boldsymbol{\rho}_k, k = 3,\cdots,n\}$。

①根据$V(\boldsymbol{\rho}_{\mathbb{1}_n}) < V(\boldsymbol{\rho}_k)$，可得$c < n(n+1)N$，其中$N = (p_{11}+p_{22})^{-2}$。

②根据$V(\boldsymbol{\rho}_{\mathbb{1}_n}) < V(\boldsymbol{\rho}_{\mathbb{1}_2})$，可得$\dfrac{2n}{n+2}N < c$。

因此，在这种情况中，对 c 的约束为$\dfrac{2n}{n+2}N < c < n(n+1)N$。由于$\dfrac{2n}{n+2} < n(n+1)$，因此 c 一定存在，从而保证了 M 的存在。

（2）对于情况 4，$\mathcal{R} = \{\boldsymbol{\rho}_f, \boldsymbol{\rho}_h, \boldsymbol{\rho}_{\mathbb{1}_2}, \boldsymbol{\rho}_k, k = 3,\cdots,n\}$。

①根据$V(\boldsymbol{\rho}_{\mathbb{1}_n}) < \min\{V(\boldsymbol{\rho}_k), V(\boldsymbol{\rho}_{\mathbb{1}_2})\}$，可得$\dfrac{2n}{n+2}N < c < n(n+1)N$。

②根据$V(\boldsymbol{\rho}_{\mathbb{1}_n}) < V(\boldsymbol{\rho}_h)$，可得

$$\frac{n-2}{n} + 4\Re(bh_{21}) - 2h_{12}h_{21} < c\left(\frac{n+2}{2n}(p_{11}+p_{22}) + 2\Re(p_{12}h_{21})\right)\times \left(\frac{n-2}{2n}(p_{11}+p_{22}) + 2\Re(p_{12}h_{21})\right)$$

即$\varLambda < cY$。当$\varLambda < 0$时，可设计p_{11}、p_{22}和p_{12}使$Y > 0$，从而$\dfrac{\varLambda}{Y} < 0 < c$；当$\varLambda > 0$时，可设计$p_{11}$、$p_{22}$和$p_{12}$使$Y > 0$且$\dfrac{\varLambda}{Y} < n(n+1)N$，从而$c > \dfrac{\varLambda}{Y}$。

这样，对 c 的约束为：当$\varLambda > 0$且$Y > 0$时，$\max\left\{\dfrac{\varLambda}{Y}, \dfrac{2n}{n+2}N\right\} < c < n(n+1)N$，

否则$\frac{2n}{n+2}N < c < n(n+1)N$。对$p_{11}$、$p_{22}$和$p_{12}$进行设计可使$\Lambda > 0$时$\frac{\Lambda}{Y} < n(n+1)N$且$\Lambda < 0$时$\frac{2n}{n+2} < n(n+1)$。因此，无论$\Lambda > 0$还是$\Lambda < 0$，$c$一定存在，从而保证了$M$的存在。

根据对c的约束，有

$$\min_{\rho_t \in \mathcal{R} 且 \rho_t \neq \rho_f} V(\boldsymbol{\rho}_t) = V(\boldsymbol{\rho}_{\mathbb{I}_n}) + Q = M + \frac{Q}{2} > M + \frac{Q}{4}$$

因此，对于$\mathcal{R}$中的非目标态状态$\boldsymbol{\rho}_t$，$\boldsymbol{\rho}_t \notin \mathcal{Q}_{\leqslant M+Q/4}$，从而有

$$\{\boldsymbol{\rho}_t : \boldsymbol{\rho}_t \in \mathcal{R} \cap \mathcal{Q}_{\leqslant M+Q/4}\} = \{\boldsymbol{\rho}_f\}. \tag{3.44}$$

这意味着不变集$\mathcal{R}$中的状态仅有目标态在$\mathcal{Q}_{cd}$中。因此，在控制$u(\boldsymbol{\rho}_t)$作用下，$\boldsymbol{\rho}_t$只能收敛于$\boldsymbol{\rho}_f$，即$\mathbb{P}\left(\lim_{t\to\infty} \boldsymbol{\rho}_t = \boldsymbol{\rho}_f\right) = 1$。

综合以上三步，完成了定理 3.1 的证明。

注 3.4　针对式（3.1），定理 3.1 给出了全局镇定混合态$\boldsymbol{\rho}_f = \begin{bmatrix} \boldsymbol{\rho}_{f1} & 0 \\ 0 & 0 \end{bmatrix}$的切换控制策略，其中$\boldsymbol{\rho}_{f1} = \begin{bmatrix} a & b \\ b^* & 1-a \end{bmatrix}$且$a(a-1) + bb^* < 0$。这个结果可以拓展到其他的混合态，如

$$\boldsymbol{\rho}_F = \begin{bmatrix} 0 & \cdots & 0 & 0 & \cdots & 0 & 0 & \cdots & 0 \\ \vdots & & \vdots & \vdots & & \vdots & \vdots & & \vdots \\ 0 & \cdots & a & 0 & \cdots & 0 & b & \cdots & 0 \\ 0 & \cdots & 0 & 0 & \cdots & 0 & 0 & \cdots & 0 \\ \vdots & & \vdots & \vdots & & \vdots & \vdots & & \vdots \\ 0 & \cdots & 0 & 0 & \cdots & 0 & 0 & \cdots & 0 \\ 0 & \cdots & b^* & 0 & \cdots & 0 & 1-a & \cdots & 0 \\ \vdots & & \vdots & \vdots & & \vdots & \vdots & & \vdots \\ 0 & \cdots & 0 & 0 & \cdots & 0 & 0 & \cdots & 0 \end{bmatrix} = \begin{bmatrix} 0 & \cdots & 0 & 0 & \cdots & 0 & 0 & \cdots & 0 \\ \vdots & & \vdots & \vdots & & \vdots & \vdots & & \vdots \\ 0 & \cdots & \rho_{ww} & 0 & \cdots & 0 & \rho_{wq} & \cdots & 0 \\ 0 & \cdots & 0 & 0 & \cdots & 0 & 0 & \cdots & 0 \\ \vdots & & \vdots & \vdots & & \vdots & \vdots & & \vdots \\ 0 & \cdots & 0 & 0 & \cdots & 0 & 0 & \cdots & 0 \\ 0 & \cdots & \rho_{qw} & 0 & \cdots & 0 & \rho_{qq} & \cdots & 0 \\ \vdots & & \vdots & \vdots & & \vdots & \vdots & & \vdots \\ 0 & \cdots & 0 & 0 & \cdots & 0 & 0 & \cdots & 0 \end{bmatrix}$$

式中，$w, q \in \{1, \cdots, n\}$。为了全局镇定$\boldsymbol{\rho}_F$，式（3.1）中的测量算符$\boldsymbol{L}$、自由哈密顿量

$\boldsymbol{H}_0$、控制哈密顿量 $\boldsymbol{H}_1$ 和李雅普诺夫函数式（3.7）中的控制参数 $\boldsymbol{P}$ 都需要修改，全局镇定 $\boldsymbol{\rho}_F$ 的控制律与定理 3.1 中的切换控制相似，其中控制参数 $\boldsymbol{P}$ 的改动部分为 $p_{11} \to p_{ww}, p_{12} \to p_{wq}, p_{21} \to p_{qw}$ 且 $p_{22} \to p_{qq}$。例如，当 $w=2$，$q=4$ 时，有

$$\boldsymbol{\rho}_F = \boldsymbol{\rho}_{\hat{F}} = \begin{bmatrix} \begin{matrix} 0 & 0 & 0 & 0 \\ 0 & a & 0 & b \\ 0 & 0 & 0 & 0 \\ 0 & b^* & 0 & 1-a \end{matrix} & \mathbf{0}_{4\times(n-4)} \\ \mathbf{0}_{(n-4)\times 4} & \mathbf{0}_{(n-4)\times(n-4)} \end{bmatrix}$$

参数 $\boldsymbol{L}$、$\boldsymbol{H}_0$、$\boldsymbol{H}_1$ 和 $\boldsymbol{P}$ 需要设为

$$\boldsymbol{L} = \mathrm{diag}(l_1, l_2, \cdots, l_n)$$

式中，$l_2 = l_4 \neq l_k \,(k=1,3,5,\cdots,n)$ 且 $l_2 + l_4 \neq l_i + l_j (i, j \neq 2,4)$。

自由哈密顿量为

$$\boldsymbol{H}_0 = \begin{bmatrix} \begin{matrix} d_1 & 0 & 0 & 0 \\ 0 & h_{0-22} & 0 & h_{0-24} \\ 0 & 0 & d_3 & 0 \\ 0 & h_{0-42} & 0 & h_{0-44} \end{matrix} & \mathbf{0} \\ \mathbf{0} & \boldsymbol{D} \end{bmatrix}$$

式中，$h_{0-24} \neq 0$，$\boldsymbol{D} = \mathrm{diag}(d_5, \cdots, d_n)$。

控制哈密顿量为

$$\boldsymbol{H}_1 = \begin{bmatrix} H_{11} & H_{12} \\ H_{21} & H_{22} \end{bmatrix} = [h_{ij}]_{n\times n}$$

是连接的，其中 $h_{i2} = \pm h_{i4} \,(i=1,3,5,\cdots,n)$，不能同时成立，且

$$h_{ij} \neq 0, \quad i=2,4; j=1,3,5,\cdots,n$$

$$\boldsymbol{P}=\begin{bmatrix} 0 & 0 & 0 & 0 & \\ 0 & p_{22} & 0 & p_{24} & \mathbf{0} \\ 0 & 0 & 0 & 0 & \\ 0 & p_{42} & 0 & p_{44} & \\ & & \mathbf{0} & & \mathbf{0} \end{bmatrix}$$

构造的 $\boldsymbol{L}$ 和 $\boldsymbol{H}_0$ 确保了 $\boldsymbol{\rho}_{\hat{F}}$ 是系统的平衡点之一，而构造的 $\boldsymbol{H}_1$ 保证了全局镇定 $\boldsymbol{\rho}_{\hat{F}}$ 问题的可解性，这一点可通过与引理 3.2 和引理 3.3 相似的证明过程得以证明。基于此，镇定 $\boldsymbol{\rho}_{\hat{F}}$ 的控制律就是定理 3.1 中的切换控制，但需进行一定的修改，即 $p_{12}\to p_{24}$，$p_{11}\to p_{22}$，$p_{21}\to p_{42}$ 且 $p_{22}\to p_{44}$。很明显，当 $w=1$，$q=2$ 时，$\boldsymbol{\rho}_F=\boldsymbol{\rho}_f$，因此 $\boldsymbol{\rho}_f$ 是 $\boldsymbol{\rho}_F$ 的一个特例。

3.4　切换控制的应用

本节应用定理 3.1 中的切换控制全局镇定混合态。实验中，系统参数设为

$$\boldsymbol{H}_0=\begin{bmatrix} 1 & -\dfrac{1}{6} & 0 \\ -\dfrac{1}{6} & 2 & 0 \\ 0 & 0 & -1 \end{bmatrix},\quad \boldsymbol{H}_1=\begin{bmatrix} 0 & 1 & \mathrm{i} \\ 1 & 0 & 0.5\mathrm{i} \\ -\mathrm{i} & -0.5\mathrm{i} & 0 \end{bmatrix},\quad \boldsymbol{L}=\begin{bmatrix} 1 & & \\ & 1 & \\ & & 2 \end{bmatrix},\quad \eta=0.5 \tag{3.45}$$

很容易验证，这些参数满足 3.1 节中的假设条件，因此定理 3.1 适用于该系统。

初态和目标态分别设为

$$\boldsymbol{\rho}_0=\begin{bmatrix} 0 & 0 & 0 \\ 0 & 1 & 0 \\ 0 & 0 & 0 \end{bmatrix},\quad \boldsymbol{\rho}_f=\begin{bmatrix} 0.8 & 0.1 & 0 \\ 0.1 & 0.2 & 0 \\ 0 & 0 & 0 \end{bmatrix}$$

控制参数为

$$\boldsymbol{P}=\begin{bmatrix} 1 & -8+\mathrm{i} & 0 \\ -8-\mathrm{i} & 4 & 0 \\ 0 & 0 & 0 \end{bmatrix},\quad c=2.5,\quad N=0.1\in\left(\frac{6}{5}N,12N\right)$$

式中，$N=\dfrac{1}{(p_{11}+p_{22})^2}=\dfrac{1}{25}$ 且 $n=3$，$k_v=0.5$，从而 $Q=\min V(\boldsymbol{\rho})-V(\boldsymbol{\rho}_{\mathbb{I}_3})=0.180\,6$。其中，$\boldsymbol{\rho}\in R=\{\boldsymbol{\rho}_f,\boldsymbol{\rho}_{\mathbb{I}_2},\boldsymbol{\rho}_3\}$，$M=V(\boldsymbol{\rho}_{\mathbb{I}_2})+\dfrac{Q}{2}=0.734\,7$。

混合态全局镇定实验的 Matlab 源代码见附录 2.1，其结果如图 3.2 所示。从图中可以看出，在控制律 u_t 作用下，李雅普诺夫函数 V 及其平均值均趋于零，意味着系统状态趋于目标态，因此设计的控制是有效的。从图 3.2（b）中可以看出，对于相同的初始态和目标态，被控量子系统的随机性导致其演化路径是不同的，这是与确定量子系统的不同之处。

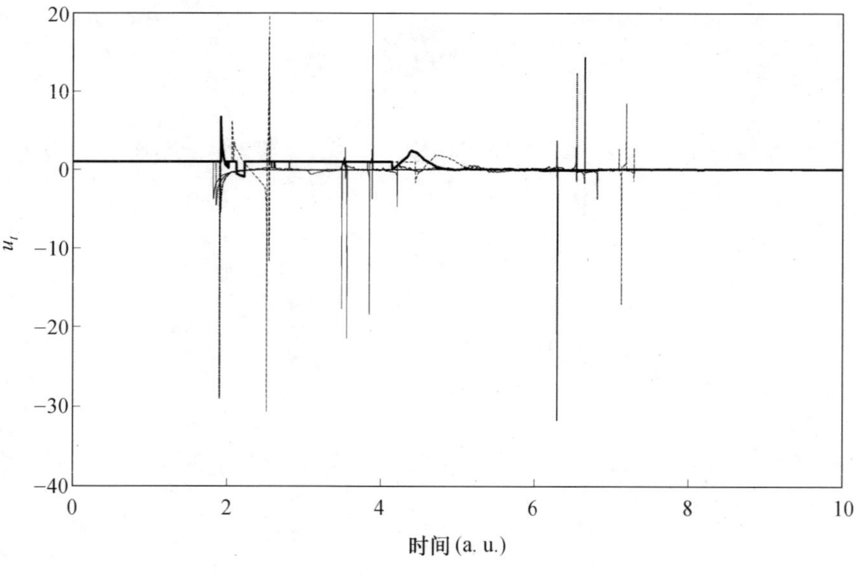

（a）5 次实验控制律 u_t 的变化曲线

图 3.2　混合态全局镇定实验结果

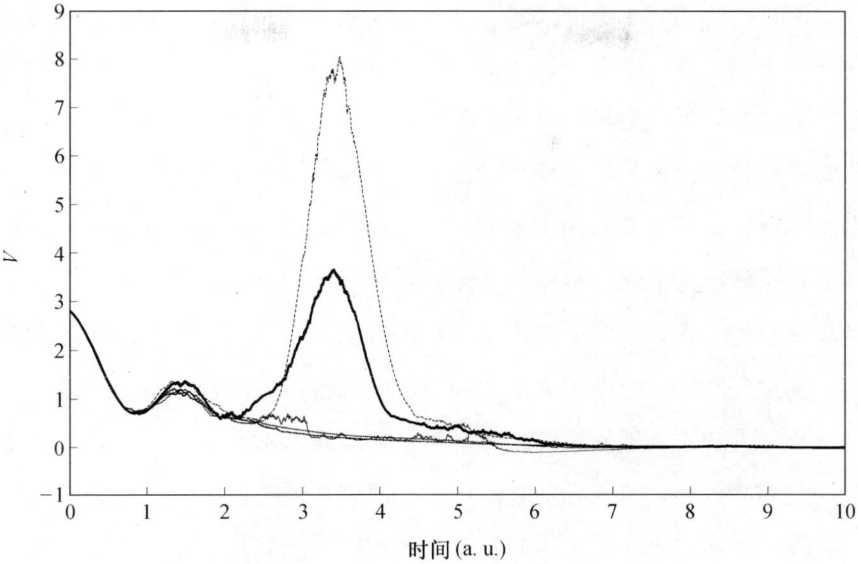

（b）5 次实验李雅普诺夫函数 V 的变化曲线

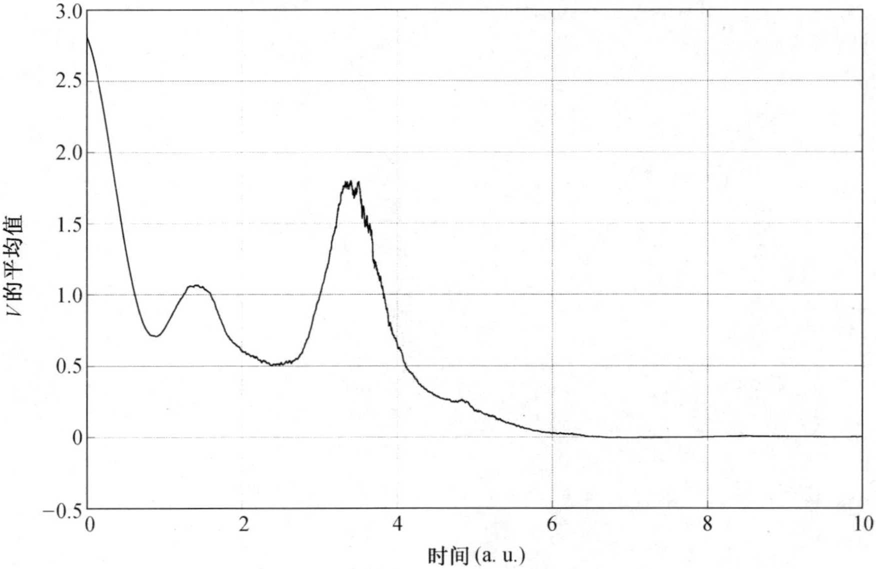

（c）10 次实验李雅普诺夫函数 V 的平均值变化曲线

续图 3.2

3.5 本章小结

本章研究了具有退化测量算符的有限维随机量子系统混合态的全局镇定问题，构造测量算符和控制哈密顿量，使目标混合态成为被控量子系统的平衡点之一。根据对不变集的分析，基于构造的李雅普诺夫函数设计的控制可以使目标混合态局部镇定，即驱动系统状态从收敛域中的初态收敛到目标混合态。如果初态不在收敛域内，则使用常数控制在有限时间内将系统状态驱动到收敛域。因此，利用李雅普诺夫方法设计的控制和常数控制组成的切换控制可以使目标混合状态全局镇定。基于李雅普诺夫稳定性定理和适用于随机量子系统的拉塞尔不变集定理，证明了设计的切换控制的全局收敛性，且目标混合态可以扩展到其他类似的混合态。在实验中，设计的切换控制被应用于一个三维随机量子系统以显示其有效性。此外，本章制备的混合态恰好是简并本征态支持下的混合态，这提供了本章技术应用在不受测量影响的子空间中编码信息的可能性。

第 4 章　随机量子系统的指数镇定

第 3 章中研究了随机量子系统混合态的全局镇定。考虑到系统状态的快速收敛有助于保护系统不受外部扰动的影响，而指数收敛在一定程度上可以体现被控系统受到扰动时的鲁棒性，因此本章研究随机量子系统的指数镇定，特别是两能级随机量子系统本征态的指数镇定，即设计多种基于连续测量的反馈控制，包括状态反馈和噪声辅助反馈，驱动系统状态从状态空间的任意初态以指数速度收敛到设定的目标本征态以满足量子态操控对快速性的要求。

4.1　两能级量子系统的数学模型

在连续测量下，具有一个测量通道的两能级量子系统可以用 Itô 型随机微分方程描述，即

$$\begin{cases} \mathrm{d}\boldsymbol{\rho}_t = \left(-\mathrm{i}[\boldsymbol{H}_0 + \boldsymbol{H}_1 u_t, \boldsymbol{\rho}_t] + \boldsymbol{L}\boldsymbol{\rho}_t\boldsymbol{L}^\dagger - \dfrac{1}{2}(\boldsymbol{L}^\dagger\boldsymbol{L}\boldsymbol{\rho}_t + \boldsymbol{\rho}_t\boldsymbol{L}^\dagger\boldsymbol{L})\right)\mathrm{d}t + \\ \qquad \sqrt{\eta}(\boldsymbol{L}\boldsymbol{\rho}_t + \boldsymbol{\rho}_t\boldsymbol{L}^\dagger - \mathrm{tr}(\boldsymbol{\rho}_t(\boldsymbol{L}+\boldsymbol{L}^\dagger))\boldsymbol{\rho}_t)\mathrm{d}W_t \\ \mathrm{d}y_t = \sqrt{\eta}\,\mathrm{tr}((\boldsymbol{L}+\boldsymbol{L}^\dagger)\boldsymbol{\rho}_t)\mathrm{d}t + \mathrm{d}W_t \end{cases} \tag{4.1}$$

式中，$\boldsymbol{\rho}_t \in \mathcal{S} = \{\boldsymbol{\rho}_t \in \mathbb{C}^{2\times 2} : \boldsymbol{\rho}_t = \boldsymbol{\rho}_t^\dagger \geqslant 0, \mathrm{tr}(\boldsymbol{\rho}_t) = 1\}$。式（4.1）对应式（2.4）中 $q=1$，$m=1$，$\varGamma=1$ 的情况。对于式(4.1)，易知其平衡点为测量算符对应的所有本征态，即 $\boldsymbol{\rho}_\mathrm{e} = \begin{bmatrix} 0 & 0 \\ 0 & 1 \end{bmatrix}$ 和 $\boldsymbol{\rho}_\mathrm{g} = \begin{bmatrix} 1 & 0 \\ 0 & 0 \end{bmatrix}$。同样地，式（4.1）的状态在连续测量下会以一定概率随机收敛于两个平衡点中的任意一个。为确保式（4.1）的状态能够确定地收敛于指定的目标态，需要借助外在的控制作用。因此，本章的主要内容就是研究外在控制

的设计方法，使式（4.1）的状态在所设计控制作用下从状态空间的任意初态不仅能够收敛于指定的目标态；而且能够以指数速度收敛于指定的目标态，即实现两能级量子系统的全局指数镇定。此外，对于两能级量子系统，系统状态 $\boldsymbol{\rho}_t$ 可以用Bloch坐标 (x_t, y_t, z_t) 描述，即

$$\boldsymbol{\rho}_t = \frac{\mathbb{I}_2 + x_t\sigma_x + y_t\sigma_y + z_t\sigma_z}{2} = \frac{1}{2}\begin{bmatrix} 1+z_t & x_t - \mathrm{i}y_t \\ x_t + \mathrm{i}y_t & 1-z_t \end{bmatrix} \tag{4.2}$$

如果令式(4.1)中的 $\boldsymbol{H}_0 = \frac{\omega_{\mathrm{eg}}}{2}\sigma_z$， $u_t = 0$， $\boldsymbol{L} = \frac{M}{2}\sigma_z$，其中$M$为相互作用强度，$\omega_{\mathrm{eg}}$ 为能级差，则式（4.1）可用于描述自由演化的量子自旋 $-\frac{1}{2}$ 系统，即

$$\mathrm{d}\boldsymbol{\rho}_t = \left(-\mathrm{i}\frac{\omega_{\mathrm{eg}}}{2}[\sigma_z, \boldsymbol{\rho}_t] + \frac{M}{4}(\sigma_z\boldsymbol{\rho}_t\sigma_z - \boldsymbol{\rho}_t)\right)\mathrm{d}t + \frac{\sqrt{\eta M}}{2}(\sigma_z\boldsymbol{\rho}_t + \boldsymbol{\rho}_t\sigma_z - 2\,\mathrm{tr}(\boldsymbol{\rho}_t\sigma_z)\boldsymbol{\rho}_t)\mathrm{d}W_t \tag{4.3}$$

4.2 连续噪声辅助反馈

本节使用连续噪声辅助反馈实现两能级系统的全局指数镇定。噪声辅助反馈采用布朗噪声作为控制信号驱动被控量子系统，而其噪声增益取决于一个以系统状态为变量的函数，即

$$u_t^{\mathrm{nf}}\mathrm{d}t = f(\boldsymbol{\rho}_t)\mathrm{d}B_t \tag{4.4}$$

式中，B_t 为独立于 W_t 的布朗噪声。从式（4.4）中可以看到，噪声辅助反馈的核心是噪声增益函数 $f(\boldsymbol{\rho}_t)$ 的设计。在噪声辅助反馈作用下，式（4.1）的第一个式子变为

$$d\boldsymbol{\rho}_t=\left(-\mathrm{i}[\boldsymbol{H}_0,\boldsymbol{\rho}_t]+\boldsymbol{L}\boldsymbol{\rho}_t\boldsymbol{L}^\dagger-\frac{1}{2}(\boldsymbol{L}^\dagger\boldsymbol{L}\boldsymbol{\rho}_t+\boldsymbol{\rho}_t\boldsymbol{L}^\dagger\boldsymbol{L})\right)dt+$$
$$f(\boldsymbol{\rho})^2\left(\boldsymbol{H}_1\boldsymbol{\rho}_t\boldsymbol{H}_1^\dagger-\frac{1}{2}(\boldsymbol{H}_1^\dagger\boldsymbol{H}_1\boldsymbol{\rho}_t+\boldsymbol{\rho}_t\boldsymbol{H}_1^\dagger\boldsymbol{H}_1)\right)dt+$$
$$\sqrt{\eta}(\boldsymbol{L}\boldsymbol{\rho}_t+\boldsymbol{\rho}_t\boldsymbol{L}^\dagger-\mathrm{tr}(\boldsymbol{\rho}_t(\boldsymbol{L}+\boldsymbol{L}^\dagger))\boldsymbol{\rho}_t)dW_t-\mathrm{i}f(\boldsymbol{\rho}_t)[\boldsymbol{H}_1,\boldsymbol{\rho}_t]dB_t \tag{4.5}$$

令 $\boldsymbol{H}_0=0$，$\boldsymbol{L}=\sqrt{\Gamma}\sigma_z$，$\boldsymbol{H}_1=\sigma_y$，其中 Γ 为测量强度，则式（4.5）可写为

$$d\boldsymbol{\rho}_t=\Gamma(\sigma_z\boldsymbol{\rho}_t\sigma_z-\boldsymbol{\rho}_t)dt+\sqrt{\eta\Gamma}(\sigma_z\boldsymbol{\rho}_t+\boldsymbol{\rho}_t\sigma_z-2\,\mathrm{tr}(\boldsymbol{\rho}_t\sigma_z)\boldsymbol{\rho}_t)dW_t+$$
$$f(\boldsymbol{\rho}_t)^2(\sigma_y\boldsymbol{\rho}_t\sigma_y-\boldsymbol{\rho}_t)dt-\mathrm{i}f(\boldsymbol{\rho}_t)[\sigma_y,\boldsymbol{\rho}_t]dB_t \tag{4.6}$$

这就是本节要研究的比特量子系统数学模型。

正如 4.1 节所述，两能级量子系统本征态全局镇定的主要障碍在于不期望平衡态的吸引。因此，噪声辅助反馈的主要思想是当系统演化到非目标态的平衡态附近时，采用布朗噪声 B_t 驱动量子系统远离该平衡态并向目标态收敛；而当系统状态靠近目标态时，布朗噪声 B_t 则减弱甚至消失。

本节中，目标本征态 $\boldsymbol{\rho}_f$ 设为 $\boldsymbol{\rho}_{\mathrm{g}}$，目标态为 $\boldsymbol{\rho}_{\mathrm{e}}$ 的情况与之类似，这里不再赘述。下面设计两种形式的连续噪声增益函数并给出相应的收敛性分析。

4.2.1　连续线性噪声辅助反馈

第一种连续噪声增益函数 $f(\boldsymbol{\rho}_t)$ 设计为

$$f(\boldsymbol{\rho}_t)=\vartheta V(\boldsymbol{\rho}_t),\quad \vartheta>0 \tag{4.7}$$

其中

$$V(\boldsymbol{\rho}_t)=\sqrt{1-\mathrm{tr}(\boldsymbol{\rho}_t\boldsymbol{\rho}_f)} \tag{4.8}$$

用于描述系统状态 $\boldsymbol{\rho}_t$ 与目标态 $\boldsymbol{\rho}_f$ 之间的距离。因此，设计的连续线性噪声辅助反馈为

$$u_t^{\mathrm{nf}_1}dt=\alpha V(\boldsymbol{\rho}_t)dB_t,\quad \alpha>0 \tag{4.9}$$

噪声增益函数即式（4.7）的设计思想很简单：$V(\boldsymbol{\rho}_t)$ 用于衡量 $\boldsymbol{\rho}_t$ 距 $\boldsymbol{\rho}_f$ 有多近，并用于调整噪声增益的相对值；α 用于调整噪声增益的绝对值。

根据式（4.7），可得定理 4.1。

定理 4.1 对于式（4.6），在连续噪声辅助反馈即式（4.9）的作用下，李雅普诺夫函数 $V(\boldsymbol{\rho}_t)=\sqrt{1-\operatorname{tr}(\boldsymbol{\rho}_t\boldsymbol{\rho}_f)}$ 满足 $\mathbb{E}[V(\boldsymbol{\rho}_t)]\leqslant V(\boldsymbol{\rho}_0)\mathrm{e}^{-rt}\leqslant V(\boldsymbol{\rho}_0)\mathrm{e}^{-\frac{1}{2}\eta\Gamma t},\forall t\geqslant 0$，即噪声辅助反馈 $\boldsymbol{u}_t$ 使目标态 $\boldsymbol{\rho}_f$ 全局指数镇定且收敛速率 r 不小于 $\dfrac{1}{2}\eta\Gamma$ 。

证明 根据式（4.6），有

$$
\begin{aligned}
\mathrm{d}\operatorname{tr}(\boldsymbol{\rho}_t\boldsymbol{\rho}_f)=&\operatorname{tr}(\Gamma(\sigma_z\boldsymbol{\rho}_t\sigma_z-\boldsymbol{\rho}_t)\boldsymbol{\rho}_f)\mathrm{d}t+\operatorname{tr}(f^2(\boldsymbol{\rho}_t)(\sigma_y\boldsymbol{\rho}_t\sigma_y\boldsymbol{\rho}_f-\boldsymbol{\rho}_t\boldsymbol{\rho}_f))\mathrm{d}t+\\
&\sqrt{\eta\Gamma}\operatorname{tr}(\sigma_z\boldsymbol{\rho}_t\boldsymbol{\rho}_f+\boldsymbol{\rho}_t\sigma_z\boldsymbol{\rho}_f-2\operatorname{tr}(\boldsymbol{\rho}_t\sigma_z)\boldsymbol{\rho}_t\boldsymbol{\rho}_f)\mathrm{d}W_t-f(\boldsymbol{\rho}_t)\operatorname{tr}(i[\sigma_y,\boldsymbol{\rho}_t]\boldsymbol{\rho}_f)\mathrm{d}B_t\\
=&\operatorname{tr}(\Gamma(\sigma_z\boldsymbol{\rho}_t\sigma_z-\boldsymbol{\rho}_t)\boldsymbol{\rho}_f+f^2(\boldsymbol{\rho}_t)(\sigma_y\boldsymbol{\rho}_t\sigma_y\boldsymbol{\rho}_f-\boldsymbol{\rho}_t\boldsymbol{\rho}_f))\mathrm{d}t+\\
&\sqrt{\eta\Gamma}\operatorname{tr}(\sigma_z\boldsymbol{\rho}_t\boldsymbol{\rho}_f+\boldsymbol{\rho}_t\sigma_z\boldsymbol{\rho}_f-2\operatorname{tr}(\boldsymbol{\rho}_t\sigma_z)\boldsymbol{\rho}_t\boldsymbol{\rho}_f)\mathrm{d}W_t-if(\boldsymbol{\rho}_t)\operatorname{tr}([\sigma_y,\boldsymbol{\rho}_t]\boldsymbol{\rho}_f)\mathrm{d}B_t\\
=&f^2(\boldsymbol{\rho}_t)\operatorname{tr}(\boldsymbol{\rho}_\mathrm{e}\boldsymbol{\rho}_f-\boldsymbol{\rho}_t\boldsymbol{\rho}_f)\mathrm{d}t+2\sqrt{\eta\Gamma}\operatorname{tr}(1-\operatorname{tr}(\boldsymbol{\rho}_t\sigma_z))\mathrm{d}W_t-f(\boldsymbol{\rho}_t)\operatorname{tr}(\sigma_x\boldsymbol{\rho}_t)\mathrm{d}B_t\\
=&\Theta(\boldsymbol{\rho}_t)\mathrm{d}t+\Xi(\boldsymbol{\rho}_t)\mathrm{d}W_t+Y(\boldsymbol{\rho}_t)\mathrm{d}B_t
\end{aligned}
\tag{4.10}
$$

其中

$$\Theta(\boldsymbol{\rho}_t)=f^2(\boldsymbol{\rho}_t)\operatorname{tr}(\boldsymbol{\rho}_\mathrm{e}\boldsymbol{\rho}_f-\boldsymbol{\rho}_t\boldsymbol{\rho}_f)$$

$$\Xi(\boldsymbol{\rho}_t)=2\sqrt{\eta\Gamma}\operatorname{tr}(\boldsymbol{\rho}_t\boldsymbol{\rho}_f)(1-\operatorname{tr}(\boldsymbol{\rho}_t\sigma_z))$$

$$Y(\boldsymbol{\rho}_t)=-f(\boldsymbol{\rho}_t)\operatorname{tr}(\sigma_x\boldsymbol{\rho}_t)$$

从式（4.10）中可得

$$(\mathrm{d}\operatorname{tr}(\boldsymbol{\rho}_t\boldsymbol{\rho}_f))^2=(\Xi(\boldsymbol{\rho}_t)^2+Y(\boldsymbol{\rho}_t)^2)\mathrm{d}t \tag{4.11}$$

因此

$$\mathrm{d}V(\rho_t) = -\frac{1}{2}(1-\mathrm{tr}(\rho_t\rho_f))^{-\frac{1}{2}}(\Theta(\rho_t)\mathrm{d}t + \Xi(\rho_t)\mathrm{d}W_t + Y(\rho_t)\mathrm{d}B_t) -$$

$$\frac{1}{8}(1-\mathrm{tr}(\rho_t\rho_f))^{-\frac{3}{2}}(\Xi(\rho_t)^2 + Y(\rho_t)^2)\mathrm{d}t \qquad (4.12)$$

从而

$$\begin{aligned}\mathcal{L}V(\rho_t) &= -\frac{1}{2}(1-\mathrm{tr}(\rho_t\rho_f))^{-\frac{1}{2}}\Theta(\rho_t) - \frac{1}{8}(1-\mathrm{tr}(\rho_t\rho_f))^{-\frac{3}{2}}(\Xi(\rho_t)^2 + Y(\rho_t)^2)\\ &= -\frac{1}{2}(1-\mathrm{tr}(\rho_t\rho_f))^{-\frac{1}{2}} f^2(\rho_t)\mathrm{tr}(\rho_\mathrm{e}\rho_f - \rho_t\rho_f) -\\ &\quad \frac{1}{8}(1-\mathrm{tr}(\rho_t\rho_f))^{-\frac{3}{2}}(4\eta\Gamma\,\mathrm{tr}^2(\rho_t\rho_f)(1-\mathrm{tr}(\rho_t\sigma_z))^2 + f^2(\rho_t)\mathrm{tr}^2(\sigma_x\rho_t))\\ &= -\frac{f^2(\rho_t)(\mathrm{tr}(\rho_t\rho_\mathrm{e}) - \mathrm{tr}(\rho_t\rho_f))}{2\sqrt{1-\mathrm{tr}(\rho_t\rho_f)}} - \frac{\eta\Gamma\,\mathrm{tr}^2(\rho_t\rho_f)(1-\mathrm{tr}(\rho_t\sigma_z))^2}{2(1-\mathrm{tr}(\rho_t\rho_f))^{\frac{3}{2}}} - \frac{f^2(\rho_t)\mathrm{tr}^2(\sigma_x\rho_t)}{8(1-\mathrm{tr}(\rho_t\rho_f))^{\frac{3}{2}}}\end{aligned}$$

(4.13)

由于$1-\mathrm{tr}(\rho_t\rho_f) > 0, \forall \rho_t \neq \rho_f$，式（4.13）右边的第三项不小于零，因此

$$\mathcal{L}V(\rho_t) \leqslant -\frac{f^2(\rho_t)(\mathrm{tr}(\rho_t\rho_\mathrm{e}) - \mathrm{tr}(\rho_t\rho_f))}{2\sqrt{1-\mathrm{tr}(\rho_t\rho_f)}} - \frac{\eta\Gamma\,\mathrm{tr}^2(\rho_t\rho_f)(1-\mathrm{tr}(\rho_t\sigma_z))^2}{2(1-\mathrm{tr}(\rho_t\rho_f))^{\frac{3}{2}}} \qquad (4.14)$$

将式（4.7）代入式（4.14）中，有

$$\mathcal{L}V(\rho_t) \leqslant -\frac{\vartheta^2}{2}V(\rho_t)(\mathrm{tr}(\rho_t\rho_\mathrm{e}) - \mathrm{tr}(\rho_t\rho_f)) - \frac{\eta\Gamma}{2V(\rho_t)^3}\mathrm{tr}^2(\rho_t\rho_f)(1-\mathrm{tr}(\rho_t\sigma_z))^2 \qquad (4.15)$$

因为$\mathrm{tr}(\rho_t) = \mathrm{tr}(\rho_t\rho_f) + \mathrm{tr}(\rho_t\rho_\mathrm{e}) = 1$且$\mathrm{tr}(\rho_t\sigma_z) = \mathrm{tr}(\rho_t\rho_f) - \mathrm{tr}(\rho_t\rho_\mathrm{e})$，故可得

$$1-\mathrm{tr}(\rho_t\sigma_z) = 1-\mathrm{tr}(\rho_t\rho_f) + \mathrm{tr}(\rho_t\rho_\mathrm{e}) = 2(1-\mathrm{tr}(\rho_t\rho_f)) = 2V(\rho_t)^2 \qquad (4.16)$$

根据式（4.2），可得$\mathrm{tr}(\rho_t\sigma_z) = z_t$，结合式（4.16），不等式（4.15）变为

$$\mathcal{L}V(\rho_t) \leqslant -\frac{1}{2}(\eta\Gamma(1+z_t)^2 - \vartheta^2 z_t)V(\rho_t) \qquad (4.17)$$

令

$$g(\vartheta, z_t) = \eta\Gamma(1+z_t)^2 - \vartheta^2 z_t \tag{4.18}$$

现在证明 $g(\vartheta, z_t)$ 的最小值为 $\eta\Gamma$ 。$g(\vartheta, z_t)$ 对 z_t 的一阶导数和二阶导数分别为

$$\frac{\mathrm{d}}{\mathrm{d}z_t} g(\vartheta, z_t) = 2\eta\Gamma(1+z_t) - \vartheta^2$$

$$\frac{\mathrm{d}^2}{\mathrm{d}z_t^2} g(\vartheta, z_t) = 2\eta\Gamma > 0 \tag{4.19}$$

因此，$z_t = 1 - \frac{\vartheta^2}{2\eta\Gamma}$ 是最小值点，并记其为 z_t^* 。将 z_t^* 代入 $g(\vartheta, z_t)$ ，可得

$$g(\vartheta, z_t^*) = \eta\Gamma\left(1+1\frac{\vartheta^2}{2\eta\Gamma}\right)^2 - \vartheta^2\left(1-\frac{\vartheta^2}{2\eta\Gamma}\right) = \frac{3}{4\eta\Gamma}(\vartheta^2 - 2\eta\Gamma)^2 + \eta\Gamma \geqslant \eta\Gamma \tag{4.20}$$

即当 $\vartheta = \sqrt{2\eta\Gamma}$ 时，$g(\vartheta, z_t)$ 的最小值为 $\eta\Gamma$ ，因此 $\mathcal{L}V(\boldsymbol{\rho}_t) \leqslant -\frac{\eta\Gamma}{2}V(\boldsymbol{\rho}_t)$ 。由于只有 $\boldsymbol{\rho}_t = \boldsymbol{\rho}_f$ 才能使 $V(\boldsymbol{\rho}_t) = 0$，因此根据定理 2.2，有

$$\mathbb{E}[V(\boldsymbol{\rho}_t)] \leqslant V(\boldsymbol{\rho}_0)\mathrm{e}^{-rt} \leqslant V(\boldsymbol{\rho}_0)\mathrm{e}^{-\frac{1}{2}\eta\Gamma t} \tag{4.21}$$

这意味着 $\boldsymbol{\rho}_f$ 可全局指数镇定且收敛速率 r 不小于 $\frac{1}{2}\eta\Gamma$ 。证毕。

4.2.2 连续指数噪声辅助反馈

在连续线性噪声辅助反馈式（4.7）中，使用常数 α 调节噪声增益的绝对值。为突出状态 $\boldsymbol{\rho}_t$ 和目标 $\boldsymbol{\rho}_f$ 的距离对噪声增益的影响，设计了另一种形式的连续噪声增益函数，即

$$f(\boldsymbol{\rho}_t) = \mu(\mathrm{e}^{V(\boldsymbol{\rho}_t)} - 1)V(\boldsymbol{\rho}_t), \quad \mu > 0 \tag{4.22}$$

即用 $\mu(\mathrm{e}^{V(\boldsymbol{\rho}_t)} - 1)$ 代替 ϑ 。图 4.1 显示了当初态 $\boldsymbol{\rho}_0$ 为 $\boldsymbol{\rho}_\mathrm{e}$ ，$\vartheta = 0.5$ 且 $\mu = \frac{\vartheta}{\mathrm{e}^{V(\boldsymbol{\rho}_0)} - 1}$ ，$V(\boldsymbol{\rho})$ 从 0 到 1 时，ϑ 与 $\mu(\mathrm{e}^{V(\boldsymbol{\rho}_t)} - 1)$ 的不同。因此，设计的连续指数噪声辅助反馈为

$$u_t^{\mathrm{nf}_2}\mathrm{d}t=\mu(\mathrm{e}^{V(\boldsymbol{\rho}_t)}-1)V(\boldsymbol{\rho}_t)\mathrm{d}B_t \tag{4.23}$$

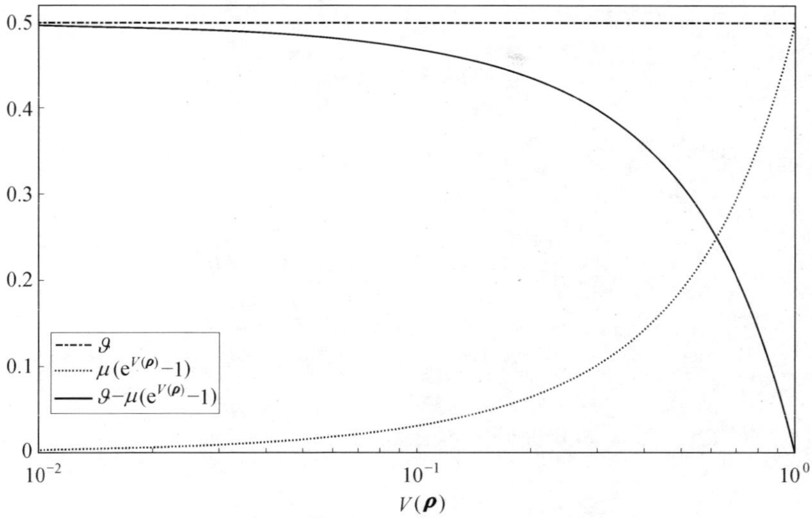

图 4.1　ϑ 与 $\mu(\mathrm{e}^{V(\boldsymbol{\rho})}-1)$ 的不同

基于式（4.23），可得定理 4.2。

定理 4.2　对于式（4.6），在连续指数噪声辅助反馈式（4.23）的作用下，李雅普诺夫函数 $V(\boldsymbol{\rho}_t)=\sqrt{1-\mathrm{tr}(\boldsymbol{\rho}_t\boldsymbol{\rho}_f)}$ 满足 $\mathbb{E}[V(\boldsymbol{\rho}_t)]\leqslant V(\boldsymbol{\rho}_0)\mathrm{e}^{-rt}\leqslant V(\boldsymbol{\rho}_0)\mathrm{e}^{-\frac{1}{2}\eta\Gamma t},\forall t\geqslant 0$，即噪声辅助反馈 u_t 使目标态 $\boldsymbol{\rho}_f$ 全局指数镇定且收敛速率 r 不小于 $\frac{1}{2}\eta\Gamma$。

证明　定理 4.2 的证明与定理 4.1 的证明类似，因此这里主要呈现不同之处。

当 $f(\boldsymbol{\rho}_t)=\mu(\mathrm{e}^{V(\boldsymbol{\rho}_t)}-1)V(\boldsymbol{\rho}_t)$ 时，式（4.15）变为

$$\begin{aligned}\mathcal{L}V(\boldsymbol{\rho}_t)&\leqslant-\frac{\mu^2(\mathrm{e}^{V(\boldsymbol{\rho}_t)}-1)^2V(\boldsymbol{\rho}_t)^2}{2V(\boldsymbol{\rho}_t)}(\mathrm{tr}(\boldsymbol{\rho}_t\boldsymbol{\rho}_\mathrm{e})-\mathrm{tr}(\boldsymbol{\rho}_t\boldsymbol{\rho}_f))-\frac{\eta\Gamma}{2V(\boldsymbol{\rho}_t)^3}\mathrm{tr}^2(\boldsymbol{\rho}_t\boldsymbol{\rho}_f)(1-\mathrm{tr}(\boldsymbol{\rho}_t\sigma_z))^2\\&=-\frac{1}{2}(\eta\Gamma(1+z_t)^2-\mu^2(\mathrm{e}^{V(\boldsymbol{\rho}_t)}-1)^2z_t)V(\boldsymbol{\rho}_t)\end{aligned} \tag{4.24}$$

令

$$\overline{g}(\mu,z_t)=\eta\Gamma(1+z_t)^2-\mu^2(\mathrm{e}^{V(\boldsymbol{\rho}_t)}-1)^2z_t \tag{4.25}$$

下面证明 $\overline{g}(\mu,z_t)$ 的最小值为 $\eta\Gamma$ 。$\overline{g}(\alpha,z_t)$ 对 z_t 的一阶导数和二阶导数分别为

$$\frac{\mathrm{d}}{\mathrm{d}z_t}\overline{g}(\mu,z_t)=2\eta\Gamma(1+z_t)-\mu^2(\mathrm{e}^{V(\boldsymbol{\rho}_t)}-1)^2$$

$$\frac{\mathrm{d}^2}{\mathrm{d}z_t^2}\overline{g}(\mu,z_t)=2\eta\Gamma>0 \tag{4.26}$$

因此，$z_t=1-\dfrac{\mu^2(\mathrm{e}^{V(\boldsymbol{\rho}_t)}-1)^2}{2\eta\Gamma}$ 是最小值点并记为 $\overline{z}_t^*$ 。将 $\overline{z}_t^*$ 代入 $\overline{g}(\mu,z_t)$ ，可得

$$\overline{g}(\mu,\overline{z}_t^*)=\frac{3}{4\eta\Gamma}(\mu^2(\mathrm{e}^{V(\boldsymbol{\rho}_t)}-1)^2-2\eta\Gamma)^2+\eta\Gamma\geqslant\eta\Gamma \tag{4.27}$$

即当 $\mu=\dfrac{\sqrt{2\eta\Gamma}}{\mathrm{e}^{V(\boldsymbol{\rho}_t)}-1}$ 时，$\overline{g}(\mu,z_t)$ 的最小值为 $\eta\Gamma$ ，因此 $\mathcal{L}V(\boldsymbol{\rho}_t)\leqslant-\dfrac{\eta\Gamma}{2}V(\boldsymbol{\rho}_t)$ 。由于只有 $\boldsymbol{\rho}_t=\boldsymbol{\rho}_f$ 才能使 $V(\boldsymbol{\rho}_t)=0$ ，因此根据定理 2.2，有

$$\mathbb{E}[V(\boldsymbol{\rho}_t)]\leqslant V(\boldsymbol{\rho}_0)\mathrm{e}^{-\frac{1}{2}\eta\Gamma t}\leqslant V(\boldsymbol{\rho}_0)\mathrm{e}^{-rt} \tag{4.28}$$

这意味着 $\boldsymbol{\rho}_f$ 可全局指数镇定且收敛速率 r 不小于 $\dfrac{1}{2}\eta\Gamma$ 。证毕。

注 4.1 对比 $g(\vartheta,z_t)$ 和 $\overline{g}(\mu,z_t)$ ，如果 $\mu=\dfrac{\vartheta}{\mathrm{e}^{V(\boldsymbol{\rho}_0)}-1}$ ，易得 $g(\vartheta,z_t)\leqslant\overline{g}(\mu,z_t)$ 。因此，尽管 $g(\vartheta,z_t)$ 和 $\overline{g}(\mu,z_t)$ 的最小值相同，但 $f(\boldsymbol{\rho}_t)=\mu(\mathrm{e}^{V(\boldsymbol{\rho}_t)}-1)V(\boldsymbol{\rho}_t)$ 时状态的收敛速度更快。

4.2.3 连续噪声辅助反馈的应用

为验证本节设计的连续噪声辅助反馈式（4.9）和式（4.23），设驱动系统状态从初态 $\boldsymbol{\rho}_0=\boldsymbol{\rho}_g$ 指数收敛到目标态 $\boldsymbol{\rho}_f=\boldsymbol{\rho}_\mathrm{e}$，并研究系统参数 η 、Γ 和控制参数 ϑ 、μ 对收敛速度的影响。本节对随机量子系统的数值仿真采用 Euler-Maruyama 法[111]，Euler-Maruyama 法的基本原理见附录 A，连续线性噪声辅助反馈指数镇定 $\boldsymbol{\rho}_\mathrm{e}$ 的 Matlab 源代码见附录 B.2.1。

1. 线性噪声辅助反馈实现本征态的指数镇定

令系统参数$\eta=0.5$，$\Gamma=0.25$，控制参数$\vartheta=0.5$，线性噪声辅助反馈实现本征态指数镇定的实验结果如图 4.2 所示。

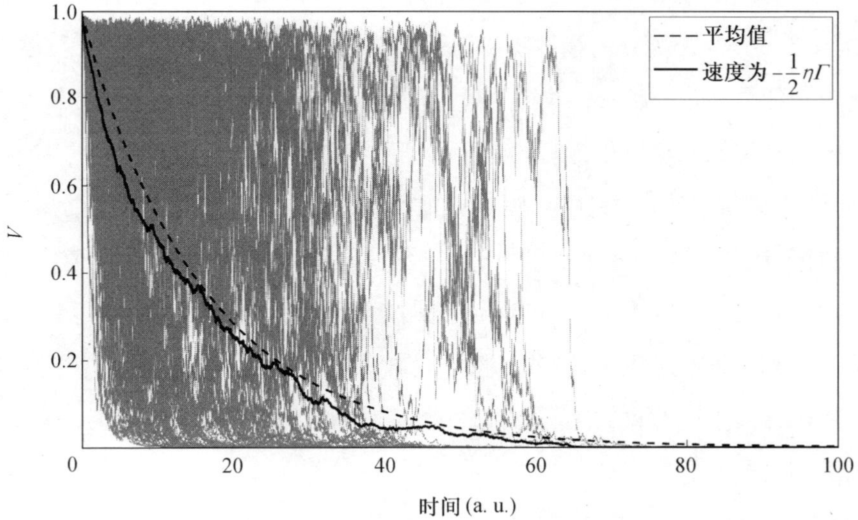

（a）100 次$V(\boldsymbol{\rho}_t)$的曲线

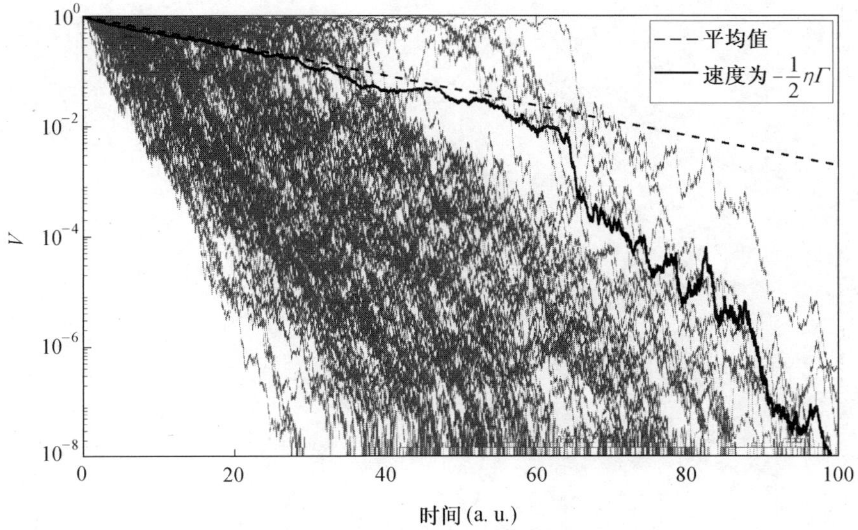

（b）半对数坐标形式

图 4.2　线性噪声辅助反馈实现本征态指数镇定的实验结果

从图 4.2 中可以看到，系统状态 ρ_t 从初态 ρ_g 以指数速度收敛于目标态 ρ_e 且收敛速度不小于 $\frac{1}{2}\eta\Gamma$ 。

为研究系统参数 η 和 Γ 对收敛速度的影响，保持 $\vartheta=0.5$ ，$\Gamma=0.25$ 不动，分别令 $\eta=0.25, 0.5, 0.75$ ，不同 η 的线性噪声辅助反馈实现本征态指数镇定的实验结果如图 4.3 所示，图中显示 η 越大，收敛速度越快，这与理论分析结果一致。Γ 对收敛速度的影响与 η 类似，这里不再赘述。下面研究控制参数 ϑ 对收敛速度的影响。保持 $\eta=0.5$ ，$\Gamma=0.25$ 不动，分别令 $\vartheta=0.4, 0.5, 0.6$ ，不同 ϑ 的线性噪声辅助反馈实现本征态指数镇定的实验结果如图 4.4 所示，图中显示 ϑ 越大，状态收敛速度越快。根据式（4.18），随着 ϑ 的增加，$g(\vartheta, z_t)$ 会减小，从而具有较小的收敛速度，这与实验结果不同。其原因在于反馈控制中更大的噪声增益会更有效地使系统状态从坏的平衡点脱离，导致更快的收敛速度。

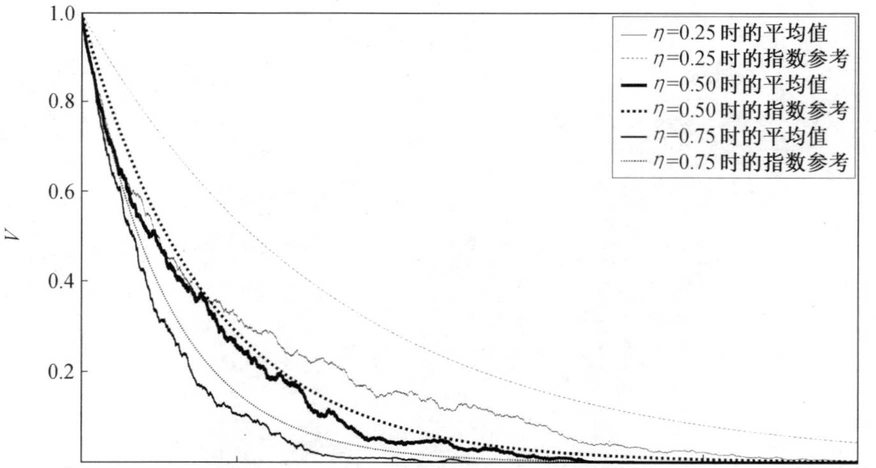

（a）不同 η 下 100 次实验 V 的平均值

图 4.3　不同 η 的线性噪声辅助反馈实现本征态指数镇定的实验结果

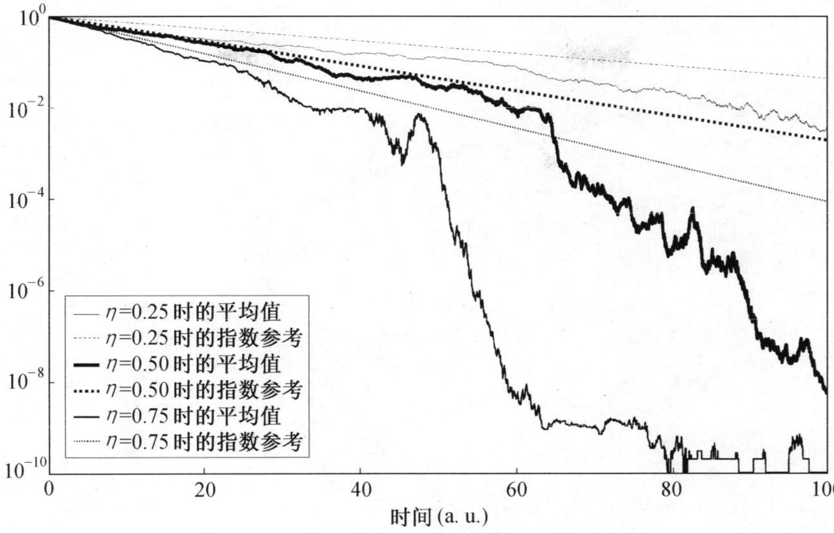

（b）半对数坐标形式

续图 4.3

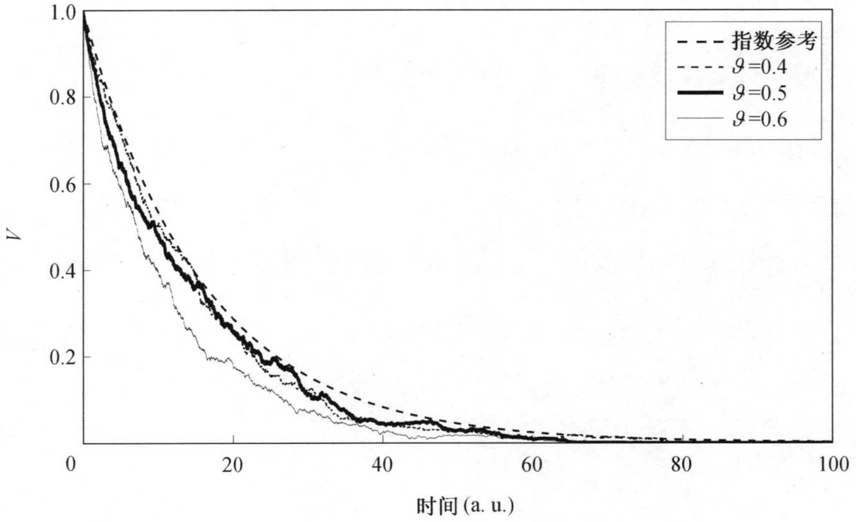

（a）不同 ϑ 下 100 次实验 V 的平均值

图 4.4　不同 ϑ 的线性噪声辅助反馈实现本征态指数镇定的实验结果

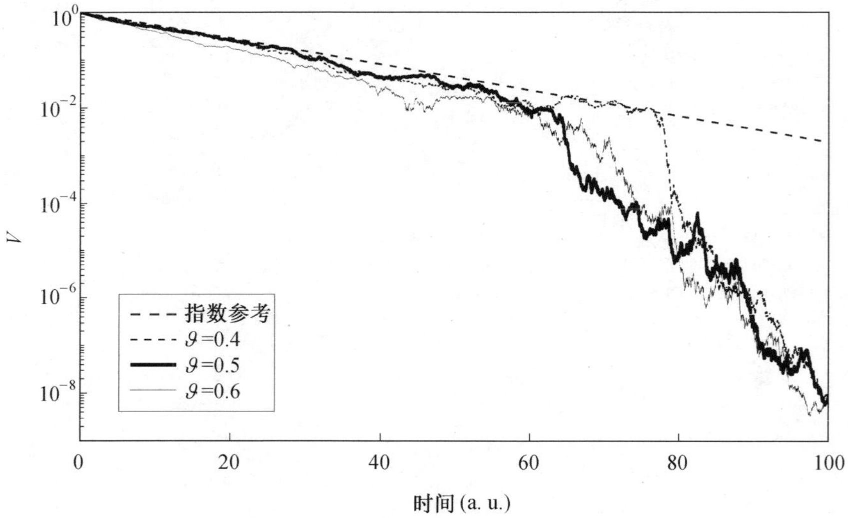

（b）半对数坐标形式

续图 4.4

2. 指数噪声辅助反馈实现本征态的指数镇定

令系统参数$\eta = 0.5$，$\Gamma = 0.25$，控制参数$\mu = \dfrac{0.5}{e^{V(\rho_g)} - 1}$，指数噪声辅助反馈实现本征态指数镇定的实验结果如图 4.5 所示。从图 4.5（a）和（c）中可以看到，系统状态$\boldsymbol{\rho}_t$从初态$\boldsymbol{\rho}_g$以指数速度收敛于目标态$\boldsymbol{\rho}_e$且收敛速度不小于$\dfrac{1}{2}\eta\Gamma$。此外，实验中还比较了线性噪声辅助反馈和指数噪声辅助反馈，实验结果如图 4.5（b）和（d）所示。可以看出，指数噪声辅助反馈作用下系统状态的收敛速度更快，这与注 4.1 的理论分析结果一致。

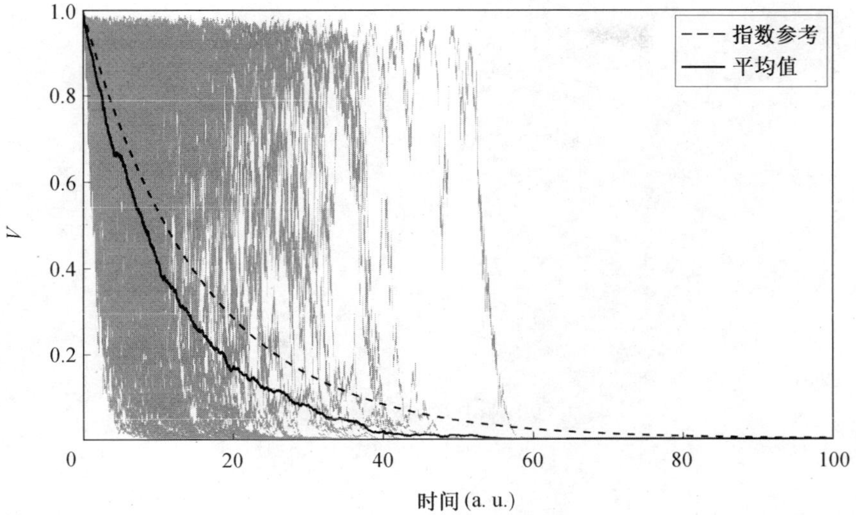

（a）100 次实验的 $V(\boldsymbol{\rho}_t)$

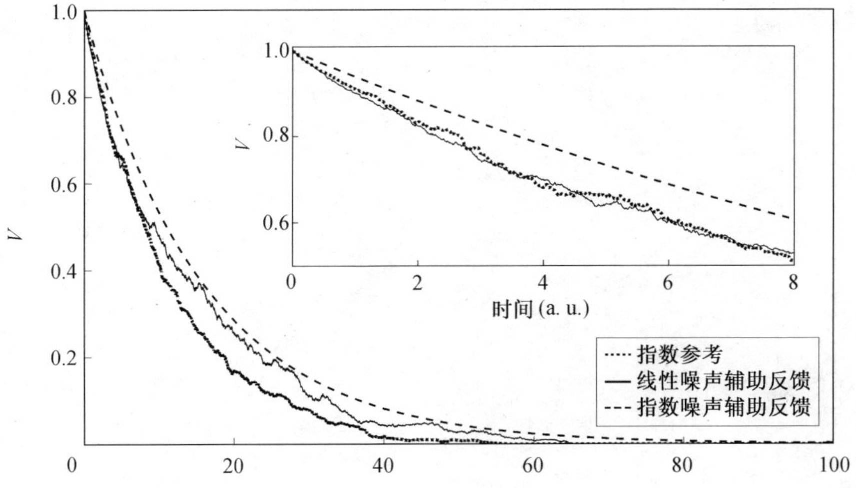

（b）不同噪声辅助反馈作用下 100 次 $V(\boldsymbol{\rho}_t)$ 的平均值

图 4.5　指数噪声辅助反馈实现本征态指数镇定的实验结果

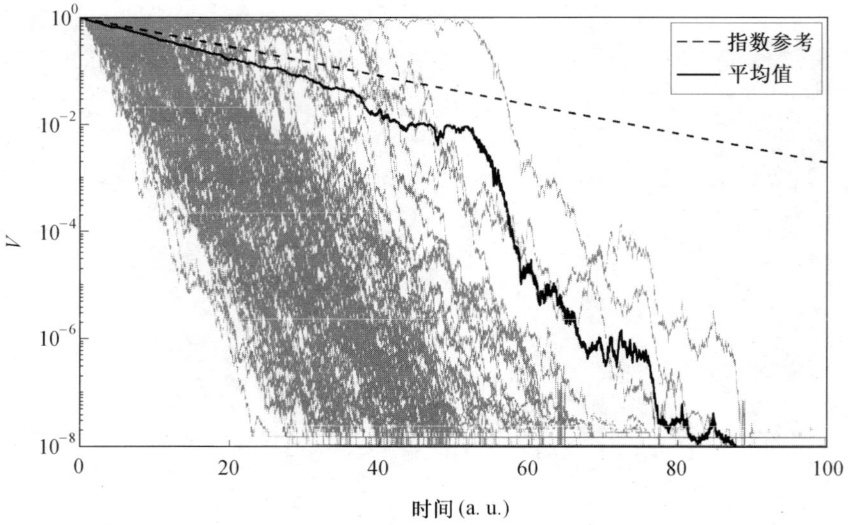

（c）图 4.5（a）的半对数坐标形式

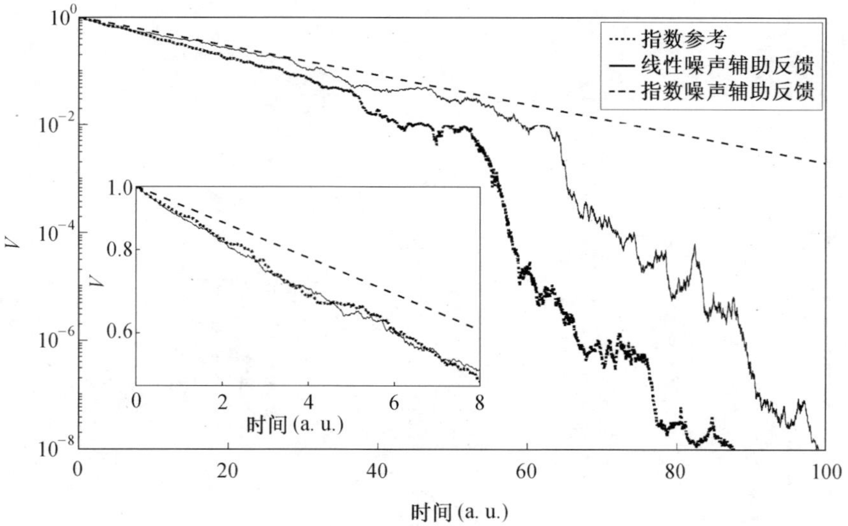

（d）图 4.5（b）的半对数坐标形式

续图 4.5

为研究控制参数μ对收敛速度的影响，保持$\eta=0.5$，$\Gamma=0.25$不动，分别令$\mu=\frac{0.4}{e^{V(\rho_g)}-1}$，$\frac{0.5}{e^{V(\rho_g)}-1}$，$\frac{0.6}{e^{V(\rho_g)}-1}$，不同$\mu$的指数噪声辅助反馈实现本征态指数镇定的实验结果如图 4.6 所示。

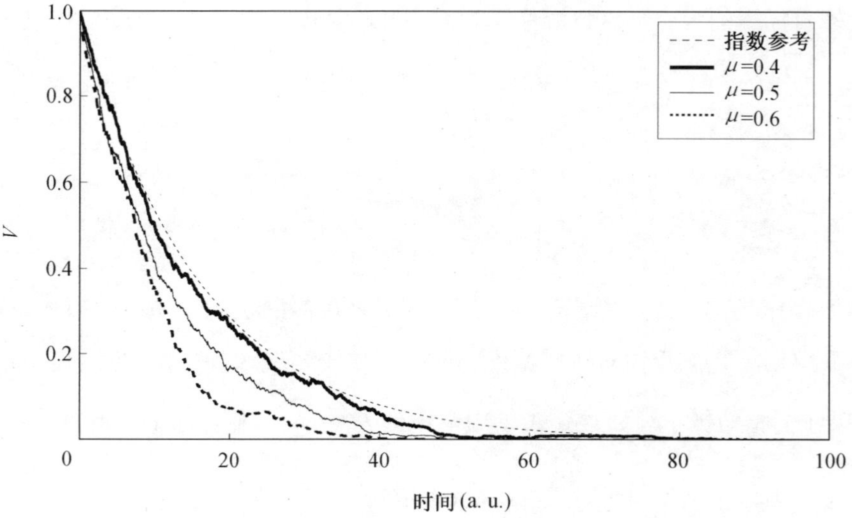

（a）100 次实验的$V(\rho_t)$

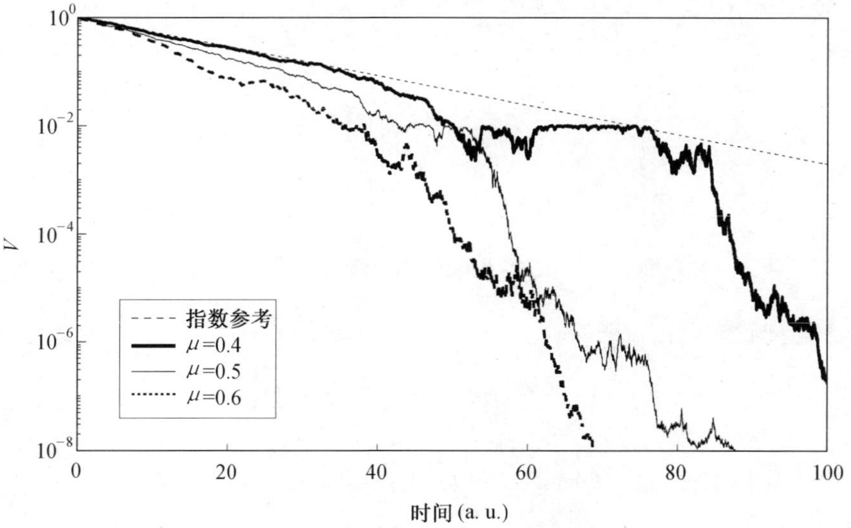

（b）图 4.6（a）的半对数坐标形式

图 4.6　不同μ的指数噪声辅助反馈实现本征态指数镇定的实验结果

图 4.6 中显示μ越大，状态收敛速度越快。根据式(4.25)，随着μ的增大，$\bar{g}(\mu,z_t)$减小，导致更小的收敛速度，这与数值实验结果不同，其原因与图 4.4 类似。对比图 4.4、图 4.5 及图 4.6，反馈控制中更大的噪声增益有助于对抗坏平衡点的吸引，但也会阻碍目标态的吸引，这也解释了为何在开始阶段，式（4.7）作用下的收敛速度快于式（4.22）作用下的收敛速度。因此，在连续噪声辅助反馈策略中通常更推荐指数噪声辅助反馈式（4.22）及更大的μ。

4.3 切换状态反馈

在 4.2 节中，两种连续噪声辅助反馈实现了两能级随机量子系统的指数镇定。本节考虑采用切换状态反馈对一类特殊的两能级量子系统达到同样的目的，即量子自旋$-\frac{1}{2}$系统的指数镇定。如果令式（4.1）中的$\boldsymbol{H}_1=\frac{\sigma_y}{2}$，则结合式（4.3），可以获得描述状态反馈作用下的量子自旋$-\frac{1}{2}$系统的数学模型，即

$$\mathrm{d}\boldsymbol{\rho}_t=\left(-\mathrm{i}\frac{\omega_{\mathrm{eg}}}{2}[\sigma_z,\boldsymbol{\rho}_t]-\mathrm{i}\frac{u_t^{\mathrm{sf}}(\boldsymbol{\rho}_t)}{2}[\sigma_y,\boldsymbol{\rho}_t]+\frac{M}{4}(\sigma_z\boldsymbol{\rho}_t\sigma_z-\boldsymbol{\rho}_t)\right)\mathrm{d}t+$$
$$\frac{\sqrt{\eta M}}{2}(\sigma_z\boldsymbol{\rho}_t+\boldsymbol{\rho}_t\sigma_z-2\,\mathrm{tr}(\boldsymbol{\rho}_t\sigma_z)\boldsymbol{\rho}_t)\mathrm{d}W_t \tag{4.29}$$

式中，$u_t^{\mathrm{sf}}(\boldsymbol{\rho}_t)$代表状态反馈。

针对量子自旋$-\frac{1}{2}$系统即式（4.3），Liang 等在文献[72]中将式（4.29）中的$u_t^{\mathrm{sf}}(\boldsymbol{\rho}_t)$设计为如下连续状态反馈，即

$$u_t^{\mathrm{csf}_1}(\boldsymbol{\rho}_t)=\alpha V^{\beta}(\boldsymbol{\rho}_t)-\gamma\,\mathrm{tr}(\mathrm{i}[\sigma_y,\boldsymbol{\rho}_t]\boldsymbol{\rho}_f) \tag{4.30}$$

式中，$\boldsymbol{\rho}_f$代表目标本征态；$V(\rho_t)=\sqrt{1-\mathrm{tr}(\boldsymbol{\rho}_t\boldsymbol{\rho}_f)}$；$\gamma\geqslant 0$；$\beta\geqslant 1$；$0<\alpha<\frac{\eta M\lambda^2}{(1-\lambda)^{\frac{\beta-1}{2}}}$，$\lambda\in(0,1)$。基于式（4.30），本节设计了另一种形式的连续状态反馈，即

$$u_t^{\mathrm{csf}_2}(\boldsymbol{\rho}_t)=-\alpha\,\mathrm{tr}(\mathrm{i}[\sigma_y,\boldsymbol{\rho}_t]\boldsymbol{\rho}_f)V^{\beta}(\boldsymbol{\rho}_t)-\gamma\,\mathrm{tr}(\mathrm{i}[\sigma_y,\boldsymbol{\rho}_t]\boldsymbol{\rho}_f) \tag{4.31}$$

即用 $-\alpha\,\mathrm{tr}(\mathrm{i}[\sigma_y,\boldsymbol{\rho}_t]\boldsymbol{\rho}_f)$ 代替 $u_t^{\mathrm{cf_1}}(\boldsymbol{\rho}_t)$ 中的 α。考虑到系统的收敛速度在状态反馈式(4.30)和式（4.31）作用下是不同的，将结合式（4.30）和式（4.31）构造切换状态反馈。

4.3.1　切换状态反馈的设计

切换状态反馈的主要思想为：将状态空间分为两个子空间 $\{\Phi_1,\Phi_2\}$，当状态位于 Φ_1 时，在式（4.30）作用下的状态收敛速度更快；而当状态位于 Φ_2 时，在式（4.31）作用下的状态收敛速度更快。因此，对整体状态空间而言，在切换状态反馈作用下状态的收敛速度快于单独使用连续状态反馈式（4.30）和式（4.31）。根据切换状态反馈的设计思想，可得到定理 4.3。

定理 4.3　对于量子自旋 $-\frac{1}{2}$ 系统即式（4.3），状态反馈设计为

$$u_t^{\mathrm{ssf}}(\boldsymbol{\rho}_t)=K(\boldsymbol{\rho}_t)V^{\beta}(\boldsymbol{\rho}_t)-\gamma\,\mathrm{tr}(\mathrm{i}[\sigma_y,\boldsymbol{\rho}_t]\boldsymbol{\rho}_f)$$

$$K(\boldsymbol{\rho}_t)=\begin{cases}-\alpha\,\mathrm{tr}(\mathrm{i}[\sigma_y,\boldsymbol{\rho}_t]\boldsymbol{\rho}_f), & \boldsymbol{\rho}_t\in\Phi_1\\ \alpha, & \boldsymbol{\rho}_t\in\Phi_2\end{cases}\tag{4.32}$$

式中，$\Phi_1=\{\rho:\mathrm{tr}^2(\mathrm{i}[\sigma_y,\boldsymbol{\rho}_t]\boldsymbol{\rho}_f)+\mathrm{tr}(\mathrm{i}[\sigma_y,\boldsymbol{\rho}_t]\boldsymbol{\rho}_f)>\epsilon\}$，$\epsilon\geqslant 0$，$\Phi_2=\dfrac{\mathcal{S}}{\Phi_1}$。那么，对于 $\boldsymbol{\rho}_t\in\mathcal{D}_\lambda=\{\rho\in\mathcal{S}:\lambda<\mathrm{tr}(\rho\boldsymbol{\rho}_f)\leqslant 1\},\lambda\in(0,1)$，$\mathbb{E}[V(\boldsymbol{\rho}_t)]\leqslant \mathrm{e}^{-rt}V(\boldsymbol{\rho}_0)$ 且收敛速度 $r\geqslant\dfrac{\eta M}{2}\lambda^2-\dfrac{\alpha}{2}(1-\lambda)^{\frac{\beta-1}{2}}$，即切换状态反馈式（4.32）可使目标态 $\boldsymbol{\rho}_f$ 局部指数镇定。特别地，对整个状态空间 $\mathcal{S}$ 而言，在切换状态反馈式（4.32）的作用下，系统状态的收敛速度快于单独使用连续状态反馈式（4.30）和式（4.31）。

证明　当 $K(\boldsymbol{\rho}_t)=-\alpha\,\mathrm{tr}(\mathrm{i}[\sigma_y,\boldsymbol{\rho}_t]\boldsymbol{\rho}_f)$ 时，与被控量子自旋 $-\frac{1}{2}$ 系统即式（4.29）关联的作用于 $V(\boldsymbol{\rho}_t)$ 的无穷小算子为

$$\begin{aligned}\mathcal{L}V(\rho_t)&=\frac{-\alpha\operatorname{tr}(\mathrm{i}[\sigma_y,\rho_t]\rho_f)V^{\beta}(\rho_t)-\gamma\operatorname{tr}(\mathrm{i}[\sigma_y,\rho_t]\rho_f)}{4}\frac{\operatorname{tr}(\mathrm{i}[\sigma_y,\rho_t]\rho_f)}{V(\rho_t)}-\frac{\eta M}{2}\operatorname{tr}^2(\rho_t\rho_f)V(\rho_t)\\&=-\frac{\alpha}{4}\operatorname{tr}^2(\mathrm{i}[\sigma_y,\rho_t]\rho_f)V^{\beta-1}(\rho_t)-\frac{\gamma\operatorname{tr}^2(\mathrm{i}[\sigma_y,\rho_t]\rho_f)}{4V(\rho_t)}-\frac{\eta M}{2}\operatorname{tr}^2(\rho_t\rho_f)V(\rho_t)\\&=-\frac{1}{2}\left\{\eta M\operatorname{tr}^2(\rho_t\rho_f)+\frac{\gamma\operatorname{tr}^2(\mathrm{i}[\sigma_y,\rho_t]\rho_f)}{2V^2(\rho_t)}+\frac{\alpha}{2}\operatorname{tr}^2(\mathrm{i}[\sigma_y,\rho_t]\rho_f)V^{\beta-2}(\rho_t)\right\}V(\rho_t)\end{aligned}\tag{4.33}$$

类似地，当 $K(\rho_t)=\alpha$ 时，与被控量子自旋 $-\frac{1}{2}$ 系统即式（4.29）关联的作用于 $V(\rho_t)$ 的无穷小算子为

$$\begin{aligned}\mathcal{L}V(\rho_t)&=\frac{\alpha V^{\beta}(\rho_t)-\gamma\operatorname{tr}(\mathrm{i}[\sigma_y,\rho_t]\rho_f)}{4}\frac{\operatorname{tr}(\mathrm{i}[\sigma_y,\rho_t]\rho_f)}{V(\rho_t)}-\frac{\eta M}{2}\operatorname{tr}^2(\rho_t\rho_f)V(\rho_t)\\&=\frac{\alpha}{4}\operatorname{tr}(\mathrm{i}[\sigma_y,\rho_t]\rho_f)V^{\beta-1}(\rho_t)-\frac{\gamma\operatorname{tr}^2(\mathrm{i}[\sigma_y,\rho_t]\rho_f)}{4V(\rho_t)}-\frac{\eta M}{2}\operatorname{tr}^2(\rho_t\rho_f)V(\rho_t)\\&=-\frac{1}{2}\left\{\eta M\operatorname{tr}^2(\rho_t\rho_f)+\frac{\gamma\operatorname{tr}^2(\mathrm{i}[\sigma_y,\rho_t]\rho_f)}{2V^2(\rho_t)}-\frac{\alpha}{2}\operatorname{tr}(\mathrm{i}[\sigma_y,\rho_t]\rho_f)V^{\beta-2}(\rho_t)\right\}V(\rho_t)\end{aligned}\tag{4.34}$$

比较式（4.33）和式（4.34），如果 $\alpha\operatorname{tr}^2(\mathrm{i}[\sigma_y,\rho_t]\rho_f)>-\alpha\operatorname{tr}(\mathrm{i}[\sigma_y,\rho_t]\rho_f)$，即 $\rho_t\in\Phi_1$，则当 $K(\rho_t)=-\alpha\operatorname{tr}(\mathrm{i}[\sigma_y,\rho_t]\rho_f)V^{\beta}(\rho_t)$ 时，状态收敛快于 $K(\rho_t)=\alpha$ 时。因此，当 $\rho_t\in\Phi_1$ 时，在切换状态反馈式（4.32）作用下状态收敛快于在状态反馈式（4.30）作用下，而当 $\rho_t\in\Phi_2$ 时，二者作用下的状态收敛速度是一致的，从而使得对整个状态空间 $\mathcal{S}$ 而言，在切换状态反馈作用下的状态收敛速度更快。切换状态反馈式（4.32）与连续状态反馈式（4.31）的比较类似，这里不再赘述。

根据文献[72]中证明定理 4.2 的第 2 步，存在一个有限时间 T 使得 $\rho_t\in\mathcal{D}_\lambda$，$\forall t\geqslant T$。这样，令 $\tilde{\rho}_0=\rho_T$，当 $\rho_t\in\mathcal{D}_\lambda$ 时，式（4.33）可写为

$$\begin{aligned}\mathcal{L}V(\rho_t)&\leqslant-\frac{1}{2}\left(\eta M\operatorname{tr}^2(\rho_t\rho_f)+\frac{\alpha}{2}\operatorname{tr}^2(\mathrm{i}[\sigma_y,\rho_t]\rho_f)V^{\beta-2}(\rho_t)\right)V(\rho_t)\\&\leqslant-\frac{\eta M}{2}\operatorname{tr}^2(\rho_t\rho_f)V(\rho_t)\\&\leqslant-\frac{\eta M}{2}\lambda^2V(\rho_t)\end{aligned}\tag{4.35}$$

从而根据定理 2.2 可得

$$\mathbb{E}[V(\boldsymbol{\rho}_t)] \leqslant V(\tilde{\boldsymbol{\rho}}_0)\mathrm{e}^{-rt} \leqslant V(\tilde{\boldsymbol{\rho}}_0)\mathrm{e}^{-\frac{\eta M}{2}\lambda^2 t}, \quad \forall \boldsymbol{\rho}_t \in \mathcal{D}_\lambda \tag{4.36}$$

如果 $\boldsymbol{\rho}_0 \in \frac{\mathcal{S}}{\mathcal{D}_\lambda}$，则 $V(\boldsymbol{\rho}_0) > V(\tilde{\boldsymbol{\rho}}_0)$。如果 $\boldsymbol{\rho}_0 \in \mathcal{D}_\lambda$ 且 $V(\boldsymbol{\rho}_0) < V(\tilde{\boldsymbol{\rho}}_0)$，易得当 $t > T + \delta$ 时，$V(\boldsymbol{\rho}_0) > V(\tilde{\boldsymbol{\rho}}_0)$，其中

$$\delta = \frac{2}{\eta M \lambda^2}(\ln V(\tilde{\boldsymbol{\rho}}_0) - \ln V(\boldsymbol{\rho}_0))$$

否则，当 $t \geqslant T$ 时，$V(\boldsymbol{\rho}_0) \geqslant V(\tilde{\boldsymbol{\rho}}_0)$。

令

$$T_{\mathrm{s}} = \begin{cases} T, & \boldsymbol{\rho}_0 \in \mathcal{S} \setminus \mathcal{D}_\lambda \text{或} \boldsymbol{\rho}_0 \in \mathcal{D}_\lambda \text{且} V(\boldsymbol{\rho}_0) \geqslant V(\tilde{\boldsymbol{\rho}}_0) \\ T + \delta, & \boldsymbol{\rho}_0 \in \mathcal{D}_\lambda \text{且} V(\boldsymbol{\rho}_0) < V(\tilde{\boldsymbol{\rho}}_0) \end{cases}$$

那么 $V(\boldsymbol{\rho}_0) \geqslant V(\tilde{\boldsymbol{\rho}}_0), \forall \boldsymbol{\rho}_0 \in \mathcal{S}, t \geqslant T_{\mathrm{s}}$，且式（4.36）可写为

$$\mathbb{E}[V(\boldsymbol{\rho}_t)] \leqslant V(\boldsymbol{\rho}_0)\mathrm{e}^{-rt} \leqslant V(\boldsymbol{\rho}_0)\mathrm{e}^{-\frac{\eta M}{2}\lambda^2 t}, \quad \forall \boldsymbol{\rho}_t \in \mathcal{D}_\lambda$$

由于当且仅当 $\boldsymbol{\rho}_t = \boldsymbol{\rho}_f$ 时，$V(\boldsymbol{\rho}_t) = 0$，因此 $\boldsymbol{\rho}_f$ 可全局镇定，且当 $\boldsymbol{\rho}_t \in \mathcal{D}_\lambda$ 时，收敛速度 $r \geqslant \frac{\eta M}{2}\lambda^2$。

另外，根据式（4.2），$\mathrm{tr}(\mathrm{i}[\sigma_y, \boldsymbol{\rho}_t]\boldsymbol{\rho}_f) = x_t \leqslant 2V(\boldsymbol{\rho}_t)$，使得式（4.34）变为

$$\begin{aligned} \mathcal{L}V(\boldsymbol{\rho}_t) &\leqslant -\frac{1}{2}\left(\eta M\,\mathrm{tr}^2(\boldsymbol{\rho}_t\boldsymbol{\rho}_f) - \frac{\alpha}{2}\mathrm{tr}(\mathrm{i}[\sigma_y, \boldsymbol{\rho}_t]\boldsymbol{\rho}_f)V^{\beta-2}(\boldsymbol{\rho}_t)\right)V(\boldsymbol{\rho}_t) \\ &\leqslant -\frac{1}{2}(\eta M\,\mathrm{tr}^2(\boldsymbol{\rho}_t\boldsymbol{\rho}_f) - \alpha V^{\beta-1}(\boldsymbol{\rho}_t))V(\boldsymbol{\rho}_t) \\ &\leqslant -\frac{1}{2}\left(\eta M \lambda^2 - \alpha(1-\lambda)^{\frac{\beta-1}{2}}\right)V(\boldsymbol{\rho}_t), \quad \forall \boldsymbol{\rho}_t \in \mathcal{D}_\lambda(\boldsymbol{\rho}_t) \end{aligned} \tag{4.37}$$

通过与式（4.35）相似的讨论，可得

$$\mathbb{E}[V(\boldsymbol{\rho}_t)] \leqslant V(\boldsymbol{\rho}_0)\mathrm{e}^{-rt} \leqslant V(\boldsymbol{\rho}_0)\mathrm{e}^{-\left(\frac{\eta M}{2}\lambda^2 - \frac{\alpha}{2}(1-\lambda)^{\frac{\beta-1}{2}}\right)t}, \quad \forall \boldsymbol{\rho}_t \in \mathcal{D}_\lambda \tag{4.38}$$

这意味着 $\boldsymbol{\rho}_f$ 可指数镇定，且当 $\boldsymbol{\rho}_t \in \mathcal{D}_\lambda$ 时，$r \geqslant \frac{\eta M}{2}\lambda^2 - \frac{\alpha}{2}(1-\lambda)^{\frac{\beta-1}{2}}$。

因此，根据式（4.35）和式（4.38）可知，在 $t \geqslant T_s$ 时，在切换状态反馈式（4.32）作用下，当 $\boldsymbol{\rho}_t \in \Phi_1 \cap \mathcal{D}_\lambda$ 时，收敛速度 $r \geqslant \frac{\eta M}{2}\lambda^2$，而当 $\boldsymbol{\rho}_t \in \Phi_2 \cap \mathcal{D}_\lambda$ 时，收敛速度 $r \geqslant \frac{\eta M}{2}\lambda^2 - \frac{\alpha}{2}(1-\lambda)^{\frac{\beta-1}{2}}$，从而对于 $\mathcal{D}_\lambda$ 中的状态 $\boldsymbol{\rho}_t$ 而言，由于 $\frac{\alpha}{2}(1-\lambda)^{\frac{\beta-1}{2}} > 0$，因此状态收敛速度 $r \geqslant \frac{\eta M}{2}\lambda^2 - \frac{\alpha}{2}(1-\lambda)^{\frac{\beta-1}{2}}$。证毕。

注 4.2 根据 $\mathcal{D}_\lambda$ 的定义，如果 λ 较小，状态子空间 $\mathcal{D}_\lambda$ 可以覆盖整个状态空间 $\mathcal{S}$ 更多的部分，因此为在更大的状态空间保持指数镇定成立，推荐采用更小的 λ。然而，根据式（4.35）和式（4.37），更小的 λ 会导致更小的指数收敛速度。因此，λ 的取值需要平衡子空间 $\mathcal{D}_\lambda$ 的大小和收敛速度的快慢。

定理 4.4 对于量子自旋 $-\frac{1}{2}$ 系统即式（4.3），如果采用连续状态反馈式（4.31），则目标本征态 $\boldsymbol{\rho}_f$ 可局部指数镇定，且当 $\boldsymbol{\rho}_t \in \mathcal{D}_\lambda$ 时，$\mathbb{E}[V(\boldsymbol{\rho}_t)] \leqslant \mathrm{e}^{-rt}V(\boldsymbol{\rho}_0)$，其中

$$r \geqslant \frac{\eta M}{2}\lambda^2, \quad \lambda \in (0,1)$$

证明 根据式（4.35）和文献[76]中的定理 3，本定理易证。

注 4.3 尽管在连续状态反馈式（4.31）作用下的最小指数收敛速度 $\frac{\eta M}{2}\lambda^2$ 大于在连续状态反馈式（4.30）及切换状态反馈式（4.32）作用下的最小指数收敛速度 $\frac{\eta M}{2}\lambda^2 - \frac{\alpha}{2}(1-\lambda)^{\frac{\beta-1}{2}}$，但实时状态收敛速度的对比结果却并不与之一致，即在式（4.30）和式（4.32）作用下的实时状态收敛速度并不一定慢于式（4.31）作用下的实时状态收敛速度。事实上，式（4.32）作用下的实时状态收敛速度快于式（4.31）作用下的实时状态收敛速度，如定理 4.3 所述。

正如定理 4.3 所述，切换状态反馈式（4.32）可使目标本征态 $\boldsymbol{\rho}_f$ 局部指数镇定。事实上，与状态反馈 $u_t^{\mathrm{sf}}(\boldsymbol{\rho}_t)$ 作用下的量子自旋 $-\frac{1}{2}$ 系统即式（4.29）关联的作用于

$V(\boldsymbol{\rho}_t)$ 的无穷小算子 $\mathcal{L}$ 为

$$\mathcal{L}V(\boldsymbol{\rho}_t)=\frac{u_t^{\mathrm{sf}}(\boldsymbol{\rho}_t)}{4}\frac{\mathrm{tr}(\mathrm{i}[\sigma_y,\boldsymbol{\rho}_t]\boldsymbol{\rho}_f)}{V(\boldsymbol{\rho}_t)}-\frac{\eta M}{2}\mathrm{tr}^2(\boldsymbol{\rho}_t\boldsymbol{\rho}_f)V(\boldsymbol{\rho}_t)$$

由于 $\mathrm{tr}(\mathrm{i}[\sigma_y,\boldsymbol{\rho}_{\mathrm{e}}]\boldsymbol{\rho}_f)=\mathrm{tr}(\boldsymbol{\rho}_{\mathrm{e}}\boldsymbol{\rho}_f)=0$，$\mathcal{L}V(\boldsymbol{\rho}_{\mathrm{e}})=0$，因此对任意的 $\boldsymbol{\rho}_t\in\mathcal{S}$，$\mathcal{L}V(\boldsymbol{\rho}_t)\leqslant -CV(\boldsymbol{\rho}_t)$，$C>0$ 不成立，这意味着对于本节的 $V(\boldsymbol{\rho}_t)$，不存在任意状态反馈使目标本征态 $\boldsymbol{\rho}_f$ 全局指数镇定（针对 $V(\boldsymbol{\rho}_t)=\sqrt{1-\mathrm{tr}(\boldsymbol{\rho}_t\boldsymbol{\rho}_f)}$ 而言）。为使系统状态 $\boldsymbol{\rho}_t$ 在整个状态空间 $\mathcal{S}$ 指数收敛而不仅限于 $\mathcal{D}_\lambda$，即 $\mathbb{E}[V(\boldsymbol{\rho}_t)]\leqslant V(\boldsymbol{\rho}_0)\mathrm{e}^{-rt}$，$\forall\boldsymbol{\rho}_t\in\mathcal{S}$，可以借助噪声辅助反馈，4.4 节中将陈述详细技术细节。

4. 3. 2　切换状态反馈的应用

本节将会在数值实验中验证切换状态反馈的有效性并与连续状态反馈进行比较以体现其速度优势。令系统参数 $\omega_{\mathrm{eg}}=0$，$\eta=0.5$，$M=1$，将 $\boldsymbol{\rho}_{\mathrm{e}}$ 选为目标态，初态设为 $\boldsymbol{\rho}_0=\frac{1}{2}\begin{bmatrix}1&1\\1&1\end{bmatrix}$，对应 Bloch 空间中的点 $(1,0,0)$。根据式（4.2）及 Φ_1 的定义，可得 Bloch 空间中的 Φ_1 是同时满足 $x^2+x>0.3$ 和 $-1\leqslant x\leqslant 1$ 的点集，且 $\Phi_2=\{x:x^2+x\leqslant 0.3,-1\leqslant x\leqslant 1\}$。很明显，$\boldsymbol{\rho}_0\in\Phi_1$ 且 $\boldsymbol{\rho}_f\in\Phi_2$。

1. 切换状态反馈实现本征态 $\boldsymbol{\rho}_{\mathrm{e}}$ 的指数镇定

令切换状态反馈式（4.32）中的控制参数 $\alpha=0.5$，$\beta=8$，$\gamma=5$，$\epsilon=0.3$，并设 $\lambda=0.9$，不切换状态反馈式（4.32）实现本征态 $\boldsymbol{\rho}_{\mathrm{e}}$ 指数镇定的实验结果如图 4.7 所示，其中灰色曲线代表速度为 $\frac{\eta M}{2}\lambda^2-\frac{\alpha}{2}(1-\lambda)^{\frac{\beta-1}{2}}$ 的指数参考曲线。从图 4.7 中可以看出，系统状态 $\boldsymbol{\rho}_t$ 从初态 $\boldsymbol{\rho}_0=\frac{1}{2}\begin{bmatrix}1&1\\1&1\end{bmatrix}$ 指数收敛于目标本征态 $\boldsymbol{\rho}_{\mathrm{e}}$，验证了切换状态反馈的有效性。

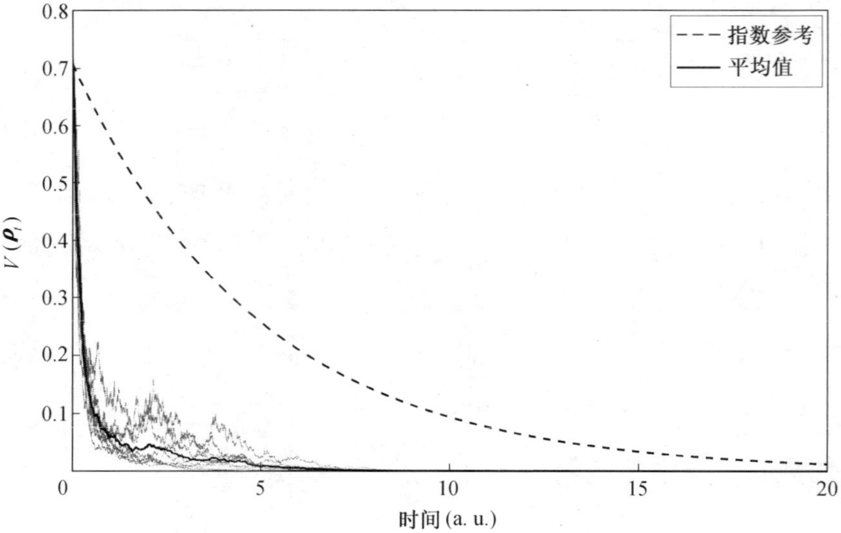

（a）10 次实验的 $V(\boldsymbol{\rho}_t)$ 曲线

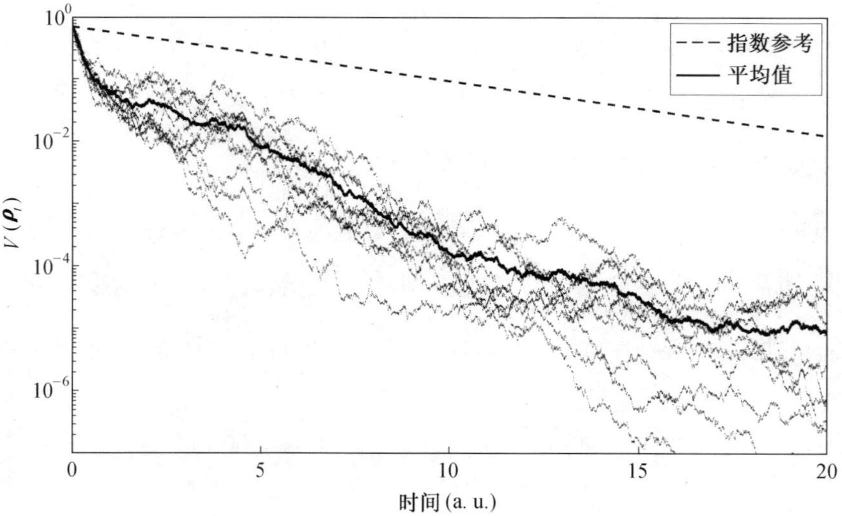

（b）图 4.7（a）的半对数坐标形式

图 4.7　切换状态反馈式（4.32）实现本征态 $\boldsymbol{\rho}_{\mathrm{e}}$ 指数镇定的实验结果

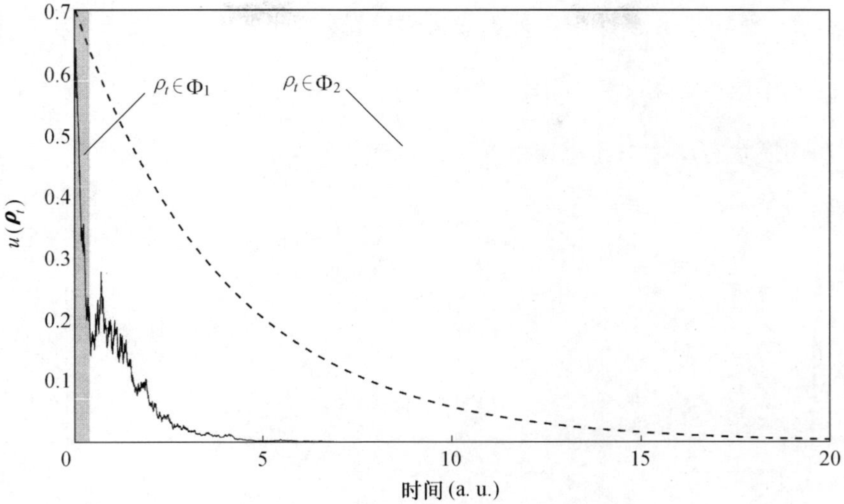

（c）切换状态反馈式（4.32）作用下一个样本轨迹的 $V(\boldsymbol{\rho}_t)$ 曲线

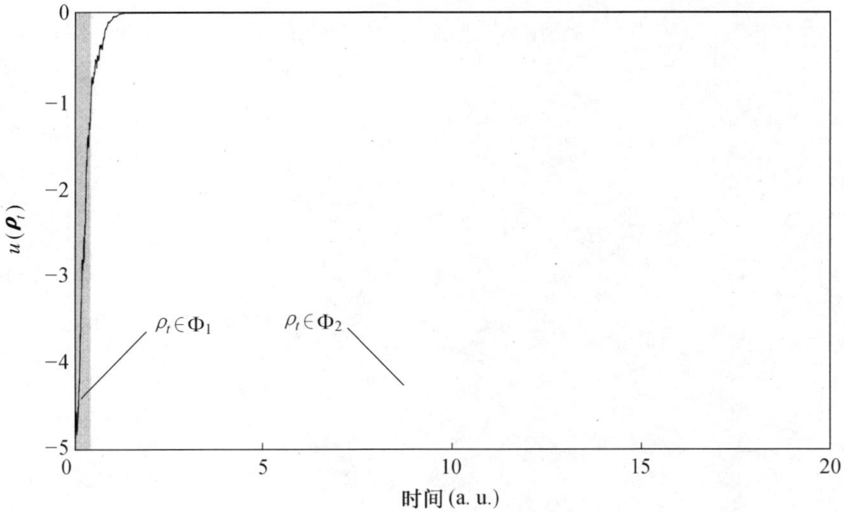

（d）图 4.7（c）对应的切换状态反馈式（4.32）的曲线

续图 4.7

为研究控制参数 ϵ 对收敛速度的影响，分别令 $\epsilon=0.3,0.5,0.7$，不同 ϵ 的切换状态反馈式（4.32）实现本征态 $\boldsymbol{\rho}_{\mathrm{e}}$ 指数镇定的实验结果如图 4.8 所示，图中显示 ϵ 越小，状态收敛速度越快。这意味着对于初态 $\boldsymbol{\rho}_0=\frac{1}{2}\begin{bmatrix}1 & 1\\ 1 & 1\end{bmatrix}$，更小的 ϵ 会提升状态的收敛速度，因此在切换状态反馈中建议使用更小的 ϵ。

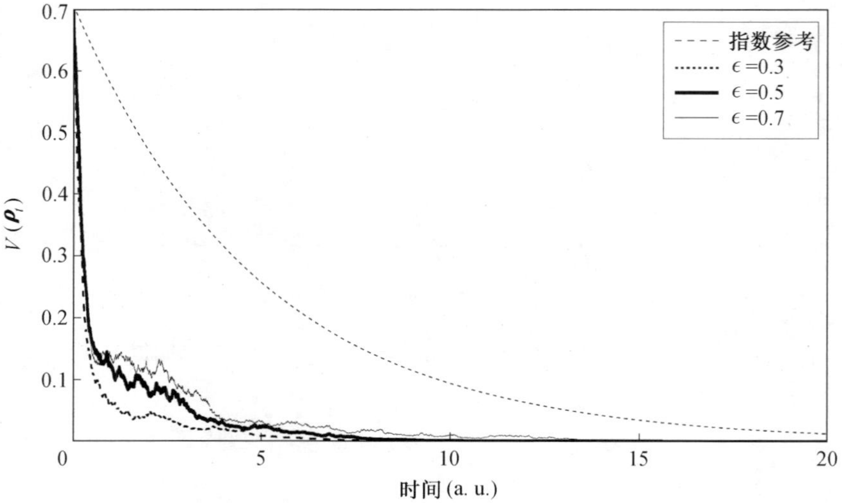

（a）10 次实验 $V(\boldsymbol{\rho}_t)$ 的平均值

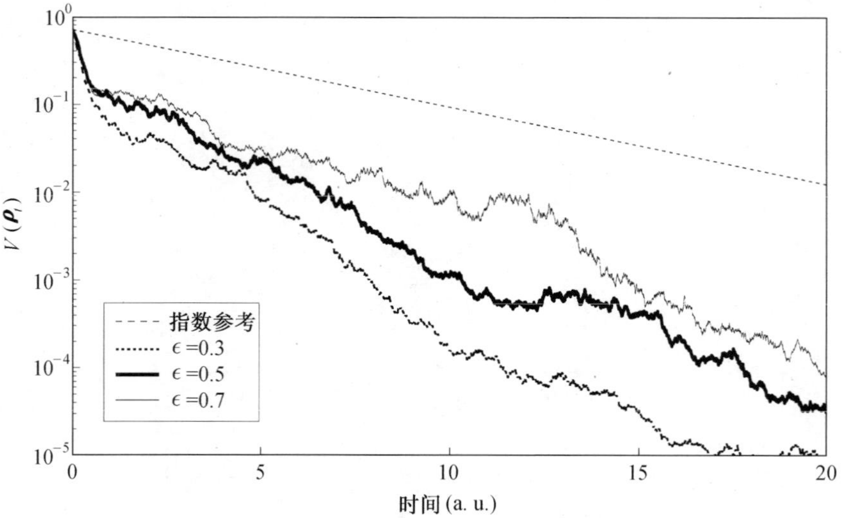

（b）图 4.8（a）的半对数坐标形式

图 4.8　不同 ϵ 的切换状态反馈式（4.32）实现本征态 $\boldsymbol{\rho}_{\mathrm{e}}$ 指数镇定的实验结果

2. 两种连续状态反馈的对比

两种连续状态反馈式（4.30）和式（4.31）实现 $\boldsymbol{\rho}_e$ 的指数镇定如图 4.9 所示。

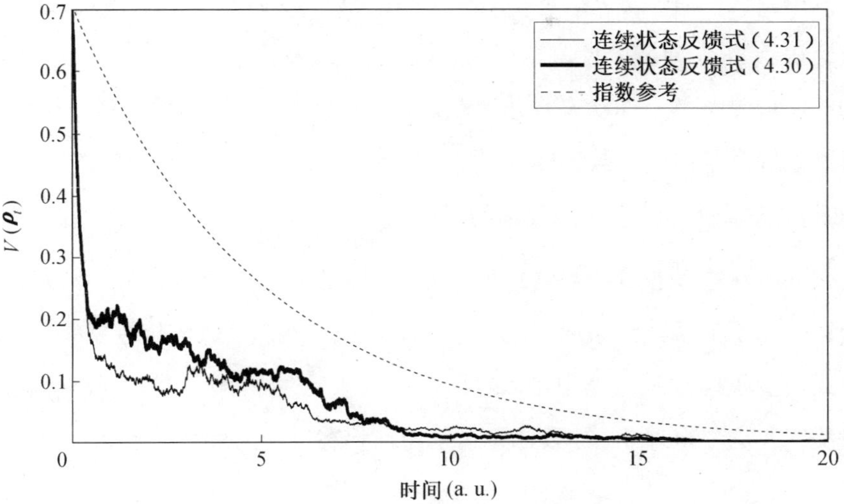

（a）10 次实验 $V(\boldsymbol{\rho}_t)$ 的平均值

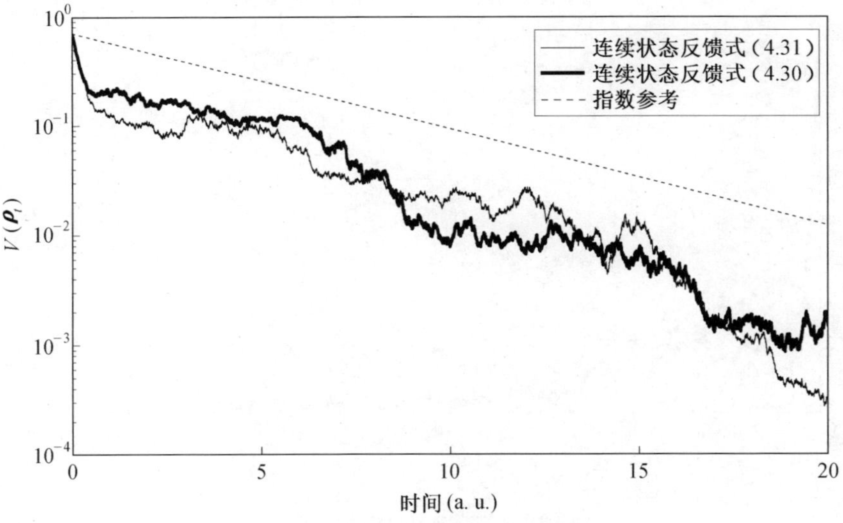

（b）图 4.9（a）的半对数坐标形式

图 4.9　两种连续状态反馈式（4.30）和式（4.31）实现 $\boldsymbol{\rho}_e$ 的指数镇定

从图 4.9 中可以看出，连续状态反馈式（4.30）和式（4.31）均可实现本征态 ρ_e 的指数镇定，同时在时间区域[0,8]和[16,20]的大部分阶段，状态反馈式（4.31）作用下状态收敛更快；而在时间区域[8,16]的大部分阶段，状态反馈式（4.30）作用下状态收敛更快。因此，对整个控制过程而言，两个连续状态反馈式（4.30）和式（4.31）在不同的时间段具有各自的状态收敛速度优势。为充分利用它们的优势，提出了切换状态反馈以提高状态的收敛速度。

3. 切换状态反馈与连续状态反馈的对比

为比较切换状态反馈式（4.32）和连续状态反馈式（4.30）及式（4.31），将三种状态反馈作用下的实验结果放在同一个图中，切换状态反馈与连续状态反馈的对比实验结果如图 4.10 所示，从中可以看出切换状态反馈作用下的状态收敛快于两个连续状态反馈，这与定理 4.3 一致，显示了切换状态反馈的优势。

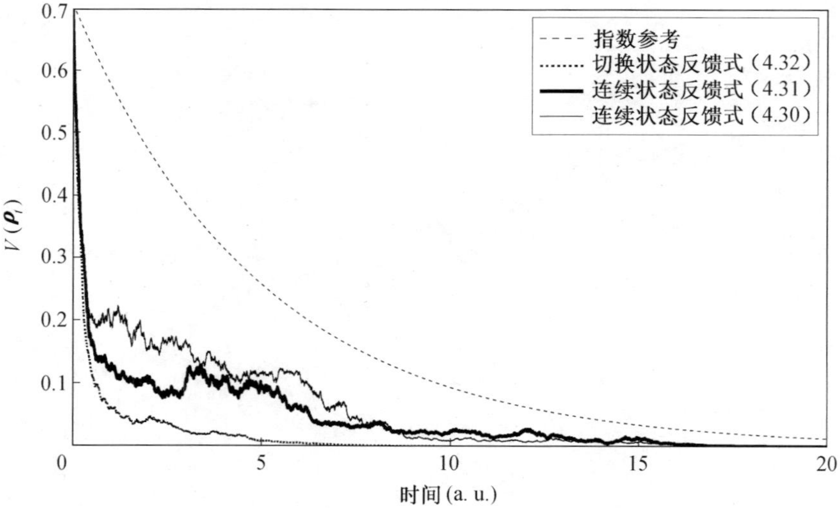

（a）10 次实验 $V(\rho_t)$ 的平均值

图 4.10　切换状态反馈与连续状态反馈的对比实验结果

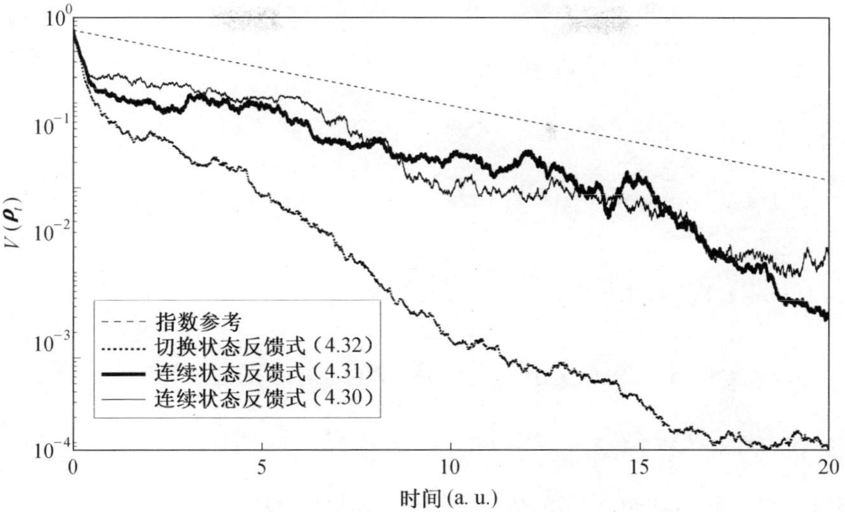

（b）图 4.10（a）的半对数坐标形式

续图 4.10

4.4 组合反馈

4.2 节和 4.3 节中分别使用噪声辅助反馈和状态反馈实现了两能级随机量子系统的指数镇定，为充分利用这两种反馈控制的优势，本节结合噪声辅助反馈和状态反馈提出了组合反馈策略，并实现了随机量子系统的全局指数镇定。

状态反馈和噪声辅助反馈分别取

$$u_t^{\mathrm{sf}}\mathrm{d}t = f(\boldsymbol{\rho}_t)\mathrm{d}t \tag{4.39}$$

和

$$u_t^{\mathrm{nf}}\mathrm{d}t = g(\boldsymbol{\rho}_t)\mathrm{d}B_t \tag{4.40}$$

式中，B_t 为独立于 W_t 的布朗噪声。

为充分利用状态反馈和噪声辅助反馈的优势，将这两种反馈相结合提出了组合反馈，即

$$\begin{aligned} u_t^{\mathrm{cf}}\mathrm{d}t &= K(\boldsymbol{\rho}_t)u_t^{\mathrm{sf}}\mathrm{d}t + (1-K(\boldsymbol{\rho}_t))u_t^{\mathrm{nf}}\mathrm{d}t \\ &= K(\boldsymbol{\rho}_t)f(\boldsymbol{\rho}_t)\mathrm{d}t + (1-K(\boldsymbol{\rho}_t))g(\boldsymbol{\rho}_t)\mathrm{d}B_t \end{aligned} \tag{4.41}$$

式中，$K(\boldsymbol{\rho}_t)\in\{0,1\}$。在组合反馈式（4.41）作用下，式（4.1）的第一个式子变为

$$\begin{aligned} \mathrm{d}\boldsymbol{\rho}_t &= \left(-\mathrm{i}[\boldsymbol{H}_0,\boldsymbol{\rho}_t] + \boldsymbol{L}\boldsymbol{\rho}_t\boldsymbol{L} - \frac{1}{2}(\boldsymbol{L}^2\boldsymbol{\rho}_t + \boldsymbol{\rho}_t\boldsymbol{L}^2)\right)\mathrm{d}t - \mathrm{i}K(\boldsymbol{\rho}_t)f(\boldsymbol{\rho}_t)[\boldsymbol{H}_1,\boldsymbol{\rho}_t]\mathrm{d}t + \\ &\quad (1-K(\boldsymbol{\rho}_t))^2 g(\boldsymbol{\rho})^2\left(\boldsymbol{H}_1\boldsymbol{\rho}_t\boldsymbol{H}_1^\dagger - \frac{1}{2}(\boldsymbol{H}_1^\dagger\boldsymbol{H}_1\boldsymbol{\rho}_t + \boldsymbol{\rho}_t\boldsymbol{H}_1^\dagger\boldsymbol{H}_1)\right)\mathrm{d}t + \\ &\quad \sqrt{\eta}(\boldsymbol{L}\boldsymbol{\rho}_t + \boldsymbol{\rho}_t\boldsymbol{L} - 2\,\mathrm{tr}(\boldsymbol{\rho}_t L)\boldsymbol{\rho}_t)\mathrm{d}W_t - \mathrm{i}(1-K(\boldsymbol{\rho}_t))g(\boldsymbol{\rho}_t)[\boldsymbol{H}_1,\boldsymbol{\rho}_t]\mathrm{d}B_t \end{aligned} \tag{4.42}$$

令 $\boldsymbol{H}_0=\omega_{\mathrm{eg}}\sigma_z$，$\boldsymbol{L}=\sqrt{\Gamma}\sigma_z$，$\boldsymbol{H}_1=\sigma_y$，式（4.42）可以写为

$$\begin{aligned} \mathrm{d}\boldsymbol{\rho}_t &= -\mathrm{i}\omega_{\mathrm{eg}}[\sigma_z,\boldsymbol{\rho}_t]\mathrm{d}t + \Gamma(\sigma_z\boldsymbol{\rho}_t\sigma_z - \boldsymbol{\rho}_t)\mathrm{d}t - \mathrm{i}K(\boldsymbol{\rho}_t)f(\boldsymbol{\rho}_t)[\sigma_y,\boldsymbol{\rho}_t]\mathrm{d}t - \\ &\quad \mathrm{i}(1-K(\boldsymbol{\rho}_t))g(\boldsymbol{\rho}_t)[\sigma_y,\boldsymbol{\rho}_t]\mathrm{d}B_t + (1-K(\boldsymbol{\rho}_t))^2 g(\boldsymbol{\rho}_t)^2(\sigma_y\boldsymbol{\rho}_t\sigma_y - \boldsymbol{\rho}_t)\mathrm{d}t + \\ &\quad \sqrt{\eta\Gamma}(\sigma_z\boldsymbol{\rho}_t + \boldsymbol{\rho}_t\sigma_z - 2\,\mathrm{tr}(\boldsymbol{\rho}_t\sigma_z)\boldsymbol{\rho}_t)\mathrm{d}W_t \end{aligned} \tag{4.43}$$

这就是本节所研究随机量子系统的数学模型。

组合反馈的设计思想是将整个状态空间分为两个子空间：在其中一个子空间，状态反馈可使系统状态以更快速度收敛；而在另一个子空间，在噪声辅助反馈作用下的系统状态收敛速度更快，从而使得在组合反馈作用下系统状态的收敛速度快于单独使用状态反馈或单独使用噪声辅助反馈时系统状态的收敛速度。因此，设计组合反馈的关键是确定如何划分系统状态空间以确定$K(\boldsymbol{\rho}_t)$，4.4.1 节将介绍一种状态空间的划分方法。

4.4.1 组合反馈的设计

本节选择$\boldsymbol{\rho}_{\mathrm{g}}$作为目标态，由于相似性，因此忽略目标态为$\boldsymbol{\rho}_{\mathrm{e}}$的情况。

为获得式（4.41）中的$K(\boldsymbol{\rho}_t)$，将状态空间$\mathcal{S}$划分为两个子空间，记为Φ_1和Φ_2。如果$\boldsymbol{\rho}_t\in\Phi_1$，系统状态在状态反馈作用下的收敛速度快于噪声辅助反馈；而如果$\boldsymbol{\rho}_t\in\Phi_2=\mathcal{S}\setminus\Phi_1$，系统状态在噪声辅助反馈作用下的收敛速度更快。因此，式（4.41）

中的$K(\boldsymbol{\rho}_t)$可以设为

$$K(\boldsymbol{\rho}_t)=\begin{cases}1, & \boldsymbol{\rho}_t\in\Phi_1\\ 0, & \boldsymbol{\rho}_t\in\Phi_2\end{cases} \tag{4.44}$$

根据式（4.44）可知，获得$K(\boldsymbol{\rho}_t)$的关键是系统状态$\mathcal{S}$的划分，即确定Φ_1和Φ_2。

在 4.2 节中，设计了线性噪声辅助反馈和指数噪声辅助反馈两种连续噪声辅助反馈，基于此，本节设计了两种组合反馈。

4. 4. 2　状态反馈和线性噪声辅助反馈的组合

根据式（4.4）、式（4.7）、式（4.30）和式（4.41），可以获得一个组合反馈，即

$$u_t^{\mathrm{cf}_1}\mathrm{d}t=K(\boldsymbol{\rho}_t)\alpha V^{\beta}(\boldsymbol{\rho}_t)\mathrm{d}t-K(\boldsymbol{\rho}_t)\gamma\,\mathrm{tr}(\mathrm{i}[\sigma_y,\boldsymbol{\rho}_t]\boldsymbol{\rho}_f)\mathrm{d}t+(1-K(\boldsymbol{\rho}_t))\vartheta V(\boldsymbol{\rho}_t)\mathrm{d}B_t \tag{4.45}$$

即在式(4.41)中，$f(\boldsymbol{\rho}_t)=\alpha V^{\beta}(\boldsymbol{\rho}_t)\mathrm{d}t-\gamma\,\mathrm{tr}(\mathrm{i}[\sigma_y,\boldsymbol{\rho}_t]\boldsymbol{\rho}_f)$，$g(\boldsymbol{\rho}_t)=\vartheta V(\boldsymbol{\rho}_t)$。根据式(4.45)，有定理 4.5。

定理 4.5　对于式（4.6），如果将组合反馈式（4.45）中的控制参数$K(\boldsymbol{\rho}_t)$设为

$$K(\boldsymbol{\rho}_t)=\begin{cases}1, & \boldsymbol{\rho}_t\in\Phi_1\\ 0, & \boldsymbol{\rho}_t\in\Phi_2\end{cases} \tag{4.46}$$

其中

$$\Phi_1=\left\{\boldsymbol{\rho}\in\mathcal{S}:\vartheta\,\mathrm{tr}(\mathrm{i}[\sigma_y,\boldsymbol{\rho}]\boldsymbol{\rho}_f)V^{\beta-2}(\boldsymbol{\rho})+\left(\frac{\vartheta^2}{4}-\gamma\right)\frac{\mathrm{tr}^2(\mathrm{i}[\sigma_y,\boldsymbol{\rho}]\boldsymbol{\rho}_f)}{V^2(\boldsymbol{\rho})}<\vartheta^2(1-2V^2(\boldsymbol{\rho}))\right\}\cap\mathcal{D}_\lambda$$

$$\Phi_2=\mathcal{S}\setminus\Phi_1$$

$$\mathcal{D}_\lambda=\{\boldsymbol{\rho}\in\mathcal{S}:\lambda<\mathrm{tr}(\boldsymbol{\rho}\boldsymbol{\rho}_f)\leqslant 1\},\qquad \lambda\in(0,1)$$

则对所有的$t\geqslant 0$，李雅普诺夫函数$V(\boldsymbol{\rho}_t)$满足$\mathbb{E}[V(\boldsymbol{\rho}_t)]<\mathrm{e}^{-rt}V(\boldsymbol{\rho}_0)$，即目标本征态$\boldsymbol{\rho}_f$是全局可指数镇定的，且收敛速度$r$不小于$\min\left\{2\eta\Gamma\lambda^2-\vartheta(1-\lambda)^{\frac{\beta-1}{2}},\frac{1}{2}\eta\Gamma\right\}$。特别地，在组合反馈式（4.45）作用下的状态收敛速度快于单独在状态反馈式（4.30）和噪声

辅助反馈式（4.9）作用下的状态收敛速度。

证明　当$K(\boldsymbol{\rho}_t)=1$时，式（4.43）变为

$$\begin{aligned}\mathrm{d}\boldsymbol{\rho}_t &= -\mathrm{i}\omega_{\mathrm{eg}}[\sigma_z,\boldsymbol{\rho}_t]\mathrm{d}t+\varGamma(\sigma_z\boldsymbol{\rho}_t\sigma_z-\boldsymbol{\rho}_t)\mathrm{d}t-\mathrm{i}f\left(\boldsymbol{\rho}_t\right)[\sigma_y,\boldsymbol{\rho}_t]\mathrm{d}t+\\ &\quad \sqrt{\eta\varGamma}(\sigma_z\boldsymbol{\rho}_t+\boldsymbol{\rho}_t\sigma_z-2\,\mathrm{tr}\left(\boldsymbol{\rho}_t\sigma_z\right)\boldsymbol{\rho}_t)\mathrm{d}W_t\\ &= -\mathrm{i}\omega_{\mathrm{eg}}\left[\sigma_z,\boldsymbol{\rho}_t\right]\mathrm{d}t+\varGamma(\sigma_z\boldsymbol{\rho}_t\sigma_z-\boldsymbol{\rho}_t)\mathrm{d}t-\\ &\quad \mathrm{i}(\alpha V^{\beta}(\boldsymbol{\rho}_t)\mathrm{d}t-\gamma\,\mathrm{tr}(\mathrm{i}[\sigma_y,\boldsymbol{\rho}_t]\boldsymbol{\rho}_f))[\sigma_y,\boldsymbol{\rho}_t]\mathrm{d}t+\\ &\quad \sqrt{\eta\varGamma}(\sigma_z\boldsymbol{\rho}_t+\boldsymbol{\rho}_t\sigma_z-2\,\mathrm{tr}(\boldsymbol{\rho}_t\sigma_z)\boldsymbol{\rho}_t)\mathrm{d}W_t\end{aligned} \tag{4.47}$$

与式（4.47）相关联的作用于V的无穷小算子$\mathcal{L}$为

$$\begin{aligned}\mathcal{L}V(\boldsymbol{\rho}_t) &= \frac{\alpha V^{\beta}(\boldsymbol{\rho}_t)-\gamma\,\mathrm{tr}(\mathrm{i}[\sigma_y,\boldsymbol{\rho}_t]\boldsymbol{\rho}_f)}{2}\frac{\mathrm{tr}(\mathrm{i}[\sigma_y,\boldsymbol{\rho}_t]\boldsymbol{\rho}_f)}{V(\boldsymbol{\rho}_t)}-2\eta\varGamma\,\mathrm{tr}^2(\boldsymbol{\rho}_t\boldsymbol{\rho}_f)V(\boldsymbol{\rho}_t)\\ &= \frac{\alpha}{2}\mathrm{tr}\left(\mathrm{i}[\sigma_y,\boldsymbol{\rho}_t]\boldsymbol{\rho}_f\right)V^{\beta-1}\left(\boldsymbol{\rho}_t\right)-\frac{\gamma\,\mathrm{tr}^2(\mathrm{i}[\sigma_y,\boldsymbol{\rho}_t]\boldsymbol{\rho}_f)}{2V(\boldsymbol{\rho}_t)}-2\eta\varGamma\,\mathrm{tr}^2(\boldsymbol{\rho}_t\boldsymbol{\rho}_f)V(\boldsymbol{\rho}_t)\\ &= -\frac{1}{2}\left(4\eta\varGamma\,\mathrm{tr}^2(\boldsymbol{\rho}_t\boldsymbol{\rho}_f)+\frac{\gamma\,\mathrm{tr}^2(\mathrm{i}[\sigma_y,\boldsymbol{\rho}_t]\boldsymbol{\rho}_f)}{V^2(\boldsymbol{\rho}_t)}-\alpha\,\mathrm{tr}(\mathrm{i}[\sigma_y,\boldsymbol{\rho}_t]\boldsymbol{\rho}_f)V^{\beta-2}(\boldsymbol{\rho}_t)\right)V(\boldsymbol{\rho}_t)\end{aligned} \tag{4.48}$$

当$K(\boldsymbol{\rho}_t)=0$时，式（4.43）变为

$$\begin{aligned}\mathrm{d}\boldsymbol{\rho}_t &= -\mathrm{i}\omega_{\mathrm{eg}}[\sigma_z,\boldsymbol{\rho}_t]\mathrm{d}t+\varGamma(\sigma_z\boldsymbol{\rho}_t\sigma_z-\boldsymbol{\rho}_t)\mathrm{d}t+g(\boldsymbol{\rho}_t)^2(\sigma_y\boldsymbol{\rho}_t\sigma_y-\boldsymbol{\rho}_t)\mathrm{d}t+\\ &\quad \sqrt{\eta\varGamma}(\sigma_z\boldsymbol{\rho}_t+\boldsymbol{\rho}_t\sigma_z-2\,\mathrm{tr}(\boldsymbol{\rho}_t\sigma_z)\boldsymbol{\rho}_t)\mathrm{d}W_t-\mathrm{i}g(\boldsymbol{\rho}_t)[\sigma_y,\boldsymbol{\rho}_t]\mathrm{d}B_t\\ &= -\mathrm{i}\omega_{\mathrm{eg}}[\sigma_z,\boldsymbol{\rho}_t]\mathrm{d}t+\varGamma(\sigma_z\boldsymbol{\rho}_t\sigma_z-\boldsymbol{\rho}_t)\mathrm{d}t+\vartheta^2V^2(\boldsymbol{\rho}_t)(\sigma_y\boldsymbol{\rho}_t\sigma_y-\boldsymbol{\rho}_t)\mathrm{d}t+\\ &\quad \sqrt{\eta\varGamma}(\sigma_z\boldsymbol{\rho}_t+\boldsymbol{\rho}_t\sigma_z-2\,\mathrm{tr}(\boldsymbol{\rho}_t\sigma_z)\boldsymbol{\rho}_t)\mathrm{d}W_t-\mathrm{i}\vartheta V(\boldsymbol{\rho}_t)[\sigma_y,\boldsymbol{\rho}_t]\mathrm{d}B_t\end{aligned} \tag{4.49}$$

与式（4.49）相关联的作用于V的无穷小算子$\mathcal{L}$为

$$
\begin{aligned}
\mathcal{L}V(\rho_t) &= -\frac{\vartheta^2 V^2(\rho_t)(\mathrm{tr}(\rho_t\rho_e)-\mathrm{tr}(\rho_t\rho_f))}{2\sqrt{1-\mathrm{tr}(\rho_t\rho_f)}} - \frac{\eta\Gamma\,\mathrm{tr}^2(\rho_t\rho_f)(1-\mathrm{tr}(\rho_t\sigma_z))^2}{2(1-\mathrm{tr}(\rho_t\rho_f))^{\frac{3}{2}}} - \\
&\quad \frac{\vartheta^2 V^2(\rho_t)\,\mathrm{tr}^2(\mathrm{i}[\sigma_y,\rho_t]\rho_f)}{8(1-\mathrm{tr}(\rho_t\rho_f))^{\frac{3}{2}}} \\
&= -\frac{\vartheta^2}{2}V(\rho_t)(\mathrm{tr}(\rho_t\rho_e)-\mathrm{tr}(\rho_t\rho_f)) - \frac{\eta\Gamma}{2V(\rho_t)^3}\mathrm{tr}^2(\rho_t\rho_f)(1-\mathrm{tr}(\rho_t\sigma_z))^2 - \\
&\quad -\frac{\vartheta^2\,\mathrm{tr}^2(\mathrm{i}[\sigma_y,\rho_t]\rho_f)}{8V(\rho_t)} \\
&= -\frac{1}{2}\left(\vartheta^2(\mathrm{tr}(\rho_t\rho_e)-\mathrm{tr}(\rho_t\rho_f)) + \frac{\eta\Gamma}{V(\rho_t)^4}\mathrm{tr}^2(\rho_t\rho_f)(1-\mathrm{tr}(\rho_t\sigma_z))^2 + \right. \\
&\quad \left.\frac{\vartheta^2\,\mathrm{tr}^2(\mathrm{i}[\sigma_y,\rho_t]\rho_f)}{4V^2(\rho_t)}\right)V(\rho_t)
\end{aligned} \tag{4.50}
$$

由于

$$
\begin{cases}
\mathrm{tr}(\rho_t) = \mathrm{tr}(\rho_t\rho_f) + \mathrm{tr}(\rho_t\rho_e) = 1 \\
\mathrm{tr}(\rho_t\sigma_z) = \mathrm{tr}(\rho_t\rho_f) - \mathrm{tr}(\rho_t\rho_e) \\
1-\mathrm{tr}(\rho_t\sigma_z) = 1-\mathrm{tr}(\rho_t\rho_f) + \mathrm{tr}(\rho_t\rho_e) = 2(1-\mathrm{tr}(\rho_t\rho_f))
\end{cases} \tag{4.51}
$$

因此

$$
\mathrm{tr}(\rho_t\rho_e) - \mathrm{tr}(\rho_t\rho_f) = 2V^2(\rho_t) - 1 \tag{4.52}
$$

将式（4.51）和式（4.52）代入式（4.50）中，式（4.50）变为

$$
\mathcal{L}V(\rho_t) = -\frac{1}{2}\left(4\eta\Gamma\,\mathrm{tr}^2(\rho_t\rho_f) + \frac{\vartheta^2\,\mathrm{tr}^2(\mathrm{i}[\sigma_y,\rho_t]\rho_f)}{4V^2(\rho_t)} - \vartheta^2(1-2V^2(\rho_t))\right)V(\rho_t) \tag{4.53}
$$

比较式（4.48）和式（4.53），如果 $\rho_t \in \Phi_1$，则在状态反馈式（4.30）作用下的状态收敛速度快于在噪声辅助反馈式（4.9）作用下的状态收敛速度；如果 $\rho_t \in \Phi_2$，则在噪声辅助反馈式（4.9）作用下的状态收敛速度更快。根据式（4.46），组合反馈

式（4.45）在Φ_1和Φ_2中分别使用状态反馈式（4.30）和噪声辅助反馈式（4.9），从而组合反馈式（4.45）作用下的状态收敛速度在Φ_1中快于噪声辅助反馈式（4.9），而在Φ_2中快于状态反馈式(4.30)，这意味着对整个状态空间而言，组合反馈式(4.45)可使系统状态的收敛速度快于单独使用状态反馈式（4.30）和噪声辅助反馈式（4.9）。

另外，对于式（4.42），状态反馈式（4.30）和噪声辅助反馈式（4.9）作用下的无穷小算子分别为

$$\mathcal{L}V(\boldsymbol{\rho}_t)\leqslant -\left(2\eta\Gamma\lambda^2-\alpha(1-\lambda)^{\frac{\beta-1}{2}}\right)V(\boldsymbol{\rho}_t),\quad \forall\boldsymbol{\rho}_t\in\mathcal{D}_\lambda \tag{4.54}$$

$$\mathcal{L}V(\boldsymbol{\rho}_t)\leqslant -\frac{1}{2}\eta\Gamma V(\boldsymbol{\rho}_t),\quad \forall\boldsymbol{\rho}_t\in\mathcal{S} \tag{4.55}$$

因此，在组合反馈式（4.45）作用下有

$$\mathcal{L}V(\boldsymbol{\rho}_t)\leqslant -\min\left\{2\eta\Gamma\lambda^2-\alpha(1-\lambda)^{\frac{\beta-1}{2}},\frac{1}{2}\eta\Gamma\right\}V(\boldsymbol{\rho}_t),\quad \forall\boldsymbol{\rho}_t\in\mathcal{S} \tag{4.56}$$

由于当且仅当$\boldsymbol{\rho}_t=\boldsymbol{\rho}_f$时，$V(\boldsymbol{\rho}_t)=0$，因此根据定理 2.2，可得

$$\mathbb{E}[V(\boldsymbol{\rho}_t)]\leqslant V(\boldsymbol{\rho}_0)\mathrm{e}^{-rt}\leqslant V(\boldsymbol{\rho}_0)\mathrm{e}^{-\min\left\{2\eta\Gamma\lambda^2-\alpha(1-\lambda)^{\frac{\beta-1}{2}},\frac{1}{2}\eta\Gamma\right\}t}$$

即$\boldsymbol{\rho}_f$可全局指数镇定且$r\geqslant\min\left\{2\eta\Gamma\lambda^2-\alpha(1-\lambda)^{\frac{\beta-1}{2}},\frac{1}{2}\eta\Gamma\right\}$。证毕。

注 4.4 比较式（4.33）和式（4.53），可以看到式（4.33）和式（4.53）右边括号中的第一项是相同的，第二项可以通过调节控制参数γ和α使其相等，同时由于$\lim\limits_{\rho_t\to\rho_f}\mathrm{tr}(\mathrm{i}[\sigma_y,\boldsymbol{\rho}_t]\boldsymbol{\rho}_f)=0$及$\lim\limits_{\rho_t\to\rho_f}V(\boldsymbol{\rho}_t)=0$，因此式（4.33）和式（4.53）的第三项分别趋于 0 和$-\vartheta^2$。因此，当系统状态靠近目标态$\boldsymbol{\rho}_f$时，状态反馈式（4.30）作用下的状态收敛速度快于噪声辅助反馈式（4.9）作用下的状态收敛速度，这是设计组合反馈的主要动机之一。

注 4.5　状态空间 $\mathcal{S}$ 的划分示意图如图 4.11 所示。根据文献[72]定理 4.3 的证明，当 $\boldsymbol{\rho}_t \in \mathcal{D}_\lambda$ 而非 $\boldsymbol{\rho}_t \in \mathcal{S}$ 时，式（4.54）成立，这意味着在状态子空间 $\mathcal{S} \setminus \mathcal{D}_\lambda$，在状态反馈式（4.30）作用下系统状态不是指数收敛的，因此在 $\mathcal{S} \setminus \mathcal{D}_\lambda$ 中使用噪声辅助反馈保证状态可以指数收敛，从而使系统状态在整个状态空间 $\mathcal{S}$ 是指数收敛的，这是设计组合反馈的另一个动机。

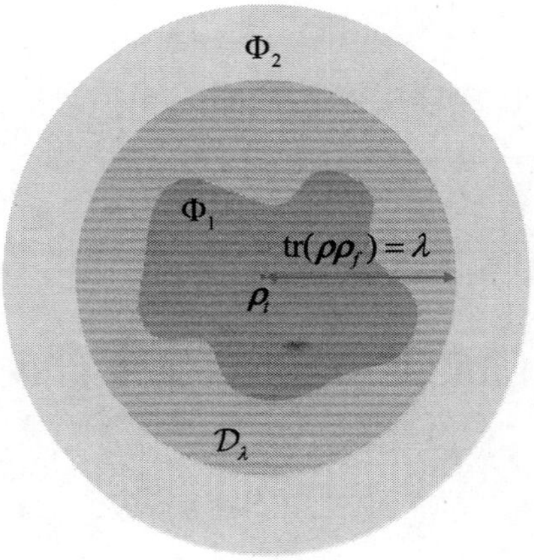

图 4.11　状态空间 $\mathcal{S}$ 的划分示意图

4.4.3　状态反馈和指数噪声辅助反馈的组合

4.2.2 节中设计了指数噪声辅助反馈，如果令 $\Lambda(\boldsymbol{\rho}_t) = \mu(\mathrm{e}^{V(\boldsymbol{\rho}_t)} - 1)$，可得另一种组合反馈，即

$$u_t^{\mathrm{cf}_2}\mathrm{d}t = K(\boldsymbol{\rho}_t)\alpha V^{\beta}(\boldsymbol{\rho}_t)\mathrm{d}t - K(\boldsymbol{\rho}_t)\gamma\,\mathrm{tr}(\mathrm{i}[\sigma_y, \boldsymbol{\rho}_t]\boldsymbol{\rho}_f)\mathrm{d}t + (1 - K(\boldsymbol{\rho}_t))\Lambda(\boldsymbol{\rho}_t)V(\boldsymbol{\rho}_t)\mathrm{d}B_t \tag{4.57}$$

即在式（4.41）中，有

$$f(\boldsymbol{\rho}_t) = \alpha V^{\beta}(\boldsymbol{\rho}_t)\mathrm{d}t - \gamma\,\mathrm{tr}(\mathrm{i}[\sigma_y, \boldsymbol{\rho}_t]\boldsymbol{\rho}_f)$$

$$g(\boldsymbol{\rho}_t) = \Lambda(\boldsymbol{\rho}_t)V(\boldsymbol{\rho}_t)$$

根据式（4.57），有定理 4.6。

定理 4.6 对于式（4.6），如果将组合反馈式（4.57）中的控制参数 $K(\boldsymbol{\rho}_t)$ 设为

$$K(\boldsymbol{\rho}_t)=\begin{cases}1, & \boldsymbol{\rho}_t\in\Phi_1\\ 0, & \boldsymbol{\rho}_t\in\Phi_2\end{cases}$$

其中

$$\Phi_1=\left\{\rho\in\mathcal{S}:\alpha\,\mathrm{tr}(\mathrm{i}[\sigma_y,\boldsymbol{\rho}]\boldsymbol{\rho}_f)V^{\beta-2}(\boldsymbol{\rho})+\left(\frac{\Lambda^2(\boldsymbol{\rho}_t)}{4}-\gamma\right)\right.$$

$$\left.\frac{\mathrm{tr}^2(\mathrm{i}[\sigma_y,\boldsymbol{\rho}]\boldsymbol{\rho}_f)}{V^2(\boldsymbol{\rho})}<\Lambda^2(\boldsymbol{\rho}_t)(1-2V^2(\boldsymbol{\rho}))\right\}\cup\mathcal{D}_\lambda$$

$$\Phi_2=\mathcal{S}\setminus\Phi_1$$

那么李雅普诺夫函数 $V(\boldsymbol{\rho}_t)$ 满足 $\mathbb{E}[V(\boldsymbol{\rho}_t)]<\mathrm{e}^{-rt}V(\boldsymbol{\rho}_0)\,(t\geqslant 0)$，即目标本征态 $\boldsymbol{\rho}_f$ 是全局可指数镇定的，且收敛速度 r 不小于 $\min\left\{2\eta\Gamma\lambda^2-\alpha(1-\lambda)^{\frac{\beta-1}{2}},\frac{1}{2}\eta\Gamma\right\}$。

特别地，在组合反馈式（4.57）作用下的状态收敛速度快于单独在状态反馈式（4.30）和噪声辅助反馈式（4.23）作用下的状态收敛速度。

证明 当 $K(\boldsymbol{\rho}_t)=0$ 时，式（4.49）变为

$$\begin{aligned}\mathrm{d}\boldsymbol{\rho}_t=&-\mathrm{i}\omega_{\mathrm{eg}}[\sigma_z,\boldsymbol{\rho}_t]\mathrm{d}t+\Gamma(\sigma_z\boldsymbol{\rho}_t\sigma_z-\boldsymbol{\rho}_t)\mathrm{d}t+\\&\Lambda^2(\boldsymbol{\rho}_t)V^2(\boldsymbol{\rho}_t)(\sigma_y\boldsymbol{\rho}_t\sigma_y-\boldsymbol{\rho}_t)\mathrm{d}t+\\&\sqrt{\eta\Gamma}(\sigma_z\boldsymbol{\rho}_t+\boldsymbol{\rho}_t\sigma_z-2\,\mathrm{tr}(\boldsymbol{\rho}_t\sigma_z)\boldsymbol{\rho}_t)\mathrm{d}W_t-\\&\mathrm{i}\Lambda(\boldsymbol{\rho}_t)V(\boldsymbol{\rho}_t)[\sigma_y,\boldsymbol{\rho}_t]\mathrm{d}B_t\end{aligned}\tag{4.58}$$

与式（4.58）相关联的作用于 V 的无穷小算子 $\mathcal{L}$ 为

$$\mathcal{L}V(\boldsymbol{\rho}_t)=-\frac{\varLambda^2(\boldsymbol{\rho}_t)V^2(\boldsymbol{\rho}_t)(\mathrm{tr}(\boldsymbol{\rho}_t\boldsymbol{\rho}_{\mathrm{e}})-\mathrm{tr}(\boldsymbol{\rho}_t\boldsymbol{\rho}_f))}{2\sqrt{1-\mathrm{tr}(\boldsymbol{\rho}_t\boldsymbol{\rho}_f)}}-\frac{\eta\varGamma\,\mathrm{tr}^2(\boldsymbol{\rho}_t\boldsymbol{\rho}_f)(1-\mathrm{tr}(\boldsymbol{\rho}_t\sigma_z))^2}{2(1-\mathrm{tr}(\boldsymbol{\rho}_t\boldsymbol{\rho}_f))^{\frac{3}{2}}}-$$

$$\frac{\varLambda^2(\boldsymbol{\rho}_t)V^2(\boldsymbol{\rho}_t)\,\mathrm{tr}^2(\mathrm{i}[\sigma_y,\boldsymbol{\rho}_t]\boldsymbol{\rho}_f)}{8(1-\mathrm{tr}(\boldsymbol{\rho}_t\boldsymbol{\rho}_f))^{\frac{3}{2}}}$$

$$=-\frac{\varLambda^2(\boldsymbol{\rho}_t)}{2}V(\boldsymbol{\rho}_t)(\mathrm{tr}(\boldsymbol{\rho}_t\boldsymbol{\rho}_{\mathrm{e}})-\mathrm{tr}(\boldsymbol{\rho}_t\boldsymbol{\rho}_f))-\frac{\eta\varGamma}{2V(\boldsymbol{\rho}_t)^3}\mathrm{tr}^2(\boldsymbol{\rho}_t\boldsymbol{\rho}_f)(1-\mathrm{tr}(\boldsymbol{\rho}_t\sigma_z))^2-$$

$$\frac{\varLambda^2(\boldsymbol{\rho}_t)\,\mathrm{tr}^2(\mathrm{i}[\sigma_y,\boldsymbol{\rho}_t]\boldsymbol{\rho}_f)}{8V(\boldsymbol{\rho}_t)}$$

$$=-\frac{1}{2}\left(\varLambda^2(\boldsymbol{\rho}_t)(\mathrm{tr}\left(\boldsymbol{\rho}_t\boldsymbol{\rho}_{\mathrm{e}}\right)-\mathrm{tr}(\boldsymbol{\rho}_t\boldsymbol{\rho}_f))+\frac{\eta\varGamma}{V(\boldsymbol{\rho}_t)^4}\mathrm{tr}^2(\boldsymbol{\rho}_t\boldsymbol{\rho}_f)(1-\mathrm{tr}(\boldsymbol{\rho}_t\sigma_z))^2+\right.$$

$$\left.\frac{\varLambda^2(\boldsymbol{\rho}_t)\,\mathrm{tr}^2(\mathrm{i}[\sigma_y,\boldsymbol{\rho}_t]\boldsymbol{\rho}_f)}{4V^2(\boldsymbol{\rho}_t)}\right)V(\boldsymbol{\rho}_t) \tag{4.59}$$

将式（4.51）和式（4.52）代入式（4.59）中，式（4.59）变为

$$\mathcal{L}V(\boldsymbol{\rho}_t)=-\frac{1}{2}\left(4\eta\varGamma\,\mathrm{tr}^2(\boldsymbol{\rho}_t\boldsymbol{\rho}_f)+\frac{\varLambda^2(\boldsymbol{\rho}_t)\,\mathrm{tr}^2(\mathrm{i}[\sigma_y,\boldsymbol{\rho}_t]\boldsymbol{\rho}_f)}{4V^2(\boldsymbol{\rho}_t)}-\varLambda^2(\boldsymbol{\rho}_t)(1-2V^2(\boldsymbol{\rho}_t))\right)V(\boldsymbol{\rho}_t) \tag{4.60}$$

通过与定理 4.5 相似的讨论，可得对整个状态空间 $\mathcal{S}$ 而言，组合反馈式（4.57）可使系统状态的收敛速度快于单独使用状态反馈式(4.30)和噪声辅助反馈式(4.23)。

另外，对于式（4.42），噪声辅助反馈式（4.23）作用下的无穷小算子为

$$\mathcal{L}V(\boldsymbol{\rho}_t)\leqslant-\frac{1}{2}\eta\varGamma V(\boldsymbol{\rho}_t),\quad\forall\boldsymbol{\rho}_t\in\mathcal{S} \tag{4.61}$$

从而根据式（4.54）和式（4.61），在组合反馈式（4.57）作用下有

$$\mathcal{L}V(\boldsymbol{\rho}_t)\leqslant-\min\left\{2\eta\varGamma\lambda^2-\mu(1-\lambda)^{\frac{\beta-1}{2}},\frac{1}{2}\eta\varGamma\right\}V(\boldsymbol{\rho}_t),\quad\forall\boldsymbol{\rho}_t\in\mathcal{S} \tag{4.62}$$

根据定理 2.2，这意味着

$$\mathbb{E}[V(\boldsymbol{\rho}_t)] \leqslant V(\boldsymbol{\rho}_0)\mathrm{e}^{-rt} \leqslant V(\boldsymbol{\rho}_0)\mathrm{e}^{-\min\left\{2\eta\Gamma\lambda^2-\mu(1-\lambda)^{\frac{\beta-1}{2}},\frac{1}{2}\eta\Gamma\right\}t}$$

因此，组合反馈式（4.57）可指数镇定 $\boldsymbol{\rho}_f$，且收敛速度 r 不小于 $\min\left\{2\eta\Gamma\lambda^2-\mu(1-\lambda)^{\frac{\beta-1}{2}},\frac{1}{2}\eta\Gamma\right\}$。证毕。

4.4.4 组合反馈的应用

本节中，组合反馈式（4.45）和式（4.57）分别用于指数镇定 $\boldsymbol{\rho}_{\mathrm{e}}$，令系统参数 $\omega_{\mathrm{eg}}=0$，$\eta=0.5$，$\Gamma=0.25$，$\lambda=0.8$，且初态 $\boldsymbol{\rho}_0$ 设为 $\boldsymbol{\rho}_{\mathrm{g}}$。组合反馈指数镇定 $\boldsymbol{\rho}_{\mathrm{e}}$ 的 Matlab 源代码见附录 B.2.2。

1. 组合反馈式（4.45）实现 $\boldsymbol{\rho}_{\mathrm{e}}$ 的指数镇定

令组合反馈式（4.45）中的控制参数为 $\vartheta=0.5$，$\alpha=0.5$，$\gamma=0.05$，$\beta=8$，则在这些参数设定下有

$$\min\left\{2\eta\Gamma\lambda^2-\alpha(1-\lambda)^{\frac{\beta-1}{2}},\frac{1}{2}\eta\Gamma\right\}=\frac{1}{2}\eta\Gamma=0.062\,5$$

组合反馈式（4.45）实现 $\boldsymbol{\rho}_{\mathrm{e}}$ 指数镇定的实验结果如图 4.12 所示，从图中可以看到系统状态 $\boldsymbol{\rho}_t$ 从初态 $\boldsymbol{\rho}_{\mathrm{g}}$ 指数收敛于 $\boldsymbol{\rho}_{\mathrm{e}}$，意味着组合反馈式（4.45）是有效的。

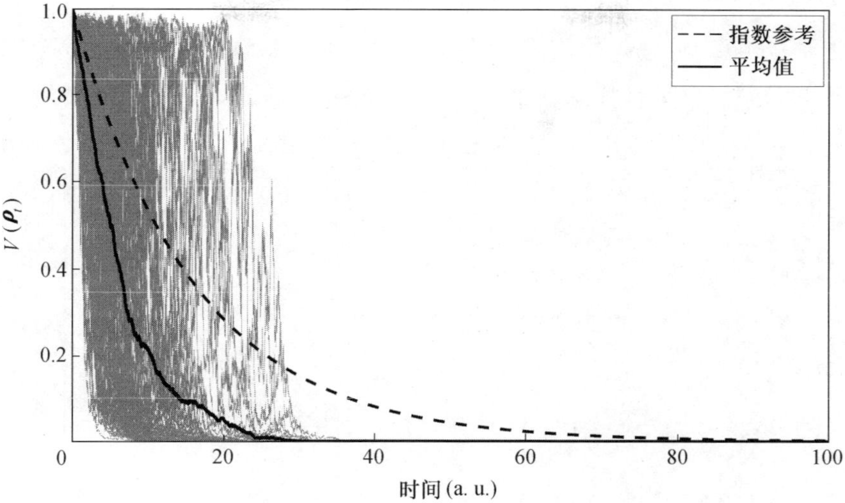

（a）100 次实验 $V(\boldsymbol{\rho}_t)$ 的曲线

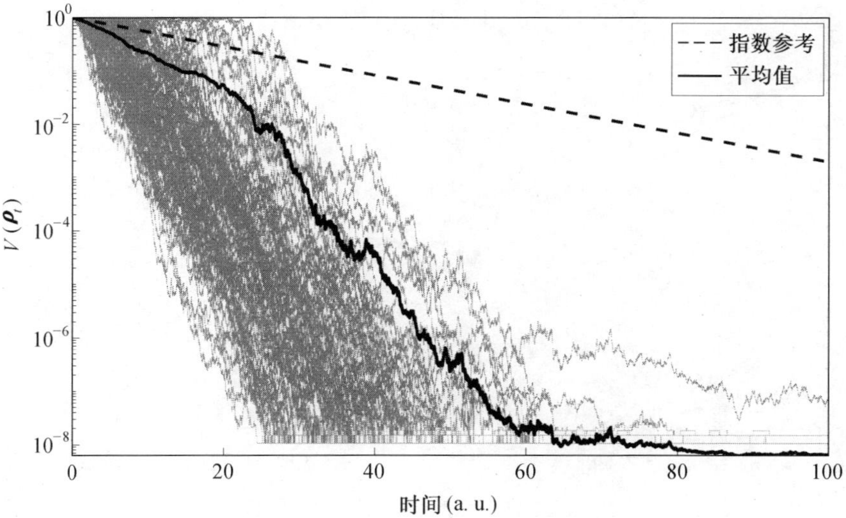

（b）图 4.12（a）的半对数坐标形式

图 4.12　组合反馈式（4.45）实现 $\boldsymbol{\rho}_e$ 指数镇定的实验结果

为体现组合反馈的优势，也分别使用线性噪声辅助反馈式（4.9）和状态反馈式（4.30）指数镇定 ρ_e，组合反馈式（4.45）、噪声辅助反馈式（4.9）和状态反馈式（4.30）指数镇定 ρ_e 的对比实验结果如图 4.13 所示。

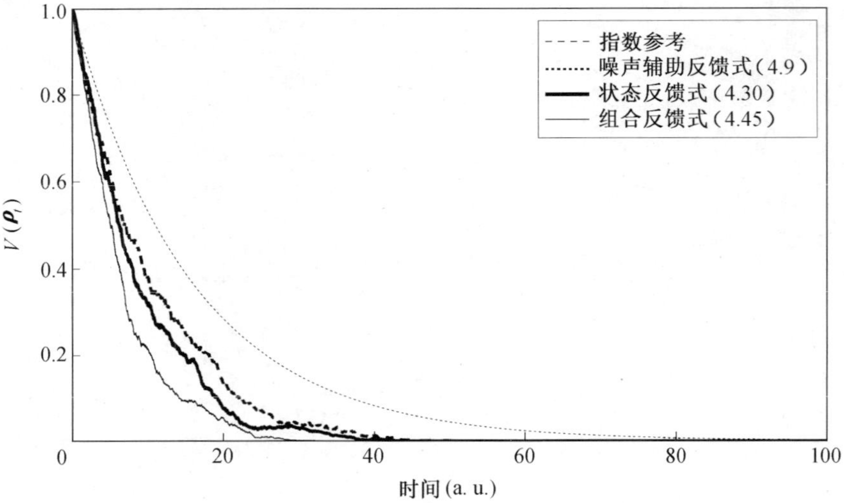

（a）100 次实验 $V(\rho_t)$ 的平均值

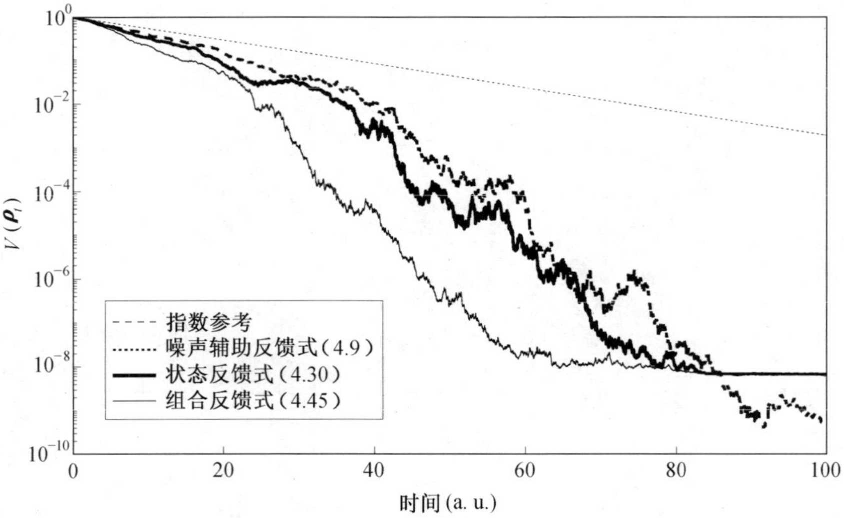

（b）图 4.13（a）的半对数坐标形式

图 4.13 组合反馈式（4.45）、噪声辅助反馈式（4.9）和状态反馈式（4.30）指数镇定 ρ_e 的对比实验结果

图 4.13 显示，组合反馈式（4.45）作用下的状态收敛速度快于噪声辅助反馈式（4.9）和状态反馈式（4.30）。此外，也可以从图 4.13 中看到，在控制的初始阶段噪声辅助反馈式（4.9）作用下的状态收敛速度快于状态反馈式（4.30）作用下的状态收敛速度，这与证明定理 4.5 时的描述一致。然而，当系统状态 $\boldsymbol{\rho}_t$ 靠近目标本征态 $\boldsymbol{\rho}_{\mathrm{e}}$ 时，在状态反馈式（4.30）作用下的状态收敛速度快于在噪声辅助反馈式（4.9）作用下的状态收敛速度，其原因在于噪声辅助反馈中的外加噪声 B_t 阻碍了目标态的吸引。因此，更合理的控制策略为当系统状态靠近坏的平衡点时使用噪声辅助反馈，而当系统状态靠近目标态时使用状态反馈，这是提出组合反馈的动机之一。图 4.14 所示为组合反馈式（4.45）指数镇定 $\boldsymbol{\rho}_{\mathrm{e}}$ 的一次实验结果。为研究 α 对收敛速度的影响，α 分别取 0.4、0.5 和 0.6 时的 100 次实验结果如图 4.15 所示，从图中可以看出更大的 α 有助于提升状态的收敛速度。

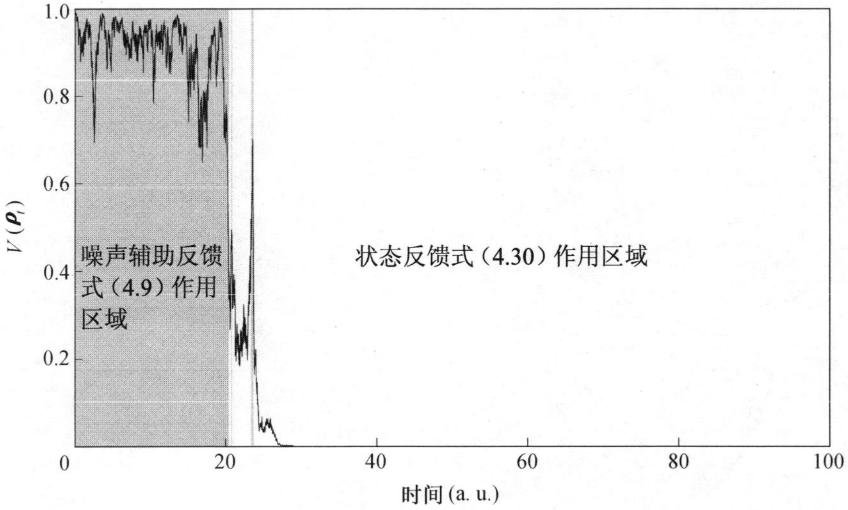

（a）李雅普诺夫函数 $V(\boldsymbol{\rho}_t)$ 的变化曲线

图 4.14　组合反馈式（4.45）指数镇定 $\boldsymbol{\rho}_{\mathrm{e}}$ 的一次实验结果

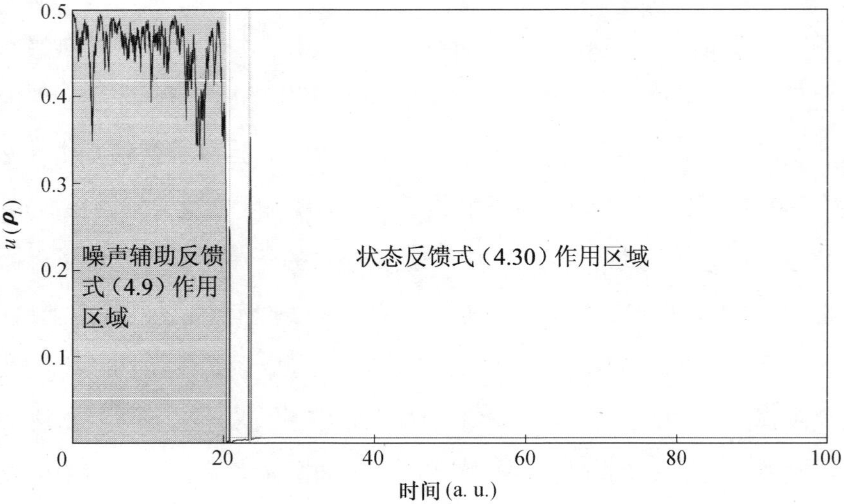

（b）组合反馈 $u(\rho_t)$ 的变化曲线

续图 4.14

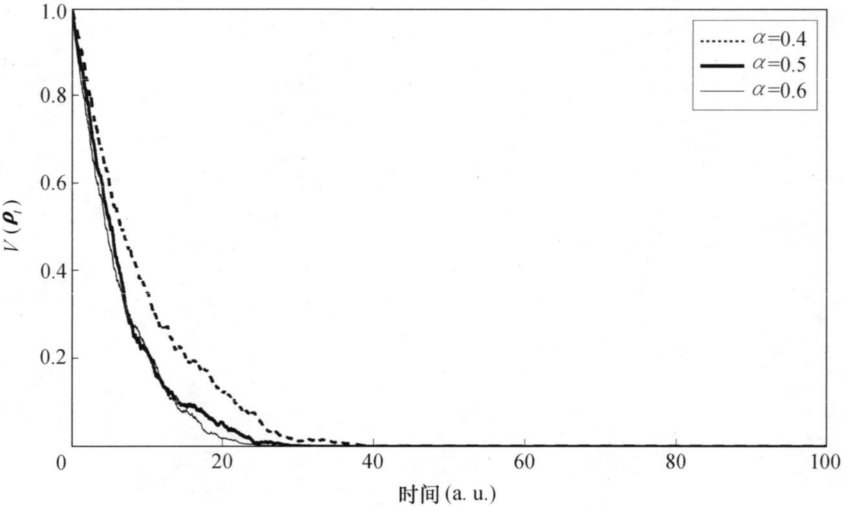

（a）100 次实验 $V(\rho_t)$ 的平均值

图 4.15　不同 α 的组合反馈式（4.45）指数镇定 ρ_e 的实验结果

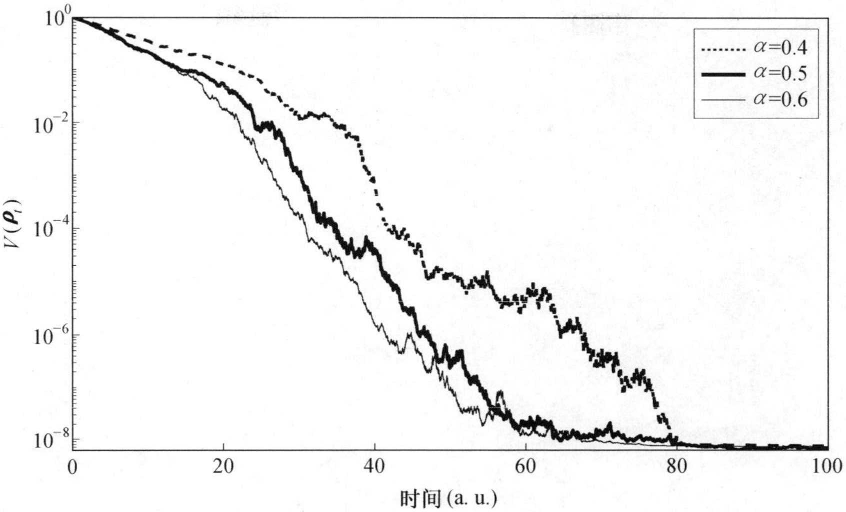

（b）图 4.15（a）的半对数坐标形式

续图 4.15

2. 组合反馈式（4.57）实现 ρ_e 的指数镇定

对于组合反馈式（4.57），令

$$\mu = \frac{0.5}{e^{V(\rho_g)} - 1}$$

组合反馈式（4.57）实现 $\boldsymbol{\rho}_e$ 指数镇定的实验结果如图 4.16 所示。从图中可以看到，系统状态 $\boldsymbol{\rho}_t$ 从初态 $\boldsymbol{\rho}_g$ 指数收敛到 $\boldsymbol{\rho}_e$，即组合反馈式（4.57）是有效的。

组合反馈式（4.57）、指数噪声辅助反馈式（4.23）和状态反馈式（4.30）的对比实验结果如图 4.17 所示，从图中可以看出组合反馈式（4.57）作用下的状态收敛速度快于噪声辅助反馈式（4.23）和状态反馈式（4.30），体现了组合反馈式（4.57）的优势。此外，还对比了两种组合反馈式（4.45）和式（4.57），实验结果如图 4.18 所示，从图中可以看出，在式（4.45）作用下的状态收敛速度快于在式（4.57）作用下的状态收敛速度，这与 4.2 节中对相应的噪声辅助反馈理论分析结果一致。

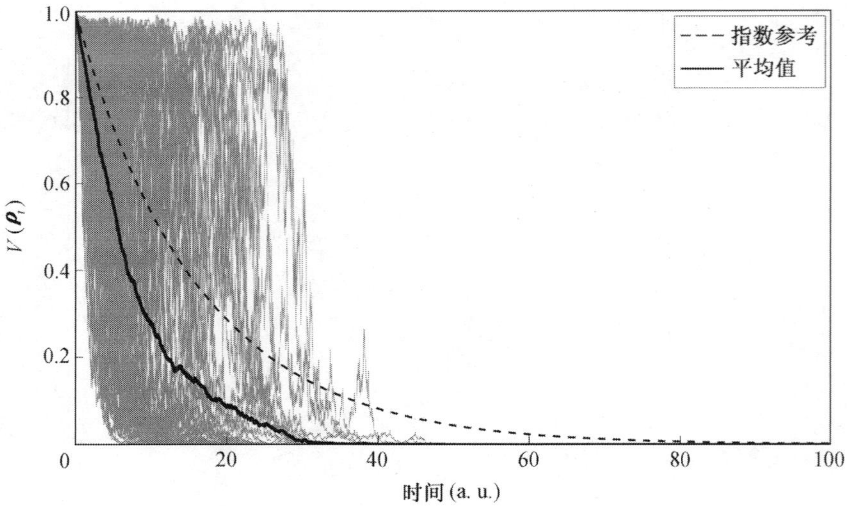

（a）100 次实验 $V(\boldsymbol{\rho}_t)$ 的曲线

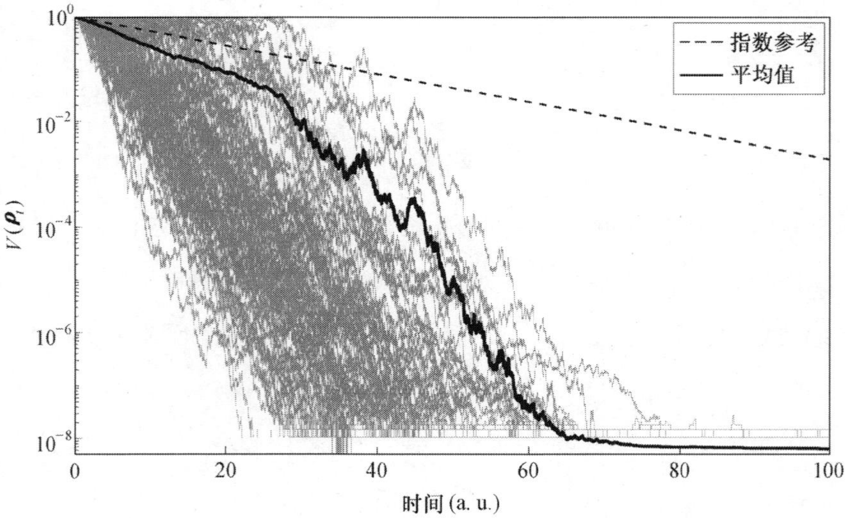

（b）图 4.16（a）的半对数坐标形式

图 4.16　组合反馈式（4.57）实现 $\boldsymbol{\rho}_{\mathrm{e}}$ 指数镇定的实验结果

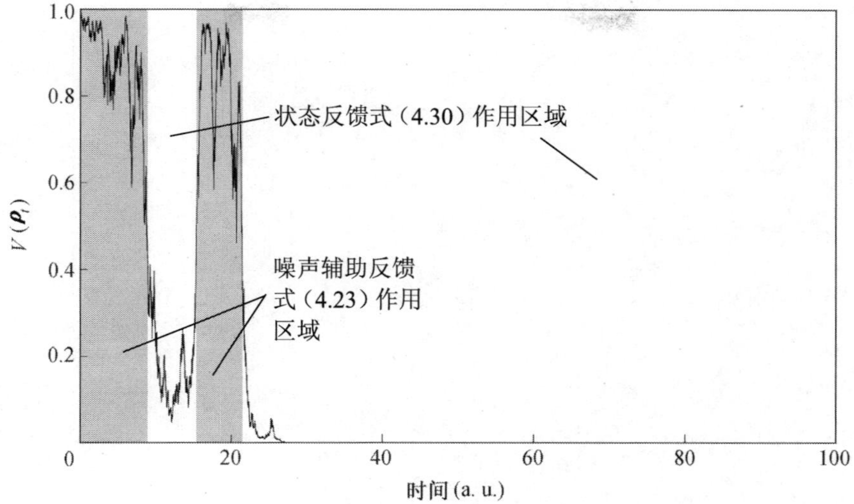

（c）组合反馈式（4.57）指数镇定 $\boldsymbol{\rho}_e$ 一次实验的 $V(\boldsymbol{\rho}_t)$ 曲线

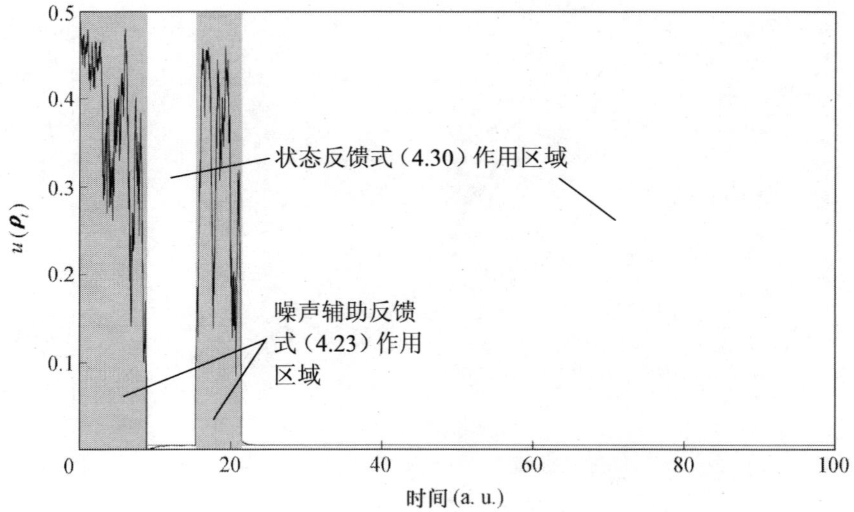

（d）组合反馈式（4.57）指数镇定 $\boldsymbol{\rho}_e$ 一次实验的 $u(\boldsymbol{\rho}_t)$ 曲线

续图 4.16

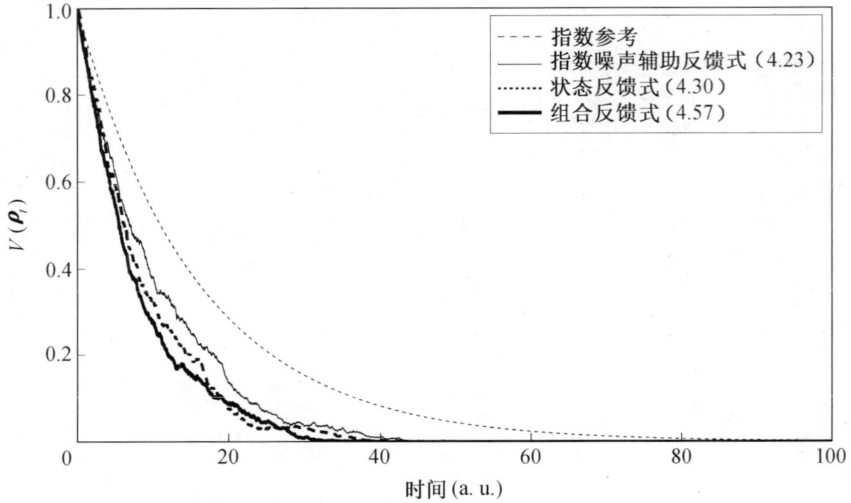

（a）100 次实验 $V(\rho_t)$ 的平均值

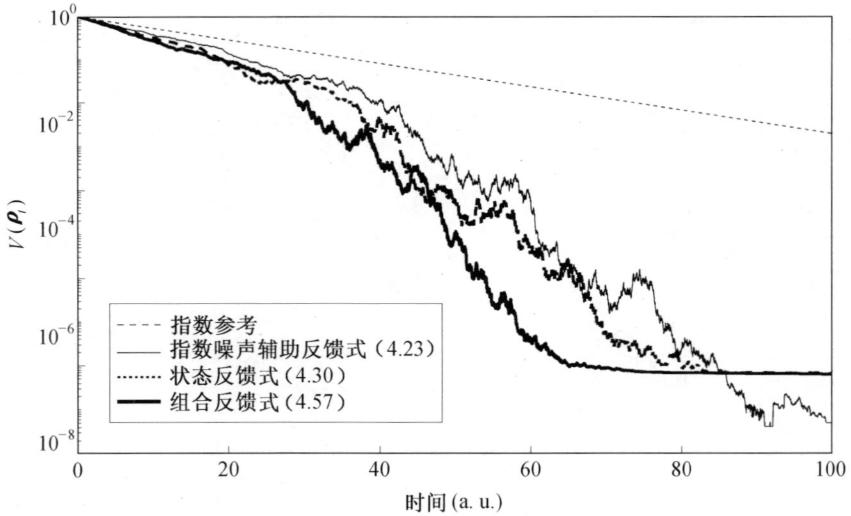

（b）图 4.17（a）的半对数坐标形式

图 4.17　组合反馈式（4.57）、指数噪声辅助反馈式（4.23）和状态反馈式（4.30）的对比实验结果

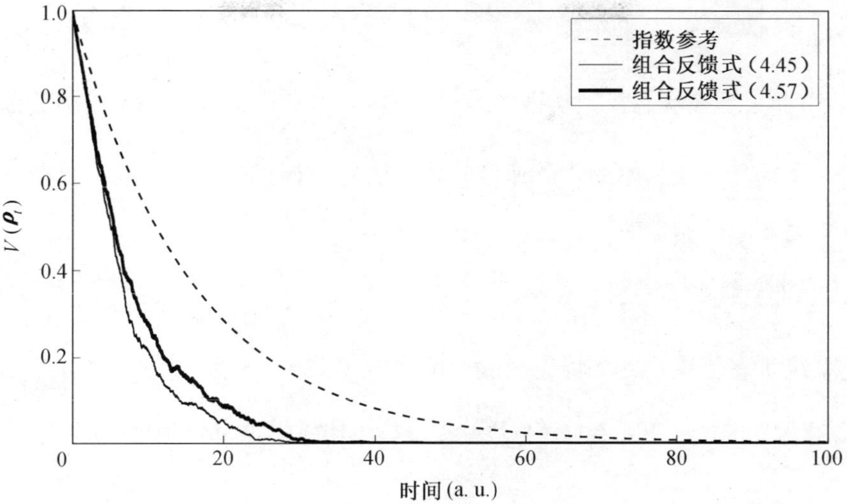

（a）100 次实验 $V(\boldsymbol{\rho}_t)$ 的平均值

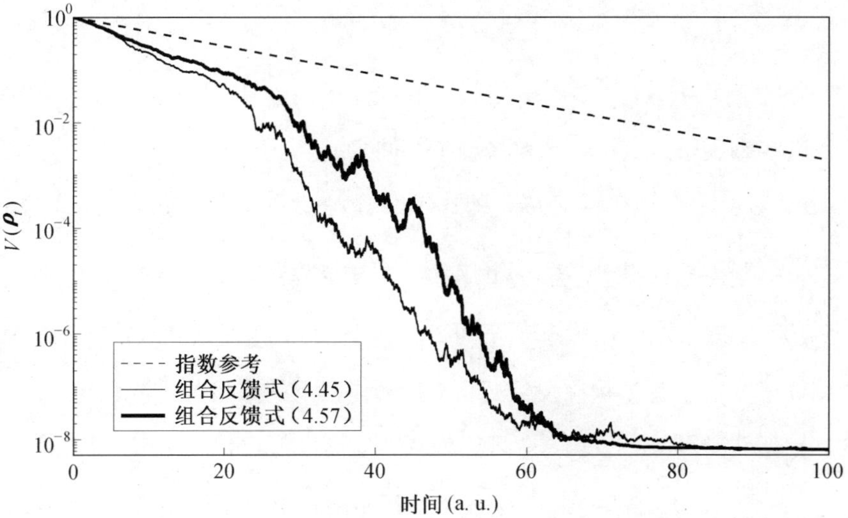

（b）图 4.18（a）的半对数坐标形式

图 4.18　组合反馈式（4.45）和式（4.57）指数镇定 $\boldsymbol{\rho}_e$ 的对比实验结果

4.5 改进状态反馈

4.3 节中使用切换状态反馈实现了量子自旋 $-\frac{1}{2}$ 系统，即式（4.3）的局部指数镇定。为进一步提高系统状态的收敛速度，本节将对切换控制使用的状态反馈进行改进，以获得更好的控制性能。

4.5.1 改进连续状态反馈

为使系统状态更快收敛，将连续状态反馈式（4.30）改为

$$u_t^{\text{csfm}}(\boldsymbol{\rho}_t)=\kappa(\boldsymbol{\rho}_t)\alpha V^{\beta}(\boldsymbol{\rho}_t)-\gamma\,\text{tr}(\text{i}[\sigma_y,\boldsymbol{\rho}_t]\boldsymbol{\rho}_f) \tag{4.63}$$

其中

$$\kappa(\boldsymbol{\rho}_t)=\begin{cases}-1, & \boldsymbol{\rho}_t\in\Phi_1\\ 1, & \boldsymbol{\rho}_t\in\Phi_2\end{cases}$$

$$\Phi_1=\{\boldsymbol{\rho}:\text{tr}(\text{i}[\sigma_y,\boldsymbol{\rho}]\boldsymbol{\rho}_f)>0,\boldsymbol{\rho}\in\mathcal{D}_\lambda\}$$

且 $\Phi_2=\mathcal{D}_\lambda\setminus\Phi_1$，$\mathcal{D}_\lambda=\{\boldsymbol{\rho}\in\mathcal{S}:\lambda<\text{tr}(\boldsymbol{\rho}\boldsymbol{\rho}_f)\leqslant 1\},\lambda\in(0,1)$。

基于改进状态反馈式（4.63）和状态子空间 $\mathcal{D}_\lambda$，有引理 4.1。

引理 4.1 对于量子自旋 $-\frac{1}{2}$ 系统，即式（4.3），在改进状态反馈式（4.63）作用下，对李雅普诺夫函数 $V(\boldsymbol{\rho}_t)=\sqrt{1-\text{tr}(\boldsymbol{\rho}_t\boldsymbol{\rho}_f)}$ 的无穷小算子满足 $\mathcal{L}V(\boldsymbol{\rho}_t)\leqslant -rV(\boldsymbol{\rho}_t),\forall\boldsymbol{\rho}_t\in\mathcal{D}_\lambda$，其中 $r\geqslant\frac{\eta M}{2}\lambda^2$。特别地，在状态子空间 $\mathcal{D}_\lambda$ 中，改进状态反馈式（4.63）作用下的系统状态收敛速度快于连续状态反馈式（4.30）作用下的系统状态收敛速度。

证明 根据式（2.7），与式（4.29）和式（4.63）相关联的作用于 $V(\boldsymbol{\rho}_t)$ 的无穷小算子 $\mathcal{L}$ 为

$$
\begin{aligned}
\mathcal{L}V_{\mathrm{csfm}}(\boldsymbol{\rho}_t) &= \frac{\kappa(\boldsymbol{\rho}_t)\alpha V^{\beta}(\boldsymbol{\rho}_t)-\gamma\,\mathrm{tr}(\mathrm{i}[\sigma_y,\boldsymbol{\rho}_t]\boldsymbol{\rho}_f)}{4}\frac{\mathrm{tr}(\mathrm{i}[\sigma_y,\boldsymbol{\rho}_t]\boldsymbol{\rho}_f)}{V(\boldsymbol{\rho}_t)}-\frac{\eta M}{2}\mathrm{tr}^2(\boldsymbol{\rho}_t\boldsymbol{\rho}_f)V(\boldsymbol{\rho}_t)\\
&=\frac{\alpha}{4}\kappa(\boldsymbol{\rho}_t)\,\mathrm{tr}(\mathrm{i}[\sigma_y,\boldsymbol{\rho}_t]\boldsymbol{\rho}_f)V^{\beta-1}(\boldsymbol{\rho}_t)-\frac{\gamma\,\mathrm{tr}^2(\mathrm{i}[\sigma_y,\boldsymbol{\rho}_t]\boldsymbol{\rho}_f)}{4V(\boldsymbol{\rho}_t)}-\frac{\eta M}{2}\mathrm{tr}^2(\boldsymbol{\rho}_t\boldsymbol{\rho}_f)V(\boldsymbol{\rho}_t)\\
&=-\frac{1}{2}\left(\eta M\,\mathrm{tr}^2(\boldsymbol{\rho}_t\boldsymbol{\rho}_f)+\frac{\gamma\,\mathrm{tr}^2(\mathrm{i}[\sigma_y,\boldsymbol{\rho}_t]\boldsymbol{\rho}_f)}{2V^2(\boldsymbol{\rho}_t)}+\frac{\alpha}{2}|\,\mathrm{tr}(\mathrm{i}[\sigma_y,\boldsymbol{\rho}_t]\boldsymbol{\rho}_f)\,|\,V^{\beta-2}(\boldsymbol{\rho}_t)\right)V(\boldsymbol{\rho}_t)\\
&=-\frac{1}{2}\left(\Lambda+\frac{\alpha}{2}|\,\mathrm{tr}(\mathrm{i}[\sigma_y,\boldsymbol{\rho}_t]\boldsymbol{\rho}_f)\,|\,V^{\beta-2}(\boldsymbol{\rho}_t)\right)V(\boldsymbol{\rho}_t)
\end{aligned}
\tag{4.64}
$$

其中

$$
\Lambda=\eta M\,\mathrm{tr}^2(\boldsymbol{\rho}_t\boldsymbol{\rho}_f)+\frac{\gamma\,\mathrm{tr}^2(\mathrm{i}[\sigma_y,\boldsymbol{\rho}_t]\boldsymbol{\rho}_f)}{2V^2(\boldsymbol{\rho}_t)}
$$

同时，与式（4.6）和式（4.30）相关联的作用于$V(\rho_t)$的无穷小算子$\mathcal{L}$为

$$
\mathcal{L}V_{\mathrm{csf}}(\boldsymbol{\rho}_t)=-\frac{1}{2}\left(\Lambda-\frac{\alpha}{2}\mathrm{tr}(\mathrm{i}[\sigma_y,\boldsymbol{\rho}_t]\boldsymbol{\rho}_f)V^{\beta-2}(\boldsymbol{\rho}_t)\right)V(\boldsymbol{\rho}_t)\tag{4.65}
$$

比较式（4.64）和式（4.65），由于$|\,\mathrm{tr}(\mathrm{i}[\sigma_y,\boldsymbol{\rho}_t]\boldsymbol{\rho}_f)\,|\geqslant-\mathrm{tr}(\mathrm{i}[\sigma_y,\boldsymbol{\rho}_t]\boldsymbol{\rho}_f)$，有

$$
\mathcal{L}V_{\mathrm{csfm}}(\boldsymbol{\rho}_t)\leqslant\mathcal{L}V_{\mathrm{csf}}(\boldsymbol{\rho}_t)\tag{4.66}
$$

因此，在式（4.63）作用下的状态收敛速度快于式（4.30）作用下的状态收敛速度。

另外，当$\boldsymbol{\rho}_t\in\mathcal{D}_\lambda$时，式（4.64）可以写为

$$
\begin{aligned}
\mathcal{L}V_{\mathrm{csfm}}(\boldsymbol{\rho}_t)&\leqslant-\frac{1}{2}\left(\eta M\lambda^2+\frac{\gamma\,\mathrm{tr}^2(\mathrm{i}[\sigma_y,\boldsymbol{\rho}_t]\boldsymbol{\rho}_f)}{2V^2(\rho_t)}+\frac{\alpha}{2}|\,\mathrm{tr}(\mathrm{i}[\sigma_y,\boldsymbol{\rho}_t]\boldsymbol{\rho}_f)\,|\,V^{\beta-2}(\boldsymbol{\rho}_t)\right)V(\boldsymbol{\rho}_t)\\
&\leqslant-\frac{1}{2}\eta M\lambda^2V(\boldsymbol{\rho}_t)
\end{aligned}
\tag{4.67}
$$

从而在状态反馈式（4.63）作用下，$\mathcal{L}V(\boldsymbol{\rho}_t)\leqslant-rV(\boldsymbol{\rho}_t)$且$r\geqslant\dfrac{\eta M}{2}\lambda^2$。证毕。

注 4.6 根据引理 4.1，改进状态反馈式（4.63）仅可使系统状态在子空间 $\mathcal{D}_\lambda$ 指数收敛，因此对于量子自旋 $-\frac{1}{2}$ 系统即式（4.3）的全局镇定控制任务而言，引理 4.1 仅可作为局部控制策略下的一个结果，而不能孤立地将其作为一个完整控制策略的结果。

注 4.7 在文献[73]中，状态反馈被用于指数镇定 n 能级量子角动量系统，其思想和方法与文献[72]类似，因此本节提出的改进状态反馈的方法也适用于 n 能级量子角动量系统的指数镇定。

4.5.2 改进切换状态反馈

对于量子自旋 $-\frac{1}{2}$ 系统即式（4.3），在 4.3 节通过结合状态反馈式（4.30）和式（4.31）构造了切换状态反馈式（4.32）。这里根据式（4.31）构造另一种切换状态反馈，即

$$u_t^{\mathrm{ssfm}}(\boldsymbol{\rho}_t)=(k(\boldsymbol{\rho}_t)\alpha-(1-k(\boldsymbol{\rho}_t))\alpha\,\mathrm{tr}(\mathrm{i}[\sigma_y,\boldsymbol{\rho}_t]\boldsymbol{\rho}_f))V^{\beta}(\boldsymbol{\rho}_t)-\gamma\,\mathrm{tr}(\mathrm{i}[\sigma_y,\boldsymbol{\rho}_t]\boldsymbol{\rho}_f) \tag{4.68}$$

其中

$$k(\boldsymbol{\rho}_t)=\begin{cases}-\dfrac{\xi}{\mathrm{tr}(\mathrm{i}[\sigma_y,\boldsymbol{\rho}_t]\boldsymbol{\rho}_f)}, & \mathrm{tr}(\mathrm{i}[\sigma_y,\boldsymbol{\rho}_t]\boldsymbol{\rho}_f)\neq 0\\ 0, & \text{其他情况}\end{cases},\xi\geqslant 1 \tag{4.69}$$

对于改进切换状态反馈式（4.68），有引理 4.2。

引理 4.2 对于量子自旋 $-\frac{1}{2}$ 系统，即式（4.3），在改进切换状态反馈式（4.68）作用下，对李雅普诺夫函数 $V(\boldsymbol{\rho}_t)=\sqrt{1-\mathrm{tr}(\boldsymbol{\rho}_t\boldsymbol{\rho}_f)}$ 的无穷小算子满足 $\mathcal{L}V(\boldsymbol{\rho}_t)\leqslant -rV(\boldsymbol{\rho}_t)$，$\forall\boldsymbol{\rho}_t\in\mathcal{D}_\lambda$，其中 $r\geqslant\frac{\eta M}{2}\lambda^2$。特别地，在状态子空间 $\mathcal{D}_\lambda$ 中，改进切换状态反馈式（4.68）作用下的状态收敛速度快于切换状态反馈式（4.32）作用下的状态收敛速度。

证明 与量子自旋 $-\frac{1}{2}$ 系统即式（4.3）和状态反馈式（4.68）关联的作用于 $V(\boldsymbol{\rho}_t)$ 的无穷小算子 $\mathcal{L}$ 为

$$\begin{aligned}\mathcal{L}V_{\text{ssfm}}(\boldsymbol{\rho}_t)&=\frac{1}{4}((k(\boldsymbol{\rho}_t)\alpha-(1-k(\boldsymbol{\rho}_t))\alpha\,\mathrm{tr}(\mathrm{i}[\sigma_y,\boldsymbol{\rho}_t]\boldsymbol{\rho}_f))V^{\beta}(\boldsymbol{\rho}_t)-\gamma\,\mathrm{tr}(\mathrm{i}[\sigma_y,\boldsymbol{\rho}_t]\boldsymbol{\rho}_f))\cdot\\&\quad\frac{\mathrm{tr}(\mathrm{i}[\sigma_y,\boldsymbol{\rho}_t]\boldsymbol{\rho}_f)}{V(\boldsymbol{\rho}_t)}-\frac{\eta M}{2}\mathrm{tr}^2(\boldsymbol{\rho}_t\boldsymbol{\rho}_f)V(\boldsymbol{\rho}_t)\\&=\frac{\alpha}{4}k(\boldsymbol{\rho}_t)\,\mathrm{tr}(\mathrm{i}[\sigma_y,\boldsymbol{\rho}_t]\boldsymbol{\rho}_f)V^{\beta-1}(\boldsymbol{\rho}_t)-\frac{\alpha}{4}(1-k(\boldsymbol{\rho}_t))\,\mathrm{tr}^2(\mathrm{i}[\sigma_y,\boldsymbol{\rho}_t]\boldsymbol{\rho}_f)V^{\beta-1}(\boldsymbol{\rho}_t)-\\&\quad\frac{\gamma\,\mathrm{tr}^2(\mathrm{i}[\sigma_y,\boldsymbol{\rho}_t]\boldsymbol{\rho}_f)}{4V(\boldsymbol{\rho}_t)}-\frac{\eta M}{2}\mathrm{tr}^2(\boldsymbol{\rho}_t\boldsymbol{\rho}_f)V(\boldsymbol{\rho}_t)\\&=-\frac{1}{2}\Bigg(\eta M\,\mathrm{tr}^2(\boldsymbol{\rho}_t\boldsymbol{\rho}_f)+\frac{\gamma\,\mathrm{tr}^2(\mathrm{i}[\sigma_y,\boldsymbol{\rho}_t]\boldsymbol{\rho}_f)}{2V^2(\boldsymbol{\rho}_t)}-\frac{\alpha}{2}k(\boldsymbol{\rho}_t)\,\mathrm{tr}(\mathrm{i}[\sigma_y,\boldsymbol{\rho}_t]\boldsymbol{\rho}_f)V^{\beta-2}(\boldsymbol{\rho}_t)+\\&\quad\frac{\alpha}{2}(1-k(\boldsymbol{\rho}_t))\,\mathrm{tr}^2(\mathrm{i}[\sigma_y,\boldsymbol{\rho}_t]\boldsymbol{\rho}_f)V^{\beta-2}(\boldsymbol{\rho}_t)\Bigg)V(\boldsymbol{\rho}_t)\\&=-\frac{1}{2}(\varLambda-k(\boldsymbol{\rho}_t)\varOmega+(1-k(\boldsymbol{\rho}_t))\,\mathrm{tr}(\mathrm{i}[\sigma_y,\boldsymbol{\rho}_t]\boldsymbol{\rho}_f)\varOmega)V(\boldsymbol{\rho}_t)\end{aligned}\tag{4.70}$$

其中

$$\varOmega=\frac{\alpha}{2}\mathrm{tr}(\mathrm{i}[\sigma_y,\boldsymbol{\rho}_t]\boldsymbol{\rho}_f)V^{\beta-2}(\boldsymbol{\rho}_t)$$

而与式（4.29）和式（4.32）关联的作用于$V(\boldsymbol{\rho}_t)$的无穷小算子$\mathcal{L}$为

$$\mathcal{L}V_{\text{ssf}}(\boldsymbol{\rho}_t)=\begin{cases}-\dfrac{1}{2}(\varLambda+\mathrm{tr}(\mathrm{i}[\sigma_y,\boldsymbol{\rho}_t]\boldsymbol{\rho}_f)\varOmega)V(\boldsymbol{\rho}_t), & \boldsymbol{\rho}_t\in\Phi_1\\ -\dfrac{1}{2}(\varLambda-\varOmega)V(\boldsymbol{\rho}_t), & \boldsymbol{\rho}_t\in\Phi_2\end{cases}\tag{4.71}$$

当$\boldsymbol{\rho}_t\in\Phi_1$时，$\mathrm{tr}(\mathrm{i}[\sigma_y,\boldsymbol{\rho}_t]\boldsymbol{\rho}_f)>0$，从而$k(\boldsymbol{\rho}_t)=-\dfrac{\xi}{\mathrm{tr}(\mathrm{i}[\sigma_y,\boldsymbol{\rho}_t]\boldsymbol{\rho}_f)}<0$，使得

$$k(\boldsymbol{\rho}_t)(\mathrm{tr}(\mathrm{i}[\sigma_y,\boldsymbol{\rho}_t]\boldsymbol{\rho}_f)+\mathrm{tr}^2(\mathrm{i}[\sigma_y,\boldsymbol{\rho}_t]\boldsymbol{\rho}_f))<0\tag{4.72}$$

由式（4.72）可得

$$-k(\boldsymbol{\rho}_t)\,\mathrm{tr}(\mathrm{i}[\sigma_y,\boldsymbol{\rho}_t]\boldsymbol{\rho}_f)+(1-k(\boldsymbol{\rho}_t))\,\mathrm{tr}^2(\mathrm{i}[\sigma_y,\boldsymbol{\rho}_t]\boldsymbol{\rho}_f)>\mathrm{tr}^2(\mathrm{i}[\sigma_y,\boldsymbol{\rho}_t]\boldsymbol{\rho}_f)\tag{4.73}$$

即

$$-k(\boldsymbol{\rho}_t)\Omega+(1-k(\boldsymbol{\rho}_t))\operatorname{tr}(\mathrm{i}[\sigma_y,\boldsymbol{\rho}_t]\boldsymbol{\rho}_f)\Omega>\operatorname{tr}(\mathrm{i}[\sigma_y,\boldsymbol{\rho}_t]\boldsymbol{\rho}_f)\Omega \tag{4.74}$$

因此$\mathcal{L}V_{\text{ssfm}}(\boldsymbol{\rho}_t)<\mathcal{L}V_{\text{ssf}}(\boldsymbol{\rho}_t)$，这意味着当$\boldsymbol{\rho}_t\in\Phi_1$时，在式（4.68）作用下的状态收敛速度快于在式（4.32）作用下的状态收敛速度。

令

$$\Phi_3=\{\boldsymbol{\rho}:\operatorname{tr}(\mathrm{i}[\sigma_y,\boldsymbol{\rho}]\boldsymbol{\rho}_f)=0,\boldsymbol{\rho}\in\mathcal{D}_\lambda\}$$

当$\boldsymbol{\rho}_t\in\Phi_2\setminus\Phi_3$时，$\operatorname{tr}(\mathrm{i}[\sigma_y,\boldsymbol{\rho}_t]\boldsymbol{\rho}_f)<0$，从而$k(\boldsymbol{\rho}_t)=-\dfrac{\xi}{\operatorname{tr}(\mathrm{i}[\sigma_y,\boldsymbol{\rho}_t]\boldsymbol{\rho}_f)}>1$，因此

$$(1-k(\boldsymbol{\rho}_t))(1+\operatorname{tr}(\mathrm{i}[\sigma_y,\boldsymbol{\rho}_t]\boldsymbol{\rho}_f))<0 \tag{4.75}$$

使得

$$-k(\boldsymbol{\rho}_t)\Omega+(1-k(\boldsymbol{\rho}_t))\operatorname{tr}(\mathrm{i}[\sigma_y,\boldsymbol{\rho}_t]\boldsymbol{\rho}_f)\Omega>-\Omega \tag{4.76}$$

即$\mathcal{L}V_{\text{ssfm}}(\boldsymbol{\rho}_t)<\mathcal{L}V_{\text{ssf}}(\boldsymbol{\rho}_t)$，说明当$\boldsymbol{\rho}_t\in\Phi_2\setminus\Phi_3$时，在式（4.68）作用下的状态收敛速度快于在式（4.32）作用下的状态收敛速度。

当$\boldsymbol{\rho}_t\in\Phi_3$时，由于$\operatorname{tr}(\mathrm{i}[\sigma_y,\boldsymbol{\rho}_t]\boldsymbol{\rho}_f)=0$，根据式（4.69）可得$k(\boldsymbol{\rho}_t)=0$，因此

$$\mathcal{L}V_{\text{ssfm}}(\boldsymbol{\rho}_t)=\mathcal{L}V_{\text{ssf}}(\boldsymbol{\rho}_t)=-\frac{1}{2}\eta M\operatorname{tr}^2(\boldsymbol{\rho}_t\boldsymbol{\rho}_f)V(\boldsymbol{\rho}_t) \tag{4.77}$$

即当$\boldsymbol{\rho}_t\in\Phi_3$时，在式（4.68）和式（4.32）作用下的状态收敛速度是相同的。

整合所有的比较结果，对于状态子空间$\mathcal{D}_\lambda$，在式（4.68）作用下的状态收敛速度快于在式（4.32）作用下的状态收敛速度。此外，当$\boldsymbol{\rho}_t\in\mathcal{D}_\lambda$时，式（4.70）可写为

$$\begin{aligned}\mathcal{L}V_{\text{ssfm}}(\boldsymbol{\rho}_t)&<-\frac{1}{2}\left(\eta M\lambda^2+\frac{\gamma\operatorname{tr}^2(\mathrm{i}[\sigma_y,\boldsymbol{\rho}_t]\boldsymbol{\rho}_f)}{2V^2(\boldsymbol{\rho}_t)}-\frac{\alpha}{2}k(\boldsymbol{\rho}_t)\operatorname{tr}(\mathrm{i}[\sigma_y,\boldsymbol{\rho}_t]\boldsymbol{\rho}_f)V^{\beta-2}(\boldsymbol{\rho}_t)+\right.\\&\quad\left.\frac{\alpha}{2}(1-k(\boldsymbol{\rho}_t))\operatorname{tr}^2(\mathrm{i}[\sigma_y,\boldsymbol{\rho}_t]\boldsymbol{\rho}_f)V^{\beta-2}(\boldsymbol{\rho}_t)\right)V(\boldsymbol{\rho}_t)\\&\leqslant-\frac{1}{2}\eta M\lambda^2V(\boldsymbol{\rho}_t)\end{aligned} \tag{4.78}$$

即在状态反馈式（4.68）作用下，$\mathcal{L}V(\boldsymbol{\rho}_t)\leqslant -rV(\boldsymbol{\rho}_t)$ 且 $r\geqslant\frac{\eta M}{2}\lambda^2$。证毕。

注 4.8　对于量子自旋 $-\frac{1}{2}$ 系统，即式（4.3），有多种状态反馈策略可以实现本征态的指数镇定，通过比较式（4.33）、式（4.64）、式（4.65）和式（4.71），这些状态反馈作用下的实时状态收敛速度有下面的关系：{(4.63)，(4.68)} ≻ (4.32) ≻ {(4.30)，(4.31)}。

根据式（4.69）中 $k(\boldsymbol{\rho}_t)$ 的设定，当 $\mathrm{tr}(\mathrm{i}[\sigma_y,\boldsymbol{\rho}_t]\boldsymbol{\rho}_f)$ 的绝对值较小时，$k(\boldsymbol{\rho}_t)$ 会变得很大，使得状态反馈式（4.68）具有较大的幅值。考虑到实际应用，应尽可能避免过大幅值的反馈控制。为达到这个目的，式（4.69）中的 $k(\boldsymbol{\rho}_t)$ 可以设为

$$k(\boldsymbol{\rho}_t)=\begin{cases}-\dfrac{\xi}{\mathrm{tr}(\mathrm{i}[\sigma_y,\boldsymbol{\rho}_t]\boldsymbol{\rho}_f)}, & \boldsymbol{\rho}_t\in\mathcal{D}_\lambda\setminus\Phi_4\\ 0, & \boldsymbol{\rho}_t\in\Phi_4\end{cases}\tag{4.79}$$

其中

$$\Phi_4=\{\boldsymbol{\rho}:|\mathrm{tr}(\mathrm{i}[\sigma_y,\boldsymbol{\rho}]\boldsymbol{\rho}_f)|\leqslant\varepsilon\text{或}|\mathrm{tr}(\mathrm{i}[\sigma_y,\boldsymbol{\rho}]\boldsymbol{\rho}_f)|=1,\boldsymbol{\rho}\in\mathcal{D}_\lambda\},\quad 0<\varepsilon<1$$

基于式（4.79），有引理 4.3。

引理 4.3　对于量子自旋 $-\frac{1}{2}$ 系统，即式(4.3)，如果控制参数 $k(\boldsymbol{\rho}_t)$ 取为式(4.79)，则在状态反馈式（4.68）作用下，对 $\forall\boldsymbol{\rho}_t\in\mathcal{D}_\lambda$，与式（4.29）和式（4.68）关联的作用于 $V(\boldsymbol{\rho}_t)=\sqrt{1-\mathrm{tr}(\boldsymbol{\rho}_t\boldsymbol{\rho}_f)}$ 的无穷小算子 $\mathcal{L}$ 满足 $\mathcal{L}V(\boldsymbol{\rho}_t)\leqslant -rV(\boldsymbol{\rho}_t)$，且 $r\geqslant\frac{\eta M}{2}\lambda^2$。特别地，在状态子空间 $\mathcal{D}_\lambda$ 中，控制参数 $k(\boldsymbol{\rho}_t)$ 为式（4.79）的改进切换状态反馈式（4.68）作用下的状态收敛速度快于切换状态反馈式（4.32）作用下的状态收敛速度。

证明　该引理证明的主体部分与引理 4.3 的证明相似，因此这里只描述不同点。

当 $\boldsymbol{\rho}_t\in\Phi_1\setminus\Phi_4=\{\boldsymbol{\rho}:\varepsilon<\mathrm{tr}(\mathrm{i}[\sigma_y,\boldsymbol{\rho}]\boldsymbol{\rho}_f)<1,\boldsymbol{\rho}\in\mathcal{D}_\lambda\}$ 时，易得

$$-\frac{\xi}{\varepsilon}<k(\boldsymbol{\rho}_t)=-\frac{\xi}{\mathrm{tr}(\mathrm{i}[\sigma_y,\boldsymbol{\rho}_t]\boldsymbol{\rho}_f)}<-\xi<0$$

使得不等式（4.72）、式（4.73）和式（4.74）成立，从而$\mathcal{L}V_{\text{ssfm}}(\boldsymbol{\rho}_t)<\mathcal{L}V_{\text{ssf}}(\boldsymbol{\rho}_t)$。换句话说，当$\boldsymbol{\rho}_t\in\Phi_1\setminus\Phi_4$时，$k(\boldsymbol{\rho}_t)$为式（4.79）的改进切换状态反馈式（4.68）作用下的状态收敛速度快于切换状态反馈式（4.32）作用下的状态收敛速度。

当$\boldsymbol{\rho}_t\in\Phi_2\setminus\Phi_4=\{\boldsymbol{\rho}:-1<\text{tr}(\text{i}[\sigma_y,\boldsymbol{\rho}]\boldsymbol{\rho}_f)<-\varepsilon,\boldsymbol{\rho}\in\mathcal{D}_\lambda\}$时，易得

$$1\leqslant\xi<k(\boldsymbol{\rho}_t)=-\frac{\xi}{\text{tr}(\text{i}[\sigma_y,\boldsymbol{\rho}_t]\boldsymbol{\rho}_f)}<\frac{\xi}{\varepsilon}$$

使得不等式（4.75）和式（4.76）成立，从而$\mathcal{L}V_{\text{ssfm}}(\boldsymbol{\rho}_t)<\mathcal{L}V_{\text{ssf}}(\boldsymbol{\rho}_t)$，即对$\boldsymbol{\rho}_t\in\Phi_2\setminus\Phi_4$，$k(\boldsymbol{\rho}_t)$为式（4.79）的状态反馈式（4.68）作用下的状态收敛速度快于状态反馈式（4.32）作用下的状态收敛速度。

当$\boldsymbol{\rho}_t\in\Phi_4$时，$k(\boldsymbol{\rho}_t)=0$，因此$\mathcal{L}V_{\text{ssfm}}(\boldsymbol{\rho}_t)=\mathcal{L}V_{\text{ssf}}(\boldsymbol{\rho}_t)$，说明对$\boldsymbol{\rho}_t\in\Phi_4$，$k(\boldsymbol{\rho}_t)$为式（4.79）的状态反馈式（4.68）作用下的状态收敛速度与状态反馈式（4.32）作用下的状态收敛速度相同。

整合所有的对比结果，在子空间$\mathcal{D}_\lambda$中，控制参数$k(\boldsymbol{\rho}_t)$为式（4.79）的改进切换状态反馈式（4.68）作用下的状态收敛速度快于切换状态反馈式（4.32）作用下的状态收敛速度。证毕。

注 4.9　比较式(4.30)、式(4.31)及式(4.68)，用$k(\boldsymbol{\rho}_t)\alpha-(1-k(\boldsymbol{\rho}_t))\alpha\,\text{tr}(\text{i}[\sigma_y,\boldsymbol{\rho}_t]\boldsymbol{\rho}_f)$分别代替$\alpha$和$-\alpha\,\text{tr}(\text{i}[\sigma_y,\boldsymbol{\rho}_t]\boldsymbol{\rho}_f)$。很明显，$\alpha$和$-\alpha\,\text{tr}(\text{i}[\sigma_y,\boldsymbol{\rho}_t]\boldsymbol{\rho}_f)$均是$k(\boldsymbol{\rho}_t)\alpha-(1-k(\boldsymbol{\rho}_t))\alpha\,\text{tr}(\text{i}[\sigma_y,\boldsymbol{\rho}_t]\boldsymbol{\rho}_f)$的特例，即对应$k(\boldsymbol{\rho}_t)=0$和$k(\boldsymbol{\rho}_t)=1$的情况。换句话说，本节设计了时变系数$k(\boldsymbol{\rho}_t)$代替常系数 0 和 1 以获得更快的状态收敛速度。

4.5.3　全局指数镇定

正如引理 4.1～4.3 所述，改进状态反馈式（4.63）和式（4.68）仅能在状态子空间$\mathcal{D}_\lambda$使系统状态指数收敛。为使系统状态在整个状态空间$\mathcal{S}$指数收敛，即使系统状态从状态空间$\mathcal{S}$中的任意初态ρ_0以指数速度收敛于目标态$\boldsymbol{\rho}_f$，或者说，对$\forall\boldsymbol{\rho}_0\in\mathcal{S}$，使$\mathbb{E}[V(\boldsymbol{\rho}_t)]\leqslant V(\boldsymbol{\rho}_0)\text{e}^{-rt}$成立，4.4 节中提出了组合反馈式（4.41）。在组合反馈式（4.41）

作用下，量子自旋 $-\frac{1}{2}$ 系统可描述为

$$\mathrm{d}\boldsymbol{\rho}_t = -\mathrm{i}\frac{\omega_{\mathrm{eg}}}{2}[\sigma_z,\boldsymbol{\rho}_t]\mathrm{d}t + \frac{M}{4}(\sigma_z\boldsymbol{\rho}_t\sigma_z - \boldsymbol{\rho}_t)\mathrm{d}t - \mathrm{i}K(\boldsymbol{\rho}_t)\frac{f(\boldsymbol{\rho}_t)}{2}[\sigma_y,\boldsymbol{\rho}_t]\mathrm{d}t - \mathrm{i}\left(1-K(\boldsymbol{\rho}_t)\right)\frac{g(\boldsymbol{\rho}_t)}{2}[\sigma_y,\boldsymbol{\rho}_t]\mathrm{d}B_t + (1-K(\boldsymbol{\rho}_t))^2\frac{g(\boldsymbol{\rho}_t)^2}{4}(\sigma_y\boldsymbol{\rho}_t\sigma_y - \boldsymbol{\rho}_t)\mathrm{d}t + \frac{\sqrt{\eta M}}{2}(\sigma_z\boldsymbol{\rho}_t + \boldsymbol{\rho}_t\sigma_z - 2\,\mathrm{tr}(\boldsymbol{\rho}_t\sigma_z)\boldsymbol{\rho}_t)\mathrm{d}W_t \tag{4.80}$$

如果使用改进状态反馈式（4.63）和线性噪声辅助反馈式（4.9）构成组合反馈，即将式（4.41）中的 $f(\boldsymbol{\rho}_t)$ 和 $g(\boldsymbol{\rho}_t)$ 分别取为

$$\begin{cases} f(\boldsymbol{\rho}_t) = \kappa(\boldsymbol{\rho}_t)\alpha V^{\beta}(\boldsymbol{\rho}_t) - \gamma\,\mathrm{tr}(\mathrm{i}[\sigma_y,\boldsymbol{\rho}_t]\boldsymbol{\rho}_f) \\ g(\boldsymbol{\rho}_t) = \vartheta V(\boldsymbol{\rho}_t), \quad \vartheta > 0 \end{cases} \tag{4.81}$$

则可有定理 4.7。

定理 4.7　对于组合反馈作用下的量子自旋 $-\frac{1}{2}$ 系统，即式（4.80），如果将组合反馈式（4.41）中的 $f(\boldsymbol{\rho}_t)$ 和 $g(\boldsymbol{\rho}_t)$ 取为式（4.81），并将控制参数 $K(\boldsymbol{\rho}_t)$ 设为

$$K(\boldsymbol{\rho}_t) = \begin{cases} 1, & \boldsymbol{\rho}_t \in \mathcal{D}_\lambda \\ 0, & \boldsymbol{\rho}_t \in \mathcal{S}\setminus\mathcal{D}_\lambda \end{cases} \tag{4.82}$$

则在组合反馈式（4.41）的作用下，目标本征态 $\boldsymbol{\rho}_f$ 可全局指数镇定，对 $\forall\boldsymbol{\rho}_0\in\mathcal{S}$，李雅普诺夫函数 $V(\boldsymbol{\rho}_t)=\sqrt{1-\mathrm{tr}(\boldsymbol{\rho}_t\boldsymbol{\rho}_f)}$ 满足 $\mathbb{E}[V(\boldsymbol{\rho}_t)]<\mathrm{e}^{-rt}V(\boldsymbol{\rho}_0)$。且如果 $\mathcal{S}\setminus\mathcal{D}_\lambda\cap\Phi_5\neq\varnothing$，则状态收敛速度 r 不小于 $\min\left\{\frac{\eta M}{2}\lambda^2,\frac{1}{8}\eta M\right\}$；如果 $\mathcal{S}\setminus\mathcal{D}_\lambda\cap\Phi_5\neq\varnothing$，则状态收敛速度 r 不小于 $\min\left\{\frac{\eta M}{2}\lambda^2,\frac{\eta M}{2}\lambda^2-\frac{1}{8}\vartheta^2(2\lambda-1)\right\}$。其中

$$\Phi_5 = \left\{\boldsymbol{\rho} : \mathrm{tr}(\boldsymbol{\rho}\boldsymbol{\rho}_f) = \frac{\vartheta^2}{4\eta M}, \boldsymbol{\rho}\in\mathcal{S}\right\}$$

证明 当$\rho_t \in \mathcal{S} \setminus \mathcal{D}_\lambda$时，$K(\rho_t)=0$，即噪声辅助反馈起作用，则式（4.80）变为

$$\mathrm{d}\rho_t = -\mathrm{i}\frac{\omega_{\mathrm{eg}}}{2}[\sigma_z,\rho_t]\mathrm{d}t + \frac{M}{4}(\sigma_z\rho_t\sigma_z-\rho_t)\mathrm{d}t - \mathrm{i}\frac{g(\rho_t)}{2}[\sigma_y,\rho_t]\mathrm{d}B_t + \frac{g(\rho_t)^2}{4}(\sigma_y\rho_t\sigma_y-\rho_t)\mathrm{d}t + \frac{\sqrt{\eta M}}{2}(\sigma_z\rho_t+\rho_t\sigma_z-2\,\mathrm{tr}(\rho_t\sigma_z)\rho_t)\mathrm{d}W_t \tag{4.83}$$

且与式（4.83）关联的作用于$V(\rho_t)$的无穷小算子$\mathcal{L}$为

$$\mathcal{L}V_{\mathrm{nf}}(\rho_t) = -\frac{g^2(\rho_t)\,\mathrm{tr}(\rho_{\mathrm{e}}\rho_t-\rho_t\rho_f)}{8\sqrt{1-\mathrm{tr}(\rho_t\rho_f)}} - \frac{\eta M(1-\mathrm{tr}(\rho_t\sigma_z))^2\,\mathrm{tr}^2(\rho_t\rho_f)}{8(1-\mathrm{tr}(\rho_t\rho_f))^{\frac{3}{2}}} - \frac{g^2(\rho_t)\,\mathrm{tr}^2(\mathrm{i}[\sigma_y,\rho_t]\rho_f)}{32(1-\mathrm{tr}(\rho_t\rho_f))^{\frac{3}{2}}} \tag{4.84}$$

为便于理解，给出$\mathcal{L}V_{\mathrm{nf}}(\rho_t)$的计算细节。根据式（4.83），有

$$\mathrm{d}\,\mathrm{tr}(\rho_t\rho_f) = \frac{\omega_{\mathrm{eg}}}{2}\mathrm{tr}(-\mathrm{i}[\sigma_z,\rho_t]\rho_f)\mathrm{d}t + \frac{M}{4}\mathrm{tr}((\sigma_z\rho_t\sigma_z-\rho_t)\rho_f)\mathrm{d}t - \frac{g(\rho_t)}{2}\mathrm{tr}(\mathrm{i}[\sigma_y,\rho_t]\rho_f)\mathrm{d}B_t + \frac{g^2(\rho_t)}{4}\mathrm{tr}((\sigma_y\rho_t\sigma_y-\rho_t)\rho_f)\mathrm{d}t + \frac{\sqrt{\eta M}}{2}\mathrm{tr}((\sigma_z\rho_t+\rho_t\sigma_z-2\,\mathrm{tr}(\rho_t\sigma_z)\rho_t)\rho_f)\mathrm{d}W_t \tag{4.85}$$

由于对矩阵 $\boldsymbol{A}$、$\boldsymbol{B}$ 和 $\boldsymbol{C}$，$\mathrm{tr}(\boldsymbol{AB})=\mathrm{tr}(\boldsymbol{BA})$和$\mathrm{tr}([\boldsymbol{A},\boldsymbol{B}]\boldsymbol{C})=\mathrm{tr}(\boldsymbol{A}[\boldsymbol{B},\boldsymbol{C}])$成立，因此易得

$$\mathrm{tr}([\sigma_z,\rho_t]\rho_f)=\mathrm{tr}(\rho_f[\sigma_z,\rho_t])=\mathrm{tr}([\rho_f,\sigma_z]\rho_t)=0 \tag{4.86}$$

考虑到

$$\sigma_z\rho_f=\rho_f\sigma_z=\rho_f,\quad \sigma_y\rho_f\sigma_y=\rho_{\mathrm{e}}$$

将式（4.86）代入式（4.85）中，可得

$$
\begin{aligned}
\mathrm{d}\,\mathrm{tr}(\rho_t\rho_f) &= \frac{M}{4}\mathrm{tr}(\sigma_z\rho_t\sigma_z\rho_f - \rho_t\rho_f)\mathrm{d}t - \frac{g(\rho_t)}{2}\mathrm{tr}(\mathrm{i}[\sigma_y,\rho_t]\rho_f)\mathrm{d}B_t + \\
&\quad \frac{g^2(\rho_t)}{4}\mathrm{tr}(\sigma_y\rho_t\sigma_y\rho_f - \rho_t\rho_f)\mathrm{d}t + \frac{\sqrt{\eta M}}{2}\mathrm{tr}((\sigma_z\rho_t + \rho_t\sigma_z - 2\,\mathrm{tr}(\rho_t\sigma_z)\rho_t)\rho_f)\mathrm{d}W_t \\
&= \frac{M}{4}\mathrm{tr}(\sigma_z\rho_t\rho_f - \rho_t\rho_f)\mathrm{d}t - \frac{g(\rho_t)}{2}\mathrm{tr}(\mathrm{i}[\sigma_y,\rho_t]\rho_f)\mathrm{d}B_t + \\
&\quad \frac{g^2(\rho_t)}{4}\mathrm{tr}(\sigma_y\rho_f\sigma_y\rho_t - \rho_t\rho_f)\mathrm{d}t + \frac{\sqrt{\eta M}}{2}\mathrm{tr}((\sigma_z\rho_t + \rho_t\sigma_z - 2\,\mathrm{tr}(\rho_t\sigma_z)\rho_t)\rho_f)\mathrm{d}W_t + \\
&= \frac{M}{4}\mathrm{tr}(\rho_f\sigma_z\rho_t - \rho_t\rho_f)\mathrm{d}t - \frac{g(\rho_t)}{2}\mathrm{tr}(\mathrm{i}[\sigma_y,\rho_t]\rho_f)\mathrm{d}B_t + \frac{g^2(\rho_t)}{4}\mathrm{tr}(\rho_e\rho_t - \rho_t\rho_f)\mathrm{d}t + \\
&\quad \frac{\sqrt{\eta M}}{2}\mathrm{tr}((\sigma_z\rho_t + \rho_t\sigma_z - 2\,\mathrm{tr}(\rho_t\sigma_z)\rho_t)\rho_f)\mathrm{d}W_t \\
&= \frac{g^2(\rho_t)}{4}\mathrm{tr}(\rho_e\rho_t - \rho_t\rho_f)\mathrm{d}t + \frac{\sqrt{\eta M}}{2}\mathrm{tr}((\sigma_z\rho_t + \rho_t\sigma_z - 2\,\mathrm{tr}(\rho_t\sigma_z)\rho_t)\rho_f)\mathrm{d}W_t - \\
&\quad \frac{g(\rho_t)}{2}\mathrm{tr}(\mathrm{i}[\sigma_y,\rho_t]\rho_f)\mathrm{d}B_t
\end{aligned}
\tag{4.87}
$$

另外，有

$$
\begin{aligned}
\mathrm{tr}((\sigma_z\rho_t + \rho_t\sigma_z - 2\,\mathrm{tr}(\rho_t\sigma_z)\rho_t)\rho_f) &= \mathrm{tr}(\rho_f\sigma_z\rho_t + \rho_t\sigma_z\rho_f) - 2\,\mathrm{tr}(\rho_t\sigma_z)\,\mathrm{tr}(\rho_t\rho_f) \\
&= 2\,\mathrm{tr}(\rho_t\rho_f) - 2\,\mathrm{tr}(\rho_t\sigma_z)\,\mathrm{tr}(\rho_t\rho_f) \\
&= 2(1 - \mathrm{tr}(\rho_t\sigma_z))\,\mathrm{tr}(\rho_t\rho_f)
\end{aligned}
\tag{4.88}
$$

从而式（4.87）变为

$$
\begin{aligned}
\mathrm{d}\,\mathrm{tr}(\rho_t\rho_f) &= \frac{g^2(\rho_t)}{4}\mathrm{tr}(\rho_e\rho_t - \rho_t\rho_f)\mathrm{d}t - \frac{g(\rho_t)}{2}\mathrm{tr}(\mathrm{i}[\sigma_y,\rho_t]\rho_f)\mathrm{d}B_t + \\
&\quad \sqrt{\eta M}(1 - \mathrm{tr}(\rho_t\sigma_z))\,\mathrm{tr}(\rho_t\rho_f)\mathrm{d}W_t \\
&= \Gamma(\rho_t)\mathrm{d}t + Y(\rho_t)\mathrm{d}B_t + \Pi(\rho_t)\mathrm{d}W_t
\end{aligned}
\tag{4.89}
$$

其中

$$\Gamma(\rho_t)=\frac{g^2(\rho_t)}{4}\mathrm{tr}(\rho_e\rho_t-\rho_t\rho_f)$$

$$Y(\rho_t)=\frac{g(\rho_t)}{2}\mathrm{tr}(\mathrm{i}[\sigma_y,\rho_t]\rho_f)$$

$$\Pi(\rho_t)=\sqrt{\eta M}(1-\mathrm{tr}(\rho_t\sigma_z))\mathrm{tr}(\rho_t\rho_f)$$

由于 $\mathrm{d}t\mathrm{d}t=\mathrm{d}t\mathrm{d}B_t=\mathrm{d}t\mathrm{d}W_t=\mathrm{d}B_t\mathrm{d}W_t=0$ 且 $\mathrm{d}B_t\mathrm{d}B_t=\mathrm{d}W_t\mathrm{d}W_t=\mathrm{d}t$，因此由式（4.89）可得

$$(\mathrm{d}\,\mathrm{tr}(\rho_t\rho_f))^2=(Y^2(\rho_t)+\Pi^2(\rho_t))\mathrm{d}t \tag{4.90}$$

根据 Itô 引理，有

$$\mathrm{d}V(\rho_t)=-\frac{1}{2}(1-\mathrm{tr}(\rho_t\rho_f))^{-\frac{1}{2}}\mathrm{d}\,\mathrm{tr}(\rho_t\rho_f)-\frac{1}{8}(1-\mathrm{tr}(\rho_t\rho_f))^{-\frac{3}{2}}(\mathrm{d}\,\mathrm{tr}(\rho_t\rho_f))^2 \tag{4.91}$$

将式（4.89）和式（4.90）代入式（4.91）中，式（4.91）可写为

$$\begin{aligned}\mathrm{d}V(\rho_t)=&-\frac{1}{2}(1-\mathrm{tr}(\rho_t\rho_f))^{-\frac{1}{2}}(\Gamma(\rho_t)\mathrm{d}t+Y(\rho_t)\mathrm{d}B_t+\Pi(\rho_t)\mathrm{d}W_t)-\\&\frac{1}{8}(1-\mathrm{tr}(\rho_t\rho_f))^{-\frac{3}{2}}(Y^2(\rho_t)+\Pi^2(\rho_t))\mathrm{d}t\end{aligned} \tag{4.92}$$

从而

$$\begin{aligned}\mathcal{L}V_{\mathrm{nf}}(\rho_t)=&-\frac{1}{2}(1-\mathrm{tr}(\rho_t\rho_f))^{-\frac{1}{2}}\Gamma(\rho_t)-\frac{1}{8}(1-\mathrm{tr}(\rho_t\rho_f))^{-\frac{3}{2}}(Y^2(\rho_t)+\Pi^2(\rho_t))\\=&-\frac{1}{2}(1-\mathrm{tr}(\rho_t\rho_f))^{-\frac{1}{2}}\frac{g^2(\rho_t)}{4}\mathrm{tr}(\rho_e\rho_t-\rho_t\rho_f)-\\&\frac{1}{8}(1-\mathrm{tr}(\rho_t\rho_f))^{-\frac{3}{2}}\left(\eta M(1-\mathrm{tr}(\rho_t\rho_f))^2\,\mathrm{tr}^2(\rho_t\rho_f)+\frac{g^2(\rho_t)}{4}\mathrm{tr}^2(\mathrm{i}[\sigma_y,\rho_t]\rho_f)\right)\\=&-\frac{g^2(\rho_t)\mathrm{tr}(\rho_e\rho_t-\rho_t\rho_f)}{8\sqrt{1-\mathrm{tr}(\rho_t\rho_f)}}-\frac{\eta M(1-\mathrm{tr}(\rho_t\sigma_z))^2\,\mathrm{tr}^2(\rho_t\rho_f)}{8(1-\mathrm{tr}(\rho_t\rho_f))^{\frac{3}{2}}}-\frac{g^2(\rho_t)\mathrm{tr}^2(\mathrm{i}[\sigma_y,\rho_t]\rho_f)}{32(1-\mathrm{tr}(\rho_t\rho_f))^{\frac{3}{2}}}\end{aligned} \tag{4.93}$$

这样就得到了式（4.84）。

由于$\dfrac{g^2(\rho_t)\mathrm{tr}^2(\mathrm{i}[\sigma_y,\rho_t]\rho_f)}{(1-\mathrm{tr}(\rho_t\rho_f))^{\frac{3}{2}}}\geqslant 0$，因此由式（4.84）可得

$$
\begin{aligned}
\mathcal{L}V_{\mathrm{nf}}(\rho_t) &\leqslant -\frac{g^2(\rho_t)\mathrm{tr}(\rho_{\mathrm{e}}\rho_t-\rho_t\rho_f)}{8\sqrt{1-\mathrm{tr}(\rho_t\rho_f)}}-\frac{\eta M(1-\mathrm{tr}(\rho_t\sigma_z))^2\mathrm{tr}^2(\rho_t\rho_f)}{8(1-\mathrm{tr}(\rho_t\rho_f))^{\frac{3}{2}}} \\
&= -\frac{g^2(\rho_t)\mathrm{tr}(\rho_{\mathrm{e}}\rho_t-\rho_t\rho_f)}{8V(\rho_t)}-\frac{\eta M(1-\mathrm{tr}(\rho_t\sigma_z))^2\mathrm{tr}^2(\rho_t\rho_f)}{8V^3(\rho_t)} \qquad (4.94)
\end{aligned}
$$

由于两能级量子系统的状态可用 Bloch 空间的坐标描述，因此 $1-\mathrm{tr}(\rho_t\sigma_z)=2V(\rho_t)$，使得式（4.94）可写为

$$
\mathcal{L}V_{\mathrm{nf}}(\rho_t)\leqslant -\left(\frac{1}{8}\vartheta^2\mathrm{tr}(\rho_{\mathrm{e}}\rho_t-\rho_t\rho_f)+\frac{\eta M}{2}\mathrm{tr}^2(\rho_t\rho_f)\right)V(\rho_t) \qquad (4.95)
$$

令

$$
\psi(\rho_t)=\frac{1}{8}\vartheta^2\mathrm{tr}(\rho_{\mathrm{e}}\rho_t-\rho_t\rho_f)+\frac{\eta M}{2}\mathrm{tr}^2(\rho_t\rho_f)
$$

根据式（4.2），$\psi(\rho_t)$ 也可写为

$$
\psi(\rho_t)=\varPsi(z_t)=\frac{1}{8}(\eta M(1+z_t)^2-\vartheta^2 z_t)
$$

由定理 4.1 的证明可知，当 $z_t=1-\dfrac{\vartheta^2}{2\eta M}$（对应状态 $\rho_t\in\Phi_5$）时，有

$$
\min_{-1\leqslant z_t\leqslant 1}\eta M(1+z_t)^2-\vartheta^2 z_t=\eta M
$$

使得

$$
\min_{-1\leqslant z_t\leqslant 1}\varPsi(z_t)=\min_{\rho_t\in\mathcal{S}}\psi(\rho_t)=\frac{1}{8}\eta M
$$

不同于 4.2 节中的连续噪声辅助反馈，根据式（4.45）和式（4.82），本节中的组合反馈中的噪声辅助反馈仅在状态空间 $\mathcal{S}\setminus\mathcal{D}_\lambda$ 中起作用，因此当 $\mathcal{S}\setminus\mathcal{D}_\lambda\cap\Phi_5\neq\varnothing$ 时，有

$$\min_{\rho_t \in \mathcal{S} \setminus \mathcal{D}_\lambda} \psi(\rho_t) = \frac{1}{8}\eta M$$

如果 $\mathcal{S} \setminus \mathcal{D}_\lambda \cap \Phi_5 = \varnothing$，则由于 $\Psi(z_t)$ 对 $z_t \in [-1, 2\lambda - 1]$ 是单调递减函数，因此当 $z_t = 2\lambda - 1$（对应状态 $\rho_t \in \Phi_6 = \{\rho : \mathrm{tr}(\rho\rho_f) = \lambda, \rho \in \mathcal{S}\}$）时，有

$$\min_{\rho_t \in \mathcal{S} \setminus \mathcal{D}_\lambda} \psi(\rho_t) = \min_{-1 \leqslant z_t \leqslant 2\lambda - 1} \Psi(z_t) = \frac{\eta M}{2}\lambda^2 - \frac{1}{8}\vartheta^2(2\lambda - 1)$$

从而式（4.95）可写为

$$\mathcal{L}V_{\mathrm{nf}}(\rho_t) \leqslant \begin{cases} -\dfrac{1}{8}\eta M V(\rho_t), & \mathcal{S} \setminus \mathcal{D}_\lambda \cap \Phi_5 \neq \varnothing \\ -\left(\dfrac{\eta M}{2}\lambda^2 - \dfrac{1}{8}\vartheta^2(2\lambda - 1)\right)V(\rho_t), & \text{其他情况} \end{cases} \tag{4.96}$$

另外，当 $\rho_t \in \mathcal{D}_\lambda$ 时，由引理 4.1 可得 $\mathcal{L}V_{\mathrm{csfm}}(\rho_t) \leqslant -\dfrac{1}{2}\eta M \lambda^2 V(\rho_t)$，因此

$$\mathcal{L}V_{\mathrm{cf}}(\rho_t) \leqslant \begin{cases} -\min\left\{\dfrac{\eta M}{2}\lambda^2, \dfrac{1}{8}\eta M\right\}V(\rho_t), & \mathcal{S} \setminus \mathcal{D}_\lambda \cap \Phi_5 \neq \varnothing \\ -\min\left\{\dfrac{\eta M}{2}\lambda^2, \dfrac{\eta M}{2}\lambda^2 - \dfrac{1}{8}\vartheta^2(2\lambda - 1)\right\}V(\rho_t), & \text{其他情况} \end{cases}$$

使得对 $\forall \rho_0 \in \mathcal{S}$，有

$$\mathbb{E}[V(\rho_t)] \leqslant V(\rho_0)\mathrm{e}^{-rt} \leqslant \begin{cases} V(\rho_0)\mathrm{e}^{-\min\left\{\frac{\eta M}{2}\lambda^2, \frac{1}{8}\eta M\right\}t}, & \mathcal{S} \setminus \mathcal{D}_\lambda \cap \Phi_5 \neq \varnothing \\ V(\rho_0)\mathrm{e}^{-\min\left\{\frac{\eta M}{2}\lambda^2, \frac{\eta M}{2}\lambda^2 - \frac{1}{8}\vartheta^2(2\lambda - 1)\right\}t}, & \text{其他情况} \end{cases} \tag{4.97}$$

根据定理 2.2 及当且仅当 $\rho_t = \rho_f$ 时 $V(\rho_t) = 0$，目标本征态 ρ_f 可全局指数镇定。且如果 $\mathcal{S} \setminus \mathcal{D}_\lambda \cap \Phi_5 \neq \varnothing$，则收敛速度 r 不小于 $\min\left\{\dfrac{\eta M}{2}\lambda^2, \dfrac{1}{8}\eta M\right\}$；如果 $\mathcal{S} \setminus \mathcal{D}_\lambda \cap \Phi_5 = \varnothing$，则收敛速度 r 不小于 $\min\left\{\dfrac{\eta M}{2}\lambda^2, \dfrac{\eta M}{2}\lambda^2 - \dfrac{1}{8}\vartheta^2(2\lambda - 1)\right\}$。证毕。

注 4.10　相对于引理 4.1～4.3，定理 4.7 可看作量子自旋 $-\frac{1}{2}$ 系统指数镇定的完整控制策略结果。在定理 4.7 中，使用改进状态反馈式（4.63）和线性噪声辅助反馈式（4.9）构成组合反馈以更快收敛速率实现了量子自旋 $-\frac{1}{2}$ 系统的全局指数镇定。定理 4.7 对应的状态空间 $\mathcal{S}$ 的划分示意图如图 4.19 所示。

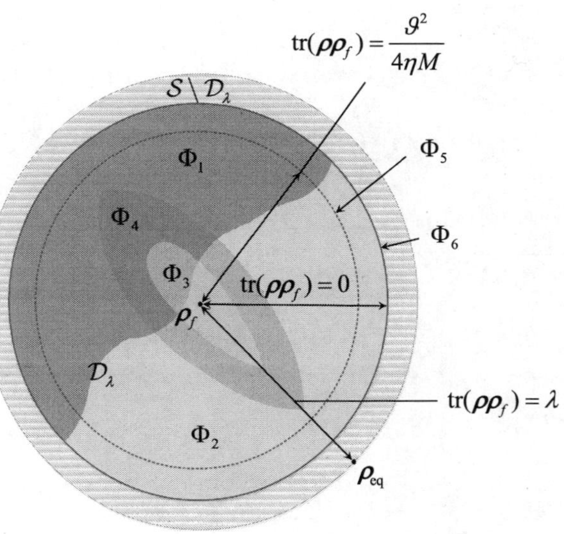

图 4.19　定理 4.7 对应的状态空间 $\mathcal{S}$ 的划分示意图

4.5.4　改进状态空间 $\mathcal{S}$ 的划分

在 4.5.3 节中，噪声辅助反馈仅为实现全局指数镇定且仅在状态子空间 $\mathcal{S}\setminus\mathcal{D}_\lambda$ 起作用，而 4.4 节中噪声辅助反馈不仅保证了全局指数镇定，且获得了更快的状态收敛速度并在包含 $\mathcal{S}\setminus\mathcal{D}_\lambda$ 的更大状态子空间中起作用。换句话说，噪声辅助反馈在 4.4 节中承担了更多的角色，发挥了更大的作用。此外，在 4.5.1 节、4.5.2 节和 4.4 节中，提升状态收敛速度的方法是不同的：在 4.5.1 节和 4.5.2 节中，改进状态反馈，使系统状态更快地收敛；而在 4.4 节中，通过状态空间的划分达到同样的目的。因此，更合理的方式是同时利用这两种方法以获得更快的状态收敛速度。本节利用该思想先给出一些初步结果，更完整、详尽的结果将在 4.6 节中进行描述和呈现。

定理 4.8 对于组合反馈作用下的量子自旋 $-\frac{1}{2}$ 系统式（4.80），如果组合反馈式（4.45）的控制参数 $K(\boldsymbol{\rho}_t)$ 设为

$$K(\boldsymbol{\rho}_t)=\begin{cases}1, & \boldsymbol{\rho}_t\in\Phi_{\mathrm{sf}}\\ 0, & \boldsymbol{\rho}_t\in\Phi_{\mathrm{nf}}\end{cases}$$

其中

$$\Phi_{\mathrm{sf}}=\{\boldsymbol{\rho}\in\mathcal{S}:\chi(\boldsymbol{\rho})<8\alpha\,|\operatorname{tr}(\mathrm{i}[\sigma_y,\boldsymbol{\rho}]\boldsymbol{\rho}_f)|\,V^{\beta}(\boldsymbol{\rho})\}\cap\mathcal{D}_\lambda$$

$$\chi(\boldsymbol{\rho})=4\vartheta^2V^2(\boldsymbol{\rho})(2V^2(\boldsymbol{\rho})-1)+(\vartheta^2-8\gamma)\operatorname{tr}^2(\mathrm{i}[\sigma_y,\boldsymbol{\rho}]\boldsymbol{\rho}_f)$$

且 $\Phi_{\mathrm{nf}}=\mathcal{S}\setminus\Phi_{\mathrm{sf}}$，则目标本征态 $\boldsymbol{\rho}_f$ 可全局指数镇定，对 $\forall\boldsymbol{\rho}_0\in\mathcal{S}$ 李雅普诺夫函数 $V(\boldsymbol{\rho}_t)=\sqrt{1-\operatorname{tr}(\boldsymbol{\rho}_t\boldsymbol{\rho}_f)}$ 满足 $\mathbb{E}[V(\boldsymbol{\rho}_t)]<\mathrm{e}^{-rt}V(\boldsymbol{\rho}_0)$。且如果 $\mathcal{S}\setminus\Phi_{\mathrm{sf}}\cap\Phi_5\neq\varnothing$，收敛速度 r 不小于 $\min\left\{\frac{\eta M}{2}\lambda^2,\frac{1}{8}\eta M\right\}$；如果 $\mathcal{S}\setminus\Phi_{\mathrm{sf}}\cap\Phi_5=\varnothing$，收敛速度 r 不小于 $\min\left\{\frac{\eta M}{2}\lambda^2,\frac{\eta M}{2}\lambda^2-\frac{1}{8}\vartheta^2(2\lambda-1)\right\}$。

证明 当状态反馈作用时，与式（4.80）关联且作用于 $V(\boldsymbol{\rho}_t)$ 的无穷小算子 $\mathcal{L}$ 为式（4.84）；而当噪声辅助反馈作用时，与式（4.80）关联且作用于 $V(\boldsymbol{\rho}_t)$ 的无穷小算子 $\mathcal{L}$ 为式（4.84）。将式（4.81（b））代入式（4.84）并考虑到 $\operatorname{tr}(\boldsymbol{\rho}_{\mathrm{e}}\boldsymbol{\rho}_t-\boldsymbol{\rho}_t\boldsymbol{\rho}_f)=2V^2(\boldsymbol{\rho}_t)-1$ 且 $1-\operatorname{tr}(\boldsymbol{\rho}_t\sigma_z)=2V^2(\boldsymbol{\rho}_t)$，式（4.84）可以写为

$$\mathcal{L}V_{\mathrm{nf}}(\boldsymbol{\rho}_t)=-\frac{1}{2}\left(\frac{\vartheta^2}{4}(2V^2(\boldsymbol{\rho}_t)-1)+\eta M\operatorname{tr}^2(\boldsymbol{\rho}_t\boldsymbol{\rho}_f)+\frac{\vartheta^2\operatorname{tr}^2(\mathrm{i}[\sigma_y,\boldsymbol{\rho}_t]\boldsymbol{\rho}_f)}{16V^2(\boldsymbol{\rho}_t)}\right)V(\boldsymbol{\rho}_t)\quad(4.98)$$

当 $\boldsymbol{\rho}_t\in\Phi_{\mathrm{sf}}$ 时，有

$$4\vartheta^2V^2(\boldsymbol{\rho}_t)(2V^2(\boldsymbol{\rho}_t)-1)+(\vartheta^2-8\gamma)\operatorname{tr}^2(\mathrm{i}[\sigma_y,\boldsymbol{\rho}_t]\boldsymbol{\rho}_f)<8\alpha\,|\operatorname{tr}(\mathrm{i}[\sigma_y,\boldsymbol{\rho}_t]\boldsymbol{\rho}_f)|\,V^{\beta}(\boldsymbol{\rho}_t)$$

从而

$$\frac{\vartheta^2}{4}(2V^2(\boldsymbol{\rho}_t)-1)+\eta M\operatorname{tr}^2(\boldsymbol{\rho}_t\boldsymbol{\rho}_f)+\frac{\vartheta^2\operatorname{tr}^2(\mathrm{i}[\sigma_y,\boldsymbol{\rho}_t]\boldsymbol{\rho}_f)}{16V^2(\boldsymbol{\rho}_t)}<\Lambda+\frac{\alpha}{2}|\operatorname{tr}(\mathrm{i}[\sigma_y,\boldsymbol{\rho}_t]\boldsymbol{\rho}_f)|\,V^{\beta-2}(\boldsymbol{\rho}_t)$$

因此$\mathcal{L}V_{\mathrm{sf}}(\boldsymbol{\rho}_t)<\mathcal{L}V_{\mathrm{nf}}(\boldsymbol{\rho}_t)$，即当$\boldsymbol{\rho}_t\in\Phi_{\mathrm{sf}}$时，状态反馈作用下的状态收敛速度快于噪声辅助反馈作用下的状态收敛速度。相似地，当$\boldsymbol{\rho}_t\in\Phi_{\mathrm{nf}}$时，可得$\mathcal{L}V_{\mathrm{nf}}(\boldsymbol{\rho}_t)\leqslant\mathcal{L}V_{\mathrm{sf}}(\boldsymbol{\rho}_t)$，即噪声辅助反馈作用下系统状态收敛更快。通过对引理 4.1 和定理 4.1 证明中式（4.95）相似的讨论，可得目标态$\boldsymbol{\rho}_f$可全局指数镇定。且如果$\mathcal{S}\setminus\Phi_{\mathrm{sf}}\cap\Phi_5\neq\varnothing$时，则收敛速度$r$不小于$\min\left\{\dfrac{\eta M}{2}\lambda^2,\dfrac{1}{8}\eta M\right\}$；如果$\mathcal{S}\setminus\Phi_{\mathrm{sf}}\cap\Phi_5=\varnothing$，则收敛速度$r$不小于$\min\left\{\dfrac{\eta M}{2}\lambda^2,\dfrac{\eta M}{2}\lambda^2-\dfrac{1}{8}\vartheta^2(2\lambda-1)\right\}$。证毕。

定理 4.8 中状态空间$\mathcal{S}$的划分示意图如图 4.20 所示。

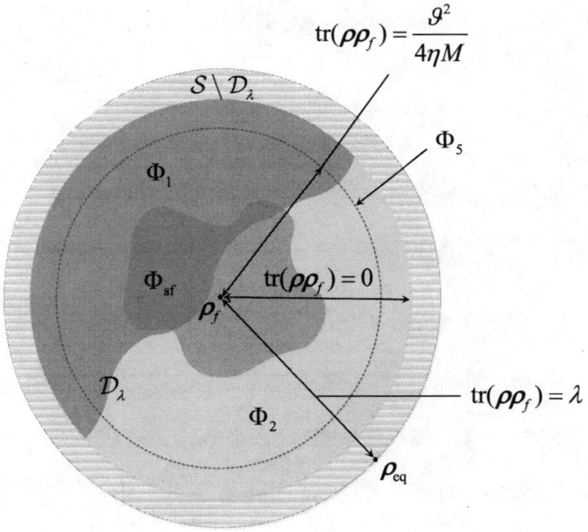

图 4.20　定理 4.8 中状态空间$\mathcal{S}$的划分示意图

如果在组合反馈中用参数为式（4.79）的改进状态反馈式（4.68）代替式（4.63），则可得定理 4.9。

定理 4.9　对于组合反馈作用下的量子自旋$-\dfrac{1}{2}$系统式（4.80），如果组合反馈式（4.45）的控制参数$K(\boldsymbol{\rho}_t)$设为

$$K(\boldsymbol{\rho}_t)=\begin{cases}1, & \boldsymbol{\rho}_t\in\hat{\Phi}_{\mathrm{sf}}\\0, & \boldsymbol{\rho}_t\in\hat{\Phi}_{\mathrm{nf}}\end{cases}$$

其中

$$\hat{\Phi}_{\mathrm{sf}}=\begin{cases}\{\boldsymbol{\rho}\in\mathcal{S}:\chi(\boldsymbol{\rho})<8\alpha(\xi+\mathrm{tr}^2(\mathrm{i}[\sigma_y,\boldsymbol{\rho}_t]\boldsymbol{\rho}_f)+\xi\,\mathrm{tr}(\mathrm{i}[\sigma_y,\boldsymbol{\rho}_t]\boldsymbol{\rho}_f))V^{\beta}(\boldsymbol{\rho}_t)\}\cap\mathcal{D}_{\lambda}, & \boldsymbol{\rho}_t\notin\Phi_3\\ \{\boldsymbol{\rho}\in\mathcal{S}:\chi(\boldsymbol{\rho})<8\alpha\,\mathrm{tr}^2(\mathrm{i}[\sigma_y,\boldsymbol{\rho}_t]\boldsymbol{\rho}_f)V^{\beta}(\boldsymbol{\rho}_t)\}\cap\mathcal{D}_{\lambda}, & \boldsymbol{\rho}_t\in\Phi_3\end{cases}$$

且 $\hat{\Phi}_{\mathrm{nf}}=\mathcal{S}\backslash\hat{\Phi}_{\mathrm{sf}}$，那么目标态 $\boldsymbol{\rho}_f$ 可全局指数镇定，对 $\forall\boldsymbol{\rho}_0\in\mathcal{S}$ 李雅普诺夫函数 $V(\boldsymbol{\rho}_t)=\sqrt{1-\mathrm{tr}(\boldsymbol{\rho}_t\boldsymbol{\rho}_f)}$ 满足 $\mathbb{E}[V(\boldsymbol{\rho}_t)]<\mathrm{e}^{-rt}V(\boldsymbol{\rho}_0)$。且如果 $\mathcal{S}\setminus\hat{\Phi}_{\mathrm{sf}}\cap\Phi_5\neq\varnothing$，则状态收敛速度 r 不小于 $\min\left\{\dfrac{\eta M}{2}\lambda^2,\dfrac{1}{8}\eta M\right\}$；如果 $\mathcal{S}\setminus\hat{\Phi}_{\mathrm{sf}}\cap\Phi_5=\varnothing$，则状态收敛速度 r 不小于 $\min\left\{\dfrac{\eta M}{2}\lambda^2,\dfrac{\eta M}{2}\lambda^2-\dfrac{1}{8}\vartheta^2(2\lambda-1)\right\}$。

证明 此定理的证明与定理 4.8 的证明类似，此处不再赘述。

4.5.5 改进测量反馈的应用

本节将用提出的状态反馈式（4.63）和式（4.68）指数镇定本征态 $\boldsymbol{\rho}_{\mathrm{e}}$ 以验证式（4.63）和式（4.68）的有效性和先进性，并比较不同状态反馈作用下的状态收敛速度。需要注意的是，对于状态反馈式（4.68），在数值实验中采用式（4.79）而非式（4.69）中的 $k(\boldsymbol{\rho}_t)$。此外，也会应用定理 4.8 中的组合反馈式（4.45）显示状态空间划分的作用。实验中，式（4.29）中的系统参数为 $\omega_{\mathrm{eg}}=0$，$\eta=0.5$，M=1，初态设为 $\boldsymbol{\rho}_0=\dfrac{1}{2}\begin{bmatrix}1&1\\1&1\end{bmatrix}$，对应 Bloch 空间中的点 $(1,0,0)$，目标态 $\boldsymbol{\rho}_f$ 设为 $\boldsymbol{\rho}_{\mathrm{e}}$。

1. 改进状态反馈式（4.63）实现 $\boldsymbol{\rho}_{\mathrm{e}}$ 的指数镇定

根据式（4.2），可得 $\mathrm{tr}(\mathrm{i}[\sigma_y,\boldsymbol{\rho}_t]\boldsymbol{\rho}_f)=x_t$，因此 $\Phi_1=\{x:0<x\leqslant1\}$ 且 $\Phi_2=\mathcal{D}_{\lambda}\setminus\Phi_1$。令式（4.63）中的控制参数为 $\alpha=0.5$，$\beta=8$，$\gamma=5$，$\lambda=0.9$，改进状态反馈式（4.63）实现 $\boldsymbol{\rho}_{\mathrm{e}}$ 的指数镇定结果如图 4.21 所示。

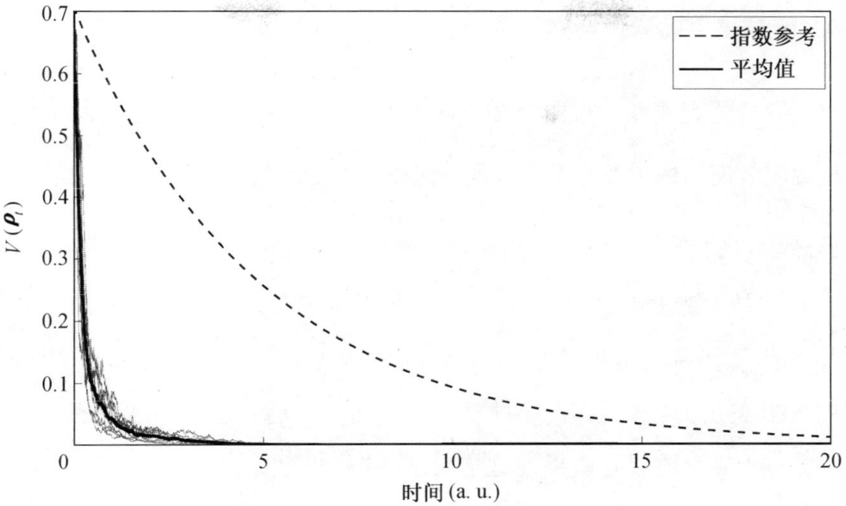

（a）10 次实验 $V(\boldsymbol{\rho}_t)$ 的曲线

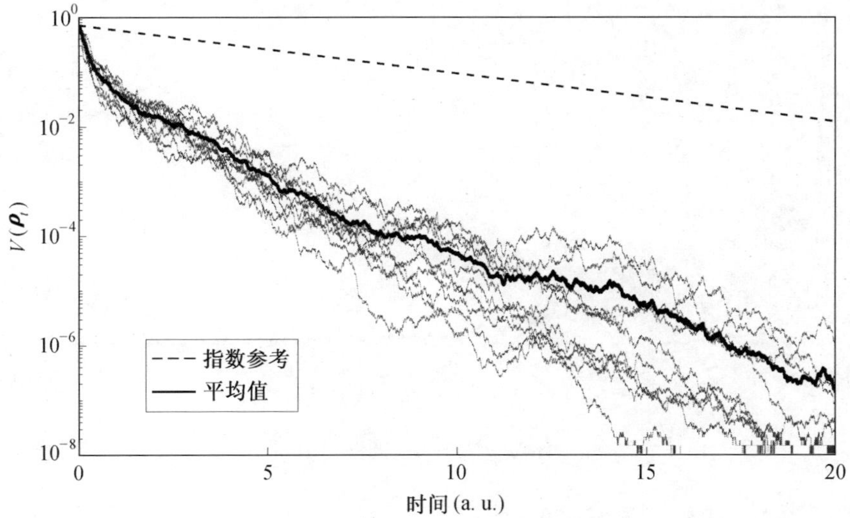

（b）图 4.21（a）的半对数坐标形式

图 4.21　改进状态反馈式（4.63）实现 $\boldsymbol{\rho}_e$ 的指数镇定结果

图 4.21 中显示系统状态 ρ_t 从初态 $\rho_0=\frac{1}{2}\begin{bmatrix}1 & 1\\1 & 1\end{bmatrix}$ 指数收敛到目标态 ρ_e，验证了状态反馈式（4.63）的有效性。从图 4.21 中也可以看出，在状态反馈式（4.63）作用下的状态指数收敛速度快于参考的指数收敛速度 $\frac{\eta M}{2}\lambda^2$，这与引理 4.1 中的结果一致。

为比较状态反馈式（4.30）和式（4.63）作用下的状态收敛速度，使用式（4.30）指数镇定 ρ_e，其控制参数与式（4.63）一致。状态反馈式（4.30）和式（4.63）指数镇定 ρ_e 的对比实验结果如图 4.22 所示，从图中可以看出，在式（4.63）作用下的状态收敛速度大于在式（4.30）作用下的状态收敛速度。图 4.22 的结果显示了使用改进状态反馈式（4.63）的提升效果，这与引理 4.1 中的理论结果一致。

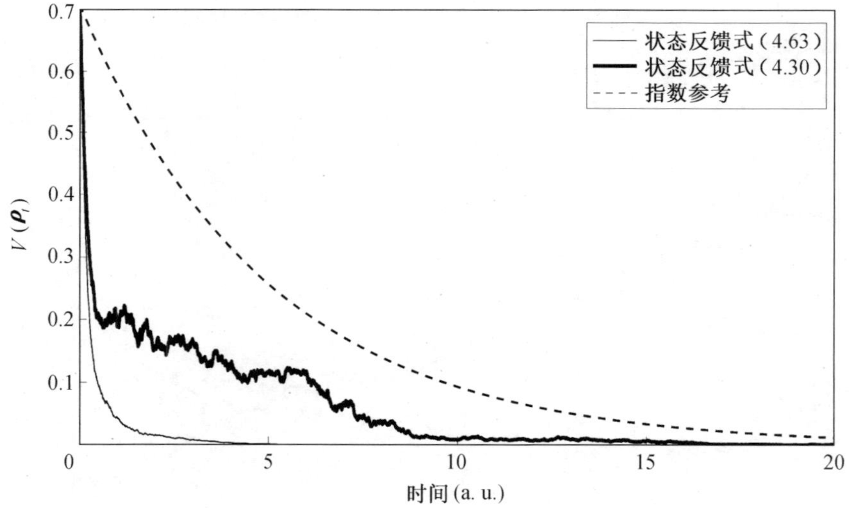

（a）10 次实验 $V(\rho_t)$ 的平均值

图 4.22　状态反馈式（4.30）和式（4.63）指数镇定 ρ_e 的对比实验结果

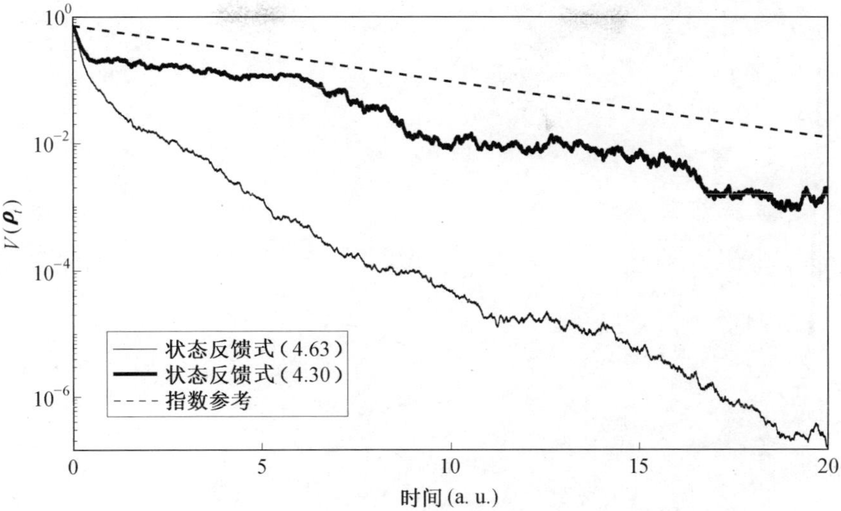

（b）图 4.22（a）的半对数坐标形式

续图 4.22

2. 改进状态反馈式（4.68）实现 ρ_e 的指数镇定

设定状态反馈式（4.68）中的 $k(\boldsymbol{\rho}_t)$ 取为式（4.79）的形式，其参数设为 $\xi=2$，$\varepsilon=0.05$，则改进状态反馈式（4.68）实现 $\boldsymbol{\rho}_e$ 的指数镇定结果如图 4.23 所示，图中显示在式（4.68）作用下系统状态 $\boldsymbol{\rho}_t$ 可以指数收敛于 $\boldsymbol{\rho}_e$，即状态反馈式（4.68）是有效的。

相似地，也对比了状态反馈式（4.68）和式（4.32）作用下的系统状态收敛，其结果如图 4.24 所示。从图中可以看到，在式（4.68）作用下的状态收敛快于在式（4.32）作用下的状态收敛，正如引理 4.3 所述。

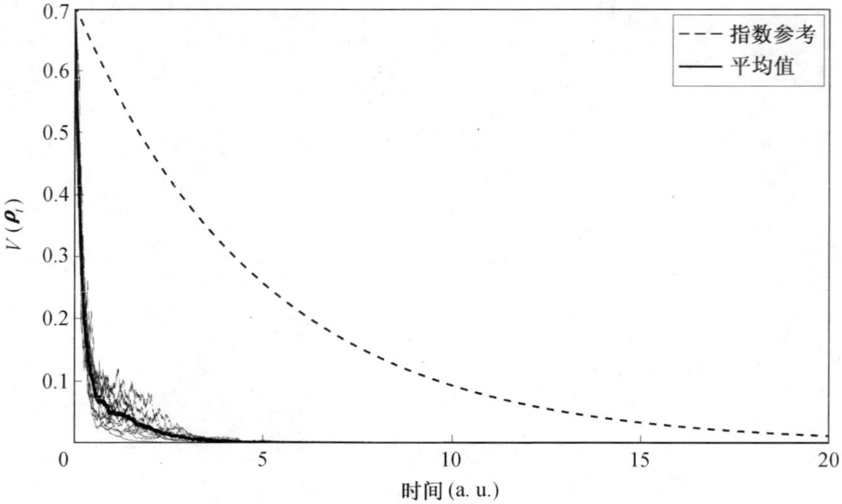

（a）10 次实验 $V(\boldsymbol{\rho}_t)$ 的曲线

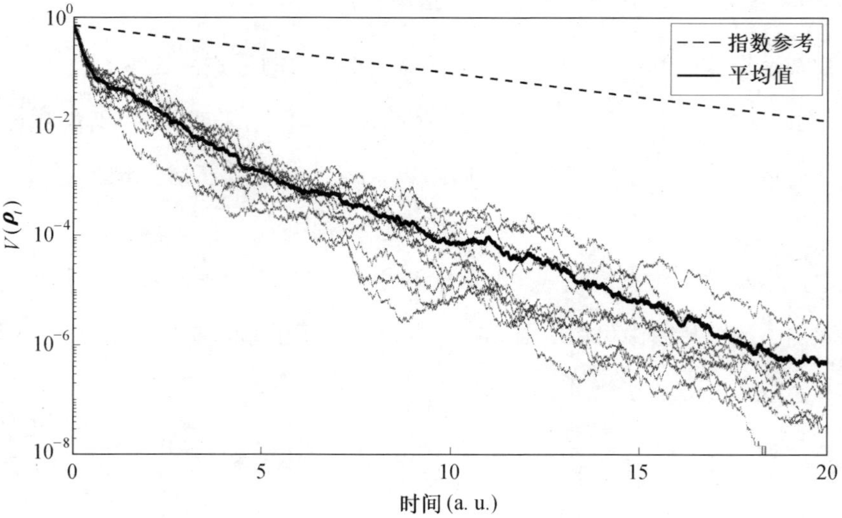

（b）图 4.23（a）的半对数坐标形式

图 4.23　改进状态反馈式（4.68）实现 $\boldsymbol{\rho}_e$ 的指数镇定结果

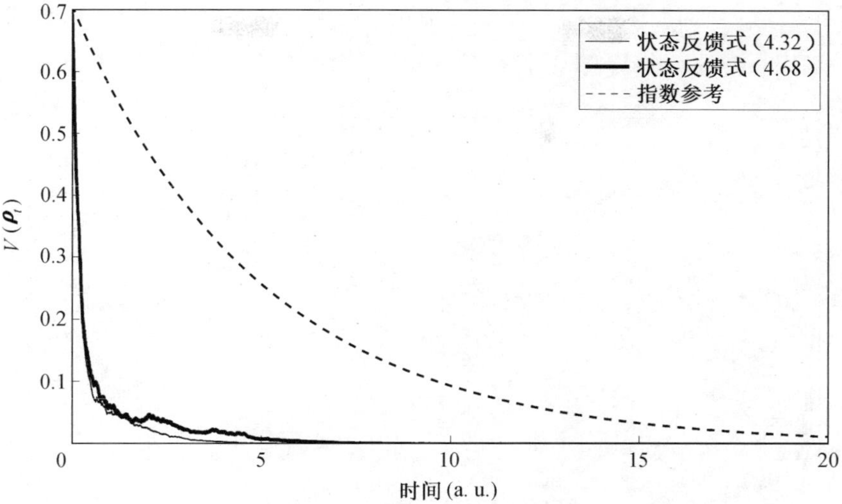

（a）10 次实验 $V(\rho_t)$ 的平均值

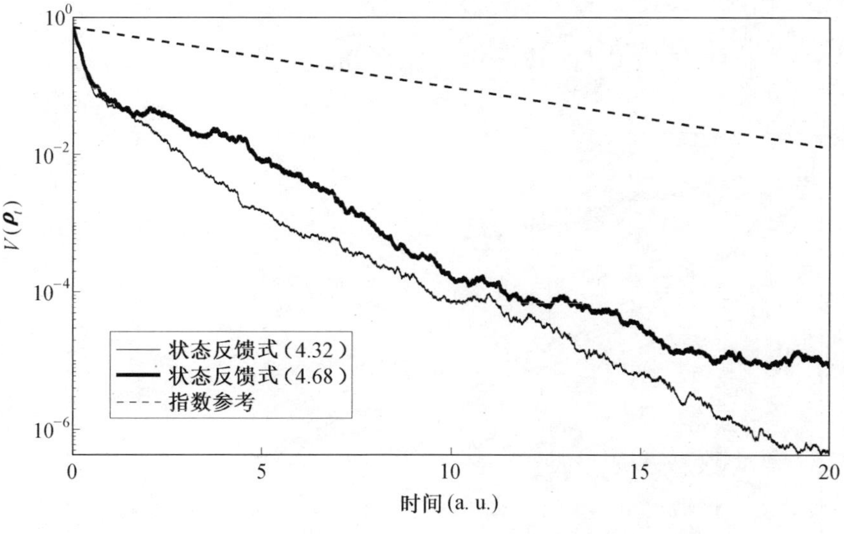

（b）图 4.24（a）的半对数坐标形式

图 4.24　状态反馈式（4.32）和式（4.68）指数镇定 ρ_e 的对比实验结果

正如在注 4.8 中的描述，对于量子自旋 $-\frac{1}{2}$ 系统即式（4.3），状态反馈式（4.30）、式（4.63）、式（4.31）、式（4.68）及式（4.32）均可指数镇定目标本征态，因此对比了在所用状态反馈作用下的状态收敛速度，状态反馈式（4.30）、式（4.63）、式（4.31）、式（4.68）和式（4.32）指数镇定 $\boldsymbol{\rho}_{\mathrm{e}}$ 的对比实验结果如图 4.25 所示。

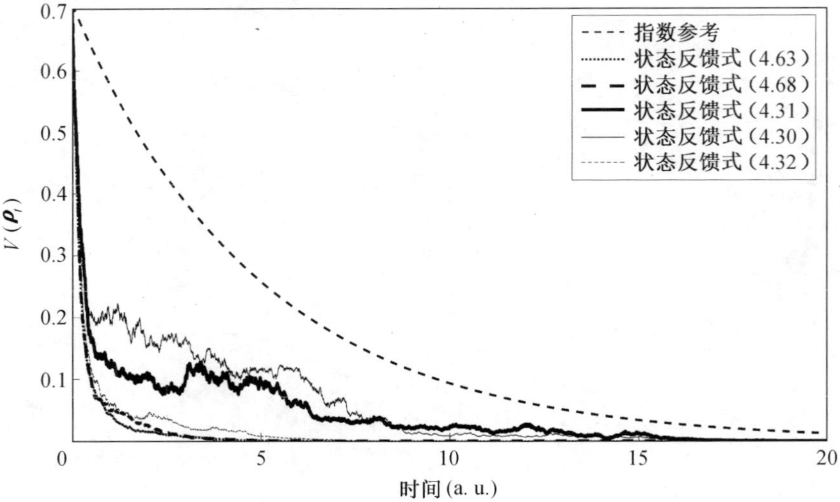

（a）10 次实验 $V(\boldsymbol{\rho}_t)$ 的平均值

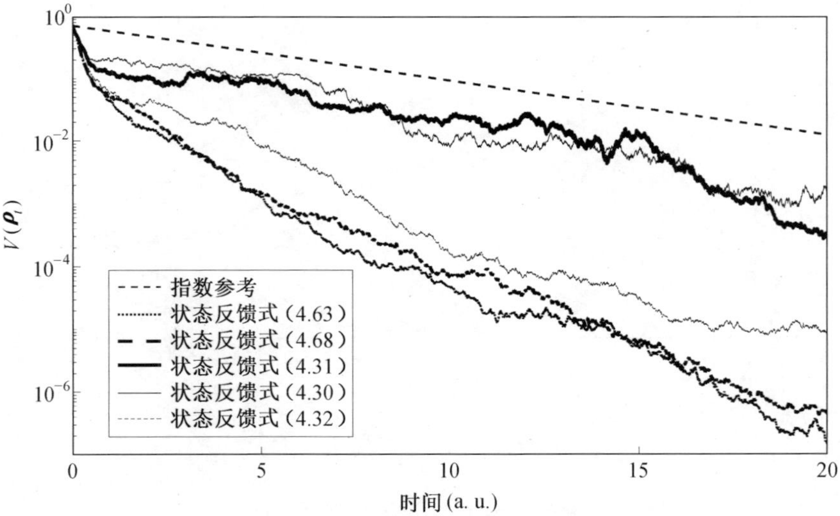

（b）图 4.25（a）的半对数坐标形式

图 4.25　状态反馈式（4.30）、式（4.63）、式（4.31）、式（4.68）和式（4.32）指数镇定 $\boldsymbol{\rho}_{\mathrm{e}}$ 的对比实验结果

从图 4.25 中可以看到，对于实时状态收敛速度，{式 4.63），式（4.68）} ≻ 式（4.32）≻ {式（4.30），式（4.31）}，这与注 4.8 一致。式（4.63）和式（4.68）以及式（4.30）和式（4.31）的对比结果不确定。

3. 改进组合反馈实现 $\boldsymbol{\rho}_{\mathrm{e}}$ 的指数镇定

令系统参数 $\omega_{\mathrm{eg}}=0.5$，控制参数 $\gamma=0.1$，$\vartheta=0.4$，$\lambda=0.5$，且初态设为 $\boldsymbol{\rho}_{\mathrm{g}}$，则有

$$\frac{\eta M}{2}\lambda^2=\frac{1}{8}\eta M=\frac{\eta M}{2}\lambda^2-\frac{1}{8}\vartheta^2(2\lambda-1)=0.0625$$

参数如定理 4.8 所示的组合反馈式（4.45）指数镇定 $\boldsymbol{\rho}_{\mathrm{e}}$ 的实验结果如图 4.26 所示，图中系统状态 $\boldsymbol{\rho}_t$ 从初态 $\boldsymbol{\rho}_{\mathrm{g}}$ 指数收敛于目标态 $\boldsymbol{\rho}_{\mathrm{e}}$，因此这样的组合反馈是有效的。

为显示本节提出改进状态反馈的优势，分别使用状态反馈式(4.39)、参数为式(4.81)的噪声辅助反馈式（4.40）及参数如定理 4.8 所示的组合反馈式（4.45）指数镇定本征态 $\boldsymbol{\rho}_{\mathrm{e}}$，不同反馈控制指数镇定 $\boldsymbol{\rho}_{\mathrm{e}}$ 的实验结果如图 4.27 所示。从图中可以看出，在参数如定理 4.8 所示的组合反馈式(4.45)作用下的状态收敛快于在状态反馈式(4.39)和参数为式（4.81）的噪声辅助反馈式（4.40）作用下的状态收敛，这与定理 4.8 一致。

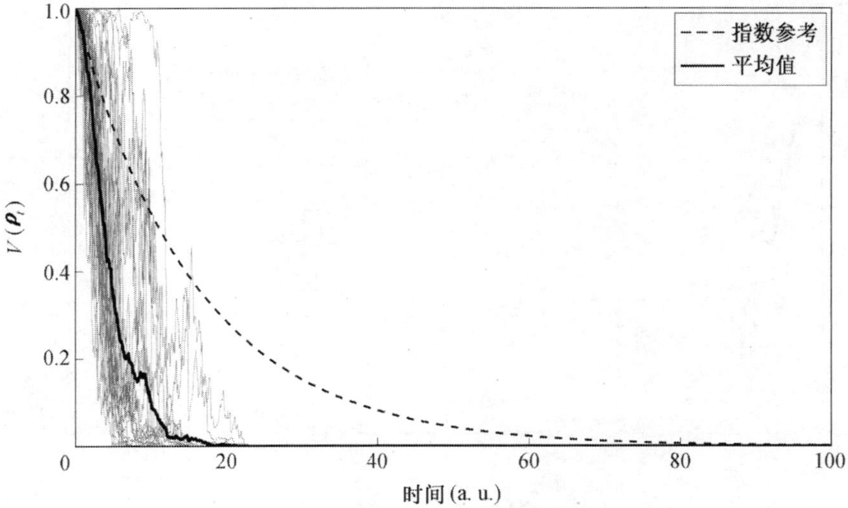

（a）30 次实验 $V(\boldsymbol{\rho}_t)$ 的曲线

图 4.26　参数如定理 4.8 所示的组合反馈式（4.45）指数镇定 $\boldsymbol{\rho}_{\mathrm{e}}$ 的实验结果

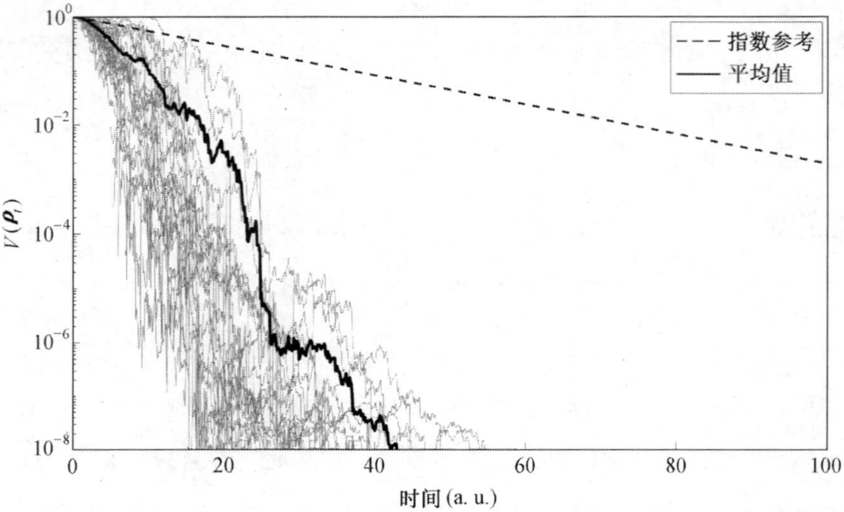

（b）图 4.26（a）的半对数坐标形式

续图 4.26

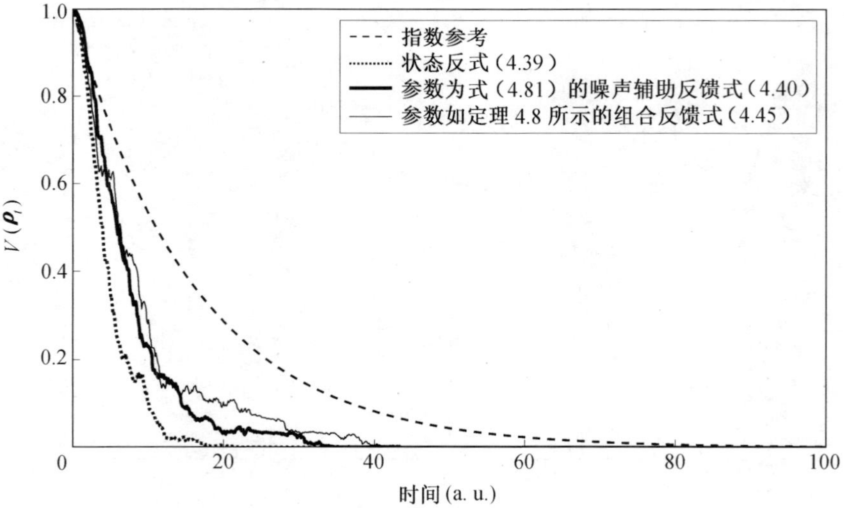

图 4.27 不同反馈控制指数镇定 $\boldsymbol{\rho}_e$ 的实验结果

4.6　状态空间的划分优化

正如 4.5.4 节所述，可以同时利用改进状态反馈和优化状态空间的划分以获得更快的状态收敛速度。本节将同时考虑两种改进状态反馈和两种连续噪声辅助反馈，通过比较不同反馈作用下的实时状态收敛速度优化状态空间的划分，进一步凸显状态空间划分在提升系统状态收敛速度的作用。本节目标态选为 $\boldsymbol{\rho}_{\mathrm{g}}$，由于相似性，因此本节不讨论目标态为 $\boldsymbol{\rho}_{\mathrm{e}}$ 的情况。

4.6.1　组合噪声辅助反馈的设计

4.2 节中设计了两种噪声辅助反馈指数镇定量子自旋 $-\dfrac{1}{2}$ 系统，即线性噪声辅助反馈式（4.9）和指数噪声辅助反馈式（4.23）。为获得更快的状态收敛速度，本节通过比较实时状态收敛速度划分状态空间，在不同的状态子空间使用不同的噪声辅助反馈，从而构成组合噪声辅助反馈，即

$$u_t^{\mathrm{nf_c}}\mathrm{d}t=\begin{cases}\vartheta V(\boldsymbol{\rho}_t)\mathrm{d}B_t, & \boldsymbol{\rho}\in\varphi_{\mathrm{nf_1}}\\ \mu(\mathrm{e}^{V(\boldsymbol{\rho}_t)}-1)V(\boldsymbol{\rho}_t)\mathrm{d}B_t, & \boldsymbol{\rho}\in\varphi_{\mathrm{nf_2}}\end{cases}\tag{4.99}$$

式中，对 $\forall\boldsymbol{\rho}_t\in\mathcal{S}$，$\vartheta\geqslant\mu(\mathrm{e}^{V(\boldsymbol{\rho}_t)}-1)$；$\varphi_{\mathrm{nf_1}}$ 和 $\varphi_{\mathrm{nf_2}}$ 分别代表线性噪声辅助反馈式（4.9）和指数噪声辅助反馈式（4.23）作用的状态子空间。对于组合噪声辅助反馈式（4.99），可有定理 4.10。

定理 4.10　对于量子自旋 $-\dfrac{1}{2}$ 系统即式（4.3），在组合噪声辅助反馈式（4.99）作用下，有

$$\varphi_{\mathrm{nf_1}}=\{\boldsymbol{\rho}:4V^2(\boldsymbol{\rho})(2V^2(\boldsymbol{\rho})-1)+\varGamma^2(\boldsymbol{\rho})\geqslant 0,\boldsymbol{\rho}\in\mathcal{S}\}$$

$$\varphi_{\mathrm{nf_2}}=\mathcal{S}\backslash\varphi_{\mathrm{nf_1}}$$

且 $\varGamma(\boldsymbol{\rho})=\mathrm{tr}(\mathrm{i}[\sigma_y,\boldsymbol{\rho}]\boldsymbol{\rho}_f)$，则对 $\forall\boldsymbol{\rho}_0\in\mathcal{S}$，李雅普诺夫函数 $V(\boldsymbol{\rho}_t)=\sqrt{1-\mathrm{tr}(\boldsymbol{\rho}_t\boldsymbol{\rho}_f)}$ 满足

$\mathbb{E}[V(\boldsymbol{\rho}_t)] \leqslant e^{-rt}V(\boldsymbol{\rho}_0)$ 且收敛速度 $r \geqslant \frac{1}{8}\eta M$ ，即目标态 $\boldsymbol{\rho}_f$ 可全局指数镇定。特别地，对于整个状态空间 $\mathcal{S}$ ，在组合噪声辅助反馈式（4.99）作用下的状态收敛快于在线性噪声辅助反馈式（4.9）和指数噪声辅助反馈式（4.23）分别作用下的状态收敛。

证明　与量子自旋 $-\frac{1}{2}$ 系统即式（4.3）和噪声辅助反馈 $u_t^{\mathrm{nf}}\mathrm{d}t = g(\boldsymbol{\rho}_t)\mathrm{d}B_t$ 关联的作用于 $V(\boldsymbol{\rho}_t)$ 的无穷小算子 $\mathcal{L}$ 为

$$\begin{aligned}\mathcal{L}V_{\mathrm{nf}}(\boldsymbol{\rho}_t) &= -\frac{g^2(\boldsymbol{\rho}_t)\operatorname{tr}(\boldsymbol{\rho}_e\boldsymbol{\rho}_t - \boldsymbol{\rho}_t\boldsymbol{\rho}_f)}{8\sqrt{1-\operatorname{tr}(\boldsymbol{\rho}_t\boldsymbol{\rho}_f)}} - \frac{\eta M(1-\operatorname{tr}(\boldsymbol{\rho}_t\sigma_z))^2\operatorname{tr}^2(\boldsymbol{\rho}_t\boldsymbol{\rho}_f)}{8(1-\operatorname{tr}(\boldsymbol{\rho}_t\boldsymbol{\rho}_f))^{\frac{3}{2}}} - \\ &\quad \frac{g^2(\boldsymbol{\rho}_t)\operatorname{tr}^2(\mathrm{i}[\sigma_y,\boldsymbol{\rho}_t]\boldsymbol{\rho}_f)}{32(1-\operatorname{tr}(\boldsymbol{\rho}_t\boldsymbol{\rho}_f))^{\frac{3}{2}}} \\ &= -\frac{g^2(\boldsymbol{\rho}_t)(2V^2(\boldsymbol{\rho}_t)-1)}{8V(\boldsymbol{\rho}_t)} - \frac{\Lambda(\boldsymbol{\rho}_t)V(\boldsymbol{\rho}_t)}{2} - \frac{g^2(\boldsymbol{\rho}_t)\Gamma^2(\boldsymbol{\rho}_t)}{32V^3(\boldsymbol{\rho}_t)}\end{aligned} \tag{4.100}$$

其中

$$\Lambda(\boldsymbol{\rho}_t) = \eta M\operatorname{tr}^2(\boldsymbol{\rho}_t\boldsymbol{\rho}_f)$$

当线性噪声辅助反馈式（4.9）作用，即 $g(\boldsymbol{\rho}_t) = \vartheta V(\boldsymbol{\rho}_t)$ 时，式（4.100）变为

$$\begin{aligned}\mathcal{L}V_{\mathrm{nf}_1}(\boldsymbol{\rho}_t) &= -\frac{\vartheta^2(\boldsymbol{\rho}_t)V(\boldsymbol{\rho})(2V^2(\boldsymbol{\rho}_t)-1)}{8} - \frac{\Lambda(\boldsymbol{\rho}_t)V(\boldsymbol{\rho}_t)}{2} - \frac{\vartheta^2(\boldsymbol{\rho}_t)\Gamma^2(\boldsymbol{\rho}_t)}{32V(\boldsymbol{\rho}_t)} \\ &= -\frac{1}{2}\left(\frac{\vartheta^2}{4}(2V^2(\boldsymbol{\rho}_t)-1) + \Lambda(\boldsymbol{\rho}_t) + \frac{\vartheta^2\Gamma^2(\boldsymbol{\rho}_t)}{16V^2(\boldsymbol{\rho}_t)}\right)V(\boldsymbol{\rho}_t)\end{aligned} \tag{4.101}$$

当指数噪声辅助反馈式（4.23）作用，即 $g(\boldsymbol{\rho}_t) = \mu(e^{V(\boldsymbol{\rho}_t)}-1)V(\boldsymbol{\rho}_t)$ 时，式（4.100）变为

$$\mathcal{L}V_{\mathrm{nf}_2}(\boldsymbol{\rho}_t) = -\frac{1}{2}\left(\frac{\mu^2(e^{V(\boldsymbol{\rho}_t)}-1)^2}{4}(2V^2(\boldsymbol{\rho}_t)-1) + \Lambda(\boldsymbol{\rho}_t) + \frac{\mu^2(e^{V(\boldsymbol{\rho}_t)}-1)^2\Gamma^2(\boldsymbol{\rho})}{16V^2(\boldsymbol{\rho}_t)}\right)V(\boldsymbol{\rho}_t) \tag{4.102}$$

比较式（4.101）和式（4.102），当 $\boldsymbol{\rho}_t \in \varphi_{\mathrm{nf}_1}$ 时，$4V^2(\boldsymbol{\rho}_t)(2V^2(\boldsymbol{\rho}_t)-1) + \Gamma^2(\boldsymbol{\rho}_t) \geqslant 0$ 。由于 $\vartheta \geqslant \mu(e^{V(\boldsymbol{\rho}_t)}-1)$ ，因此

$$4V^2(\rho_t)(2V^2(\rho_t)-1)(\vartheta^2-\mu^2(e^{V(\rho_t)}-1)^2)+(\vartheta^2-\mu^2(e^{V(\rho_t)}-1)^2)\Gamma(\rho_t)^2\geqslant 0 \quad (4.103)$$

根据式（4.103），易得不等式

$$\frac{\vartheta^2}{4}(2V^2(\rho_t)-1)+\frac{\vartheta^2\Gamma^2(\rho_t)}{16V^2(\rho_t)}\geqslant\frac{\mu^2(e^{V(\rho_t)}-1)^2}{4}(2V^2(\rho_t)-1)+\frac{\mu^2(e^{V(\rho_t)}-1)^2\Gamma^2(\rho_t)}{16V^2(\rho_t)}$$

对 $\forall\rho_t\in\varphi_{\mathrm{nf}_1}$ 成立，从而 $\mathcal{L}V_{\mathrm{nf}_1}(\rho_t)\leqslant\mathcal{L}V_{\mathrm{nf}_2}(\rho_t)$，即当 $\rho_t\in\varphi_{\mathrm{nf}_1}$ 时，在线性噪声辅助反馈式（4.9）作用下的实时状态收敛速度大于指数噪声辅助反馈式（4.23）作用下的实时状态收敛速度。通过类似的讨论，当 $\rho_t\in\varphi_{\mathrm{nf}_2}$ 时，有 $\mathcal{L}V_{\mathrm{nf}_2}(\rho_t)\leqslant\mathcal{L}V_{\mathrm{nf}_1}(\rho_t)$，即指数噪声辅助反馈式（4.23）作用下的实时状态收敛更快。换句话说，在式（4.99）作用下的状态收敛在状态子空间 φ_{nf_2} 中快于在式（4.9）作用下的状态收敛，且在状态子空间 φ_{nf_1} 中快于式(4.23)作用下的状态收敛。因此，对于整个状态空间 $\mathcal{S}=\varphi_{\mathrm{nf}_1}\cup\varphi_{\mathrm{nf}_2}$，在组合噪声辅助反馈式（4.99）作用下的状态收敛快于分别在式（4.9）和式（4.23）作用下的状态收敛。

另外，根据式（4.101），有

$$\mathcal{L}V_{\mathrm{nf}_1}(\rho_t)\leqslant-\frac{1}{2}\left(\frac{\vartheta^2}{4}(2V^2(\rho_t)-1)+\Lambda(\rho_t)\right)V(\rho_t)$$

令

$$\psi_{\mathrm{nf}_1}(\rho_t)=\frac{\vartheta^2}{4}(2V^2(\rho_t)-1)+\Lambda(\rho_t)$$

根据定理 4.1 的证明，当 $\rho_t\in\varphi_1=\left\{\rho:\mathrm{tr}(\rho\rho_f)=\frac{\vartheta^2}{4\eta M},\rho\in\mathcal{S}\right\}$ 时，$\min\limits_{\rho_t\in\mathcal{S}}\psi_{\mathrm{nf}_1}(\rho_t)=\frac{1}{4}\eta M$，从而

$$\mathcal{L}V_{\mathrm{nf}_1}(\rho_t)\leqslant-\frac{\eta M}{8}V(\rho_t) \quad (4.104)$$

相似地，由式（4.102）有

$$\mathcal{L}V_{\mathrm{nf}_2}(\boldsymbol{\rho}_t)\leqslant -\frac{1}{2}\left(\frac{\mu^2(\mathrm{e}^{V(\boldsymbol{\rho}_t)}-1)^2}{4}(2V^2(\boldsymbol{\rho}_t)-1)+\Lambda(\boldsymbol{\rho}_t)\right)V(\boldsymbol{\rho}_t)$$

令

$$\psi_{\mathrm{nf}_2}(\boldsymbol{\rho}_t)=\frac{\mu^2(\mathrm{e}^{V(\boldsymbol{\rho}_t)}-1)^2}{4}(2V^2(\boldsymbol{\rho}_t)-1)+\Lambda(\boldsymbol{\rho}_t)$$

当 $\boldsymbol{\rho}_t\in\varphi_2=\left\{\boldsymbol{\rho}:\mathrm{tr}(\boldsymbol{\rho}\boldsymbol{\rho}_f)=\frac{\mu^2(\mathrm{e}^{V(\boldsymbol{\rho})}-1)^2}{4\eta M},\boldsymbol{\rho}\in\mathcal{S}\right\}$ 时，$\min\limits_{\boldsymbol{\rho}_t\in\mathcal{S}}\psi_{\mathrm{nf}_2}(\boldsymbol{\rho}_t)=\frac{1}{4}\eta M$，使得

$$\mathcal{L}V_{\mathrm{nf}_2}(\boldsymbol{\rho}_t)\leqslant -\frac{\eta M}{8}V(\boldsymbol{\rho}_t) \tag{4.105}$$

根据式（4.104）和式（4.105），有

$$\mathcal{L}V_{\mathrm{nf}_c}(\boldsymbol{\rho}_t)\leqslant \min\{\mathcal{L}V_{\mathrm{nf}_1}(\boldsymbol{\rho}_t),\mathcal{L}V_{\mathrm{nf}_2}(\boldsymbol{\rho}_t)\}\leqslant -\frac{\eta M}{8}V(\boldsymbol{\rho}_t) \tag{4.106}$$

从而根据定理 2.2 可得

$$\mathbb{E}[V(\boldsymbol{\rho}_t)]\leqslant V(\boldsymbol{\rho}_0)\mathrm{e}^{-rt}\leqslant V(\boldsymbol{\rho}_0)\mathrm{e}^{-\frac{\eta M}{8}t},\quad \forall\boldsymbol{\rho}_0\in\mathcal{S} \tag{4.107}$$

即由于当且仅当 $\boldsymbol{\rho}_t=\boldsymbol{\rho}_f$ 时，$V(\boldsymbol{\rho}_t)=0$，因此 $\boldsymbol{\rho}_f$ 可指数镇定的且收敛速度 $r\geqslant\frac{\eta M}{8}$。证毕。

4.6.2 状态空间的划分设计

本节将同时采用改进的反馈控制，包括组合噪声辅助反馈式（4.99）和改进状态反馈式（4.63）及式（4.68），并对状态空间的划分进行优化和设计，获得目前已知最快的指数镇定量子自旋 $-\frac{1}{2}$ 系统的控制策略。在给出具体结果之前，首先定义一些状态子空间，即

$$\begin{cases}\mathcal{D}_\lambda^{\mathrm{c}}=\dfrac{\mathcal{S}}{\mathcal{D}_\lambda},\Phi_{\mathcal{D}_\lambda^{\mathrm{c}}}^{\mathrm{nf}_1}=\mathcal{D}_\lambda^{\mathrm{c}}\cap\varphi_{\mathrm{nf}_1},\Phi_{\mathrm{p}}^{\mathrm{nf}_1}=\varphi_{\mathrm{p}}\cap\varphi_{a_1}\cap\varphi_{\mathrm{nf}_1},\Phi_{\mathrm{sf}_1}^{\mathrm{nf}_1}=\varphi_{\mathrm{sf}_1}\cap\varphi_{a_1}\cap\varphi_{\mathrm{nf}_1}\\[2ex]\Phi_{\mathrm{sf}_2}^{\mathrm{nf}_1}=\varphi_{a_2}\cap\varphi_{\mathrm{nf}_1},\Phi_{\mathcal{D}_\lambda^{\mathrm{c}}}^{\mathrm{nf}_2}=\mathcal{D}_\lambda^{\mathrm{c}}\cap\varphi_{\mathrm{nf}_2},\Phi_{\mathrm{sf}_2}^{\mathrm{nf}_2}=\varphi_{a_3}\cap\varphi_{\mathrm{nf}_2},\Phi_{\mathrm{p}}^{\mathrm{sf}_1}=\dfrac{\varphi_{\mathrm{p}}}{\Phi_{\mathrm{p}}^{\mathrm{nf}_1}},\Phi_{\mathrm{sf}_1}^{\mathrm{sf}_1}=\dfrac{\varphi_{\mathrm{sf}_1}}{\Phi_{\mathrm{sf}_1}^{\mathrm{nf}_1}}\end{cases} \tag{4.108}$$

其中

$$\mathcal{D}_\lambda=\{\boldsymbol{\rho}\in\mathcal{S}:\lambda<\operatorname{tr}(\boldsymbol{\rho}\boldsymbol{\rho}_f)\leqslant 1\},\quad \lambda\in(0,1)$$

$$\Phi_{a_1}=\left\{\boldsymbol{\rho}:\vartheta^2(4V^2(\boldsymbol{\rho})(2V^2(\boldsymbol{\rho})-1)+\Gamma^2(\boldsymbol{\rho}))\geqslant 8\gamma\Gamma^2(\boldsymbol{\rho})+8\alpha\,|\,\Gamma(\boldsymbol{\rho})\,|\,V^\beta(\boldsymbol{\rho}),\quad \boldsymbol{\rho}\in\frac{\mathcal{D}_\lambda}{\varphi_{\mathrm{sf}_2}}\right\}$$

$$\begin{aligned}\Phi_{a_2}=\{\boldsymbol{\rho}:&\vartheta^2(4V^2(\boldsymbol{\rho})(2V^2(\boldsymbol{\rho})-1)+\Gamma^2(\boldsymbol{\rho}))\\&\geqslant 8\gamma\Gamma^2(\boldsymbol{\rho})+8\alpha V^\beta(\boldsymbol{\rho})(\xi+\xi\Gamma(\boldsymbol{\rho})+\Gamma^2(\boldsymbol{\rho})),\boldsymbol{\rho}\in\varphi_{\mathrm{sf}_2}\}\\ \Phi_{a_3}=\{\boldsymbol{\rho}:&\mu^2(\mathrm{e}^{V(\boldsymbol{\rho})}-1)^2(4V^2(\boldsymbol{\rho})(2V^2(\boldsymbol{\rho})-1)+\Gamma^2(\boldsymbol{\rho}))\\&\geqslant 8\gamma\Gamma^2(\boldsymbol{\rho})+8\alpha V^\beta(\boldsymbol{\rho})(\xi+\xi\Gamma(\boldsymbol{\rho})+\Gamma^2(\boldsymbol{\rho})),\boldsymbol{\rho}\in\varphi_{\mathrm{sf}_2}\}\end{aligned}$$

$$\varphi_{\mathrm{sf}_2}=\left\{\boldsymbol{\rho}:\xi(1+\Gamma(\boldsymbol{\rho}))+\Gamma^2(\boldsymbol{\rho})-|\,\Gamma(\boldsymbol{\rho})\,|\geqslant 0,\boldsymbol{\rho}\in\frac{\mathcal{D}_\lambda}{\varphi_{\mathrm{p}}}\right\},\quad \varphi_{\mathrm{sf}_1}=\frac{\dfrac{\mathcal{D}_\lambda}{\varphi_{\mathrm{p}}}}{\varphi_{\mathrm{sf}_2}}$$

根据式（4.108）中定义的状态子空间，可有定理4.11。

定理4.11 对于量子自旋$-\dfrac{1}{2}$系统即式（4.3），如果采用组合测量反馈，即在状态子空间$\Phi_{\mathrm{sf}_1}=\Phi_{\mathrm{p}}^{\mathrm{sf}_1}\cup\Phi_{\mathrm{sf}_1}^{\mathrm{sf}_1}$和$\Phi_{\mathrm{sf}_2}=\dfrac{\varphi_{\mathrm{sf}_2}}{\Phi_{\mathrm{sf}_2}^{\mathrm{nf}_1}\cup\Phi_{\mathrm{sf}_2}^{\mathrm{nf}_2}}$中分别使用改进状态反馈式（4.63）和式（4.68），并在状态子空间$\Phi_{\mathrm{nf}_1}=\Phi_{\mathcal{D}_\lambda^{\mathrm{c}}}^{\mathrm{nf}_1}\cup\Phi_{\mathrm{p}}^{\mathrm{nf}_1}\cup\Phi_{\mathrm{sf}_1}^{\mathrm{nf}_1}\cup\Phi_{\mathrm{sf}_2}^{\mathrm{nf}_1}$和$\Phi_{\mathrm{nf}_2}=\Phi_{\mathcal{D}_\lambda^{\mathrm{c}}}^{\mathrm{nf}_2}\cup\Phi_{\mathrm{sf}_2}^{\mathrm{nf}_2}$中分别使用噪声辅助反馈式（4.9）和式（4.23），则对$\forall\boldsymbol{\rho}_0\in\mathcal{S}$，李雅普诺夫函数$V(\boldsymbol{\rho}_t)=\sqrt{1-\operatorname{tr}(\boldsymbol{\rho}_t\boldsymbol{\rho}_f)}$满足$\mathbb{E}[V(\boldsymbol{\rho}_t)]\leqslant\mathrm{e}^{-rt}V(\boldsymbol{\rho}_0)$且收敛速度

$$r\geqslant\min\left\{\frac{1}{8}\eta M,\frac{1}{2}\eta M\nu^2\right\}$$

即目标态$\boldsymbol{\rho}_f$可全局指数镇定。特别地，对于状态空间$\mathcal{S}$，在组合测量反馈作用下的状态收敛快于分别在组合噪声辅助反馈式（4.99）、改进状态反馈式（4.63）和式（4.68）作用下的状态收敛。

证明 当改进状态反馈式（4.63）作用时，与式（4.3）关联的作用于$V(\boldsymbol{\rho}_t)$的无穷小算子$\mathcal{L}$为

$$\mathcal{L}V_{\mathrm{sf}_1}(\boldsymbol{\rho}_t)=-\frac{1}{2}\left(\Lambda(\boldsymbol{\rho}_t)+\frac{\gamma\Gamma^2(\boldsymbol{\rho}_t)}{2V^2(\boldsymbol{\rho}_t)}+\frac{\alpha}{2}|\Gamma(\boldsymbol{\rho}_t)|V^{\beta-2}(\boldsymbol{\rho}_t)\right)V(\boldsymbol{\rho}_t) \qquad (4.109)$$

相似地，当改进状态反馈式（4.68）作用时，有

$$\mathcal{L}V_{\mathrm{sf}_2}(\boldsymbol{\rho}_t)=\begin{cases}-\dfrac{1}{2}\left(\Lambda(\boldsymbol{\rho}_t)+\dfrac{\gamma\Gamma^2(\boldsymbol{\rho}_t)}{2V^2(\boldsymbol{\rho}_t)}+\dfrac{\alpha}{2}\Gamma^2(\boldsymbol{\rho}_t)V^{\beta-2}(\boldsymbol{\rho}_t)\right)V(\boldsymbol{\rho}_t), & \boldsymbol{\rho}_t\in\varphi_{\mathrm{p}}\\ -\dfrac{1}{2}\left(\Lambda(\boldsymbol{\rho}_t)+\dfrac{\gamma\Gamma^2(\boldsymbol{\rho}_t)}{2V^2(\boldsymbol{\rho}_t)}+\dfrac{\alpha}{2}\xi V^{\beta-2}(\boldsymbol{\rho}_t)(1+\Gamma(\boldsymbol{\rho}_t))+\right. & \\ \left.\dfrac{\alpha}{2}\Gamma^2(\boldsymbol{\rho}_t)V^{\beta-2}(\boldsymbol{\rho}_t)\right)V(\boldsymbol{\rho}_t), & \boldsymbol{\rho}_t\in\dfrac{\mathcal{D}_\lambda}{\varphi_{\mathrm{p}}}\end{cases} \qquad (4.110)$$

为便于描述，首先将状态空间$\mathcal{S}$划分为状态子空间$\mathcal{D}_\lambda$和$\mathcal{D}_\lambda^{\mathrm{c}}$，然后将状态子空间$\mathcal{D}_\lambda$划分为$\varphi_{\mathrm{p}}$和$\dfrac{\mathcal{D}_\lambda}{\varphi_{\mathrm{p}}}$。进一步地，将$\dfrac{\mathcal{D}_\lambda}{\varphi_{\mathrm{p}}}$划分为两部分，即$\varphi_{\mathrm{sf}_1}$和$\varphi_{\mathrm{sf}_2}$。在此基础上，分别在划分的状态子空间中讨论不同的改进状态反馈和噪声辅助反馈。状态空间$\mathcal{S}$中状态子空间的划分结构如图4.28所示，定理4.11中状态空间$\mathcal{S}$的划分示意图如图4.29所示。

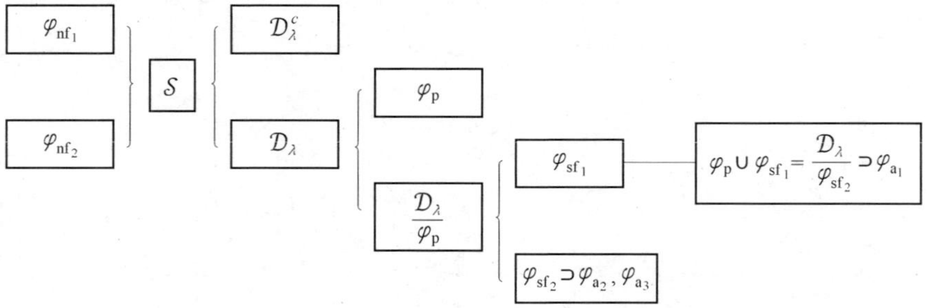

图 4.28 状态空间$\mathcal{S}$中状态子空间的划分结构

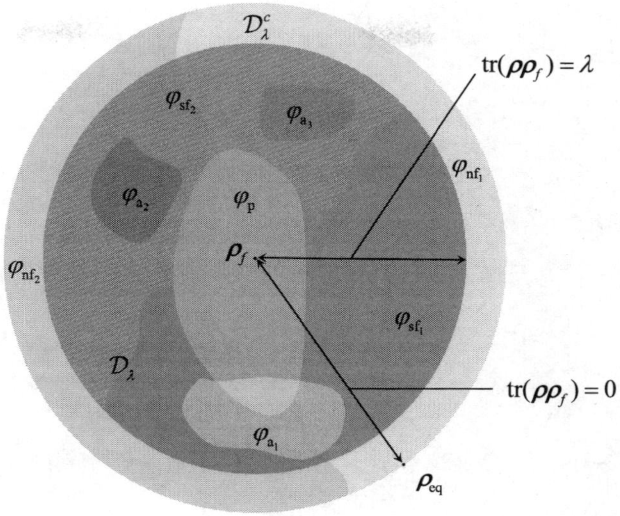

图 4.29　定理 4.11 中状态空间 $\mathcal{S}$ 的划分示意图

情况1　$\boldsymbol{\rho}_t \in \mathcal{D}_\lambda^c$。在状态子空间 $\mathcal{D}_\lambda^c$，仅有噪声辅助反馈起作用。由于在 φ_{nf_1} 和 φ_{nf_2} 中，分别在噪声辅助反馈式（4.9）和式（4.23）作用下的状态收敛更快，因此易知线性噪声辅助反馈式（4.9）在 $\Phi_{\mathcal{D}_\lambda^c}^{\mathrm{nf}_1}=\mathcal{D}_\lambda^c\cap\varphi_{\mathrm{nf}_1}$ 中作用，而指数噪声辅助反馈式（4.23）在 $\Phi_{\mathcal{D}_\lambda^c}^{\mathrm{nf}_2}=\mathcal{D}_\lambda^c\cap\varphi_{\mathrm{nf}_2}$ 中作用。

情况2　$\boldsymbol{\rho}_t \in \mathcal{D}_\lambda$。根据式（4.110），在 φ_{p} 和 $\dfrac{\mathcal{D}_\lambda}{\varphi_{\mathrm{p}}}$ 中，$\mathcal{L}V_{\mathrm{sf}_2}(\boldsymbol{\rho}_t)$ 是不同的，因此分别在 φ_{p} 和 $\dfrac{\mathcal{D}_\lambda}{\varphi_{\mathrm{p}}}$ 中讨论不同测量反馈作用下的状态收敛情况。

① $\boldsymbol{\rho}_t\in\varphi_{\mathrm{p}}$。由于 $-1\leqslant\varGamma(\boldsymbol{\rho}_t)\leqslant 1$，$\varGamma^2(\boldsymbol{\rho}_t)\leqslant|\varGamma(\boldsymbol{\rho}_t)|$，因此

$$\frac{\alpha}{2}|\varGamma(\boldsymbol{\rho}_t)|V^{\beta-2}(\boldsymbol{\rho}_t)\geqslant\frac{\alpha}{2}\varGamma^2(\boldsymbol{\rho}_t)V^{\beta-2}(\boldsymbol{\rho}_t) \tag{4.111}$$

根据式(4.109)、式(4.110)和式(4.111)，当 $\boldsymbol{\rho}_t\in\varphi_{\mathrm{p}}$ 时，有 $\mathcal{L}V_{\mathrm{sf}_1}(\boldsymbol{\rho}_t)\leqslant\mathcal{L}V_{\mathrm{sf}_2}(\boldsymbol{\rho}_t)$，即在改进状态反馈式（4.63）作用下的状态收敛速度大于在改进状态反馈式（4.68）作用下的状态收敛速度。另外，当 $\boldsymbol{\rho}_t\in\Phi_{\mathrm{p}}^{\mathrm{nf}_1}$ 时，有

$$\vartheta^2(4V^2(\boldsymbol{\rho}_t)(2V^2(\boldsymbol{\rho}_t)-1)+\varGamma^2(\boldsymbol{\rho}_t))\geqslant 8\gamma\varGamma^2(\boldsymbol{\rho}_t)+8\alpha|\varGamma(\boldsymbol{\rho}_t)|V^{\beta}(\boldsymbol{\rho}_t)$$

即

$$\frac{\vartheta^2}{4}(2V^2(\rho_t)-1)+\frac{\vartheta^2\Gamma^2(\rho_t)}{16V^2(\rho_t)}\geqslant\frac{\gamma\Gamma^2(\rho_t)}{2V^2(\rho_t)}+\frac{\alpha}{2}|\Gamma(\rho_t)|V^{\beta-2}(\rho_t)$$

从而 $\mathcal{L}V_{\mathrm{nf}_1}(\rho_t)\leqslant\mathcal{L}V_{\mathrm{sf}_1}(\rho_t)$，这意味着在线性噪声辅助反馈式（4.9）作用下的状态收敛快于在改进状态反馈式(4.63)作用下的状态收敛，因此线性噪声辅助反馈式(4.9)应该在 $\Phi_{\mathrm{p}}^{\mathrm{nf}_1}$ 中起作用。对于 φ_{nf_2} 中的状态 ρ_t，$4V^2(\rho_t)(2V^2(\rho_t)-1)+\Gamma^2(\rho_t)<0$，使得不等式

$$\mu^2(\mathrm{e}^{V(\rho_t)}-1)^2(4V^2(\rho_t)(2V^{22}(\rho_t)-1)+\Gamma^{22}(\rho_t))\geqslant 8\gamma\Gamma^{22}(\rho_t)+8\alpha|\Gamma^2(\rho_t)|V^{\beta 2}(\rho_t)$$

不成立，即对 $\rho_t\in\varphi_{\mathrm{nf}_2}$，有

$$\frac{\mu^2(\mathrm{e}^{V(\rho_t)}-1)^2}{4}(2V^2(\rho_t)-1)+\frac{\mu^2(\mathrm{e}^{V(\rho_t)}-1)^2\Gamma^2(\rho_t)}{16V^2(\rho_t)}<\frac{\gamma\Gamma^2(\rho_t)}{2V^2(\rho_t)}+\frac{\alpha}{2}\Gamma^2(\rho_t)V^{\beta-2}(\rho_t)$$

比较式（4.102）和式（4.110），可得

$$\mathcal{L}V_{\mathrm{nf}_2}(\rho_t)>\mathcal{L}V_{\mathrm{sf}_1}(\rho_t),\quad \forall\rho_t\in\varphi_{\mathrm{nf}_2} \tag{4.112}$$

即在 φ_{nf_2} 中，在改进状态反馈式（4.63）作用下的状态收敛快于在指数噪声辅助反馈式（4.23）作用下的状态收敛。因此，改进状态反馈式（4.63）应该在包含于 $\Phi_{\mathrm{p}}^{\mathrm{sf}_1}$ 的 $\varphi_{\mathrm{nf}_2}\cap\varphi_{\mathrm{p}}$ 中起作用。总之，在 $\Phi_{\mathrm{p}}^{\mathrm{nf}_1}$ 中，线性噪声辅助反馈式（4.9）是更好的基于测量的反馈控制；而在 $\Phi_{\mathrm{p}}^{\mathrm{sf}_1}$ 中，改进状态反馈 $u_t^{\mathrm{sf}_1}$ 更好。

② $\rho_t\in\dfrac{\mathcal{D}_\lambda}{\varphi_{\mathrm{p}}}$。将 $\dfrac{\mathcal{D}_\lambda}{\varphi_{\mathrm{p}}}$ 划分为 φ_{sf_1} 和 φ_{sf_2}，并分别在 φ_{sf_1} 和 φ_{sf_2} 分析不同测量反馈作用下的状态收敛情况。

③ $\rho_t\in\varphi_{\mathrm{sf}_1}$。当 $\rho_t\in\varphi_{\mathrm{sf}_1}$ 时，对比式(4.109)和式(4.110)有 $\mathcal{L}V_{\mathrm{sf}_1}(\rho_t)\leqslant\mathcal{L}V_{\mathrm{sf}_2}(\rho_t)$，即在 φ_{sf_1} 中，在改进状态反馈式（4.63）作用下的状态收敛快于在改进状态反馈式(4.68)作用下的状态收敛。在此基础上，如果 $\rho_t\in\Phi_{\mathrm{sf}_1}^{\mathrm{nf}_1}\subset\varphi_{\mathrm{sf}_1}$，则根据对 $\rho_t\in\Phi_{\mathrm{p}}^{\mathrm{nf}_1}$

的相似讨论，有 $\mathcal{L}V_{\mathrm{nf}_1}(\rho_t)\leqslant\mathcal{L}V_{\mathrm{sf}_1}(\rho_t)$，因此线性噪声辅助反馈式(4.9)应该在 $\Phi_{\mathrm{sf}_1}^{\mathrm{nf}_1}$ 中起作用。考虑到 $\mathcal{L}V_{\mathrm{nf}_2}(\rho_t)\leqslant\mathcal{L}V_{\mathrm{sf}_1}(\rho_t)$ 仅在 φ_{nf_1} 中成立，在其中线性噪声辅助反馈式（4.9）是更好的基于测量的反馈策略，因此改进状态反馈式（4.63）应该在 φ_{sf_1} 的其他部分起作用，即 $\Phi_{\mathrm{sf}_1}^{\mathrm{sf}_1}$ 。

④ $\rho_t\in\varphi_{\mathrm{sf}_2}$ 。当 $\rho_t\in\varphi_{\mathrm{sf}_2}$ 时，$\mathcal{L}V_{\mathrm{sf}_2}(\rho_t)\leqslant\mathcal{L}V_{\mathrm{sf}_1}(\rho_t)$，在改进状态反馈式（4.68）作用下的状态收敛快于在改进状态反馈式（4.63）作用下的状态收敛。进一步地，如果 $\rho_t\in\Phi_{\mathrm{sf}_2}^{\mathrm{nf}_1}\subset\varphi_{\mathrm{sf}_2}$ ，则有

$$\vartheta^2(4V^2(\rho_t)(2V^2(\rho_t)-1)+\Gamma^2(\rho_t))\geqslant 8\gamma\Gamma^2(\rho_t)+8\alpha V^{\beta}(\rho_t)(\xi+\xi\,\Gamma(\rho_t)+\Gamma^2(\rho_t))$$

使得

$$\frac{\vartheta^2}{4}(2V^2(\rho_t)-1)+\frac{\vartheta^2\Gamma^2(\rho_t)}{16V^2(\rho_t)}\geqslant\frac{\gamma\Gamma^2(\rho_t)}{2V^2(\rho_t)}+\frac{\alpha}{2}\xi V^{\beta-2}(\rho_t)(1+\Gamma(\rho_t))+\frac{\alpha}{2}\Gamma^2(\rho_t)V^{\beta-2}(\rho_t)$$

因此 $\mathcal{L}V_{\mathrm{nf}_1}(\rho_t)\leqslant\mathcal{L}V_{\mathrm{sf}_2}(\rho_t)$，即线性噪声辅助反馈式（4.9）应该在 $\Phi_{\mathrm{sf}_2}^{\mathrm{nf}_1}$ 中起作用。采用相似的研究路线，易得当 $\rho_t\in\Phi_{\mathrm{sf}_2}^{\mathrm{nf}_2}$ 和 $\rho_t\in\Phi_{\mathrm{sf}_2}$ 时，$\mathcal{L}V_{\mathrm{nf}_2}(\rho_t)\leqslant\mathcal{L}V_{\mathrm{sf}_2}(\rho_t)$ 且 $\mathcal{L}V_{\mathrm{sf}_2}(\rho_t)\leqslant\min\{\mathcal{L}V_{\mathrm{nf}_1}(\rho_t),\mathcal{L}V_{\mathrm{nf}_2}(\rho_t)\}$，说明指数指数噪声辅助反馈式（4.23）和改进状态反馈式（4.68）应该分别在 $\Phi_{\mathrm{sf}_2}^{\mathrm{nf}_2}$ 和 Φ_{sf_2} 中发挥作用。

综合情况1和情况2的所有结果，可知改进状态反馈式（4.63）和式（4.68）、连续噪声辅助反馈式（4.9）和式（4.23）应该分别在状态子空间 $\Phi_{\mathrm{sf}_1}=\Phi_{\mathrm{p}}^{\mathrm{sf}_1}\cup\Phi_{\mathrm{sf}_1}^{\mathrm{sf}_1}$ 、$\Phi_{\mathrm{sf}_2}=\dfrac{\varphi_{\mathrm{sf}_2}}{\Phi_{\mathrm{sf}_2}^{\mathrm{nf}_1}\cup\Phi_{\mathrm{sf}_2}^{\mathrm{nf}_2}}$ 、$\Phi_{\mathrm{nf}_1}=\Phi_{\mathcal{D}_\lambda^{\mathrm{c}}}^{\mathrm{nf}_1}\cup\Phi_{\mathrm{p}}^{\mathrm{nf}_1}\cup\Phi_{\mathrm{sf}_1}^{\mathrm{nf}_1}\cup\Phi_{\mathrm{sf}_2}^{\mathrm{nf}_1}$ 和 $\Phi_{\mathrm{nf}_2}=\Phi_{\mathcal{D}_\lambda^{\mathrm{c}}}^{\mathrm{nf}_2}\cup\Phi_{\mathrm{sf}_2}^{\mathrm{nf}_2}$ 中起作用。

另外，根据式（4.104）和式（4.105），有

$$\max\{\mathcal{L}V_{\mathrm{nf}_1}(\rho_t),\mathcal{L}V_{\mathrm{nf}_2}(\rho_t)\}\leqslant-\frac{\eta M}{8}V(\rho_t)\tag{4.113}$$

根据定理4.7和定理4.9，可得

$$\max\{\mathcal{L}V_{\mathrm{sf}_1}(\boldsymbol{\rho}_t),\mathcal{L}V_{\mathrm{sf}_2}(\boldsymbol{\rho}_t)\}\leqslant-\frac{\eta M}{2}\lambda^2V(\boldsymbol{\rho}_t) \tag{4.114}$$

因此

$$\max\{\mathcal{L}V_{\mathrm{sf}_1}(\boldsymbol{\rho}_t),\mathcal{L}V_{\mathrm{sf}_2}(\boldsymbol{\rho}_t),\mathcal{L}V_{\mathrm{nf}_1}(\boldsymbol{\rho}_t),\mathcal{L}V_{\mathrm{nf}_2}(\boldsymbol{\rho}_t)\}\leqslant-\min\left\{\frac{1}{8}\eta M,\frac{1}{2}\eta M\lambda^2\right\}V(\boldsymbol{\rho}_t)$$

从而根据定理2.2，对 $\forall\boldsymbol{\rho}_0\in\mathcal{S}$， $\mathbb{E}[V(\boldsymbol{\rho}_t)]\leqslant V(\boldsymbol{\rho}_0)\mathrm{e}^{-rt}\leqslant V(\boldsymbol{\rho}_0)\mathrm{e}^{-\min\left\{\frac{1}{8}\eta M,\frac{1}{2}\eta M\lambda^2\right\}t}$ 。所以 $\boldsymbol{\rho}_f$ 可指数镇定且收敛速度 $r\geqslant\min\left\{\frac{1}{8}\eta M,\frac{1}{2}\eta M\lambda^2\right\}$ 。

此外，对不同的状态子空间，组合测量反馈采用使状态最快收敛的基于测量的反馈策略，易知对整个状态空间 $\mathcal{S}$ ，在组合测量反馈作用下的状态收敛快于分别在组合噪声辅助反馈，改进状态反馈式（4.63）和式（4.68）的状态收敛。证毕。

注4.11 尽管定理4.10和定理4.11针对的是量子自旋 $-\frac{1}{2}$ 系统，但基于文献[73]中的状态反馈和文献[76]中的噪声辅助反馈，本节提出的划分状态空间的思想和方法可以拓展到更一般的两能级量子系统即式（4.1）和n能级量子系统以提高状态收敛速度。

4.6.3 状态空间优化的应用

本节将应用优化的状态空间划分在数值实验中提高状态收敛速率，其中 $\boldsymbol{\rho}_\mathrm{e}$ 和 $\boldsymbol{\rho}_\mathrm{g}$ 分别设为初态和目标态，系统参数设为 $\omega_{\mathrm{eg}}=0$， $\eta=0.25$， $M=1$。

1. 组合噪声辅助反馈指数镇定 $\boldsymbol{\rho}_\mathrm{g}$

令组合噪声辅助反馈式（4.99）中的控制参数为 $\vartheta=0.75$， $\mu=\dfrac{\vartheta}{\mathrm{e}^{V(\boldsymbol{\rho}_\mathrm{e})}-1}$ ，组合噪声辅助反馈式（4.99）指数镇定 $\boldsymbol{\rho}_\mathrm{g}$ 的实验结果如图 4.30 所示。从图中可以看到，系统状态 $\boldsymbol{\rho}_t$ 从初态 $\boldsymbol{\rho}_\mathrm{e}$ 指数收敛到目标态 $\boldsymbol{\rho}_\mathrm{g}$，验证了组合噪声辅助反馈式（4.99）的有效性。

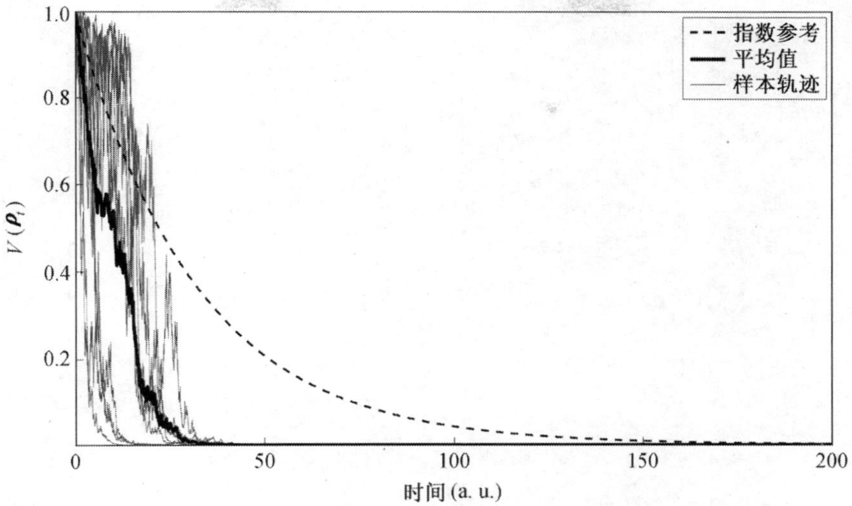

（a）30 次实验 $V(\boldsymbol{\rho}_t)$ 的曲线

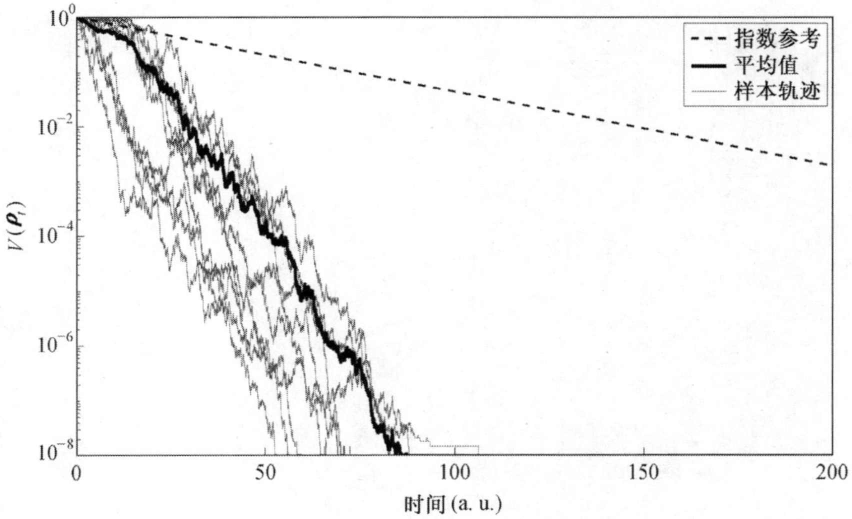

（b）图 4.30（a）的半对数坐标形式

图 4.30　组合噪声辅助反馈式（4.99）指数镇定 $\boldsymbol{\rho}_{\mathrm{g}}$ 的实验结果

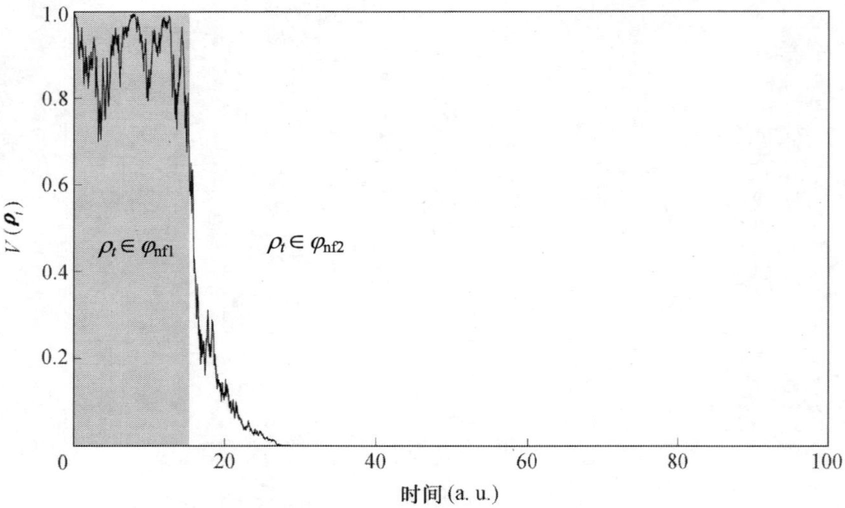

（c）1 次实验 $V(\boldsymbol{\rho}_t)$ 的曲线

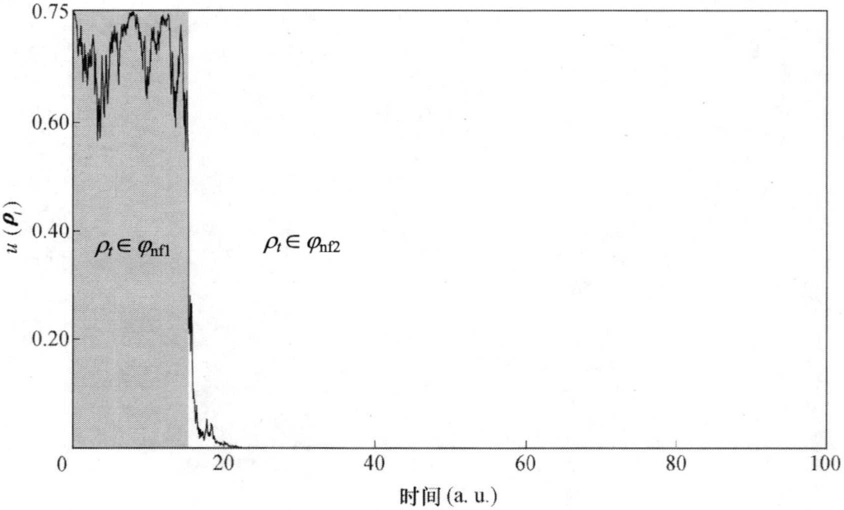

（d）1 次实验组合噪声辅助反馈式（4.99）中 $\vartheta V(\boldsymbol{\rho}_t)$ 和 $\mu(\mathrm{e}^{V(\boldsymbol{\rho}_t)}-1)V(\boldsymbol{\rho}_t)$ 的曲线

续图 4.30

此外，还对比了组合噪声辅助反馈式(4.99)和噪声辅助反馈式(4.9)及式(4.23)，组合噪声辅助反馈、线性噪声辅助反馈和指数噪声辅助反馈指数镇定 $\boldsymbol{\rho}_{\mathrm{g}}$ 的对比实验结果如图 4.31 所示。

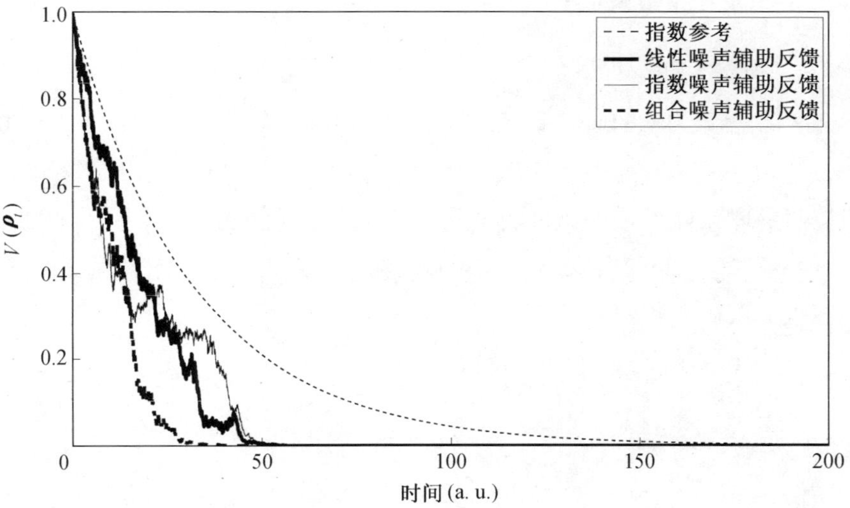

（a）10 次实验 $V(\rho_t)$ 的平均值

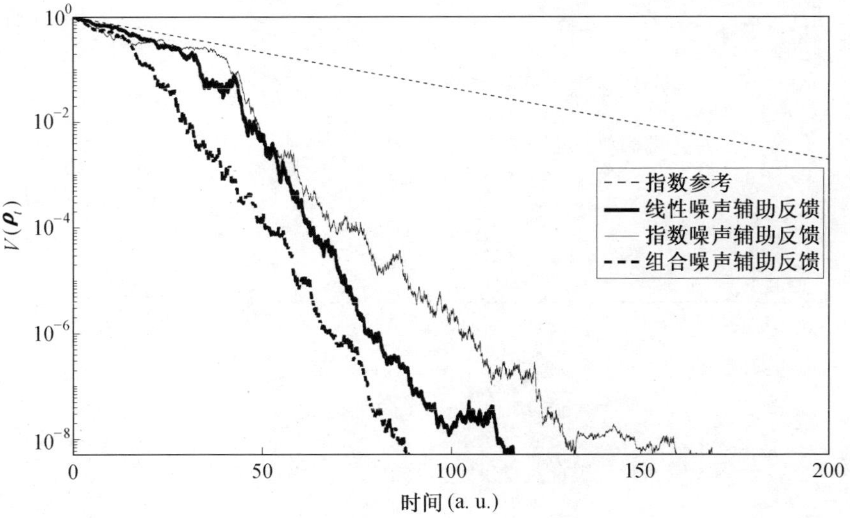

（b）图 4.31（a）的半对数坐标形式

图 4.31　组合噪声辅助反馈、线性噪声辅助反馈和指数噪声辅助反馈指数镇定 $\boldsymbol{\rho}_{\mathrm{g}}$ 的对比实验结果

从图 4.31 中可以看出，相较于线性噪声辅助反馈式（4.9）和指数噪声辅助反馈式（4.23），组合噪声辅助反馈式（4.99）可以使系统状态更快收敛，显示了状态空间划分的作用且与定理 4.10 一致。

2. 组合测量反馈指数镇定 $\boldsymbol{\rho}_{\mathrm{g}}$

保持组合噪声辅助反馈式（4.99）的参数不变，令改进状态反馈式（4.63）和式（4.68）的控制参数为 $\gamma = 0.1$，$\lambda = 0.82$，$\beta = 4$，$\alpha = \dfrac{\eta M \lambda^2}{8(1-\lambda)^{\frac{\beta-1}{2}}}$，$\xi = 2$，$\varepsilon = 0.05$，则由它们按照定理 4.11 组成的组合测量反馈指数镇定 $\boldsymbol{\rho}_{\mathrm{g}}$ 的实验结果如图 4.32 所示。从图中可以看出，系统状态 $\boldsymbol{\rho}_t$ 从初态 $\boldsymbol{\rho}_{\mathrm{e}}$ 指数收敛到目标态 $\boldsymbol{\rho}_{\mathrm{g}}$，说明定理 4.11 中的组合测量反馈是有效的。

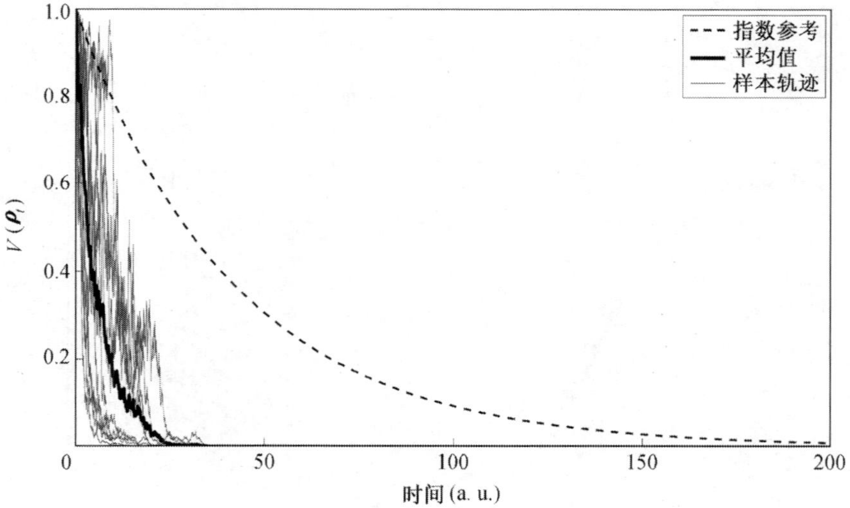

（a）10 次实验 $V(\boldsymbol{\rho}_t)$ 的曲线

图 4.32　组合测量反馈指数镇定 $\boldsymbol{\rho}_{\mathrm{g}}$ 的实验结果

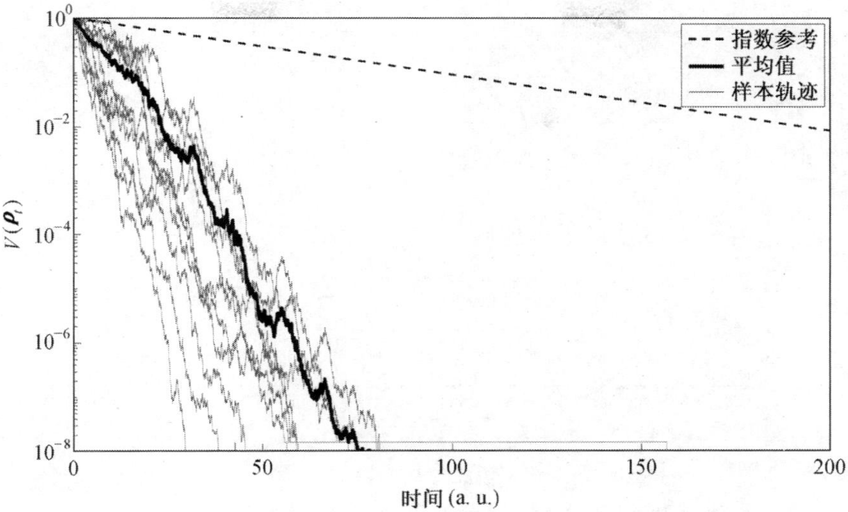

（b）图 4.32（a）的半对数坐标形式

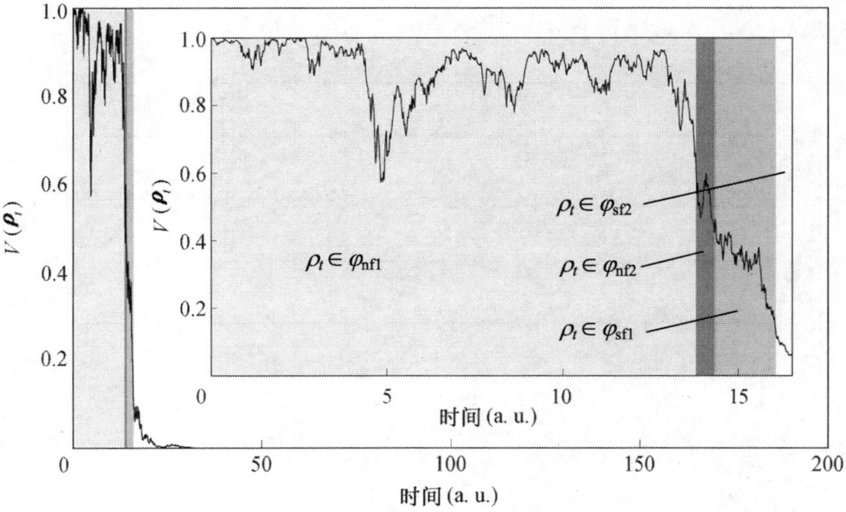

（c）1 次实验的 $V(\boldsymbol{\rho}_t)$ 曲线

续图 4.32

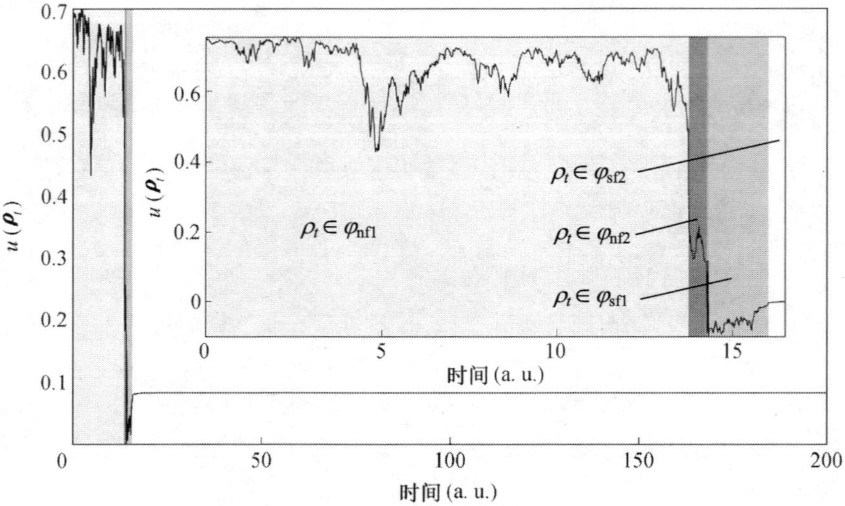

（d）1 次实验的组合测量反馈曲线

续图 4.32

为比较定理 4.11 中的组合测量反馈和组合噪声辅助反馈式（4.99），将这两种反馈分别作用下的实验结果放在同一张图中，定理 4.11 中的组合测量反馈和组合噪声辅助反馈式（4.99）指数镇定 $\boldsymbol{\rho}_g$ 的对比实验结果如图 4.33 所示。

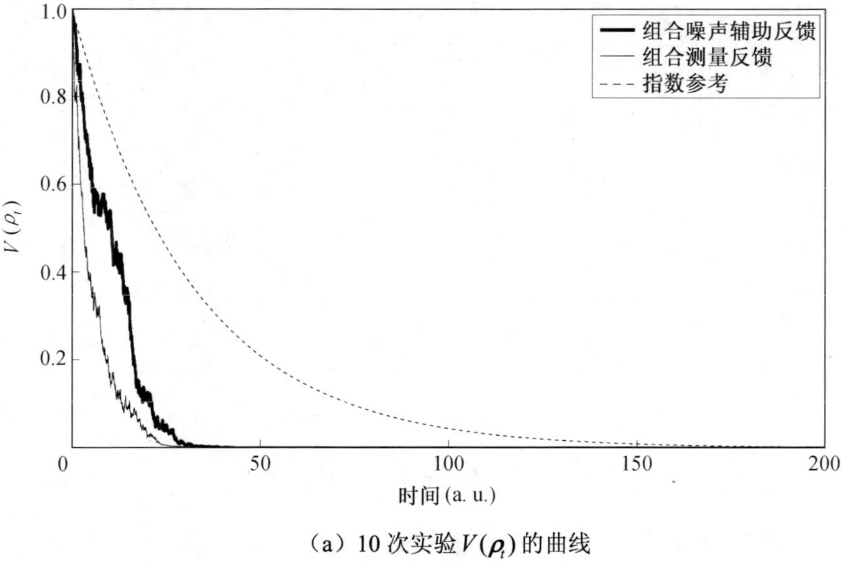

（a）10 次实验 $V(\boldsymbol{\rho}_t)$ 的曲线

图 4.33　定理 4.11 中的组合测量反馈和组合噪声辅助反馈式（4.99）指数镇定 $\boldsymbol{\rho}_g$ 的对比实验结果

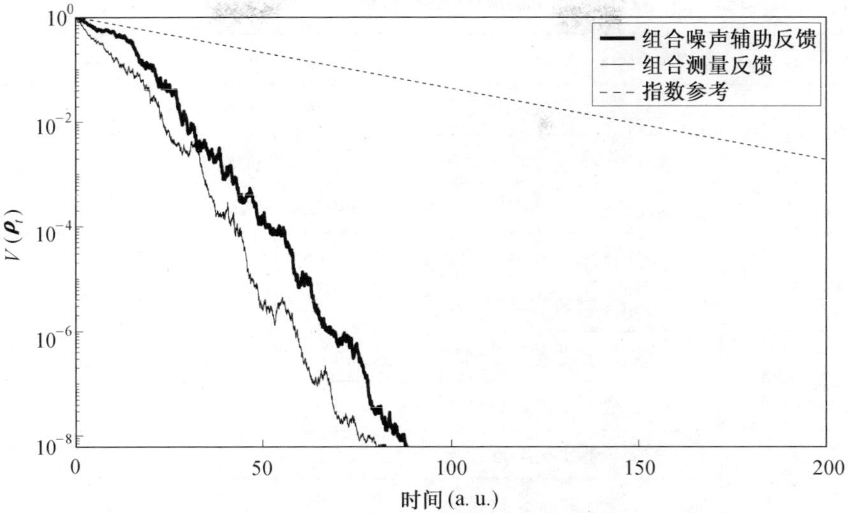

（b）图 4.33（a）的半对数坐标形式

续图 4.33

从图 4.33 中可以看出，在组合测量反馈作用下的状态收敛快于在组合噪声辅助反馈作用下的状态收敛，这与定理 4.11 中所述的理论结果一致，显示了组合测量反馈和划分状态空间的优势。

4.7 本章小结

本章研究了两能级随机量子系统，特别是随机量子自旋 $-\frac{1}{2}$ 系统的指数指定。为实现被控量子系统的（全局）指数指定，提出了噪声辅助反馈、切换状态反馈、组合反馈和改进状态反馈等多种基于连续测量的反馈控制策略，并证明了其指数收敛性。此外，为进一步提高系统状态的收敛速度，本章通过比较不同基于测量的反馈控制作用下的实时状态收敛速度，提出了一种对整个状态空间进行划分的新思路和新方法。本章提出的所有反馈控制均在实验中应用于指数镇定期望的目标本征态以验证其有效性及体现其指数收敛性。不同反馈策略实现两能级随机量子系统指数镇定的对比结果见表 4.1。

表 4.1　不同反馈策略实现两能级随机量子系统指数镇定的对比结果

反馈策略		控制器	工作的状态子空间	指数镇定
连续噪声辅助反馈	连续线性噪声辅助反馈	式（4.9）	$\mathcal{S}$	全局
	连续指数噪声辅助反馈	式（4.23）	$\mathcal{S}$	全局
切换状态反馈		式（4.32）	$\mathcal{D}_\lambda$	局部
组合反馈	状态反馈+线性噪声辅助反馈	式（4.45）	$\mathcal{S}$	全局
	状态反馈+指数噪声辅助反馈	式（4.57）		
改进状态反馈	改进连续状态反馈	式（4.63）	$\mathcal{D}_\lambda$	局部
	改进连续状态反馈	式（4.68）	$\mathcal{D}_\lambda$	局部
状态空间的划分优化	改进连续状态反馈	式（4.63）	Φ_{sf_1}	全局
	改进连续状态反馈	式（4.68）	Φ_{sf_2}	
	连续线性噪声辅助反馈	式（4.9）	Φ_{nf_1}	
	连续指数噪声辅助反馈	式（4.23）	Φ_{nf_2}	

第 5 章　随机量子系统快速镇定的统一框架

第 4 章采用多种基于测量的反馈控制实现了两能级量子系统，特别是量子自旋 $-\frac{1}{2}$ 系统的全局/局部指数镇定。对于其他类型的随机量子系统，如 n 维随机量子系统、多比特量子系统，也有很多状态反馈策略被提出以实现其快速镇定，如文献[83-85]中的工作。然而，这些状态反馈要么针对特定的量子系统，要么针对特定的目标态。本章基于随机微分方程的快速镇定提出一种适用于多种随机量子系统和不同类型目标量子态快速镇定的统一框架。

5.1　随机微分方程的快速镇定

随机微分方程描述的非线性随机系统为

$$\mathrm{d}x_t = f(x_t)\mathrm{d}t + g(x_t)\mathrm{d}\omega_t \tag{5.1}$$

式中，x_t 代表系统状态；$f:\mathbb{R}^n \times \mathbb{R}^n \to \mathbb{R}^n$ 和 $g:\mathbb{R}^n \times \mathbb{R}^n \to \mathbb{R}^{n\times r}$ 是布尔可测、局部有界及局部 Lipschitz 连续的函数；$f(0)=0$，$g(0)=0$；ω_t 代表 r 维标准维纳过程。根据文献[112]中定义的随机稳定性，有定理 5.1，其为文献[83]中定理 1 的一个扩展。

定理 5.1　对于非线性随机系统即式（5.1），如果存在 $\mathbb{R}^n$ 的一个划分，记为 $\{\phi_1,\phi_2\}$，并存在一组分别定义在 ϕ_1 和 ϕ_2、非负且连续两次可微的耦合李雅普诺夫函数 $V_1(x),V_2(x):\mathbb{R}^n \to \mathbb{R}_+$，满足如下条件：

（1）$V_1(x)$ 在集合 $\{\phi_1,\phi_2\}$ 的边界是常值；

（2）$\alpha_1(|x|)\leqslant V_1(x)\leqslant \alpha_2(|x|),\quad \forall x\in\mathbb{R}^n$；

（3）$\mathcal{L}V_1(x)\leqslant -\lambda V_1(x),\quad \forall x\in\phi_1$；

（4）$\mathcal{L}V_2(x)\leqslant -M,\quad \forall x\in\phi_2$。

其中，$\alpha_1(\cdot)$ 和 $\alpha_2(\cdot)$ 是 $\mathcal{K}_\infty$ 类函数；λ 和 M 是正常数。则式（5.1）的平衡点 $x=0$ 是全局渐近稳定的，且对于任意初态 $x_0 \in \mathbb{R}^n$，系统轨迹 x_t 仅通过 ϕ_1 和 ϕ_2 的边界不超过 2 次。特别地，当 $t \geqslant T$ 时，$\mathbb{E}[V_1(x_t)] \leqslant V_1(x_T)\mathrm{e}^{-\lambda(t-T)}$，其中 T 代表在此时间后 x_t 将永久在 ϕ_1 中演化的时间。

证明 根据文献[83]中的定理 1，如果令

$$W(x) = \lambda V_1(x) \tag{5.2}$$

则由于 $V_1(x)$ 是连续、正定函数且 $\lambda > 0$，因此容易验证 $W(x)$ 是定义在 ϕ_1 中的连续、正定函数，则文献[83]中定理 1 的条件 C.1～C.3 成立，使得 $x=0$ 是全局渐近稳定的且 x_t 通过 ϕ_1 和 ϕ_2 的边界不超过 2 次。

另外，根据定理 2.2，如果分别将 $V_1(x)$、T 和 ϕ_1 看作 $V(x)$、t_0 和 S，则可直接获得 $\mathbb{E}[V_1(x_t)] \leqslant V_1(x_T)\mathrm{e}^{-\lambda(t-T)}$。证毕。

5.2 随机量子系统的快速镇定

本节将基于定理 5.1 和文献[83]提出一个快速镇定随机量子系统的统一框架，并将其分别应用于单比特系统、两比特系统及 N 比特系统的快速镇定以证明所提统一框架的有效性和普适性。

5.2.1 快速镇定随机量子系统的统一框架

比较随机主方程式（2.4）和随机微分方程式（5.1），式（2.4）是一类

$$f(\boldsymbol{\rho}_t) = -\mathrm{i}[\boldsymbol{H}_0, \boldsymbol{\rho}_t] - \sum_k^q \mathrm{i}[\boldsymbol{H}_k, \boldsymbol{\rho}_t]u_{k,t} + \sum_j^m \varGamma_{\boldsymbol{L}_j}\mathcal{D}(\boldsymbol{L}_j, \boldsymbol{\rho}_t)$$

和

$$g(\boldsymbol{\rho}_t) = \sum_j^m \sqrt{\eta_{\boldsymbol{L}_j}\varGamma_{\boldsymbol{L}_j}}\mathcal{H}(\boldsymbol{L}_j, \boldsymbol{\rho}_t)$$

的特殊随机微分方程，因此定理 5.1 适用于随机主方程式（2.4）。根据定理 5.1 和文献[83]中的定理 1，本节提出的快速镇定随机量子系统的统一框架示意图如图 5.1 所示。

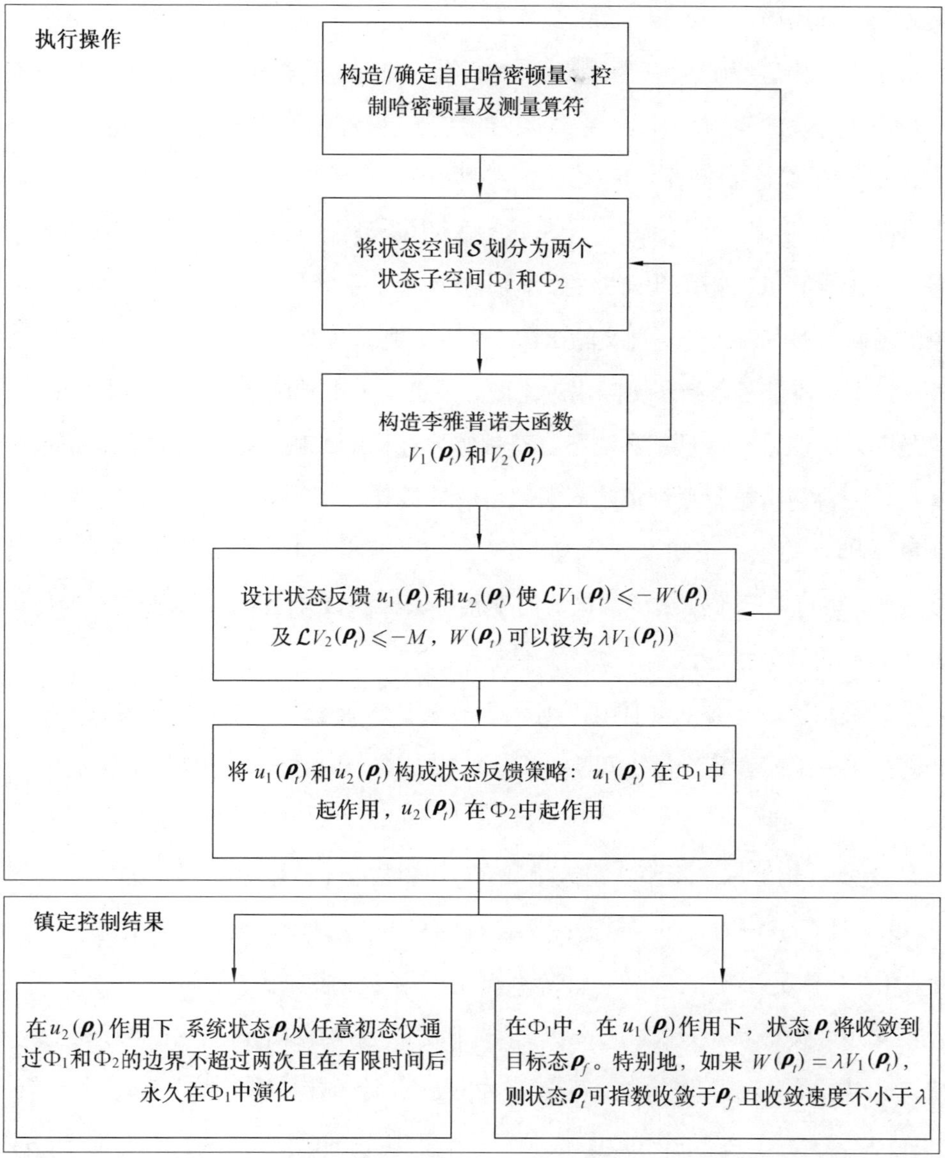

图 5.1 快速镇定随机量子系统的统一框架示意图

根据图 5.1，设计快速镇定随机量子系统的状态反馈控制需要执行五步，每一步的具体细节描述如下。

第 1 步 构造/确定哈密顿量和测量算符。对于随机量子系统的镇定，可解性是第一个需要解决的问题。因此，系统哈密顿量（包括自由哈密顿量 $\boldsymbol{H}_0$ 和控制哈密顿量 $\boldsymbol{H}_k$）和测量算符 $\boldsymbol{L}_j$ 需要合理构造以保证随机量子系统镇定问题的可解性。例如，在文献[71]中，在假设 2～3 中对哈密顿量和测量算符的设定下，目标态属于系统平衡态，且由于测量算符是非简并的，因此被控量子系统包含有限个平衡态。然而，如果测量算符是简并的，正如文献[84-85]所示，则系统平衡点的个数可能是无限的。另外，如果被控量子系统是实际物理系统，则第 1 步也是确定哈密顿量和测量算符。无论是哪种情况，哈密顿量和测量算符都需要被构造或确定以保证目标态是系统的平衡点，使得随机量子系统镇定问题的可解性成立。

第 2 步 将状态空间 $\mathcal{S}$ 划分为两个状态子空间 Φ_1 和 Φ_2。状态空间 $\mathcal{S}$ 可以人为直接划分，也可以基于第 3 步中构造的李雅普诺夫函数 $V_1(\boldsymbol{\rho}_t)$ 进行划分。无论何种划分方式，$\mathcal{S}$ 的划分都应该满足如下条件：

①如果系统平衡点个数有限，则目标态位于 Φ_1 而其他平衡点位于 Φ_2；

②如果系统平衡点个数不可数，则目标态是唯一同时位于拉塞尔不变集和 Φ_1 中的状态。

第 3 步 构造耦合李雅普诺夫函数 $V_1(\boldsymbol{\rho}_t)$ 和 $V_2(\boldsymbol{\rho}_t)$。$V_1(\boldsymbol{\rho}_t)$ 和 $V_2(\boldsymbol{\rho}_t)$ 分别定义在 Φ_1 和 Φ_2，且 $V_1(\boldsymbol{\rho}_t)$ 和 $V_2(\boldsymbol{\rho}_t)$ 均非负、两次连续可微。特别地，$V_1(\boldsymbol{\rho}_t)$ 在状态子空间 Φ_1 和 Φ_2 的边界必须为常值。此外，$V_1(\boldsymbol{\rho}_t)$ 可用于第 2 步中的状态空间 $\mathcal{S}$ 的划分。

第 4 步 设计状态反馈 $u_1(\boldsymbol{\rho}_t)$ 和 $u_2(\boldsymbol{\rho}_t)$ 使 $\mathcal{L}V_1(\boldsymbol{\rho}_t)\leqslant -W(\boldsymbol{\rho}_t)$ 且 $\mathcal{L}V_2(\boldsymbol{\rho}_t)\leqslant -M$。特别地，$W(\boldsymbol{\rho}_t)$ 可以设为 $\lambda V_1(\boldsymbol{\rho}_t)$。如果设计的状态反馈 $u_1(\boldsymbol{\rho}_t)$ 不能使 $\mathcal{L}V_1(\boldsymbol{\rho}_t)\leqslant -\lambda V_1(\boldsymbol{\rho}_t)$ 在整个 Φ_1 中成立，则可以设计另一个状态反馈 $\hat{u}_1(\boldsymbol{\rho}_t)$ 使 $\mathcal{L}V_1(\boldsymbol{\rho}_t)\leqslant -W(\boldsymbol{\rho}_t)$ 在 Φ_1 中的状态子空间 $\hat{\Phi}_1$ 中成立，而 $u_1(\boldsymbol{\rho}_t)$ 仍然在 $\dfrac{\Phi_1}{\hat{\Phi}_1}$ 中起作用。在 $\hat{\Phi}_1$ 中，$u_1(\boldsymbol{\rho}_t)$ 不能使 $\mathcal{L}V_1(\boldsymbol{\rho}_t)\leqslant -\lambda V_1(\boldsymbol{\rho}_t)$。

第 5 步　将$u_1(\rho_t)$和$u_2(\rho_t)$构成状态反馈策略：$u_1(\rho_t)$在Φ_1中起作用，而$u_2(\rho_t)$在Φ_2中起作用。如果$u_1(\rho_t)$不能使$\mathcal{L}V_1(\rho_t)\leqslant -\lambda V_1(\rho_t)$在整个$\Phi_1$中成立，则$u_1(\rho_t)$、$\hat{u}_1(\rho_t)$和$u_2(\rho_t)$构成状态反馈策略：$u_1(\rho_t)$在$\dfrac{\Phi_1}{\hat{\Phi}_1}$中起作用，$\hat{u}_1(\rho_t)$在$\hat{\Phi}_1$中起作用，$u_2(\rho_t)$在$\Phi_2$中起作用。

根据上述设计过程，应用设计的状态反馈可以获得如下结果：

①在$u_2(\rho_t)$作用下，系统状态ρ_t从任意初态仅通过Φ_1和Φ_2的边界不超过 2 次，且在有限时间后永久在Φ_1中演化；

②在Φ_1中，在$u_1(\rho_t)$作用下，系统状态ρ_t将收敛到目标态ρ_f，特别地，如果$W(\rho_t)=\lambda V_1(\rho_t)$，系统状态$\rho_t$可以在$\Phi_1$中指数收敛到$\rho_f$且收敛速度不小于$\lambda$。

这意味着目标态可快速全局镇定。5.2.2 节、5.2.3 节和 5.2.4 节将应用统一框架分别快速镇定单比特系统、两比特系统和 N 比特系统。

5.2.2　单比特系统的快速镇定

对于单比特系统，n 维量子系统的演化可描述为

$$\mathrm{d}\rho_t=(-\mathrm{i}[\boldsymbol{H}_0,\rho_t]-\mathrm{i}[\boldsymbol{H}_1,\rho_t]u_t+\mathcal{D}(\boldsymbol{L}_\mathrm{e},\rho_t))\mathrm{d}t+\sqrt{\eta_{L_\mathrm{e}}}\mathcal{H}(\boldsymbol{L}_\mathrm{e},\rho_t)\mathrm{d}\omega_{L_\mathrm{e},t}$$

$$\mathrm{d}y_t=\sqrt{\eta_{L_\mathrm{e}}}\,\mathrm{tr}(\boldsymbol{L}_\mathrm{e}\rho_t+\rho_t\boldsymbol{L}_\mathrm{e}^{\dagger})\mathrm{d}t+\mathrm{d}\omega_{L,t} \tag{5.3}$$

对应随机主方程式（2.4）中$q=1$，$m=1$，$\boldsymbol{L}_1=\boldsymbol{L}_\mathrm{e}$和$\Gamma_{L_\mathrm{e}}=1$的情况。

本节目标态ρ_f设为测量算符$\boldsymbol{L}_\mathrm{e}$的一个本征态。为快速镇定单比特系统即式（5.3），按照 5.2.1 节中提出的统一框架的五步设计状态反馈 u_t。

为保证可解性，测量算符$\boldsymbol{L}_\mathrm{e}$设为自伴随、非简并且与 $\boldsymbol{H}_0$ 对易的矩阵，而控制哈密顿量 $\boldsymbol{H}_1$ 是连接的，因此系统平衡点为测量算符$\boldsymbol{L}_\mathrm{e}$的所有本征态且系统平衡态个数有限，即 n，而目标态是系统平衡点，保证了目标态的可控性。然后，需要将状态空间$\mathcal{S}$划分为两个子空间。考虑下面的耦合李雅普诺夫函数，即

$$V_\mathrm{e}(\rho_t)=1-\mathrm{tr}(\rho_t\rho_f)+c_\mathrm{e}U(\rho_t)$$

$$V_c(\rho_t)=a+\mathrm{tr}(X\rho_t)$$

式中，c_{e} 为非负常数；$U(\boldsymbol{\rho}_t)=\mathrm{tr}(\boldsymbol{L}_{\mathrm{e}}^2\boldsymbol{\rho}_t)-\mathrm{tr}^2(\boldsymbol{L}_{\mathrm{e}}\boldsymbol{\rho}_t)$；$a\geqslant\max\limits_{\rho\in\mathcal{S}}|\mathrm{tr}(X\boldsymbol{\rho})|$。$V_{\mathrm{e}}(\boldsymbol{\rho}_t)$ 和 $V_c(\boldsymbol{\rho}_t)$ 可以分别看作 $V_1(\boldsymbol{\rho}_t)$ 和 $V_2(\boldsymbol{\rho}_t)$，且状态空间 $\mathcal{S}$ 可以基于 $V_{\mathrm{e}}(\boldsymbol{\rho}_t)$ 划分为 $\{\Phi_{\mathrm{e},1},\Phi_{\mathrm{e},2}\}$，即

$$\Phi_{\mathrm{e},1}=\{\rho\in\mathcal{S}:V_{\mathrm{e}}(\boldsymbol{\rho}_t)\leqslant k_{\mathrm{e}}\}$$

$$\Phi_{\mathrm{e},2}=\frac{\mathcal{S}}{\Phi_{\mathrm{e},1}} \tag{5.4}$$

式中，$0<k_{\mathrm{e}}\leqslant 1$。根据式（5.4），目标态 $\boldsymbol{\rho}_f\in\Phi_{\mathrm{e},1}$ 且除目标态 $\boldsymbol{\rho}_f$ 外的本征态 $\boldsymbol{\rho}_i\in\Phi_{\mathrm{e},2}$。易知，$V_{\mathrm{e}}(\boldsymbol{\rho}_t)$ 在 $\Phi_{\mathrm{e},1}$ 和 $\Phi_{\mathrm{e},2}$ 的边界是常值。

作为 $u_1(\boldsymbol{\rho}_t)$ 和 $u_2(\boldsymbol{\rho}_t)$ 的反馈控制 $u_{\mathrm{e},1}(\boldsymbol{\rho}_t)$ 和 $u_{\mathrm{e},2}(\boldsymbol{\rho}_t)$ 可以基于 $V_{\mathrm{e}}(\boldsymbol{\rho}_t)$ 和 $V_c(\boldsymbol{\rho}_t)$ 设计。根据式（2.7），与式（5.3）关联的作用于 $V_{\mathrm{e}}(\boldsymbol{\rho}_t)$ 和 $V_c(\boldsymbol{\rho}_t)$ 的无穷小算子分别为

$$\mathcal{L}V_{\mathrm{e}}(\boldsymbol{\rho}_t)=g_{\mathrm{e}}(\boldsymbol{\rho}_t)u_{\mathrm{e},1}(\boldsymbol{\rho}_t)-4c_{\mathrm{e}}\eta_{L_{\mathrm{e}}}U^2(\boldsymbol{\rho}_t) \tag{5.5}$$

和

$$\mathcal{L}V_c(\boldsymbol{\rho}_t)=\mathrm{tr}(-\mathrm{i}[X,\boldsymbol{H}_0]\boldsymbol{\rho}_t)+\mathrm{tr}(-\mathrm{i}[X,\boldsymbol{H}_1]\boldsymbol{\rho}_t)u_{\mathrm{e},2}(\boldsymbol{\rho}_t)+\mathrm{tr}(X\mathcal{D}(\boldsymbol{L}_{\mathrm{e}},\boldsymbol{\rho}_t)) \tag{5.6}$$

其中

$$g_{\mathrm{e}}(\boldsymbol{\rho}_t)=\mathrm{tr}(-\mathrm{i}[\boldsymbol{H}_1,\boldsymbol{\rho}](c_{\mathrm{e}}(\boldsymbol{L}_{\mathrm{e}}^2-2\boldsymbol{L}_{\mathrm{e}}\,\mathrm{tr}(\boldsymbol{L}_{\mathrm{e}}\boldsymbol{\rho}))-\boldsymbol{\rho}_f))$$

基于式（5.5）和式（5.6），可以分别设计反馈控制 $u_{\mathrm{e},1}(\boldsymbol{\rho}_t)$ 和 $u_{\mathrm{e},2}(\boldsymbol{\rho}_t)$ 为

$$u_{\mathrm{e},1}(\boldsymbol{\rho}_t)=\frac{-\bar{\lambda}_{\mathrm{e}}V_{\mathrm{e}}(\boldsymbol{\rho}_t)+4c_{\mathrm{e}}\eta_{L_{\mathrm{e}}}U^2(\boldsymbol{\rho}_t)}{g_{\mathrm{e}}(\boldsymbol{\rho}_t)},\quad \bar{\lambda}_{\mathrm{e}}>0 \tag{5.7}$$

和

$$u_{\mathrm{e},2}(\boldsymbol{\rho}_t)=\frac{-\bar{M}_{\mathrm{e}}+\mathrm{tr}(\mathrm{i}[X,\boldsymbol{H}_0]\boldsymbol{\rho}_t)-\mathrm{tr}(X\mathcal{D}(\boldsymbol{L}_{\mathrm{e}},\boldsymbol{\rho}_t))}{\mathrm{tr}(-\mathrm{i}[X,\boldsymbol{H}_1]\boldsymbol{\rho}_t)},\quad \bar{M}_{\mathrm{e}}>0 \tag{5.8}$$

使 $\mathcal{L}V_{\mathrm{e}}(\boldsymbol{\rho}_t)\leqslant-\lambda_{\mathrm{e}}V_{\mathrm{e}}(\boldsymbol{\rho}_t)$ 和 $\mathcal{L}V_c(\boldsymbol{\rho}_t)\leqslant-M_{\mathrm{e}}$，其中 $0<\lambda_{\mathrm{e}}\leqslant\bar{\lambda}_{\mathrm{e}}$，$0<M_{\mathrm{e}}\leqslant\bar{M}_{\mathrm{e}}$。为保证反馈控制的实用性，$u_{\mathrm{e},1}(\boldsymbol{\rho}_t)$ 和 $u_{\mathrm{e},2}(\boldsymbol{\rho}_t)$ 的分母不能为零，即

$$g_{\mathrm{e}}(\boldsymbol{\rho}_t)\neq 0 \tag{5.9}$$

且

$$\mathrm{tr}(-\mathrm{i}[X,\boldsymbol{H}_1]\boldsymbol{\rho}_t)\neq 0 \tag{5.10}$$

为达到这个目的，根据文献[84]中的算法，可以构造 X 使式（5.10）成立，而式（5.9）在状态子空间 $\dfrac{\Phi_{\mathrm{e},1}}{\Phi_{\mathrm{e},3}}$ 中成立，其中

$$\Phi_{\mathrm{e},3}=\{\boldsymbol{\rho}\in\Phi_{\mathrm{e},1}:g_{\mathrm{e}}(\boldsymbol{\rho})\neq 0\}\subset\hat{\Phi}_{\mathrm{e},1}=\{\boldsymbol{\rho}\in\Phi_{\mathrm{e},1}:|g_{\mathrm{e}}(\boldsymbol{\rho})|\leqslant\epsilon_{\mathrm{e}}\},\quad \epsilon_{\mathrm{e}}>0$$

对于状态子空间 $\hat{\Phi}_{\mathrm{e},1}$，设计另一种状态反馈控制，即

$$\hat{u}_{\mathrm{e},1}(\boldsymbol{\rho}_t)=-\frac{s_{\mathrm{e}}g_{\mathrm{e}}(\boldsymbol{\rho}_t)}{|g_{\mathrm{e}}(\boldsymbol{\rho}_t)|+\eta_{\mathrm{e}}} \tag{5.11}$$

式中，$s_{\mathrm{e}}>0$ 是反馈控制的强度；$\eta_{\mathrm{e}}>0$ 是用于调节控制硬度的参数。状态控制式（5.11）称为近似棒棒控制，首次在文献[113]中提出，并用于封闭量子系统。$\hat{u}_{\mathrm{e},1}(\boldsymbol{\rho}_t)$ 可使 $\mathcal{L}V_{\mathrm{e}}(\boldsymbol{\rho}_t)\leqslant -W_{\mathrm{e}}(\boldsymbol{\rho}_t)$ 成立，其中

$$W_{\mathrm{e}}(\boldsymbol{\rho}_t)=\frac{s_{\mathrm{e}}g_{\mathrm{e}}^2(\boldsymbol{\rho}_t)}{|g_{\mathrm{e}}(\boldsymbol{\rho}_t)|+\eta_{\mathrm{e}}}+4c_{\mathrm{e}}\eta_{L_{\mathrm{e}}}U^2(\boldsymbol{\rho}_t)$$

是一个定义在 $\mathcal{S}$ 中的连续正定函数。

因此，$u_{\mathrm{e},1}(\boldsymbol{\rho}_t)$、$u_{\mathrm{e},2}(\boldsymbol{\rho}_t)$ 和 $\hat{u}_{\mathrm{e},1}(\boldsymbol{\rho}_t)$ 可以构成快速镇定单比特系统的切换状态反馈策略，即

$$u_{\mathrm{e}}(\boldsymbol{\rho}_t)=\begin{cases}u_{\mathrm{e},1}(\boldsymbol{\rho}_t), & \boldsymbol{\rho}_t\in\dfrac{\Phi_{\mathrm{e},1}}{\hat{\Phi}_{\mathrm{e},1}}\\ u_{\mathrm{e},2}(\boldsymbol{\rho}_t), & \boldsymbol{\rho}_t\in\Phi_{\mathrm{e},2}\\ \hat{u}_{\mathrm{e},1}(\boldsymbol{\rho}_t), & \boldsymbol{\rho}_t\in\hat{\Phi}_{\mathrm{e},1}\end{cases} \tag{5.12}$$

根据定理 5.1，在 $u_{\mathrm{e},2}(\boldsymbol{\rho}_t)$ 作用下，系统状态 $\boldsymbol{\rho}_t$ 从任意初态仅通过 $\Phi_{\mathrm{e},1}$ 和 $\Phi_{\mathrm{e},2}$ 的边界不超过 2 次且在有限时间后永久在 $\Phi_{\mathrm{e},1}$ 中演化。在 $\Phi_{\mathrm{e},1}$ 中，$u_{\mathrm{e},1}(\boldsymbol{\rho}_t)$ 和 $\hat{u}_{\mathrm{e},1}(\boldsymbol{\rho}_t)$ 分别使 $\mathcal{L}V_{\mathrm{e}}(\boldsymbol{\rho}_t)\leqslant -\lambda_{\mathrm{e}}V_{\mathrm{e}}(\boldsymbol{\rho}_t)$ 和 $\mathcal{L}V_{\mathrm{e}}(\boldsymbol{\rho}_t)\leqslant -W_{\mathrm{e}}(\boldsymbol{\rho}_t)$ 成立，根据定理 2.3，系统轨迹将收敛于

不变集 $\mathcal{I}_e=\{\boldsymbol{\rho}\in\Phi_1:\mathcal{L}V_e(\boldsymbol{\rho})=0\}$。由于目标态 $\boldsymbol{\rho}_f$ 是在 $\Phi_{e,1}$ 中的唯一平衡点，因此 $\mathcal{I}_e=\{\boldsymbol{\rho}_f\}$ 且系统状态 $\boldsymbol{\rho}_t$ 将以概率 1 收敛到目标态 $\boldsymbol{\rho}_f$，从而目标态 $\boldsymbol{\rho}_f$ 在切换控制 $u_e(\boldsymbol{\rho}_t)$ 作用下是全局渐近稳定的。此外，系统状态 $\boldsymbol{\rho}_t$ 在 $\dfrac{\Phi_{e,1}}{\hat{\Phi}_{e,1}}$ 中将指数收敛，且根据定理 5.1 和定理 2.2，由于 $\mathcal{L}V_e(\boldsymbol{\rho}_t)\leqslant-\lambda_e V_e(\boldsymbol{\rho}_t)$ 和 $\lambda_e\leqslant\bar{\lambda}_e$，因此收敛速度不小于 λ_e。

注 5.1 如式（5.12）所示，在不同的状态子空间使用对应的不同反馈控制。然而，在切换状态反馈 $u_e(\boldsymbol{\rho}_t)$ 作用下，系统轨迹在 $\Phi_{e,1}$ 和 $\Phi_{e,2}$ 的边界 $\Lambda_e=\{\boldsymbol{\rho}\in\mathcal{S}:V_e(\boldsymbol{\rho})=k_e\}$ 以及 $\hat{\Phi}_{e,1}$ 的边界 $\hat{\Lambda}_e=\{\boldsymbol{\rho}\in\Phi_{e,1}:|g_e(\boldsymbol{\rho})|=\epsilon_e\}$ 不存在滑动运动。这个结论可以通过反证法得到。

①如果在 Λ_e 存在 $\boldsymbol{\rho}_t$ 的滑动运动，那么对一些 $\boldsymbol{\rho}_t\in\Lambda_e$，$\mathcal{L}V_e(\boldsymbol{\rho}_t)=0$。另外，在 $\Phi_{e,1}$ 中，$\mathcal{L}V_e(\boldsymbol{\rho}_t)\leqslant-\lambda_e V_e(\boldsymbol{\rho}_t)$ 或 $\mathcal{L}V_e(\boldsymbol{\rho}_t)\leqslant-W_e(\boldsymbol{\rho}_t)$ 成立。很明显，$V_e(\boldsymbol{\rho}_t)$ 和 $W_e(\boldsymbol{\rho}_t)$ 均是定义在 $\Phi_{e,1}$ 中的正定函数且 $\boldsymbol{\rho}_f$ 不在 Λ_e 上，使得对 $\forall\boldsymbol{\rho}_t\in\Lambda_e$，$V_e(\boldsymbol{\rho}_t)>0$ 且 $W_e(\boldsymbol{\rho}_t)>0$，从而 $\mathcal{L}V_e(\boldsymbol{\rho}_t)<0$，这与 $\mathcal{L}V_e(\boldsymbol{\rho}_t)=0$ 矛盾。因此，系统轨迹在边界 Λ_e 上不存在滑动运动。

②由于 $\hat{\Lambda}_e\in\hat{\Phi}_{e,1}$，因此 $\hat{u}_{e,1}(\boldsymbol{\rho}_t)$ 在 $\hat{\Lambda}_e$ 上起作用。如果在边界 $\hat{\Lambda}_e$ 上，系统轨迹存在滑动运动，则对一些 $\boldsymbol{\rho}_t\in\hat{\Lambda}_e$，$\mathcal{L}V_e(\boldsymbol{\rho}_t)=0$，这意味着这些 $\boldsymbol{\rho}_t\in\hat{\Lambda}_e$ 可使 $U(\boldsymbol{\rho}_t)=0$，从而 $W_e(\boldsymbol{\rho}_t)=0$。然而，使 $U(\boldsymbol{\rho}_t)=0$ 成立的状态是测量算符 $\boldsymbol{L}_e$ 的所有本征态。另外，对 $\boldsymbol{L}_e$ 的所有本征态，仅有 $\boldsymbol{\rho}_f$ 位于 $\Phi_{e,1}$ 和 $\boldsymbol{\rho}_f\notin\hat{\Lambda}_e\subset\Phi_{e,1}$，因此不存在任何状态 $\boldsymbol{\rho}_t\in\hat{\Lambda}_e$ 使 $\mathcal{L}V_e(\boldsymbol{\rho}_t)=0$ 成立，这意味着系统轨迹在边界 $\hat{\Lambda}_e$ 上不存在滑动运动。

5.2.3 两比特系统的快速镇定

对于两比特系统，其演化可描述为

$$\mathrm{d}\boldsymbol{\rho}_t=\left(-\mathrm{i}[\boldsymbol{H}_1,\boldsymbol{\rho}_t]u_t+\sum_{j=1}^{2}\Gamma_{\boldsymbol{L}_j}\mathcal{D}(\boldsymbol{L}_j,\boldsymbol{\rho}_t)\right)\mathrm{d}t+\sum_{j=1}^{2}\sqrt{\eta_{\boldsymbol{L}_j}\Gamma_{\boldsymbol{L}_j}}\mathcal{H}(\boldsymbol{L}_j,\boldsymbol{\rho}_t)\mathrm{d}\omega_{\boldsymbol{L}_j,t}$$

$$\mathrm{d}y_{j,t}=\sqrt{\eta_{\boldsymbol{L}_j}\Gamma_{\boldsymbol{L}_j}}\,\mathrm{tr}(\boldsymbol{L}_j\boldsymbol{\rho}_t+\boldsymbol{\rho}_t\boldsymbol{L}_j^{\dagger})\mathrm{d}t+\mathrm{d}\omega_{\boldsymbol{L}_j,t},\quad j=1,2 \tag{5.13}$$

对应随机主方程式（2.4）中 $\boldsymbol{H}_0=0$，$q=1$，$m=2$ 的情况。Bell 态是两比特系统的最大纠缠态，可写为

$$\boldsymbol{\phi}^{\pm}=\frac{1}{2}\begin{bmatrix}1&0&0&\pm1\\0&0&0&0\\0&0&0&0\\\pm1&0&0&1\end{bmatrix},\quad \boldsymbol{\psi}^{\pm}=\frac{1}{2}\begin{bmatrix}0&0&0&0\\0&1&\pm1&0\\0&\pm1&1&0\\0&0&0&0\end{bmatrix}$$

本节选择 $\boldsymbol{\phi}^{+}$ 作为目标态 $\boldsymbol{\rho}_f$。为保证可解性，测量算符分别设为 $\boldsymbol{L}_1=\sigma_1^z\otimes\mathbb{I}_2-\mathbb{I}_2\otimes\sigma_2^z$ 和 $L_2=\sigma_1^x\otimes\sigma_2^x$，从而系统状态 $\boldsymbol{\rho}_t$ 将收敛到两个 Bell 态 $\{\boldsymbol{\phi}^{+},\boldsymbol{\phi}^{-}\}$ 中的一个，即系统的平衡态为 $\boldsymbol{\phi}^{+}$ 和 $\boldsymbol{\phi}^{-}$，而目标态 $\boldsymbol{\rho}_f$ 是其中一个系统平衡态。

为将状态空间 $\mathcal{S}$ 划分为两个子空间，使用李雅普诺夫函数，即

$$V_B(\boldsymbol{\rho}_t)=1-\operatorname{tr}(\boldsymbol{\rho}_t\boldsymbol{\rho}_f)+c_B(U_1(\boldsymbol{\rho}_t)+U_2(\boldsymbol{\rho}_t))$$

式中，c_B 是非负常数；$U_j(\boldsymbol{\rho}_t)=\operatorname{tr}(\boldsymbol{L}_j^2\boldsymbol{\rho}_t)-\operatorname{tr}^2(\boldsymbol{L}_j\boldsymbol{\rho}_t)\ (j=1,2)$。基于 $V_B(\boldsymbol{\rho}_t)$，状态空间 $\mathcal{S}$ 可以划分为 $\{\Phi_{B,1},\Phi_{B,2}\}$，即

$$\Phi_{B,1}=\{\boldsymbol{\rho}\in\mathcal{S}:V_B(\boldsymbol{\rho}_t)\leqslant k_B\}$$

$$\Phi_{B,2}=\frac{\mathcal{S}}{\Phi_{B,1}} \tag{5.14}$$

式中，$0<k_B<1$，$1-k_B+c_B\max_{\rho\in\mathcal{S}}(U_1(\boldsymbol{\rho})+U_2(\boldsymbol{\rho}))<\dfrac{1}{4}$。因此，$\boldsymbol{\rho}_f\in\Phi_{B,1}$，而其他所有 Bell 态在 $\Phi_{B,2}$ 中。

对于两比特系统即式（5.13），$V_B(\boldsymbol{\rho}_t)$ 和 $V_c(\boldsymbol{\rho}_t)$ 可以构成耦合李雅普诺夫函数，基于这两个函数可以设计反馈控制 $u_{B,1}(\boldsymbol{\rho}_t)$ 和 $u_{B,2}(\boldsymbol{\rho}_t)$ 以快速镇定 Bell 态。与式（5.13）关联的分别作用于 $V_B(\boldsymbol{\rho}_t)$ 和 $V_c(\boldsymbol{\rho}_t)$ 的无穷小算子为

$$\mathcal{L}V_B(\boldsymbol{\rho}_t)=g_B(\boldsymbol{\rho}_t)u_{B,1}(\boldsymbol{\rho}_t)-4c_B\left(\sum_{j=1}^{2}\eta_{L_j}\varGamma_{L_j}U_j^2(\boldsymbol{\rho}_t)+\sum_{j=1}^{2}\eta_{L_j}\varGamma_{L_j}U_{12}^2(\boldsymbol{\rho}_t)\right) \tag{5.15}$$

和

$$\mathcal{L}V_c(\boldsymbol{\rho}_t)=\operatorname{tr}(-\mathrm{i}[X,\boldsymbol{H}_1]\boldsymbol{\rho}_t)u_{B,2}(\boldsymbol{\rho}_t)+\sum_{j=1}^{2}\operatorname{tr}(X\varGamma_{L_j}\mathcal{D}(\boldsymbol{L}_j,\boldsymbol{\rho}_t)) \tag{5.16}$$

其中

$$g_B(\boldsymbol{\rho}_t)=\operatorname{tr}(\mathrm{i}\boldsymbol{\rho}_f[\boldsymbol{H}_1,\boldsymbol{\rho}_t])+2c\sum_{j=1}^{2}\operatorname{tr}(\boldsymbol{L}_j\boldsymbol{\rho}_t)\operatorname{tr}(-\mathrm{i}\boldsymbol{L}_j[\boldsymbol{H}_j,\boldsymbol{\rho}_t])$$

$$U_{12}(\boldsymbol{\rho}_t)=\prod_{j=1}^{2}\operatorname{tr}(\boldsymbol{L}_j\boldsymbol{\rho}_t)$$

根据式（5.15）和式（5.16），控制律$u_{B,1}(\boldsymbol{\rho}_t)$和$u_{B,2}(\boldsymbol{\rho}_t)$可以分别设计为

$$u_{B,1}(\boldsymbol{\rho}_t)=\frac{-\bar{\lambda}_B V_B(\boldsymbol{\rho}_t)+4c_B\left(\sum_{j=1}^{2}\eta_{\boldsymbol{L}_j}\Gamma_{\boldsymbol{L}_j}U_j^2(\boldsymbol{\rho}_t)+\sum_{j=1}^{2}\eta_{\boldsymbol{L}_j}\Gamma_{\boldsymbol{L}_j}U_{12}^2(\boldsymbol{\rho}_t)\right)}{g_B(\boldsymbol{\rho}_t)},\quad \bar{\lambda}_B>0 \tag{5.17}$$

和

$$u_{B,2}(\boldsymbol{\rho}_t)=\frac{-\bar{M}_B-\sum_{j=1}^{2}\operatorname{tr}(X\Gamma_{\boldsymbol{L}_j}\mathcal{D}(L_j,\boldsymbol{\rho}_t))}{\operatorname{tr}(-\mathrm{i}[X,\boldsymbol{H}_1]\boldsymbol{\rho}_t)},\quad \bar{M}_B>0 \tag{5.18}$$

使$\mathcal{L}V_B(\boldsymbol{\rho}_t)\leqslant-\lambda_B V_B(\boldsymbol{\rho}_t)$和$\mathcal{L}V_c(\boldsymbol{\rho}_t)\leqslant -M_B$成立，其中$0<\lambda_B\leqslant\bar{\lambda}_B$且$0<M_B\leqslant\bar{M}_B$。为确保$u_{B,2}(\rho_t)$的分母不为零，即$\operatorname{tr}(-\mathrm{i}[X,\boldsymbol{H}_1]\boldsymbol{\rho}_t)\neq 0$，可以通过令$-\mathrm{i}[X,\boldsymbol{H}_1]=\mathbb{I}_4-4\boldsymbol{\rho}_f$构造 X 和 $\boldsymbol{H}_1$，对$\forall\boldsymbol{\rho}\in\Phi_{B,2}$， $\operatorname{tr}(-\mathrm{i}[X,\boldsymbol{H}_1]\boldsymbol{\rho}_t)>0$。可以使用 5.2.2 节中相似的技术使$u_{B,1}(\boldsymbol{\rho}_t)$的分母$g_B(\boldsymbol{\rho}_t)$不为零，即设计另一个反馈控制

$$\hat{u}_{B,1}(\boldsymbol{\rho}_t)=-\frac{s_B g_B(\boldsymbol{\rho}_t)}{|g_B(\boldsymbol{\rho}_t)|+\eta_B}$$

使其在状态子空间$\hat{\Phi}_{B,1}=\{\boldsymbol{\rho}\in\Phi_{B,1}:|g_B(\boldsymbol{\rho})|\leqslant\epsilon_B\}$中起作用。其中，$s_B$、$g_B$、$\epsilon_B$ 均为正常数。

因此，$u_{B,1}(\boldsymbol{\rho}_t)$、$u_{B,2}(\boldsymbol{\rho}_t)$和$\hat{u}_{B,1}(\boldsymbol{\rho}_t)$可以构成快速镇定 Bell 态的状态反馈策略，即

$$u_B(\boldsymbol{\rho}_t)=\begin{cases}u_{B,1}(\boldsymbol{\rho}_t), & \boldsymbol{\rho}_t\in\dfrac{\Phi_{B,1}}{\hat{\Phi}_{B,1}}\\ u_{B,2}(\boldsymbol{\rho}_t), & \boldsymbol{\rho}_t\in\Phi_{B,2}\\ \hat{u}_{B,1}(\boldsymbol{\rho}_t), & \boldsymbol{\rho}_t\in\hat{\Phi}_{B,1}\end{cases} \tag{5.19}$$

通过与 5.2.2 节中相似的讨论，可知目标态 $\boldsymbol{\rho}_f$ 在切换状态反馈控制 $u_B(\boldsymbol{\rho}_t)$ 作用下是全局渐近稳定的，而系统状态 $\boldsymbol{\rho}_t$ 在 $\dfrac{\Phi_{B,1}}{\hat{\Phi}_{B,1}}$ 中可指数收敛且收敛速度不小于 λ_B。

5.2.4　N 比特系统的快速镇定

本节考虑 N 比特系统的快速镇定，其中 $N\geqslant 3$。不失一般性，目标态设为 GHZ 态，即

$$\boldsymbol{\rho}_f=|\phi_f\rangle\langle\phi_f|=\frac{1}{2}\begin{bmatrix}1 & 0 & \dots & 0 & 1\\ 0 & 0 & \dots & 0 & 0\\ \vdots & \vdots & & \vdots & \vdots\\ 0 & 0 & \dots & 0 & 0\\ 1 & 0 & \dots & 0 & 1\end{bmatrix}_{n\times n} \tag{5.20}$$

其中

$$|\phi_f\rangle=\frac{1}{\sqrt{2}}(|00\cdots 0\rangle+|11\cdots 1\rangle),\quad n=2^N$$

为保证可解性，测量算符选为对角阵，即

$$\boldsymbol{L}_G=\mathrm{diag}\left[l_1,l_2,\cdots,l_{\frac{n}{2}},l_{\frac{n}{2}},\cdots,l_2,l_1\right]$$

式中，对 $i,j\in\left\{1,2,\cdots,\dfrac{n}{2}\right\}$ 和 $i\neq j$，$l_i\neq l_j$，使目标态 $\boldsymbol{\rho}_f$ 是 $\boldsymbol{L}_G$ 的本征态之一。由于 $\boldsymbol{L}_G$ 是简并的，因此可以使用两个控制哈密顿量，从而描述 N 比特系统的随机主方程为

$$\begin{cases}\mathrm{d}\boldsymbol{\rho}_t=(-\mathrm{i}[\boldsymbol{H}_0,\boldsymbol{\rho}_t]-\mathrm{i}[\boldsymbol{H}_1,\boldsymbol{\rho}_t]-\mathrm{i}[\boldsymbol{H}_2,\boldsymbol{\rho}_t]u_{2,t}+\varGamma_{L_G}\mathcal{D}(\boldsymbol{L}_G,\boldsymbol{\rho}_t))\mathrm{d}t+\sqrt{\eta_{L_G}\varGamma_{L_G}}\mathcal{H}(\boldsymbol{L}_G,\boldsymbol{\rho}_t)\mathrm{d}\omega_{L_G,t}\\ \quad=(-\mathrm{i}[\hat{\boldsymbol{H}}_0,\boldsymbol{\rho}_t]-\mathrm{i}[\boldsymbol{H}_2,\boldsymbol{\rho}_t]u_{2,t}+\varGamma_{L_G}\mathcal{D}(\boldsymbol{L}_G,\boldsymbol{\rho}_t))\mathrm{d}t+\sqrt{\eta_{L_G}\varGamma_{L_G}}\mathcal{H}(\boldsymbol{L}_G,\boldsymbol{\rho}_t)\mathrm{d}\omega_{L_G,t}\\ \mathrm{d}y_t=\sqrt{\eta_{L_G}\varGamma_{L_G}}\,\mathrm{tr}(\boldsymbol{L}_G\boldsymbol{\rho}_t+\boldsymbol{\rho}_t\boldsymbol{L}_G^{\dagger})\mathrm{d}t+\mathrm{d}\omega_{L_G,t}\end{cases} \tag{5.21}$$

式中，$\hat{\boldsymbol{H}}_0=\boldsymbol{H}_0+\boldsymbol{H}_1$ 和 $\boldsymbol{H}_2$ 可以分别看作虚拟的自由哈密顿量和控制哈密顿量，而 $u_{2,t}$

代表需要设计的状态反馈控制。因此，N 比特系统式（5.21）对应随机主方程式（2.4）中 $q=2$， $m=1$， $\boldsymbol{L}_1=\boldsymbol{L}_G$ 和 $u_{1,t}=1$ 的情况。

对于 N 比特系统式（5.21），选择距离函数作为 $V_1(\boldsymbol{\rho}_t)$，即

$$V_G(\boldsymbol{\rho}_t)=1-\operatorname{tr}(\boldsymbol{\rho}_t\boldsymbol{\rho}_f) \tag{5.22}$$

并与 $V_c(\boldsymbol{\rho}_t)$ 一起构成耦合李雅普诺夫函数以设计快速镇定 GHZ 态的状态反馈控制 $u_{G,1}(\boldsymbol{\rho}_t)$ 和 $u_{G,2}(\boldsymbol{\rho}_t)$。基于 $V_G(\boldsymbol{\rho}_t)$，可以将状态空间 $\mathcal{S}$ 划分为两个状态子空间，即

$$\Phi_{G,1}=\{\boldsymbol{\rho}\in\mathcal{S}:V_G(\boldsymbol{\rho}_t)\leqslant k_G\}$$

$$\Phi_{G,2}=\frac{\mathcal{S}}{\Phi_{G,1}} \tag{5.23}$$

式中，$0<k_G<1$。与式（5.21）关联的作用于 $V_G(\boldsymbol{\rho}_t)$ 和 $V_c(\boldsymbol{\rho}_t)$ 的无穷小算子分别为

$$\mathcal{L}V_G(\boldsymbol{\rho}_t)=\operatorname{tr}(\mathrm{i}[\hat{\boldsymbol{H}}_0,\boldsymbol{\rho}_t]\boldsymbol{\rho}_f)+\operatorname{tr}(\mathrm{i}[\boldsymbol{H}_2,\boldsymbol{\rho}_t]\boldsymbol{\rho}_f)u_{G,1}(\boldsymbol{\rho}_t) \tag{5.24}$$

和

$$\mathcal{L}V_c(\boldsymbol{\rho}_t)=-\operatorname{tr}(\mathrm{i}X[\hat{\boldsymbol{H}}_0,\boldsymbol{\rho}_t])-\operatorname{tr}(\mathrm{i}[X,\boldsymbol{H}_2]\boldsymbol{\rho}_t)u_{G,2}(\boldsymbol{\rho}_t)+\varGamma_{\boldsymbol{L}_G}\operatorname{tr}(X\mathcal{D}(\boldsymbol{L}_G,\boldsymbol{\rho}_t)) \tag{5.25}$$

由于 $\boldsymbol{L}_G$ 是简并的，系统平衡点的个数不可数，因此可以构造哈密顿量 $\boldsymbol{H}_1$，使 $[\hat{\boldsymbol{H}}_0,\boldsymbol{\rho}_f]=0$ 成立以简化控制器的设计。与 5.2.2 节和 5.2.3 节类似，切换状态反馈控制可以设计为

$$u_G(\boldsymbol{\rho}_t)=\begin{cases}u_{G,1}(\boldsymbol{\rho}_t)=-\dfrac{\lambda_G V_G(\boldsymbol{\rho}_t)}{\operatorname{tr}(\mathrm{i}[\boldsymbol{H}_2,\boldsymbol{\rho}_t]\boldsymbol{\rho}_f)}, & \boldsymbol{\rho}_t\in\dfrac{\Phi_{G,1}}{\hat{\Phi}_{G,1}}\\[2ex] u_{G,2}(\boldsymbol{\rho}_t)=\dfrac{M_G+\varGamma_{\boldsymbol{L}_G}\operatorname{tr}(X\mathcal{D}(\boldsymbol{L}_G,\boldsymbol{\rho}_t))}{\operatorname{tr}(\mathrm{i}[X,\boldsymbol{H}_2]\boldsymbol{\rho}_t)}, & \boldsymbol{\rho}_t\in\Phi_{G,2}\\[2ex] \hat{u}_{G,1}(\boldsymbol{\rho}_t)=-\dfrac{s_G\operatorname{tr}(\mathrm{i}[\boldsymbol{H}_2,\boldsymbol{\rho}_t]\boldsymbol{\rho}_f)}{|\operatorname{tr}(\mathrm{i}[\boldsymbol{H}_2,\boldsymbol{\rho}_t]\boldsymbol{\rho}_f)|+\eta_G}, & \boldsymbol{\rho}_t\in\hat{\Phi}_{G,1}\end{cases} \tag{5.26}$$

式中，$s_G>0$，$\eta_G>0$，且 $\hat{\Phi}_{G,1}=\{\boldsymbol{\rho}\in\Phi_{G,1}:|\operatorname{tr}(\mathrm{i}[\boldsymbol{H}_2,\boldsymbol{\rho}]\boldsymbol{\rho}_f)|\leqslant\epsilon_G\}$，$\epsilon_G>0$。$u_G(\boldsymbol{\rho}_t)$ 可以使 $\mathcal{L}V_G(\boldsymbol{\rho}_t)\leqslant-\lambda_G V_G(\boldsymbol{\rho}_t)$ 或 $\mathcal{L}V_G(\boldsymbol{\rho}_t)\leqslant-W_G(\boldsymbol{\rho}_t)$ 和 $\mathcal{L}V_c(\boldsymbol{\rho}_t)\leqslant-M_G$ 成立。其中，

$0<\lambda_G\leqslant\bar{\lambda}_G$，$0<M_G\leqslant\bar{M}_G$，$W_G(\boldsymbol{\rho}_t)=\dfrac{s_G\,\mathrm{tr}^2(\mathrm{i}[\boldsymbol{H}_2,\boldsymbol{\rho}_t]\boldsymbol{\rho}_f)}{|\mathrm{tr}(\mathrm{i}[\boldsymbol{H}_2,\boldsymbol{\rho}_t]\boldsymbol{\rho}_f)|+\eta_G}$。

对于式（5.26）中的反馈控制$u_G(\boldsymbol{\rho}_t)$，$\hat{u}_{G,1}(\boldsymbol{\rho}_t)$可用于避免$u_{G,1}(\boldsymbol{\rho}_t)$的分母太小，而$u_{G,1}(\boldsymbol{\rho}_t)$的分母可以通过采用文献[84]中的算法构造$X$和$\boldsymbol{H}_2$使其不为零。

根据定理 5.1，在$u_{G,2}(\boldsymbol{\rho}_t)$作用下，系统状态$\boldsymbol{\rho}_t$从任意初态仅通过$\Phi_{G,1}$和$\Phi_{G,2}$的边界不超过 2 次并在有限时间后永久在$\Phi_{G,1}$中演化。在状态子空间$\Phi_{G,1}$中，根据定理2.3，在$u_{G,1}(\boldsymbol{\rho}_t)$和$\hat{u}_{G,1}(\boldsymbol{\rho}_t)$作用下，系统状态$\boldsymbol{\rho}_t$将分别收敛到不变集$\mathcal{I}_G=\{\boldsymbol{\rho}\in\Phi_{G,1}:V_G(\boldsymbol{\rho})=0\}$和$\hat{\mathcal{I}}_G=\{\boldsymbol{\rho}\in\Phi_{G,1}:\mathrm{tr}(\mathrm{i}[\boldsymbol{H}_2,\boldsymbol{\rho}]\boldsymbol{\rho}_f)=0\}$。很明显，$\mathcal{I}_G=\{\boldsymbol{\rho}_f\}$。另外，根据文献[85]中的分析，$\hat{\mathcal{I}}_G=\{\boldsymbol{\rho}_f,\boldsymbol{\rho}_i\}$，其中$\boldsymbol{\rho}_i$代表除$\boldsymbol{\rho}_f$外的$\boldsymbol{L}_G$的其他本征态。$\hat{\mathcal{I}}_G$中的状态$\boldsymbol{\rho}_{\hat{\mathcal{I}}_G}$满足$\mathcal{D}(\boldsymbol{L}_G,\boldsymbol{\rho}_{\hat{\mathcal{I}}_G})=0$和$\mathcal{H}(\boldsymbol{L}_G,\boldsymbol{\rho}_{\hat{\mathcal{I}}_G})=0$，使得随机主方程式（5.21）变为$\mathrm{d}\boldsymbol{\rho}_t=-\mathrm{i}[\hat{\boldsymbol{H}}_0,\boldsymbol{\rho}_t]\mathrm{d}t$，而可以构造$\boldsymbol{H}_1$使$[\hat{\boldsymbol{H}}_0,\boldsymbol{\rho}_i]\neq0$，从而利用条件$[\hat{\boldsymbol{H}}_0,\boldsymbol{\rho}_f]=0$，仅有$\boldsymbol{\rho}_f$是位于不变集$\hat{\mathcal{I}}_G$中的平衡态。因此，在反馈控制$u_G(\boldsymbol{\rho}_t)$作用下，目标态$\boldsymbol{\rho}_f$
是全局渐进稳定的，系统状态$\boldsymbol{\rho}_t$在$\dfrac{\Phi_{G,1}}{\hat{\Phi}_{G,1}}$中可以指数收敛，且根据定理 5.1 和定理 2.2，收敛速度不小于λ_G。

注 5.2　在 5.2.2～5.2.4 节中，仅使系统状态$\boldsymbol{\rho}_t$在$\dfrac{\Phi_{\mathrm{e},1}}{\hat{\Phi}_{\mathrm{e},1}}\left(\dfrac{\Phi_{B,1}}{\hat{\Phi}_{B,1}}，\dfrac{\Phi_{G,1}}{\hat{\Phi}_{G,1}}\right)$而不是$\Phi_{\mathrm{e},1}$($\Phi_{B,1}$，$\Phi_{G,1}$)中指数收敛，这一点可以通过更合理的设计反馈控制$u_{\mathrm{e},1}(\boldsymbol{\rho}_t)$($u_{B,1}(\boldsymbol{\rho}_t)$，$u_{G,1}(\boldsymbol{\rho}_t)$)来避免。例如，文献[73]和文献[88]中的状态反馈控制可以分别实现 N 能级量子角动量系统本征态和多比特系统 GHZ 态的局部指数镇定。如果用文献[73]和文献[88]中的反馈控制分别代替$u_{\mathrm{e},1}(\boldsymbol{\rho}_t)$和$u_{G,1}(\boldsymbol{\rho}_t)$，且将文献[73]和文献[88]中的系统状态指数收敛状态子空间分别作为$\Phi_{\mathrm{e},1}$和$\Phi_{G,1}$，那么系统状态可以更快地收敛，这意味着随机量子系统指数镇定的结果与本章描述的统一框架可以合理组合以获得更好的控制性能。

5.3 快速镇定量子系统统一框架的应用

本节以具有简并测量算符的三比特系统为例镇定一个给定的 GHZ 态以验证应用统一框架设计的状态反馈控制的快速性和有效性。实验中，目标 GHZ 态设为

$$\boldsymbol{\rho}_f = |\phi_f\rangle\langle\phi_f| = \frac{1}{2}\begin{bmatrix} 1 & 0 & 0 & 0 & 0 & 0 & 0 & 1 \\ 0 & 0 & 0 & 0 & 0 & 0 & 0 & 0 \\ 0 & 0 & 0 & 0 & 0 & 0 & 0 & 0 \\ 0 & 0 & 0 & 0 & 0 & 0 & 0 & 0 \\ 0 & 0 & 0 & 0 & 0 & 0 & 0 & 0 \\ 0 & 0 & 0 & 0 & 0 & 0 & 0 & 0 \\ 0 & 0 & 0 & 0 & 0 & 0 & 0 & 0 \\ 1 & 0 & 0 & 0 & 0 & 0 & 0 & 1 \end{bmatrix}$$

式中，$|\phi_f\rangle = \frac{1}{\sqrt{2}}\left(|000\rangle + |111\rangle\right)$，初态设为 $\boldsymbol{\rho}_0 = \mathrm{diag}[0,1,0,0,0,0,0,0]$，系统参数为设为

$$\boldsymbol{H}_0 = \sigma_z \otimes \sigma_z \otimes \mathbb{I}_2 + \sigma_z \otimes \mathbb{I}_2 \otimes \sigma_z + \mathbb{I}_2 \otimes \sigma_z \otimes \sigma_z = \mathrm{diag}[3,-1,-1,-1,-1,-1,-1,3]$$

$$\boldsymbol{H}_1 = \begin{bmatrix} 0 & 1 & 0 & 0 & 0 & 0 & -1 & 0 \\ 1 & 0 & 0 & 0 & 0 & 0 & 0 & -1 \\ 0 & 0 & 0 & 1 & -1 & 0 & 0 & 0 \\ 0 & 0 & 1 & 0 & 0 & -1 & 0 & 0 \\ 0 & 0 & -1 & 0 & 0 & 1 & 0 & 0 \\ 0 & 0 & 0 & -1 & 1 & 0 & 0 & 0 \\ -1 & 0 & 0 & 0 & 0 & 0 & 0 & 1 \\ 0 & -1 & 0 & 0 & 0 & 0 & 1 & 0 \end{bmatrix}, \quad \varGamma_{L_G} = 1, \quad \eta_{L_G} = 1$$

$$
\boldsymbol{H}_2 = \begin{bmatrix} -2.50 & -0.87 & 0.61 & -0.35 & 0 & 0 & 0 & 0 \\ -0.87 & -3.50 & -0.35 & 0.20 & 0 & 0 & 0 & 0 \\ 0.61 & -0.35 & -2.50 & -0.29 & 0 & 0 & 0 & 0 \\ -0.35 & 0.20 & -0.29 & -1.50 & 0 & 0 & 0 & 0 \\ 0 & 0 & 0 & 0 & 1.50 & 0.35 & 0.20 & -0.87 \\ 0 & 0 & 0 & 0 & 0.35 & 2.50 & 0.29 & -0.61 \\ 0 & 0 & 0 & 0 & 0.20 & 0.29 & 3.50 & -0.35 \\ 0 & 0 & 0 & 0 & -0.87 & -0.61 & -0.35 & 2.50 \end{bmatrix}
$$

$$
\boldsymbol{L}_G = \frac{1}{2}(\sigma_z \otimes \sigma_z \otimes \mathbb{I}_2 + \mathbb{I}_2 \otimes \sigma_z \otimes \sigma_z) = \mathrm{diag}[1,0,-1,0,0,-1,0,1]
$$

切换状态反馈式（5.26）中的控制参数分别设为 $\lambda_G = 0.15$，$M_G = 1$，$s_G = 0.5$ 和 $\eta_G = 0.05$。状态空间 $\mathcal{S}$ 划分为

$$
\Phi_{G,1} = \{\boldsymbol{\rho} \in \mathcal{S} : V_1(\boldsymbol{\rho}) \leqslant k_G\}
$$

和

$$
\Phi_{G,2} = \frac{\mathcal{S}}{\Phi_{G,1}}
$$

式中，$k_G = 0.95$。控制律 $\hat{u}_{G,1}(\boldsymbol{\rho}_t)$ 作用的子空间设为

$$
\hat{\Phi}_{G,1} = \{\boldsymbol{\rho} \in \Phi_{G,1} : |\operatorname{tr}([H_2, \boldsymbol{\rho}]\boldsymbol{\rho}_f)| \leqslant \epsilon_G\}
$$

式中，$\epsilon_G = 0.05$。

应用统一框架快速镇定 GHZ 态的 Matlab 源代码见附录 B.3。切换反馈控制式（5.26）镇定 GHZ 态时实验结果如图 5.2 所示。从图中可以看出，$V(\boldsymbol{\rho}_t)$ 收敛到零，意味着实现了目标 GHZ 态的镇定，验证了所设计切换状态反馈控制的有效性。另外，在式（5.26）作用下的状态收敛速度大于 λ_G，体现了镇定目标态的快速性。此外，文献[84]中提出的反馈控制，即在 $\Phi_{G,1}$ 中使用 $\tilde{u}_G(\boldsymbol{\rho}_t) = -K_G \operatorname{tr}(\mathrm{i}[\boldsymbol{H}_2, \boldsymbol{\rho}_t]\boldsymbol{\rho}_f)$ 代替 $u_{G,1}(\boldsymbol{\rho}_t)$ 和 $\hat{u}_{G,1}(\boldsymbol{\rho}_t)$，也被用于镇定目标 GHZ 态，其 $K_G = 0.02$ 的实验结果也在图 5.2 中呈现。从图 5.2 中可以看出，在切换反馈控制式（5.26）作用下，$V(\boldsymbol{\rho}_t)$ 收敛到零的速度快于在文献[84]中提出的反馈控制作用下的收敛速度，显示了本章设计的反馈控制的优

势。切换反馈控制式（5.26）镇定 GHZ 态的一次实验结果如图 5.3 所示，图中显示状态轨迹通过 $\Phi_{G,1}$ 和 $\Phi_{G,2}$ 的边界不超过 2 次，这与理论分析结果一致。

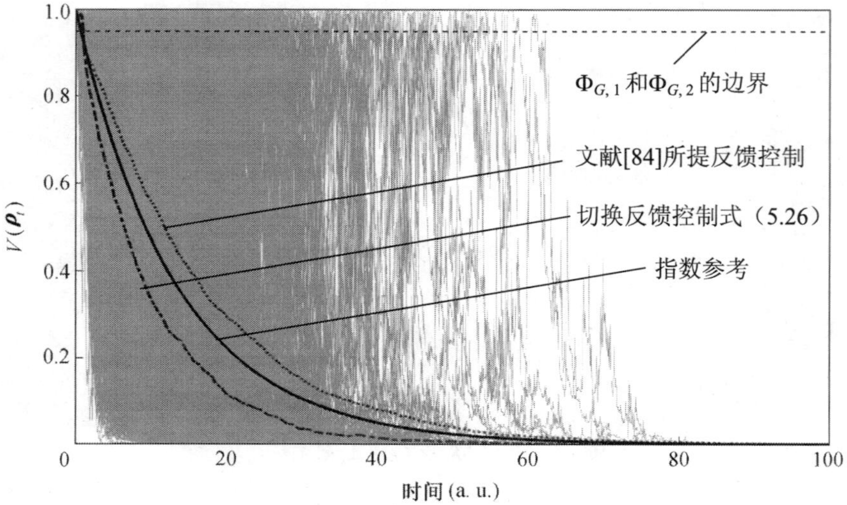

（a）$V(\boldsymbol{\rho}_t)$ 曲线

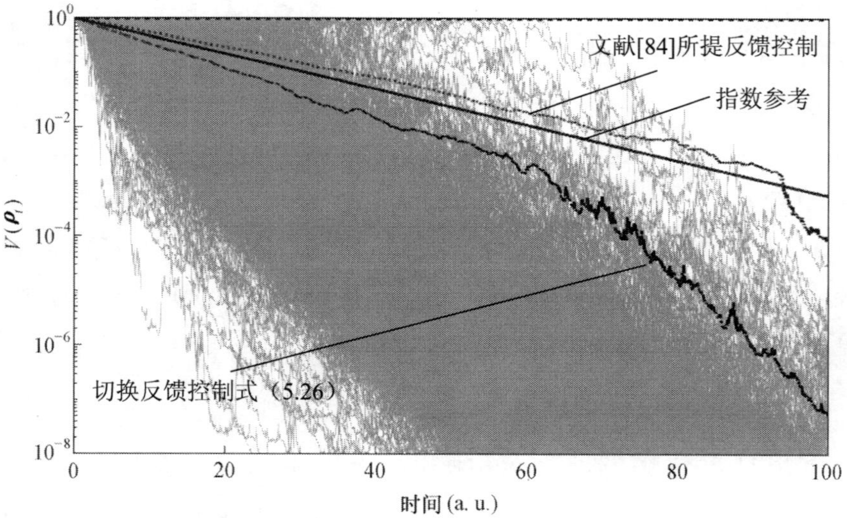

（b）图 5.2（a）的半对数坐标形式

图 5.2　切换反馈控制式（5.26）镇定 GHZ 态的实验结果

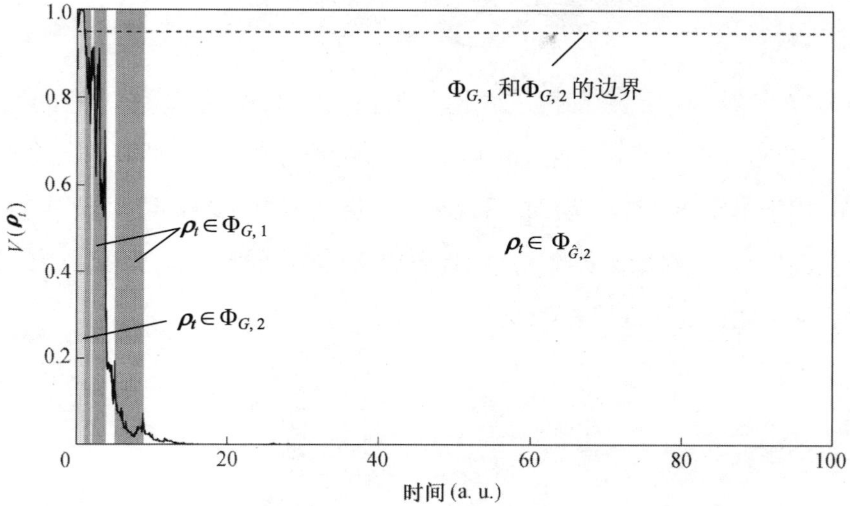

（a） $V(\boldsymbol{\rho}_t)$ 曲线

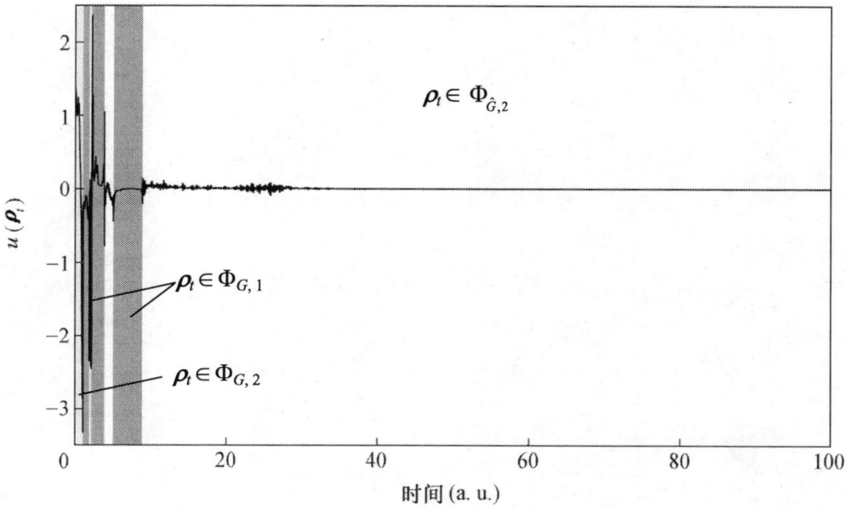

（b） $u(\boldsymbol{\rho}_t)$ 曲线

图 5.3　切换反馈控制式（5.26）镇定 GHZ 态的一次实验结果

5.4 本章小结

本章研究了随机量子系统的快速镇定，并根据针对 Itô 型随机微分方程的类李雅谱诺夫-拉塞尔定理提出了一个快速镇定量子系统的统一框架。在此基础上，提出的统一框架被用于单比特系统、两比特系统和 N 比特系统的快速镇定。此外，以三比特量子系统为例，本章在数值实验中应用提出的统一框架设计了快速镇定 GHZ 态的状态反馈控制以验证统一框架的有效性。

第 6 章　随机时滞量子系统的快速镇定

前面的章节采用多种反馈控制研究了随机量子系统的快速镇定甚至指数镇定，所有工作均假设设计的反馈控制可以瞬时作用于被控系统系统。但是，量子物理实验的时间尺度非常短（纳秒级），计算量子态及基于量子态的控制输入的时间不可忽视。因此，本章考虑基于连续测量反馈的时滞控制实现随机量子系统的快速稳定问题，即设计一个时滞反馈控制驱动系统状态从状态空间的任意初态快速、渐近地趋于期望的目标状态。

6.1　问题描述

本章分别将在量子计算和量子通信中发挥重要作用的、最典型的量子态本征态和 Bell 态作为目标态，并采用时滞状态反馈全局镇定目标态。由于在实际物理应用中，控制的计算、施加等操作花费的时间是不可忽略的，因此对于式（2.4）中的控制输入 u_t，更合理的选择是使用基于时滞状态的反馈控制，即 $u_t = u(\boldsymbol{\rho}_{t-\tau})$，其中 τ 代表延迟时间。另外，考虑到量子操作的快速性，全局镇定目标量子态期望尽可能快地完成。因此，本章的研究目标就是使用时滞控制全局、快速地镇定目标本征态和 Bell 态，具体描述如下。

对于随机量子系统式（2.4），设计时滞控制 $u_t = u(\boldsymbol{\rho}_{t-\tau})$，其中 $\tau > 0$ 是一个已知的常数，驱动式（2.4）的状态可以从任意初态 $\boldsymbol{\rho}_\theta \in \mathcal{S}\ (-\tau \leqslant \theta \leqslant 0)$ 快速渐近地到期望的目标态 $\boldsymbol{\rho}_f$，即

$$\mathbb{P}\left\{\lim_{t\to\infty} \boldsymbol{\rho}_t = \boldsymbol{\rho}_f\right\} = 1,\quad \forall \boldsymbol{\rho}_\theta \in \mathcal{S}, -\tau \leqslant \theta \leqslant 0$$

由于时滞控制$u_t = u(\rho_{t-\tau})$，因此式（2.4）变成一个非线性随机时滞量子系统。为设计快速镇定本征态和 Bell 态的时滞控制，首先在 6.2 节中介绍一个针对非线性随机时滞系统的关于快速稳定性的类李雅谱诺夫-拉塞尔定理，然后在 6.3 节中将其应用于随机时滞主方程式（2.4）中。

6.2 非线性随机时滞系统的快速镇定

考虑下面的非线性随机时滞系统，即

$$\mathrm{d}x_t = f(x_t, x_{t-\tau})\mathrm{d}t + g(x_t, x_{t-\tau})\mathrm{d}\omega_t \tag{6.1}$$

式中，x_t代表系统状态；τ代表已知的时不变延迟；$f:\mathbb{R}^n \times \mathbb{R}^n \to \mathbb{R}^n$ 和 $\sigma:\mathbb{R}^n \times \mathbb{R}^n \to \mathbb{R}^{n\times r}$ 是布尔可测、局部有界且局部 Lipschitz 连续的函数；$f(0,0)=0$，$g(0,0)=0$；ω_t 是定义在经典完备概率空间 $(\Omega,\mathcal{F},\mathcal{P})$ 中的一个 r 维标准维纳过程。初态为

$$\{x_\theta : -\tau \leqslant \theta \leqslant 0\} = \xi \in \mathcal{C}^b_{\mathcal{F}_0}([-\tau,0];\mathbb{R}^n)$$

对于每个初态，根据文献[114]中的定理 2，非线性随机时滞系统式（6.1）有唯一解，记为$x(t,\xi)=x_t$。根据文献[114]中的时滞稳定性概念，有定理 6.1，其为文献[78]中定理 3.2 和文献[83]中定理 1 的一个扩展。

定理 6.1 对于非负的、两次连续可微的李雅普诺夫函数$V_1(x), V_2(x):\mathbb{R}^n \to \mathbb{R}_+$，假设$V_1(x)$在$\mathbb{R}^n$的一个划分$\{\phi_1,\phi_2\}$的边界是常值。对于非线性随机时滞系统式(6.1)，存在$\mathcal{K}_\infty$-类函数$\alpha_1(\cdot)$、$\alpha_2(\cdot)$，定义在ϕ_1上的连续非负函数$W(x)$、$W_1(x)$和$W_2(x)$，以及定义在ϕ_2上的连续非负有界函数$M_1(x)$、$M_2(x)$，使得：

（1）$\alpha_1(|x|) \leqslant V_1(x) \leqslant \alpha_2(|x|), \forall x \in \mathbb{R}^n$；

（2）$\mathcal{L}_{f,g}V_1(x_t, x_{t-\tau}) \leqslant \min\{-W(x_t), W_1(x_{t-\tau}) - W_1(x_t) - W_2(x_t)\}, \forall t \geqslant 0$；

（3）$\mathcal{L}_{f,g}V_2(x_t, x_{t-\tau}) \leqslant -M_1(x_{t-\tau}) - M_2(x_t), \forall t \geqslant 0$。

其中，$\mathcal{L}_{f,g}$为与式（6.1）关联的无穷小算子，即

$$\mathcal{L}_{f,g}V(x_t,x_{t-\tau}) := \frac{\partial V(x_t)}{\partial x_t} f(x_t,x_{t-\tau}) + \frac{1}{2}\mathrm{tr}\left(\boldsymbol{g}^{\mathrm{T}}(x_t,x_{t-\tau})\frac{\partial^2 V(x_t)}{\partial x_t^2}\boldsymbol{g}(x_t,x_{t-\tau})\right)$$

则平衡点 $x=0$ 是全局稳定的且

$$\mathbb{P}\left\{\lim_{t\to\infty} W_2(x_t)=0\right\}=1, \quad \forall \xi \in \mathcal{C}_{\mathcal{F}_0}^b([-\tau,0];\mathbb{R}^n)$$

如果 $W_2(x)$ 正定，则 $x=0$ 是全局渐近稳定的，且系统轨迹从任意初态仅经过 ϕ_1 和 ϕ_2 的边界不超过 2 次。

证明　证明包含以下两步。

第 1 步　平衡点 $x=0$ 在 ϕ_1 中是全局渐近稳定的。

第 2 步　在有限时间后，系统状态 x_t 可从任意初态转移到 ϕ_1 并永久在 ϕ_1 中演化，且通过 ϕ_1 和 ϕ_2 的边界不超过 2 次。

首先证明第 1 步。对 $V_1(x)$ 应用 Dynkin 公式，可得

$$\mathbb{E}[V_1(x_t)]-V_1(x_0)=\mathbb{E}\left[\int_0^t \mathcal{L}_{f,g} V_1(x_s,x_{s-\tau})\mathrm{d}s\right]$$

根据 $\mathcal{L}_{f,g}V_1(x_t,x_{t-\tau})\leqslant W_1(x_{t-\tau})-W_1(x_t)-W_2(x_t)$，有

$$\mathbb{E}[V_1(x_t)]-V_1(x_0)\leqslant \mathbb{E}\left[-\int_0^t W_2(x_s)\mathrm{d}s\right]+\mathbb{E}\left[\int_{-\tau}^0 W_1(x_s)\mathrm{d}s\right]$$

由于对所有的 $x\in\mathbb{R}^n$，$W_2(x)\geqslant 0$，因此

$$\mathbb{E}[V_1(x_t)]\leqslant V_1(x_0)+\tau \sup_{-\tau\leqslant\theta\leqslant 0} W_1(x_\theta)$$

从而 $\mathbb{E}[V_1(x_t)]\leqslant c(\|\xi\|)$，其中 $c(s)=\sup\limits_{|x|\leqslant s}(V_1(x)+\tau W_1(x))$ 且 $\|\xi\|=\sup\limits_{-\tau\leqslant\theta\leqslant 0}|x_\theta|$。应用 Chebyshev 不等式，有

$$\mathbb{P}\{V_1(x_t)\geqslant \delta(\|\xi\|)\}\leqslant \frac{\mathbb{E}[|V_1(x_t)|]}{\delta(\|\xi\|)}\leqslant \frac{c(\|\xi\|)}{\delta(\|\xi\|)}$$

即

$$\mathbb{P}\{V_1(x_t)\leqslant \delta(\|\xi\|)\}\geqslant 1-\frac{c(\|\xi\|)}{\delta(\|\xi\|)}$$

式中，$\delta(\cdot)$ 是 $\mathcal{K}$ 类函数。对任意 $\epsilon>0$，$\delta(\cdot)$ 可设计使 $\delta(\|\xi\|)\geqslant \dfrac{c(\|\xi\|)}{\epsilon}$，从而

$$\mathbb{P}\{|x_t|\leqslant \zeta(\|\xi\|)\}\geqslant \mathbb{P}\{V_1(x_t)\leqslant \delta(\|\xi\|)\}\geqslant 1-\epsilon$$

式中，$\zeta=\alpha_1^{-1}\cdot\delta\cdot\alpha_2$，因此$x=0$是全局稳定的。此外，由于

$$\mathbb{E}\left[\int_0^t W_2(x_s)\mathrm{d}s\right]\leqslant V_1(x_0)-\mathbb{E}[V_1(x_t)]+\mathbb{E}\left[\int_{-\tau}^0 W_1(x_s)\mathrm{d}s\right]<\infty$$

因此$\mathbb{E}\left[\int_0^\infty W_2(x_s)\mathrm{d}s\right]<\infty$。考虑到$\mathbb{E}[V_1(x_t)]$是有界的并应用文献[115]中引理3，有

$$\mathbb{P}\left\{\lim_{t\to\infty}W_2(x_t)=0\right\}=1$$

由于$W_2(x)$是正定的，$\mathbb{P}\left\{\lim_{t\to\infty}|x_t|=0\right\}=1$，因此在$\phi_1$中$x=0$是全局渐近稳定的。

对于第2步，首先证明状态x_t在$\Lambda=\overline{\phi}_1\cap\overline{\phi}_2=\{x\in\mathbb{R}^n:V_1(x)=k\}$上没有滑动，其中$k$为常数。如果在时滞控制$u_{t-\tau}$作用下，$x_t$在$\Lambda$上存在滑动，则存在一些$x_{t'}\in\Lambda$使得$\mathcal{L}_{f,g}V_1(x_{t'},x_{t'-\tau})=0$。考虑到在$\phi_1$中$\mathcal{L}_{f,g}V_1(x_t,x_{t-\tau})\leqslant -W(x_t)$且原点不在$\Lambda$上，其中$W(x_t)$是正定的，因此在$\Lambda$上$W(x_t)>0$且对所有的$x_t\in\Lambda$，$\mathcal{L}_{f,g}V_1(x_t,x_{t-\tau})<-W(x_t)$。这是矛盾的，意味着$\Lambda$中没有滑动。

下面使用不等式

$$\mathcal{L}_{f,g}V_2(x_t,x_{t-\tau})\leqslant -M_1(x_{t-\tau})-M_2(x_t)$$

$$\mathcal{L}_{f,g}V_1(x_t,x_{t-\tau})\leqslant -W(x_t)$$

证明状态轨迹仅通过ϕ_1和ϕ_2的边界不超过2次。

情况1 当$x_0\in\phi_2$时。

$$\begin{aligned}\mathbb{E}[V_2(x_{\tau_1(x_0)})]-V_2(x_0)&=\mathbb{E}\left[\int_0^{\tau_1(x_0)}\mathcal{L}_{f,g}V_2(x_s,x_{s-\tau})\mathrm{d}s\right]\\&\leqslant\mathbb{E}\left[\int_0^{\tau_1(x_0)}-M_1(x_{s-\tau})-M_2(x_s)\mathrm{d}s\right]\\&=\mathbb{E}\left[-\int_{-\tau}^{\tau_1(x_0)-\tau}M_1(x_s)\mathrm{d}s-\int_0^{\tau_1(x_0)}M_2(x_s)\mathrm{d}s\right]\end{aligned}\tag{6.2}$$

式中，$\tau_1(x_0)$是x_t首次离开ϕ_2的时间。由于$M_1(x_t)$和$M_2(x_t)$的有界性，即

$$M_1(x_t)\leqslant\mathcal{M}_1$$

$$M_2(x_t) \leqslant \mathcal{M}_2$$

其中$\mathcal{M}_1$和$\mathcal{M}_2$分别是$M_1(x_t)$和$M_2(x_t)$的最大值，因此式（6.2）可写为

$$\begin{aligned}\mathbb{E}[V_2(x_{\tau_1(x_0)})]-V_2(x_0) &\leqslant -\mathcal{M}_1\mathbb{E}\left[\int_{-\tau}^{\tau_1(x_0)-\tau}\mathrm{d}s\right]-\mathcal{M}_2\mathbb{E}\left[\int_{0}^{\tau_1(x_0)}\mathrm{d}s\right]\\ &=-\mathcal{M}_1\mathbb{E}[\tau_1(x_0)]-\mathcal{M}_2\mathbb{E}[\tau_1(x_0)]\\ &=-(\mathcal{M}_1+\mathcal{M}_2)\mathbb{E}[\tau_1(x_0)]\end{aligned} \tag{6.3}$$

通过对式（6.3）移项，可得

$$V_2(x_0)-\mathbb{E}[V_2(x_{\tau_1(x_0)})] \geqslant (\mathcal{M}_1+\mathcal{M}_2)\mathbb{E}[\tau_1(x_0)] \tag{6.4}$$

根据式（6.4），有

$$\mathbb{E}[\tau_1(x_0)] \leqslant \frac{V_2(x_0)-\mathbb{E}[V_2(x_{\tau_1(x_0)})]}{\mathcal{M}_1+\mathcal{M}_2} \leqslant \frac{V_2(x_0)}{\mathcal{M}_1+\mathcal{M}_2} < \infty \tag{6.5}$$

即x_t在有限时间内会离开ϕ_1并转移到ϕ_1。通过对$\mathcal{L}_{f,g}V_1(x_t,x_{t-\tau}) \leqslant -W(x_t)$进行文献[83]中的相似讨论，可知没有进入$\phi_1$内的样本轨迹会再返回到$\phi_2$。换句话说，在$x_t$遇到$\phi_1$和$\phi_2$的边界$\Lambda$的时间$\tau_2(x_0)$后，$x_t$将永久在$\phi_1$中演化。在这种情况下，状态轨迹仅通过$\phi_1$和$\phi_2$的边界 1 次。

情况 2　当$x_0 \in \phi_1$时。

①如果x_t在有限时间$\tau_3(x_0)$后转移到ϕ_2，则根据情况 1 中的分析，x_t将在有限时间$\tau_4(x')$后离开ϕ_2并永久在ϕ_1中演化，因此整个时间为$\tau_3(x_0)+\tau_4(x') < \infty$，即$x_t$将在有限时间内返回$\phi_1$并在$\phi_1$中永久演化。在这种情况下，状态轨迹通过$\phi_1$和$\phi_2$的边界 2 次。$x_t$的整个转移过程为

$$x_0 \in \phi_1 \xrightarrow[\tau_3(x_0)]{\text{有限时间}} x' \in \phi_2 \xrightarrow[\tau_4(x')]{\text{有限时间}} x'' \in \phi_1$$

②如果x_t不能在有限时间转移到ϕ_2，x_t将永久在ϕ_1中演化。对于这种情况，状态轨迹将不会通过ϕ_1和ϕ_2的边界，即状态轨迹仅通过边界 0 次。

综合情况 1 和情况 2 的分析，无论$x_0 \in \phi_1$还是$x_0 \in \phi_2$，状态轨迹仅通过ϕ_1和ϕ_2的

边界不超过 2 次。证毕。

6.3 基于时滞控制的量子态快速镇定

6.3.1 快速镇定本征态

对于本征态的镇定，考虑文献[78]中的量子系统，即

$$\mathrm{d}\rho_t=(-\mathrm{i}[\boldsymbol{H}_0,\boldsymbol{\rho}_t]-\mathrm{i}[\boldsymbol{H}_1,\boldsymbol{\rho}_t]u_t+\mathcal{D}(\boldsymbol{L},\boldsymbol{\rho}_t))\mathrm{d}t+\sqrt{\eta_L}\mathcal{H}(\boldsymbol{L},\boldsymbol{\rho}_t)\mathrm{d}\omega_L=f_\mathrm{e}(\boldsymbol{\rho}_t)\mathrm{d}t+g_\mathrm{e}(\boldsymbol{\rho}_t)\mathrm{d}\omega_L$$

$$\mathrm{d}y_t=\sqrt{\eta_L}\,\mathrm{tr}(\boldsymbol{L}\boldsymbol{\rho}_t+\boldsymbol{\rho}_t\boldsymbol{L}^\dagger)\mathrm{d}t+\mathrm{d}\omega_L \tag{6.6}$$

其中

$$f_\mathrm{e}(\boldsymbol{\rho}_t)=-\mathrm{i}[\boldsymbol{H}_0,\boldsymbol{\rho}_t]-\mathrm{i}[\boldsymbol{H}_1,\boldsymbol{\rho}_t]u_t+\mathcal{D}(\boldsymbol{L},\boldsymbol{\rho}_t)$$

$$g_\mathrm{e}(\boldsymbol{\rho}_t)=\sqrt{\eta_L}\mathcal{H}(\boldsymbol{L},\boldsymbol{\rho}_t)$$

对应随机主方程式（2.4）中 $q=1$，$m=1$，$\boldsymbol{L}_1=\boldsymbol{L}$ 和 $\Gamma_L=1$ 的情况。特别地，测量算符 $\boldsymbol{L}$ 自伴随、非简并且与 $\boldsymbol{H}_0$ 对易，目标态 $\boldsymbol{\rho}_f$ 选为 $\boldsymbol{L}$ 的本征态。

考虑李雅普诺夫函数，即

$$V_\mathrm{e}(\boldsymbol{\rho}_t)=1-\mathrm{tr}(\boldsymbol{\rho}_t\boldsymbol{\rho}_f)+cU(\boldsymbol{\rho}_t),\qquad c>0$$

$$V_c(\boldsymbol{\rho}_t)=a+\mathrm{tr}(X\boldsymbol{\rho}_t)$$

其中

$$U(\boldsymbol{\rho}_t)=\mathrm{tr}(\boldsymbol{L}^2\boldsymbol{\rho}_t)-\mathrm{tr}^2(\boldsymbol{L}\boldsymbol{\rho}_t) \tag{6.7}$$

函数 V_c 中的常数 a 大于 $\max\limits_{\rho_t\in\mathcal{S}}|\mathrm{tr}(X\boldsymbol{\rho}_t)|$ 以保证 $V_c>0$，而参数 X 满足

$$\mathrm{tr}(-\mathrm{i}[X,\boldsymbol{H}_1]\boldsymbol{\rho}_t)>0$$

$$\mathrm{tr}(-\mathrm{i}[X,\boldsymbol{H}_1]\boldsymbol{\rho}_f)\leqslant 0$$

式中，ρ_i 是除目标态外的其他本征态，从而状态空间 $\mathcal{S}$ 可以划分为 $\{\phi_1,\phi_2\}$，即

$$\phi_1=\{\boldsymbol{\rho}:\operatorname{tr}(-\mathrm{i}[X,\boldsymbol{H}_1]\boldsymbol{\rho})\leqslant C,\boldsymbol{\rho}\in\mathcal{S}\}$$

$$\phi_2=\frac{\mathcal{S}}{\phi_1} \tag{6.8}$$

其中，常数 C 满足 $\operatorname{tr}(-\mathrm{i}[X,\boldsymbol{H}_1]\boldsymbol{\rho}_f)<C<\min\limits_{\rho_i}\operatorname{tr}(-\mathrm{i}[X,\boldsymbol{H}_1]\boldsymbol{\rho}_i)$。

根据式（6.6），可得

$$\begin{aligned}\mathrm{d}\operatorname{tr}(\boldsymbol{L\rho}_t)&=\operatorname{tr}(-\mathrm{i}\boldsymbol{L}[\boldsymbol{H}_0,\boldsymbol{\rho}_t]-\mathrm{i}\boldsymbol{L}[\boldsymbol{H}_1,\boldsymbol{\rho}_t]u_t+\boldsymbol{L}\mathcal{D}(\boldsymbol{L},\boldsymbol{\rho}_t))\mathrm{d}t+\sqrt{\eta_L}\operatorname{tr}(\boldsymbol{L}\mathcal{H}(\boldsymbol{L},\boldsymbol{\rho}_t))\mathrm{d}\omega_L\\&=\operatorname{tr}(-\mathrm{i}[\boldsymbol{L},\boldsymbol{H}_0]\boldsymbol{\rho}_t)\mathrm{d}t+\operatorname{tr}(-\mathrm{i}[\boldsymbol{H}_1,\boldsymbol{\rho}_t]\boldsymbol{L})u_t\mathrm{d}t+\operatorname{tr}(\boldsymbol{L}\mathcal{D}(\boldsymbol{L},\boldsymbol{\rho}_t))\mathrm{d}t+\\&\quad 2\sqrt{\eta_L}\operatorname{tr}(\boldsymbol{L}^2\boldsymbol{\rho}_t-\boldsymbol{L}\operatorname{tr}(\boldsymbol{L\rho}_t)\boldsymbol{\rho}_t)\mathrm{d}w_L\\&=\operatorname{tr}(-\mathrm{i}[\boldsymbol{L},\boldsymbol{H}_0]\boldsymbol{\rho}_t)\mathrm{d}t+\operatorname{tr}(-\mathrm{i}[\boldsymbol{H}_1,\boldsymbol{\rho}_t]\boldsymbol{L})u_t\mathrm{d}t+2\sqrt{\eta_L}(\operatorname{tr}(\boldsymbol{L}^2\boldsymbol{\rho}_t)-\operatorname{tr}^2(\boldsymbol{L\rho}_t))\mathrm{d}w_L\\&=\operatorname{tr}(-\mathrm{i}[\boldsymbol{L},\boldsymbol{H}_0]\boldsymbol{\rho}_t)\mathrm{d}t+\operatorname{tr}(-\mathrm{i}[\boldsymbol{H}_1,\boldsymbol{\rho}_t]\boldsymbol{L})u_t\mathrm{d}t+2\sqrt{\eta_L}U(\boldsymbol{\rho}_t)\mathrm{d}w_L\end{aligned} \tag{6.9}$$

与式（6.9）相似，可得

$$\begin{aligned}\mathrm{d}\operatorname{tr}(\boldsymbol{L}^2\boldsymbol{\rho}_t)=&\operatorname{tr}(-\mathrm{i}[\boldsymbol{L}^2,\boldsymbol{H}_0]\boldsymbol{\rho}_t)\mathrm{d}t+\operatorname{tr}(-\mathrm{i}[\boldsymbol{H}_1,\boldsymbol{\rho}_t]\boldsymbol{L}^2)u_t\mathrm{d}t+\\&2\sqrt{\eta_L}(\operatorname{tr}(\boldsymbol{L}^3\rho_t)-\boldsymbol{L}^2\operatorname{tr}(\boldsymbol{L\rho}_t)\boldsymbol{\rho}_t)\mathrm{d}w_L\end{aligned} \tag{6.10}$$

根据 Itô 乘法法则 2.2 和式（6.9），有

$$\begin{aligned}\mathrm{d}\operatorname{tr}^2(\boldsymbol{L\rho}_t)&=2\operatorname{tr}(\boldsymbol{L\rho}_t)\mathrm{d}\operatorname{tr}(\boldsymbol{L\rho}_t)+(\mathrm{d}\operatorname{tr}(\boldsymbol{L\rho}_t))^2\\&=2\operatorname{tr}(\boldsymbol{L\rho}_t)(\operatorname{tr}(-\mathrm{i}[\boldsymbol{L},\boldsymbol{H}_0]\boldsymbol{\rho}_t)\mathrm{d}t+\operatorname{tr}(-\mathrm{i}[\boldsymbol{H}_1,\boldsymbol{\rho}_t]\boldsymbol{L})u_t\mathrm{d}t+2\sqrt{\eta_L}U(\boldsymbol{\rho}_t)\mathrm{d}w_L)+\\&\quad(\operatorname{tr}(-\mathrm{i}[\boldsymbol{L},\boldsymbol{H}_0]\boldsymbol{\rho}_t)\mathrm{d}t+\operatorname{tr}(-\mathrm{i}[\boldsymbol{H}_1,\boldsymbol{\rho}_t]\boldsymbol{L})u_t\mathrm{d}t+2\sqrt{\eta_L}U(\boldsymbol{\rho}_t)\mathrm{d}w_L)^2\\&=2\operatorname{tr}(\boldsymbol{L\rho}_t)\operatorname{tr}(-\mathrm{i}[\boldsymbol{L},\boldsymbol{H}_0]\boldsymbol{\rho}_t)\mathrm{d}t+2\operatorname{tr}(\boldsymbol{L\rho}_t)\operatorname{tr}(-\mathrm{i}[\boldsymbol{H}_1,\boldsymbol{\rho}_t]\boldsymbol{L})u_t\mathrm{d}t+\\&\quad 4\sqrt{\eta_L}\operatorname{tr}(\boldsymbol{L\rho}_t)U(\boldsymbol{\rho}_t)\mathrm{d}w_L+4\eta_L U^2(\boldsymbol{\rho}_t)\mathrm{d}t\end{aligned} \tag{6.11}$$

由式（6.10）和式（6.11）可推导出

$$\mathrm{d}U(\boldsymbol{\rho}_t)=\mathrm{tr}(-\mathrm{i}\boldsymbol{L}[H_0,\boldsymbol{\rho}_t](\boldsymbol{L}-2\,\mathrm{tr}(\boldsymbol{L}\boldsymbol{\rho}_t)\boldsymbol{L}))\mathrm{d}t+\mathrm{tr}(-\mathrm{i}[\boldsymbol{H}_1,\boldsymbol{\rho}_t](\boldsymbol{L}^2-2\,\mathrm{tr}(\boldsymbol{L}\boldsymbol{\rho}_t)\boldsymbol{L}))u_t\mathrm{d}t-$$
$$4\eta_L U^2(\boldsymbol{\rho}_t)\mathrm{d}t+(2\sqrt{\eta_L}\,\mathrm{tr}(\boldsymbol{L}^3\boldsymbol{\rho}_t-\mathrm{tr}(\boldsymbol{L}\boldsymbol{\rho}_t)\boldsymbol{L}^2\boldsymbol{\rho}_t)-$$
$$4\sqrt{\eta_L}\,\mathrm{tr}(\boldsymbol{L}\boldsymbol{\rho}_t)U(\boldsymbol{\rho}_t))\mathrm{d}w_L \tag{6.12}$$

使得

$$\mathcal{L}U(\boldsymbol{\rho}_t)=\mathrm{tr}(-\mathrm{i}\boldsymbol{L}[\boldsymbol{H}_0,\boldsymbol{\rho}_t](\boldsymbol{L}-2\,\mathrm{tr}(\boldsymbol{L}\boldsymbol{\rho}_t)\boldsymbol{L}))+$$
$$\mathrm{tr}(-\mathrm{i}[\boldsymbol{H}_1,\boldsymbol{\rho}_t](\boldsymbol{L}^2-2\,\mathrm{tr}(\boldsymbol{L}\boldsymbol{\rho}_t)\boldsymbol{L}))u_t-4\eta_L U^2(\boldsymbol{\rho}_t) \tag{6.13}$$

为计算$\mathcal{L}\,\mathrm{tr}(\boldsymbol{\rho}_t\boldsymbol{\rho}_f)$，首先由式（6.9）推导$\mathrm{d}\,\mathrm{tr}(\boldsymbol{\rho}_t\boldsymbol{\rho}_f)$，即

$$\mathrm{d}\,\mathrm{tr}(\boldsymbol{\rho}_t\boldsymbol{\rho}_f)=\mathrm{tr}(-\mathrm{i}[\boldsymbol{H}_0,\boldsymbol{\rho}_t]\boldsymbol{\rho}_f)\mathrm{d}t+\mathrm{tr}(-\mathrm{i}[\boldsymbol{H}_1,\boldsymbol{\rho}_t]\boldsymbol{\rho}_f)u_t\mathrm{d}t+2\sqrt{\eta_L}\,\mathrm{tr}((\boldsymbol{L}-\mathrm{tr}(\boldsymbol{L}\boldsymbol{\rho}_t))\boldsymbol{\rho}_t\boldsymbol{\rho}_f)\mathrm{d}w_L$$

从而有

$$\mathcal{L}\,\mathrm{tr}(\boldsymbol{\rho}_t\boldsymbol{\rho}_f)=\mathrm{tr}(-\mathrm{i}[\boldsymbol{H}_0,\boldsymbol{\rho}_t]\boldsymbol{\rho}_f)+\mathrm{tr}(-\mathrm{i}[\boldsymbol{H}_1,\boldsymbol{\rho}_t]\boldsymbol{\rho}_f)u_t \tag{6.14}$$

根据式（6.13）和式（6.14），可得

$$\mathcal{L}_{f_\mathrm{e},g_\mathrm{e}}V_\mathrm{e}(\boldsymbol{\rho}_t)=-\mathcal{L}\,\mathrm{tr}(\boldsymbol{\rho}_t\boldsymbol{\rho}_f)+c\mathcal{L}U(\boldsymbol{\rho}_t)$$
$$=\mathrm{tr}(-\mathrm{i}[\boldsymbol{H}_0,\boldsymbol{\rho}_t](c(\boldsymbol{L}^2-2\,\mathrm{tr}(\boldsymbol{L}\boldsymbol{\rho}_t)\boldsymbol{L})-\boldsymbol{\rho}_f))-4c\eta U^2(\boldsymbol{\rho}_t)+$$
$$\mathrm{tr}(-\mathrm{i}[\boldsymbol{H}_1,\boldsymbol{\rho}_t](c(\boldsymbol{L}^2-2\,\mathrm{tr}(\boldsymbol{L}\boldsymbol{\rho}_t)\boldsymbol{L})-\boldsymbol{\rho}_f))u_t \tag{6.15}$$

考虑到$\boldsymbol{L}$和$\boldsymbol{H}_0$是对易的且目标态$\boldsymbol{\rho}_f$是$\boldsymbol{L}$的一个本征态，式（6.15）可写为

$$\mathcal{L}_{f_\mathrm{e},g_\mathrm{e}}V_\mathrm{e}(\boldsymbol{\rho}_t)=\mathrm{tr}(-\mathrm{i}[\boldsymbol{H}_1,\boldsymbol{\rho}_t](c(\boldsymbol{L}^2-2\,\mathrm{tr}(\boldsymbol{L}\boldsymbol{\rho}_t)\boldsymbol{L})-\boldsymbol{\rho}_f))u_t-4c\eta U^2(\boldsymbol{\rho}_t) \tag{6.16}$$

即与式（6.6）关联的作用于$V_\mathrm{e}(\boldsymbol{\rho}_t)$的无穷小算子为

$$\mathcal{L}_{f_\mathrm{e},g_\mathrm{e}}V_\mathrm{e}(\boldsymbol{\rho}_t)=\mathcal{N}(\boldsymbol{\rho}_t)u_t-4c\eta U^2(\boldsymbol{\rho}_t) \tag{6.17}$$

其中

$$\mathcal{N}(\boldsymbol{\rho}_t)=\mathrm{tr}(-\mathrm{i}[\boldsymbol{H}_1,\boldsymbol{\rho}_t](c(\boldsymbol{L}^2-2\boldsymbol{L}\,\mathrm{tr}(L\boldsymbol{\rho}_t))-\boldsymbol{\rho}_f))$$

如果在 ϕ_1 中的时滞控制 $u_e(\boldsymbol{\rho}_{t-\tau})$ 满足

$$u_e(\boldsymbol{\rho}_{t-\tau}) \leqslant \frac{U^2(\boldsymbol{\rho}_{t-\tau})}{M_{u_e}} \tag{6.18}$$

式中，M_{u_e} 是正常数，则可得

$$\begin{aligned}\mathcal{L}_{f_e,g_e}V_e(\boldsymbol{\rho}_t,\boldsymbol{\rho}_{t-\tau}) &\leqslant \frac{M_{\mathcal{L}V_e}}{M_{u_e}}U^2(\boldsymbol{\rho}_{t-\tau}) - 4c\eta U^2(\boldsymbol{\rho}_t)\\ &= \frac{M_{\mathcal{L}V_e}}{M_{u_e}}U^2(\boldsymbol{\rho}_{t-\tau}) - \frac{M_{\mathcal{L}V_e}}{M_{u_e}}U^2(\boldsymbol{\rho}_t) - \left(4c\eta - \frac{M_{\mathcal{L}V_e}}{M_{u_e}}\right)U^2(\boldsymbol{\rho}_t)\end{aligned} \tag{6.19}$$

式中，$M_{\mathcal{L}V_e} = \max\limits_{\boldsymbol{\rho}_t \in \mathcal{S}} |\mathcal{N}(\boldsymbol{\rho}_t)|$。

令

$$W_1(\boldsymbol{\rho}_t) = \frac{M_{\mathcal{L}V_e}}{M_{u_e}}U^2(\boldsymbol{\rho}_t)$$

$$W_2(\boldsymbol{\rho}_t) = \left(4c\eta - \frac{M_{\mathcal{L}V_e}}{M_{u_e}}\right)U^2(\boldsymbol{\rho}_t)$$

式中，$4c\eta > \frac{M_{\mathcal{L}V_e}}{M_{u_e}}$。那么式（6.19）可写为

$$\mathcal{L}_{f_e,g_e}V_e(\boldsymbol{\rho}_t,\boldsymbol{\rho}_{t-\tau}) \leqslant W_1(\boldsymbol{\rho}_{t-\tau}) - W_1(\boldsymbol{\rho}_t) - W_2(\boldsymbol{\rho}_t) \tag{6.20}$$

同时，如果时滞控制 $u_e(\boldsymbol{\rho}_{t-\tau})$ 设为零，即

$$u_e(\boldsymbol{\rho}_{t-\tau}) = 0 \tag{6.21}$$

则式（6.17）能写为

$$\mathcal{L}_{f_e,g_e}V_e(\boldsymbol{\rho}_t,\boldsymbol{\rho}_{t-\tau}) = -4c\eta U^2(\boldsymbol{\rho}_t) \leqslant -\gamma c\eta U^2(\boldsymbol{\rho}_t) \tag{6.22}$$

式中，$0 \leqslant \gamma \leqslant 4$。令 $W(\boldsymbol{\rho}_t) = \gamma c\eta U^2(\boldsymbol{\rho}_t)$，则式（6.22）变为

$$\mathcal{L}_{f_e,g_e}V_e(\boldsymbol{\rho}_t,\boldsymbol{\rho}_{t-\tau}) \leqslant -W(\boldsymbol{\rho}_t) \tag{6.23}$$

结合式（6.18）和式（6.21），可知由于$0 \leqslant \dfrac{U^2(\boldsymbol{\rho}_{t-\tau})}{M_{u_e}}$，因此零控制$u_e(\boldsymbol{\rho}_{t-\tau})=0$可使式（6.20）和式（6.23）成立，即

$$\mathcal{L}_{f_e,g_e}V_e(\boldsymbol{\rho}_t,\boldsymbol{\rho}_{t-\tau}) \leqslant \min\{-W(\boldsymbol{\rho}_t), W_1(\boldsymbol{\rho}_{t-\tau})-W_1(\boldsymbol{\rho}_t)-W_2(\boldsymbol{\rho}_t)\},\quad \forall t \geqslant 0 \tag{6.24}$$

满足定理 6.1 的条件②。

另外，由式（6.6）可得

$$\begin{aligned}
\mathrm{d}\,\mathrm{tr}(X\boldsymbol{\rho}_t) &= \mathrm{tr}(X\boldsymbol{\rho}_t)\\
&= \mathrm{tr}(-\mathrm{i}X[\boldsymbol{H}_0,\boldsymbol{\rho}_t]-\mathrm{i}X[\boldsymbol{H}_1,\boldsymbol{\rho}_t]u_t+X\mathcal{D}(\boldsymbol{L},\boldsymbol{\rho}_t))\mathrm{d}t+Xg_e(\boldsymbol{\rho}_t)\mathrm{d}\omega_L\\
&= \mathrm{tr}(-\mathrm{i}[X,\boldsymbol{H}_0]\boldsymbol{\rho}_t)\mathrm{d}t+\mathrm{tr}(-\mathrm{i}[X,\boldsymbol{H}_1]\boldsymbol{\rho}_t)u_t\mathrm{d}t+\\
&\quad\ \mathrm{tr}(X\mathcal{D}(\boldsymbol{L},\boldsymbol{\rho}_t))\mathrm{d}t+\mathrm{tr}(Xg_e(\boldsymbol{\rho}_t))\mathrm{d}\omega_L
\end{aligned} \tag{6.25}$$

从而与式（6.6）关联的作用于$V_c(\boldsymbol{\rho}_t)$的无穷小算子为

$$\begin{aligned}
\mathcal{L}_{f_e,g_e}V_c(\boldsymbol{\rho}_t) &= \mathcal{L}\,\mathrm{tr}(X\boldsymbol{\rho}_t)\\
&= \mathrm{tr}(-\mathrm{i}[X,\boldsymbol{H}_0]\boldsymbol{\rho}_t)+\mathrm{tr}(-\mathrm{i}[X,\boldsymbol{H}_1]\boldsymbol{\rho}_t)u_t+\mathrm{tr}(X\mathcal{D}(\boldsymbol{L},\boldsymbol{\rho}_t))\\
&= \mathrm{tr}(-\mathrm{i}[X,\boldsymbol{H}_1]\boldsymbol{\rho}_t)u_t+\mathrm{tr}(X(-\mathrm{i}[\boldsymbol{H}_0,\boldsymbol{\rho}_t]+\mathcal{D}(\boldsymbol{L},\boldsymbol{\rho}_t)))\\
&= \mathrm{tr}(-\mathrm{i}[X,\boldsymbol{H}_1]\boldsymbol{\rho}_t)u_t+\mathrm{tr}(Xf_e(\boldsymbol{\rho}_t))
\end{aligned} \tag{6.26}$$

其中

$$f_e(\boldsymbol{\rho}_t)=-\mathrm{i}[\boldsymbol{H}_0,\boldsymbol{\rho}_t]+\mathcal{D}(L,\boldsymbol{\rho}_t)$$

由于状态$\boldsymbol{\rho}_t$在状态空间$\mathcal{S}$中演化，对所有的$\boldsymbol{\rho}_t\in\mathcal{S}$，$\mathrm{tr}(\boldsymbol{\rho}_t^2)\leqslant 1$，因此$\mathcal{S}$是一个紧集，从而$f_e(\boldsymbol{\rho}_t)$是有界的。令$\boldsymbol{X}=[x_{ij}]_{4\times4}$，$f_e(\boldsymbol{\rho}_t)=[f_{ij}]_{4\times4}$，其中$i,j\in\{1,2,3,4\}$且$x_{ij}$和$f_{ij}$均是有界的，则

$$\boldsymbol{X}f(\boldsymbol{\rho}_t)=\sum_{j=1}^{4}\begin{bmatrix} x_{1j}f_{j1} & x_{1j}f_{j2} & x_{1j}f_{j3} & x_{1j}f_{j4}\\ x_{2j}f_{j1} & x_{2j}f_{j2} & x_{2j}f_{j3} & x_{2j}f_{j4}\\ x_{3j}f_{j1} & x_{3j}f_{j2} & x_{3j}f_{j3} & x_{3j}f_{j4}\\ x_{4j}f_{j1} & x_{4j}f_{j2} & x_{4j}f_{j3} & x_{4j}f_{j4}\end{bmatrix} \tag{6.27}$$

由于 x_{ij} 和 f_{ij} 的有界性并结合式（6.27），因此可得

$$\mathrm{tr}(\boldsymbol{X}f(\boldsymbol{\rho}_t))=\sum_{i=1}^{4}\sum_{j=1}^{4}x_{ij}f_{ji}<\infty \tag{6.28}$$

即 $\mathrm{tr}(\boldsymbol{X}f_{\mathrm{e}}(\boldsymbol{\rho}_t))$ 是有界的，因此设计 $\boldsymbol{X}$ 可使 $M_{\max}\geqslant\max\limits_{\rho_t\in\phi_2}\mathrm{tr}(\boldsymbol{X}f_{\mathrm{e}}(\boldsymbol{\rho}_t))$，$M_{\min}\leqslant\min\limits_{\rho_t\in\phi_2}\mathrm{tr}(-\mathrm{i}[\boldsymbol{X},\boldsymbol{H}_1]\boldsymbol{\rho}_t)$ 且 $M_{\min}>0$。为设计 $\boldsymbol{X}$，可以先设置一个参数 $\mathcal{X}$ 使 $\mathrm{tr}(\mathcal{X}\boldsymbol{\rho})>0$ 成立，然后解方程 $-\mathrm{i}[\boldsymbol{X},\boldsymbol{H}_1]=\mathcal{X}$，即 $\boldsymbol{X}\boldsymbol{H}_1-\boldsymbol{H}_1\boldsymbol{X}=\mathrm{i}\mathcal{X}$，以获得 $\boldsymbol{X}$。需要注意的是，$\boldsymbol{X}\boldsymbol{H}_1-\boldsymbol{H}_1\boldsymbol{X}=\mathrm{i}\mathcal{X}$ 是一个 Sylvester 方程，其可解性已在文献[116]中被研究而其求解算法已在文献[117]中呈现，因此本节获得 $\boldsymbol{X}$ 的方法是可行的。

如果在 ϕ_2 中的时滞控制 $u_{s2}(\boldsymbol{\rho}_{t-\tau})$ 满足

$$u_{s2}(\rho_{t-\tau})\leqslant\frac{-M_{u_{s2}}-M_{\max}}{M_{\min}} \tag{6.29}$$

其中 $M_{u_{s2}}>|M_{\max}|$，则将式（6.29）代入式（6.26）中，有

$$\begin{aligned}\mathcal{L}_{f_{\mathrm{e}},g_{\mathrm{e}}}V_c(\boldsymbol{\rho}_t,\boldsymbol{\rho}_{t-\tau})&\leqslant\mathrm{tr}(-\mathrm{i}[\boldsymbol{X},\boldsymbol{H}_1]\boldsymbol{\rho}_t)\cdot\frac{-M_{u_{s2}}-M_{\max}}{M_{\min}}+\mathrm{tr}(\boldsymbol{X}f_{\mathrm{e}}(\boldsymbol{\rho}_t))\\&=\frac{\mathrm{tr}(-\mathrm{i}[\boldsymbol{X},\boldsymbol{H}_1]\boldsymbol{\rho}_t)}{M_{\min}}\cdot(-M_{u_{s2}}-M_{\max})+\mathrm{tr}(\boldsymbol{X}f_{\mathrm{e}}(\boldsymbol{\rho}_t))\\&\leqslant-M_{u_{s2}}-M_{\max}+\mathrm{tr}(\boldsymbol{X}f_{\mathrm{e}}(\boldsymbol{\rho}_t))\\&=-M_{u_{s2}}-(M_{\max}-\mathrm{tr}(\boldsymbol{X}f_{\mathrm{e}}(\boldsymbol{\rho}_t)))\end{aligned} \tag{6.30}$$

令 $M_1(\boldsymbol{\rho}_{t-\tau})=M_{u_{s2}}$，$M_2(\boldsymbol{\rho}_t)=M_{\max}-\mathrm{tr}(\boldsymbol{X}f_{\mathrm{e}}(\boldsymbol{\rho}_t))$，式（6.30）可写为

$$\mathcal{L}_{f_{\mathrm{e}},g_{\mathrm{e}}}V_c(\boldsymbol{\rho}_t,\boldsymbol{\rho}_{t-\tau})\leqslant-M_1(\boldsymbol{\rho}_{t-\tau})-M_2(\boldsymbol{\rho}_t)$$

其满足定理 6.1 的条件③。根据定理 6.1，ρ_t 可从任意初态收敛到集合

$$\mathcal{R}_{\mathrm{e}}=\{\boldsymbol{\rho}_t\in\mathcal{S}:W_2(\boldsymbol{\rho}_t)=0\}$$

由式（6.7）和子空间的划分可知，$\mathcal{R}_{\mathrm{e}}\cap\phi_2=\{\boldsymbol{\rho}_f\}$，因此 $\boldsymbol{\rho}_t$ 从任意初态收敛到 $\boldsymbol{\rho}_f$。

6.3.2　快速镇定 Bell 态

对于 Bell 态的镇定，考虑文献[83]中的量子系统，即

$$\begin{aligned}
\mathrm{d}\boldsymbol{\rho}_t &= (-\mathrm{i}[\boldsymbol{H}_1,\boldsymbol{\rho}_t]u_t + \Gamma_{\boldsymbol{L}_1}\mathcal{D}(\boldsymbol{L}_1,\boldsymbol{\rho}_t) + \Gamma_{\boldsymbol{L}_1}\mathcal{D}(\boldsymbol{L}_1,\boldsymbol{\rho}_t))\mathrm{d}t + \\
&\quad \sqrt{\eta_{L_1}\Gamma_{\boldsymbol{L}_1}}\mathcal{H}(\boldsymbol{L}_1,\boldsymbol{\rho}_t)\mathrm{d}\omega_{\boldsymbol{L}_1} + \sqrt{\eta_{L_2}\Gamma_{\boldsymbol{L}_2}}\mathcal{H}(\boldsymbol{L}_2,\boldsymbol{\rho}_t)\mathrm{d}\omega_{\boldsymbol{L}_2} \\
&= f_b(\boldsymbol{\rho}_t)\mathrm{d}t + g_b(\boldsymbol{\rho}_t)\mathrm{d}\omega \\
\mathrm{d}y_{\nu,t} &= \sqrt{\eta_{\boldsymbol{L}_\nu}\Gamma_{\boldsymbol{L}_\nu}}\,\mathrm{tr}(\boldsymbol{L}_\nu\boldsymbol{\rho}_t + \boldsymbol{\rho}_t\boldsymbol{L}_\nu^\dagger)\mathrm{d}t + \mathrm{d}\omega_{\boldsymbol{L}_\nu}, \quad \nu = 1,2
\end{aligned} \tag{6.31}$$

其中

$$f_b(\boldsymbol{\rho}_t) = -\mathrm{i}[\boldsymbol{H}_1,\boldsymbol{\rho}_t]u_t + \Gamma_{\boldsymbol{L}_1}\mathcal{D}(\boldsymbol{L}_1,\boldsymbol{\rho}_t) + \Gamma_{\boldsymbol{L}_1}\mathcal{D}(\boldsymbol{L}_1,\boldsymbol{\rho}_t)$$

$$g_b(\boldsymbol{\rho}_t) = \left[\sqrt{\eta_{L_1}\Gamma_{\boldsymbol{L}_1}}\mathcal{H}(\boldsymbol{L}_1,\boldsymbol{\rho}_t)\sqrt{\eta_{L_2}\Gamma_{\boldsymbol{L}_2}}\mathcal{H}(\boldsymbol{L}_2,\boldsymbol{\rho}_t)\right]$$

且 $\mathrm{d}\omega = [\mathrm{d}\omega_{\boldsymbol{L}_1}\ \mathrm{d}\omega_{\boldsymbol{L}_2}]^{\mathrm{T}}$，对应随机主方程式（2.4）中 $H_0 = 0$，$q = 1$，$m = 2$ 的情况。本节选择四个 Bell 态中的一个作为目标态。

考虑李雅普诺夫函数，即

$$V_b(\boldsymbol{\rho}_t) = 1 - \mathrm{tr}(\boldsymbol{\rho}_t\boldsymbol{\rho}_f) + c(U_1(\boldsymbol{\rho}_t) + U_2(\boldsymbol{\rho}_t))$$

其中 c 是非负常数，且

$$U_1(\boldsymbol{\rho}_t) = \mathrm{tr}(\boldsymbol{L}_1^2\boldsymbol{\rho}_t) - \mathrm{tr}^2(\boldsymbol{L}_1\boldsymbol{\rho}_t)$$

$$U_2(\boldsymbol{\rho}_t) = \mathrm{tr}(\boldsymbol{L}_2^2\boldsymbol{\rho}_t) - \mathrm{tr}^2(\boldsymbol{L}_2\boldsymbol{\rho}_t) \tag{6.32}$$

与式（6.31）关联的作用于 $V_b(\boldsymbol{\rho}_t)$ 的无穷小算子为

$$\begin{aligned}
\mathcal{L}_{f_b,g_b}V_b(\boldsymbol{\rho}_t) &= (\mathrm{tr}(\mathrm{i}\boldsymbol{\rho}_f[\boldsymbol{H}_1,\boldsymbol{\rho}_t]) + 2c\,\mathrm{tr}(\boldsymbol{L}_1\boldsymbol{\rho}_t)\mathrm{tr}(-\mathrm{i}\boldsymbol{L}_1[\boldsymbol{H}_1,\boldsymbol{\rho}_t]) + 2c\,\mathrm{tr}(\boldsymbol{L}_2\boldsymbol{\rho}_t)\mathrm{tr}(-\mathrm{i}\boldsymbol{L}_2[\boldsymbol{H}_1,\boldsymbol{\rho}_t]))u_t - \\
&\quad 4c\eta_{\boldsymbol{L}_1}\Gamma_{\boldsymbol{L}_1}U_1^2(\boldsymbol{\rho}_t) + 4c\eta_{\boldsymbol{L}_2}\Gamma_{\boldsymbol{L}_2}U_2^2(\boldsymbol{\rho}_t) + 4c(\eta_{\boldsymbol{L}_1}\Gamma_{\boldsymbol{L}_1} + \eta_{\boldsymbol{L}_2}\Gamma_{\boldsymbol{L}_2})U_{12}^2(\boldsymbol{\rho}_t) \\
&= \mathcal{G}(\boldsymbol{\rho}_t)u_t - 4c(\eta_{\boldsymbol{L}_1}\Gamma_{\boldsymbol{L}_1}U_1^2(\boldsymbol{\rho}_t) + \eta_{\boldsymbol{L}_2}\Gamma_{\boldsymbol{L}_2}U_2^2(\boldsymbol{\rho}_t) + (\eta_{\boldsymbol{L}_1}\Gamma_{\boldsymbol{L}_1} + \eta_{\boldsymbol{L}_2}\Gamma_{\boldsymbol{L}_2})U_{12}^2(\boldsymbol{\rho}_t))
\end{aligned} \tag{6.33}$$

其中

$$\mathcal{G}(\boldsymbol{\rho}_t) = \mathrm{tr}(\mathrm{i}\boldsymbol{\rho}_f[\boldsymbol{H}_1,\boldsymbol{\rho}_t]) + 2c\,\mathrm{tr}(\boldsymbol{L}_1\boldsymbol{\rho}_t)\mathrm{tr}(-\mathrm{i}\boldsymbol{L}_1[\boldsymbol{H}_1,\boldsymbol{\rho}_t]) + 2c\,\mathrm{tr}(\boldsymbol{L}_2\boldsymbol{\rho}_t)\mathrm{tr}(-\mathrm{i}\boldsymbol{L}_2[\boldsymbol{H}_1,\boldsymbol{\rho}_t])$$

$$U_{12}=\mathrm{tr}(\boldsymbol{L}_1\boldsymbol{\rho})\mathrm{tr}(\boldsymbol{L}_2\boldsymbol{\rho})$$

式（6.33）的推导与式（6.17）的推导类似，这里不再赘述。

如果 ϕ_1 中的时滞控制 $u_b(\boldsymbol{\rho}_{t-\tau})$ 满足

$$u_b(\boldsymbol{\rho}_{t-\tau})\leqslant\frac{U_1^2(\boldsymbol{\rho}_{t-\tau})\mathcal{Q}_{\boldsymbol{L}_1}+U_2^2(\boldsymbol{\rho}_{t-\tau})\mathcal{Q}_{\boldsymbol{L}_2}+U_{12}^2(\boldsymbol{\rho}_{t-\tau})(\mathcal{Q}_{\boldsymbol{L}_1}+\mathcal{Q}_{\boldsymbol{L}_2})}{M_{u_b}}=\frac{\mathcal{U}_t(\boldsymbol{\rho}_t)}{M_{u_b}} \tag{6.34}$$

式中，$M_{u_b}>0$ 且

$$\mathcal{U}_t(\boldsymbol{\rho}_t)=U_1^2(\boldsymbol{\rho}_t)\mathcal{Q}_{\boldsymbol{L}_1}+U_2^2(\boldsymbol{\rho}_t)\mathcal{Q}_{\boldsymbol{L}_2}+U_{12}^2(\boldsymbol{\rho}_t)(\mathcal{Q}_{\boldsymbol{L}_1}+\mathcal{Q}_{\boldsymbol{L}_2}) \tag{6.35}$$

其中，$\mathcal{Q}_{\boldsymbol{L}_1}=\eta_{\boldsymbol{L}_1}\Gamma_{\boldsymbol{L}_1}$，$\mathcal{Q}_{\boldsymbol{L}_2}=\eta_{\boldsymbol{L}_2}\Gamma_{\boldsymbol{L}_2}$，则有

$$\begin{aligned}\mathcal{L}_{f_b,g_b}V_b(\boldsymbol{\rho}_t,\boldsymbol{\rho}_{t-\tau})&\leqslant\frac{M_{\mathcal{L}V_b}}{M_{u_b}}(U_1^2(\boldsymbol{\rho}_{t-\tau})\mathcal{Q}_{\boldsymbol{L}_1}+U_2^2(\boldsymbol{\rho}_{t-\tau})\mathcal{Q}_{\boldsymbol{L}_2}+U_{12}^2(\boldsymbol{\rho}_{t-\tau})(\mathcal{Q}_{\boldsymbol{L}_1}+\mathcal{Q}_{\boldsymbol{L}_2}))-\\&\quad 4c(U_1^2(\boldsymbol{\rho}_t)\mathcal{Q}_{\boldsymbol{L}_1}+U_2^2(\boldsymbol{\rho}_t)\mathcal{Q}_{\boldsymbol{L}_2}+U_{12}^2(\boldsymbol{\rho}_t)(\mathcal{Q}_{\boldsymbol{L}_1}+\mathcal{Q}_{\boldsymbol{L}_2}))\\&=\frac{M_{\mathcal{L}V_b}}{M_{u_b}}\mathcal{U}_t(\boldsymbol{\rho}_{t-\tau})-4c\mathcal{U}_t(\boldsymbol{\rho}_t)\\&=\frac{M_{\mathcal{L}V_b}}{M_{u_b}}\mathcal{U}_t(\boldsymbol{\rho}_{t-\tau})-\frac{M_{\mathcal{L}V_b}}{M_{u_b}}\mathcal{U}_t(\boldsymbol{\rho}_t)-\left(4c-\frac{M_{\mathcal{L}V_b}}{M_{u_b}}\right)\mathcal{U}_t(\boldsymbol{\rho}_t)\end{aligned} \tag{6.36}$$

其中

$$M_{\mathcal{L}V_b}=\max_{\boldsymbol{\rho}_t\in\mathcal{S}}|\mathcal{G}(\boldsymbol{\rho}_t)|$$

令

$$W_1(\boldsymbol{\rho}_t)=\frac{M_{\mathcal{L}V_b}}{M_{u_b}}\mathcal{U}_t(\boldsymbol{\rho}_t)$$

$$W_2(\boldsymbol{\rho}_t)=\left(4c-\frac{M_{\mathcal{L}V_b}}{M_{u_b}}\right)\mathcal{U}_t(\boldsymbol{\rho}_t)$$

其中，$4c>\dfrac{M_{\mathcal{L}V_b}}{M_{u_b}}$，则式（6.36）可写为

$$\mathcal{L}_{f_b,g_b}V_b(\boldsymbol{\rho}_t,\boldsymbol{\rho}_{t-\tau})\leqslant W_1(\boldsymbol{\rho}_{t-\tau})-W_1(\boldsymbol{\rho}_t)-W_2(\boldsymbol{\rho}_t) \tag{6.37}$$

同时，如果时滞控制$u_b(\boldsymbol{\rho}_{t-\tau})$设为零，即

$$u_b(\boldsymbol{\rho}_{t-\tau})=0 \tag{6.38}$$

则式（6.33）可重写为

$$\begin{aligned}\mathcal{L}_{f_b,g_b}V_b(\boldsymbol{\rho}_t,\boldsymbol{\rho}_{t-\tau})&=-4c(\eta_{L_1}\Gamma_{L_1}U_1^2(\boldsymbol{\rho}_t)+\eta_{L_2}\Gamma_{L_2}U_2^2(\boldsymbol{\rho}_t)+(\eta_{L_1}\Gamma_{L_1}+\eta_{L_2}\Gamma_{L_2})U_{12}^2(\boldsymbol{\rho}_t))\\&\leqslant-\gamma c(\eta_{L_1}\Gamma_{L_1}U_1^2(\boldsymbol{\rho}_t)+\eta_{L_2}\Gamma_{L_2}U_2^2(\boldsymbol{\rho}_t)+(\eta_{L_1}\Gamma_{L_1}+\eta_{L_2}\Gamma_{L_2})U_{12}^2(\boldsymbol{\rho}_t))\end{aligned} \tag{6.39}$$

式中，$0\leqslant\gamma\leqslant4$。令

$$W(\boldsymbol{\rho}_t)=\gamma c(\eta_{L_1}\Gamma_{L_1}U_1^2(\boldsymbol{\rho}_t)+\eta_{L_2}\Gamma_{L_2}U_2^2(\boldsymbol{\rho}_t)+(\eta_{L_1}\Gamma_{L_1}+\eta_{L_2}\Gamma_{L_2})U_{12}^2(\boldsymbol{\rho}_t))$$

则式（6.39）变为

$$\mathcal{L}_{f_b,g_b}V_b(\boldsymbol{\rho}_t,\boldsymbol{\rho}_{t-\tau})\leqslant-W(\boldsymbol{\rho}_t) \tag{6.40}$$

结合式（6.34）和式（6.38），可知由于$0\leqslant\dfrac{\mathcal{U}_t(\boldsymbol{\rho}_t)}{M_{u_b}}$，因此零控制$u_b(\boldsymbol{\rho}_{t-\tau})=0$可使式（6.37）和式（6.40）成立，即

$$\mathcal{L}_{f_b,g_b}V_b(\boldsymbol{\rho}_t,\boldsymbol{\rho}_{t-\tau})\leqslant\min\{-W(\boldsymbol{\rho}_t),W_1(\boldsymbol{\rho}_{t-\tau})-W_1(\boldsymbol{\rho}_t)-W_2(\boldsymbol{\rho}_t)\},\quad\forall t\geqslant0$$

满足定理 6.1 的条件②。

另外，由式（6.31）可得

$$\begin{aligned}\mathrm{d}\,\mathrm{tr}(\boldsymbol{X}\boldsymbol{\rho}_t)&=\mathrm{tr}(-\mathrm{i}\boldsymbol{X}[\boldsymbol{H}_1,\boldsymbol{\rho}_t]u_t+\boldsymbol{X}(\Gamma_{L_1}\mathcal{D}(\boldsymbol{L}_1,\boldsymbol{\rho}_t)+\Gamma_{L_2}\mathcal{D}(\boldsymbol{L}_2,\boldsymbol{\rho}_t)))\mathrm{d}t+\boldsymbol{X}g_b(\boldsymbol{\rho}_t)\mathrm{d}\omega\\&=\mathrm{tr}(-\mathrm{i}[\boldsymbol{X},\boldsymbol{H}_1]\boldsymbol{\rho}_t)u_t\mathrm{d}t+\mathrm{tr}(\boldsymbol{X}(\Gamma_{L_1}\mathcal{D}(\boldsymbol{L}_1,\boldsymbol{\rho}_t)+\Gamma_{L_2}\mathcal{D}(\boldsymbol{L}_2,\boldsymbol{\rho}_t)))\mathrm{d}t+\mathrm{tr}(\boldsymbol{X}g_b(\boldsymbol{\rho}_t))\mathrm{d}\omega\end{aligned}$$

从而

$$\begin{aligned}\mathcal{L}_{f_b,g_b}V_c(\boldsymbol{\rho}_t)&=\mathcal{L}\,\mathrm{tr}(\boldsymbol{X}\boldsymbol{\rho}_t)\\&=\mathrm{tr}(-\mathrm{i}[\boldsymbol{X},\boldsymbol{H}_1]\boldsymbol{\rho}_t)u_t+\mathrm{tr}(\boldsymbol{X}(\Gamma_{L_1}\mathcal{D}(\boldsymbol{L}_1,\boldsymbol{\rho}_t)+\Gamma_{L_2}\mathcal{D}(\boldsymbol{L}_2,\boldsymbol{\rho}_t)))\\&=\mathrm{tr}(-\mathrm{i}[\boldsymbol{X},\boldsymbol{H}_1]\boldsymbol{\rho}_t)u_t+\mathrm{tr}(\boldsymbol{X}f_b(\boldsymbol{\rho}_t))\end{aligned}$$

其中

$$f_b(\boldsymbol{\rho}_t)=\Gamma_{L_1}\mathcal{D}(\boldsymbol{L}_1,\boldsymbol{\rho}_t)+\Gamma_{L_2}\mathcal{D}(\boldsymbol{L}_2,\boldsymbol{\rho}_t)$$

在 ϕ_2 中可使

$$\mathcal{L}_{f_b,g_b}V_c(\boldsymbol{\rho}_t,\boldsymbol{\rho}_{t-\tau})=\mathrm{tr}(-\mathrm{i}[\boldsymbol{X},\boldsymbol{H}_1]\boldsymbol{\rho}_t)u_t+\mathrm{tr}(\boldsymbol{X}f_b(\boldsymbol{\rho}_t))\leqslant -M_1(\boldsymbol{\rho}_{t-\tau})-M_2(\boldsymbol{\rho}_t)$$

成立的镇定 Bell 态的时滞控制 $u_{s2}(\boldsymbol{\rho}_{t-\tau})$ 与镇定本征态时类似，因此这里不再重复 $u_{s2}(\boldsymbol{\rho}_{t-\tau})$ 的设计。根据定理 6.1，$\boldsymbol{\rho}_t$ 会从任意初态收敛到集合

$$\mathcal{R}_b=\{\boldsymbol{\rho}_t\in\mathcal{S}:W_2(\boldsymbol{\rho}_t)=0\}$$

其中

$$W_2(\boldsymbol{\rho}_t)=\left(4c-\frac{M_{\mathcal{L}V_b}}{M_{u_b}}\right)\mathcal{U}_t(\boldsymbol{\rho}_t)$$

根据式（6.32）、式（6.35）及子空间的划分，$\mathcal{R}_b\cap\phi_2=\{\boldsymbol{\rho}_f\}$，即 $\boldsymbol{\rho}_t$ 可从任意初态收敛到 $\boldsymbol{\rho}_f$。

6.4　时滞反馈控制的应用

本节将在数值实验中利用 6.3 节中设计的反馈控制分别镇定本征态和 Bell 态。应用文献[118]中的结果，与随机主方程式（2.4）关联的 Kraus 形式为

$$\boldsymbol{\rho}_{t+\mathrm{d}t}=\frac{\boldsymbol{\mathcal{M}}_{\mathrm{d}y_t}\boldsymbol{\rho}_t\boldsymbol{\mathcal{M}}_{\mathrm{d}y_t}^{\dagger}+\sum_{v}(1-\eta_{L_v}\Gamma_{L_v})\boldsymbol{L}_v\boldsymbol{\rho}_t\boldsymbol{L}_v^{\dagger}\mathrm{d}t}{\mathrm{tr}\left(\boldsymbol{\mathcal{M}}_{\mathrm{d}y_t}\boldsymbol{\rho}_t\boldsymbol{\mathcal{M}}_{\mathrm{d}y_t}^{\dagger}+\sum_{v}(1-\eta_{L_v}\Gamma_{L_v})\boldsymbol{L}_v\boldsymbol{\rho}_t\boldsymbol{L}_v^{\dagger}\mathrm{d}t\right)} \tag{6.41}$$

其中

$$\boldsymbol{\mathcal{M}}_{\mathrm{d}y_t}=\mathbb{I}-\left(\mathrm{i}\left(\boldsymbol{H}_0+\sum_k\boldsymbol{H}_k u_t\right)+\frac{1}{2}\sum_v\boldsymbol{L}_v^{\dagger}\boldsymbol{L}_v\right)\mathrm{d}t+\sum_v\sqrt{\eta_{L_v}\Gamma_{L_v}}\,\mathrm{d}y_{v,t}\boldsymbol{L}_v$$

根据式（6.6）和式（6.41），对于镇定本征态的情况，有

$$\boldsymbol{\rho}_{t+\mathrm{d}t}=\frac{\boldsymbol{\mathcal{M}}_{\mathrm{d}y_t}\boldsymbol{\rho}_t\boldsymbol{\mathcal{M}}_{\mathrm{d}y_t}^{\dagger}+(1-\eta_L)\boldsymbol{L}\boldsymbol{\rho}_t\boldsymbol{L}^{\dagger}\mathrm{d}t}{\mathrm{tr}(\boldsymbol{\mathcal{M}}_{\mathrm{d}y_t}\boldsymbol{\rho}_t\boldsymbol{\mathcal{M}}_{\mathrm{d}y_t}^{\dagger}+(1-\eta_L)\boldsymbol{L}\boldsymbol{\rho}_t\boldsymbol{L}^{\dagger}\mathrm{d}t)} \tag{6.42}$$

其中

$$\mathcal{M}_{\mathrm{d}y_t}=\mathbb{I}-\left(\mathrm{i}(\boldsymbol{H}_0+\boldsymbol{H}_1u_t)+\frac{1}{2}\boldsymbol{L}^\dagger\boldsymbol{L}\right)\mathrm{d}t+\sqrt{\eta_L}\mathrm{d}y_t\boldsymbol{L}$$

相似地，根据式（6.31）和式（6.41），对于镇定 Bell 态的情况，有

$$\boldsymbol{\rho}_{t+\mathrm{d}t}=\frac{\mathcal{M}_{\mathrm{d}y_t}\boldsymbol{\rho}_t\mathcal{M}_{\mathrm{d}y_t}^\dagger+\sum_\nu(1-\eta_{L_\nu}\Gamma_{L_\nu})\boldsymbol{L}_\nu\boldsymbol{\rho}_t\boldsymbol{L}_\nu^\dagger\mathrm{d}t}{\mathrm{tr}\left(\mathcal{M}_{\mathrm{d}y_t}\boldsymbol{\rho}_t\mathcal{M}_{\mathrm{d}y_t}^\dagger+\sum_\nu(1-\eta_{L_\nu}\Gamma_{L_\nu})\boldsymbol{L}_\nu\boldsymbol{\rho}_t\boldsymbol{L}_\nu^\dagger\mathrm{d}t\right)} \tag{6.43}$$

其中

$$\mathcal{M}_{\mathrm{d}y_t}=\mathbb{I}-\left(\mathrm{i}\boldsymbol{H}_1u_t+\frac{1}{2}\boldsymbol{L}_1^\dagger\boldsymbol{L}_1+\frac{1}{2}\boldsymbol{L}_2^\dagger\boldsymbol{L}_2\right)\mathrm{d}t+\sqrt{\eta_{L_1}\Gamma_{L_1}}\mathrm{d}y_{1,t}\boldsymbol{L}_1+\sqrt{\eta_{L_2}\Gamma_{L_2}}\mathrm{d}y_{2,t}\boldsymbol{L}_2$$

因此，在数值仿真中镇定本征态和 Bell 态的系统演化分别基于式（6.42）和式（6.43）进行计算。

6.4.1 本征态的快速镇定

本节镇定的本征态设为 $\boldsymbol{\rho}_f=\begin{bmatrix}1&0\\0&0\end{bmatrix}$，而初态设为 $\boldsymbol{\rho}_0=\begin{bmatrix}0&0\\0&1\end{bmatrix}$。在式（6.6）和 V_c 中的参数设为

$$\boldsymbol{L}=\sqrt{\mu}\sigma_z,\quad \mu=1,\quad \eta=0.9,\quad \boldsymbol{H}_0=0,\quad \boldsymbol{H}_1=\sigma_y,\quad \boldsymbol{X}=\begin{bmatrix}0&0\\-1&0\end{bmatrix},\quad \tau=0.2$$

从而

$$\mathrm{tr}(-\mathrm{i}[\boldsymbol{X},\boldsymbol{H}_1]\boldsymbol{\rho}_f)=-1<0$$

$$\mathrm{tr}(-\mathrm{i}[\boldsymbol{X},\boldsymbol{H}_1]\boldsymbol{\rho}_0)=1>0 \tag{6.44}$$

根据式（6.8）和式（6.44），可将状态空间 $\mathcal{S}$ 划分为

$$\phi_1=\{\boldsymbol{\rho}:\mathrm{tr}(-\mathrm{i}[\boldsymbol{X},\boldsymbol{H}_1]\boldsymbol{\rho})<0.5,\boldsymbol{\rho}\in\mathcal{S}\}$$

$$\phi_2=\frac{\mathcal{S}}{\phi_1} \tag{6.45}$$

使 $\boldsymbol{\rho}_f\in\phi_1$ 且 $\boldsymbol{\rho}_0\in\phi_2$。根据式（6.6）和式（6.28），$\mathrm{tr}(\boldsymbol{X}f(\boldsymbol{\rho}_t))=0$。令 $M_{\max}=0.5$，$M_{u_{s2}}=1$

且 $M_{\min}=0.5$，则快速镇定本征态 $\boldsymbol{\rho}_f$ 的时滞控制为

$$u(\boldsymbol{\rho}_t)=\begin{cases}0, & \mathrm{tr}(-\mathrm{i}[\boldsymbol{X},\boldsymbol{H}_1]\boldsymbol{\rho}_t)<0.5\\ \dfrac{-M_{u_{s2}}-M_{\max}}{M_{\min}}, & \mathrm{tr}(-\mathrm{i}[\boldsymbol{X},\boldsymbol{H}_1]\boldsymbol{\rho}_t)\geqslant 0.5\end{cases} \tag{6.46}$$

此为一个类棒棒控制。

时滞控制式（6.46）快速镇定本征态的 Matlab 源代码见附录 B.4，镇定本征态的 5 次实验结果如图 6.1 所示。图中显示，所有距离曲线均趋于零，因此目标态是可镇定的，且所有的时滞控制均是类棒棒控制，这与理论设计一致。需要注意的是，由于存在时间延迟，因此 0～0.2 时间内的控制设为零，实际的控制在时间 0.2 后才发挥作用。

考虑到随机因素，执行了相同参数设定下的 1 000 次实验，其从 $\boldsymbol{\rho}_t$ 到 $\boldsymbol{\rho}_f$ 距离的平均值如图 6.2 所示，而且应用文献[78]中控制的结果亦在图 6.2 中呈现。图 6.2 显示，从 $\boldsymbol{\rho}_t$ 到 $\boldsymbol{\rho}_f$ 距离的平均值趋于零且本节所设计控制镇定本征态的时间少于文献[78]中控制镇定本征态的时间，显示了所设计控制的快速性。

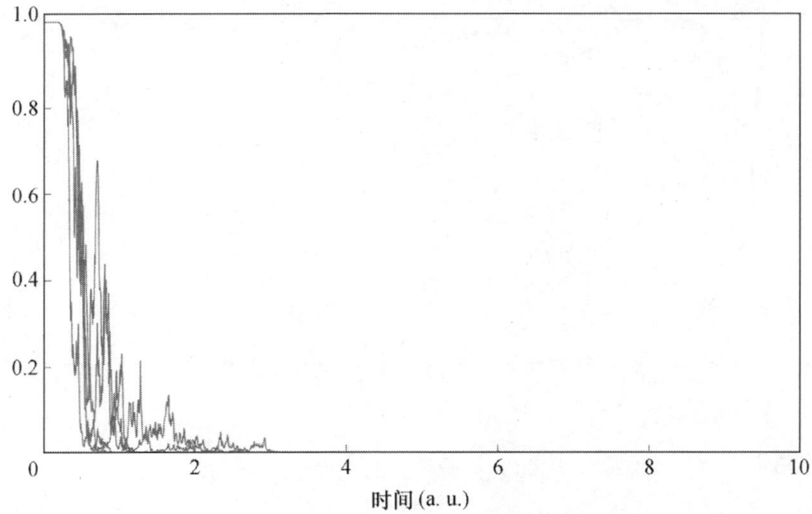

（a）5 次实验 $\boldsymbol{\rho}_t$ 到 $\boldsymbol{\rho}_f$ 的距离 $V=1-\mathrm{tr}(\boldsymbol{\rho}_t\boldsymbol{\rho}_f)$ 的曲线

图 6.1　镇定本征态的 5 次实验结果

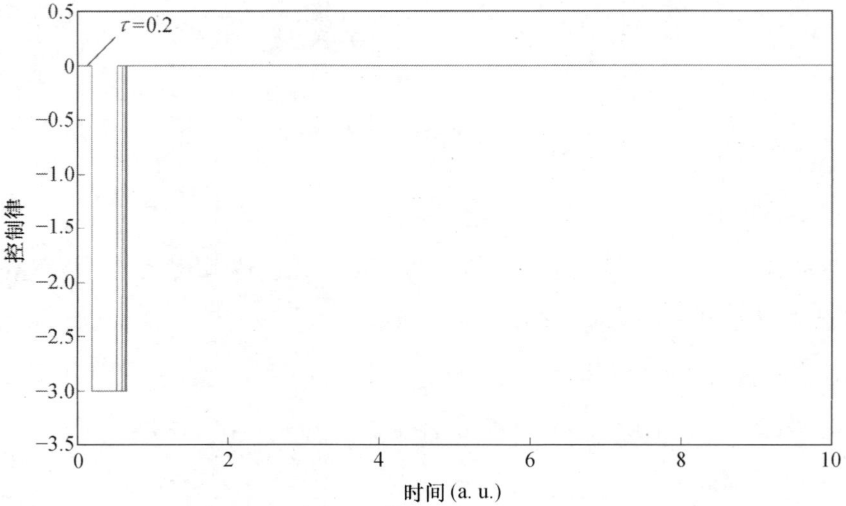

（b）时滞控制 u_t

续图 6.1

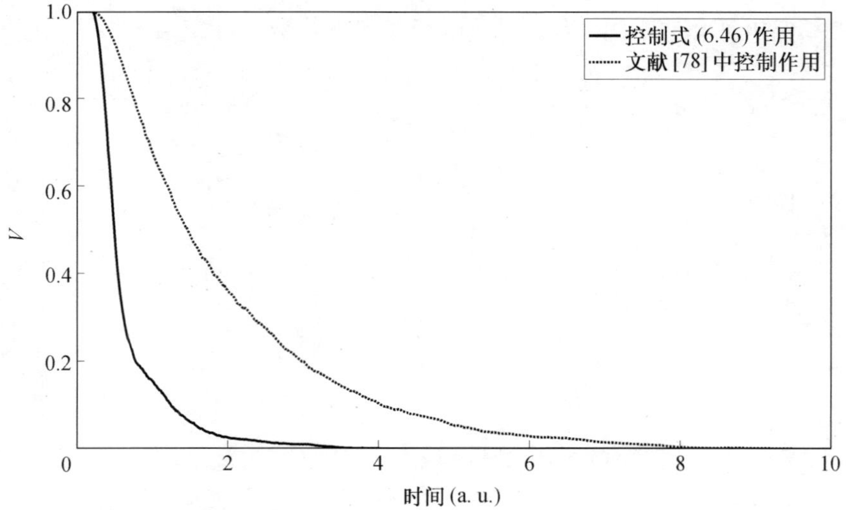

图 6.2　1 000 次实验从 ρ_t 到 ρ_f 距离的平均值

为进一步研究所设计控制的特性，针对不同的 C 分别执行 1 000 次实验，从 ρ_t 到 ρ_f 的距离平均值如图 6.3 所示，可以看到随着 C 的减小，即随着子空间 ϕ_1 的收缩，目标态的镇定时间变短。因此，为更快地镇定本征态，C 应该设置得小一些。

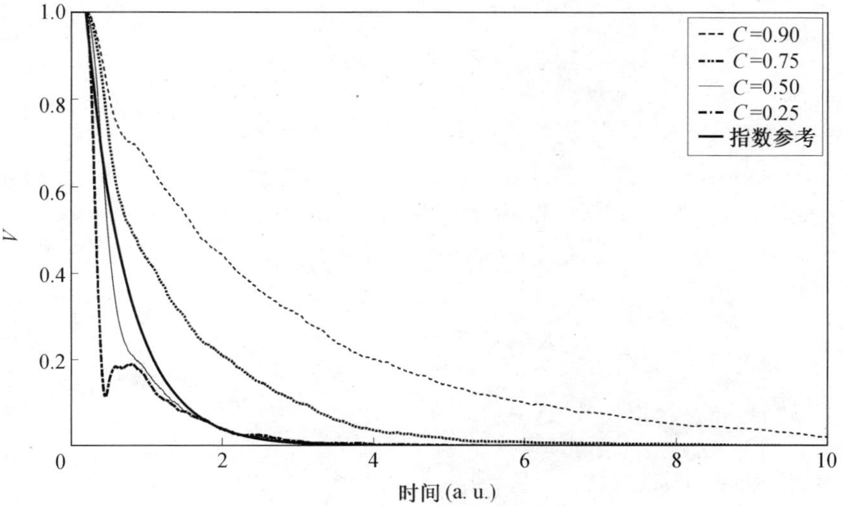

图 6.3　针对不同 C 的 1 000 次实验从 $\boldsymbol{\rho}_t$ 到 $\boldsymbol{\rho}_f$ 的距离平均值

6. 4. 2　Bell 态的快速镇定

本节初态设为 ϕ^+，要镇定的目标态设为 Bell 态 ϕ^-。式（6.31）和 V_c 中的参数设为 $\boldsymbol{L}_1=\sigma_{z,1}\otimes\mathbb{I}_2-\mathbb{I}_2\otimes\sigma_{z,2}$，$\boldsymbol{L}_2=\sigma_{x,1}\otimes\sigma_{x,2}$，$\tau=0.2$，$\Gamma_{\boldsymbol{L}_1}=\Gamma_{\boldsymbol{L}_2}=1$，$\eta_{\boldsymbol{L}_1}=\eta_{\boldsymbol{L}_2}=0.8$，有

$$\boldsymbol{H}_1=(\sigma_{z,1}+\sigma_{x,1})\otimes\mathbb{I}_2,\quad \boldsymbol{X}=\begin{bmatrix}0 & 0 & -0.5\mathrm{i} & -\mathrm{i}\\ 0 & 0 & 0 & 0.5\mathrm{i}\\ 0.5\mathrm{i} & 0 & 0 & 0\\ \mathrm{i} & -0.5\mathrm{i} & 0 & 0\end{bmatrix}$$

从而

$$-\mathrm{i}[\boldsymbol{X},\boldsymbol{H}_1]\boldsymbol{\rho}_t=\begin{bmatrix}-\rho_{11}-\rho_{21}+\rho_{31}+2\rho_{41} & * & * & *\\ * & -\rho_{12}+\rho_{22}-\rho_{42} & * & *\\ * & * & \rho_{13}+\rho_{33}+\rho_{43} & *\\ * & * & * & 2\rho_{14}-\rho_{24}+\rho_{34}-\rho_{44}\end{bmatrix}$$

使得

$$\mathrm{tr}(-\mathrm{i}[\boldsymbol{X},\boldsymbol{H}_1]\boldsymbol{\rho}_t)=\rho_{22}+\rho_{33}-(\rho_{11}+\rho_{44})+2\Re(\rho_{13}+\rho_{34}+2\rho_{24}-\rho_{12}-\rho_{24})$$

因此

$$\mathrm{tr}(-\mathrm{i}[\boldsymbol{X},\boldsymbol{H}_1]\phi^-)=-1<0$$

$$\mathrm{tr}(-\mathrm{i}[\boldsymbol{X},\boldsymbol{H}_1]\boldsymbol{\rho}_i)=1>0 \tag{6.47}$$

其中，$\boldsymbol{\rho}_i\in\{\boldsymbol{\phi}^+,\boldsymbol{\psi}^\pm\}$。根据式（6.8）和式（6.47），可将状态空间$\mathcal{S}$划分为

$$\phi_1=\{\boldsymbol{\rho}:\mathrm{tr}(-\mathrm{i}[\boldsymbol{X},\boldsymbol{H}_1]\boldsymbol{\rho})<0.9,\boldsymbol{\rho}\in\mathcal{S}\}$$

$$\phi_2=\frac{\mathcal{S}}{\phi_1} \tag{6.48}$$

使$\phi^-\in\phi_1$且$\boldsymbol{\phi}^+,\boldsymbol{\psi}^\pm\in\phi_2$。根据式（6.31），有

$$f(\boldsymbol{\rho}_t)=\begin{bmatrix}\rho_{44}-\rho_{11} & \rho_{43}-3\rho_{12} & \rho_{42}-3\rho_{13} & \rho_{41}-\rho_{14}\\ \rho_{34}-3\rho_{21} & \rho_{33}-\rho_{22} & \rho_{32}-9\rho_{23} & \rho_{31}-3\rho_{24}\\ \rho_{24}-3\rho_{31} & \rho_{23}-9\rho_{32} & \rho_{22}-\rho_{33} & \rho_{21}-3\rho_{34}\\ \rho_{14}-\rho_{41} & \rho_{13}-3\rho_{42} & \rho_{12}-3\rho_{43} & \rho_{11}-\rho_{44}\end{bmatrix} \tag{6.49}$$

且

$$\mathrm{tr}(\boldsymbol{X}f(\boldsymbol{\rho}_t))=-2\Im(\rho_{24}+\rho_{13}+2\rho_{41}) \tag{6.50}$$

基于式（6.48）和式（6.50），可取$M_{\max}=2$，$M_{u_{s2}}=2.5$及$M_{\min}=0.9$，则快速镇定 Bell 态ϕ^-的时滞控制为

$$u_t=\begin{cases}0, & \mathrm{tr}(-\mathrm{i}[\boldsymbol{X},\boldsymbol{H}_1]\boldsymbol{\rho}_t)<0.9\\ \dfrac{-M_{u_{s2}}-M_{\max}}{M_{\min}}, & \mathrm{tr}(-\mathrm{i}[\boldsymbol{X},\boldsymbol{H}_1]\boldsymbol{\rho}_t)\geqslant 0.9\end{cases} \qquad 6.51）$$

其也是一个类棒棒控制。

镇定$\boldsymbol{\phi}^-$的 5 次实验结果如图 6.4 所示。

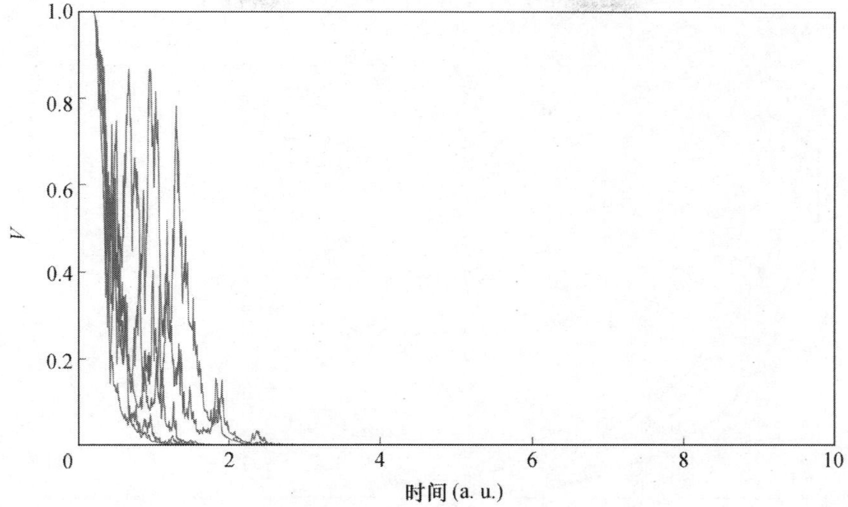

（a）5 次实验 $\boldsymbol{\rho}_t$ 到 $\boldsymbol{\phi}^-$ 的距离曲线

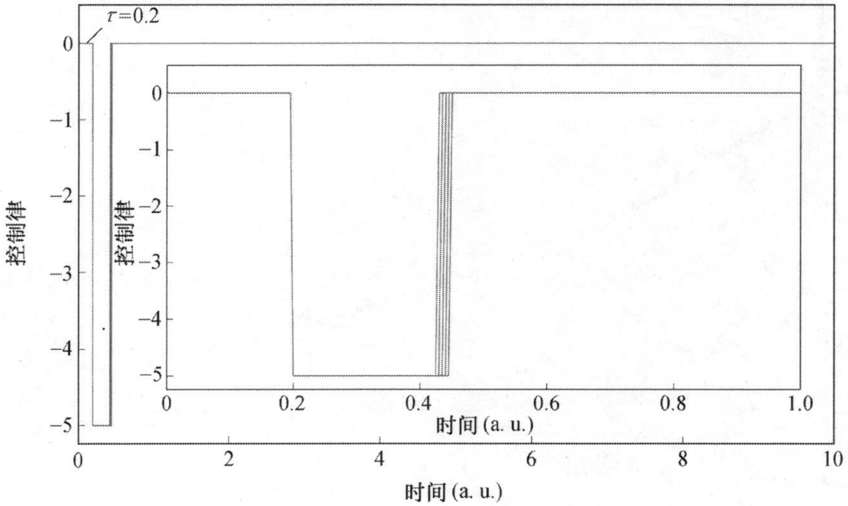

（b）时滞控制 $\boldsymbol{u}_t$

图 6.4　镇定 $\boldsymbol{\phi}^-$ 的 5 次实验结果

1 000 次实验从 ρ_i 到 ρ_f 的距离平均值如图 6.5 所示。

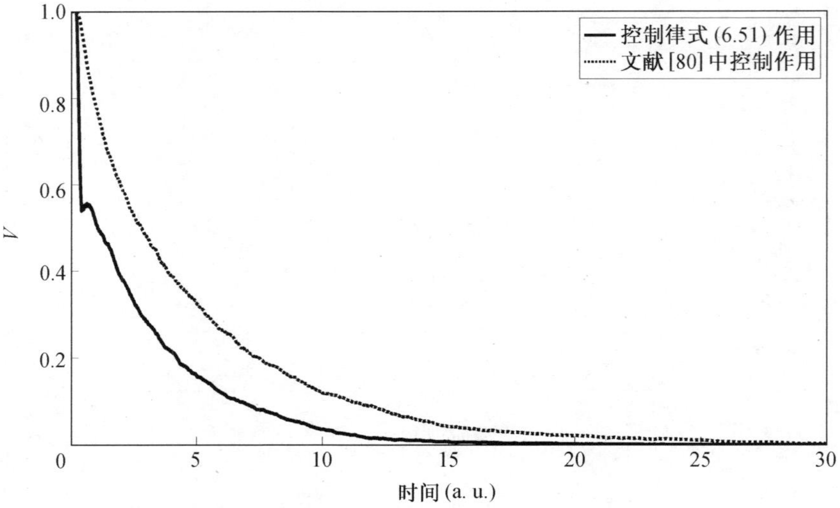

（a）应用式（6.51）和文献[80]中控制的距离平均值对比

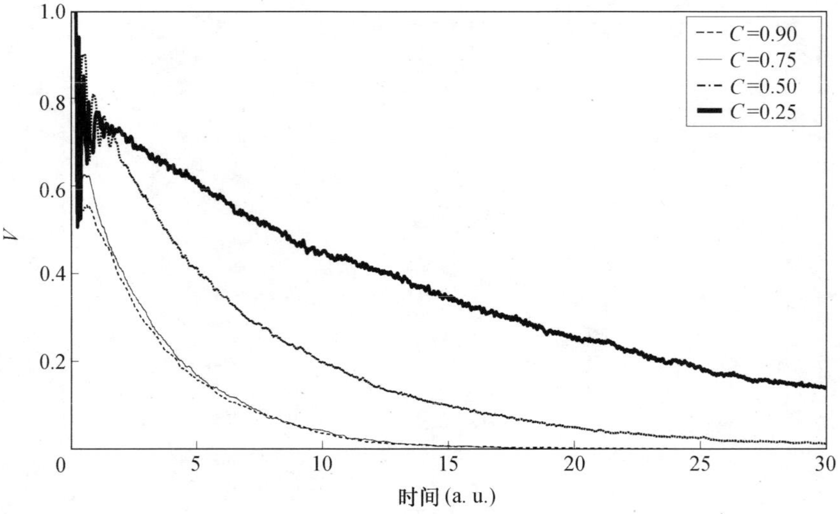

（b）不同 C 情况下的距离平均值

图 6.5　1 000 次实验从 ρ_i 到 ρ_f 的距离平均值

与镇定本征态的情况类似，5 次实验从 ρ_i 到 ρ_f 的距离曲线和 1 000 次实验从 ρ_i 到 ρ_f 的距离平均值均趋于零，因此所设计的镇定 Bell 态的控制律是有效的。同时，图 6.5（a）所设计的控制镇定 Bell 态的时间小于文献[80]中控制镇定 Bell 态的时间，显示了本章设计控制的快速性。从图 6.5（b）中可以看到，随着 C 的减小，镇定目标 Bell 的时间逐渐增加，这与镇定本征态的情况不同。对于镇定 Bell 态的情况，非零控制会引起振荡，导致状态收敛减慢。因此，为快速镇定 Bell 态，C 应该设置得大一些。

在图 6.4 中，所有轨迹通过 ϕ_1 和 ϕ_2 的边界 1 次。初态为 $\hat{\rho}_0 = \text{diag}(1,0,0,0)$ 时的 5 次镇定 $\boldsymbol{\phi}^-$ 实验结果如图 6.6 所示，从图中可以看到其中的三个轨迹通过边界 2 次而另两个轨迹通过边界 0 次，同时呈现了定理 6.1 证明中的两种情况。

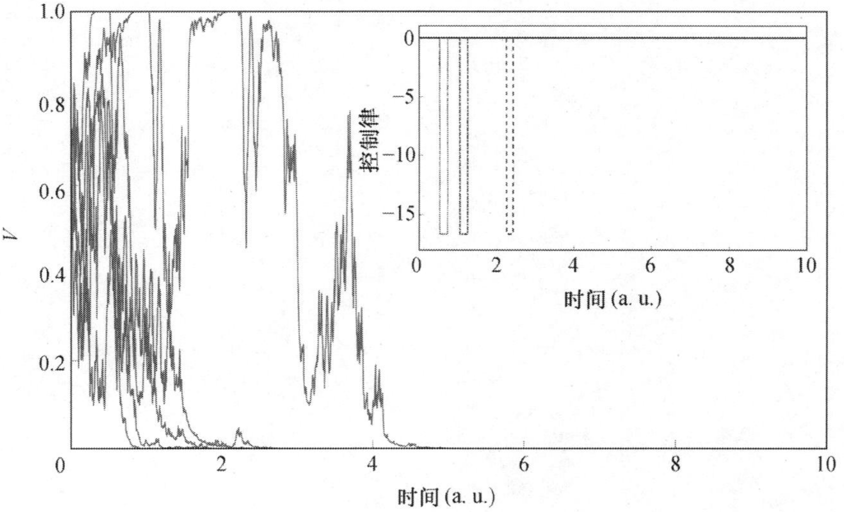

图 6.6　初态为 $\hat{\rho}_0 = \text{diag}(1,0,0,0)$ 时的 5 次镇定 $\boldsymbol{\phi}^-$ 实验结果

6.5　本章小结

本章基于状态反馈和随机微分方程的类李雅普诺夫–拉塞尔定理，分别设计了从状态空间的任意初始状态快速镇定随机量子系统本征态和 Bell 态的时滞控制。通过

将状态空间划分为两个状态子空间，目标态和其他平衡态分别位于不同的状态子空间，然后由作用于相应状态子空间的控制组成时滞控制，使系统轨迹只经过两个子空间的边界不超过 2 次，从而缩短了镇定时间。数值实验结果也表明，与相关文献中的已有控制相比，本章设计的时滞控制具有快速性，与理论结果一致。此外，本章还分析了不同子空间的划分方法，合理的划分方法可以进一步缩短镇定时间。

第 7 章　随机时滞量子系统的指数镇定

第 4 章研究了随机量子系统的指数镇定，而第 6 章研究了随机时滞量子系统的快速全局镇定。在第 4 章和第 6 章中，考虑时滞控制时并未对量子态的收敛速度做要求，而考虑指数镇定时采用的是无时滞反馈控制，因此本章研究随机时滞量子系统的指数镇定，即同时考虑时滞控制和指数镇定。考虑到状态反馈和噪声辅助反馈均能实现随机非时滞量子系统的指数镇定，一种自然的指数镇定随机量子系统的时滞反馈设计思路是保持无时滞状态反馈的控制形式不变，仅将其中的实时状态替换为时滞状态。那么，必须回答的一个关键问题是，这样设计的反馈控制能否在延迟时间较小时实现随机时滞量子系统的指数稳定。对于这个问题，本章将给出肯定答案，即状态反馈和噪声辅助反馈均对小延迟时间具有鲁棒性。

7.1　随机时滞量子系统的数学模型

当时滞状态反馈用于量子自旋$-\frac{1}{2}$系统即式（4.3）时，被控量子系统可描述为

$$\begin{aligned}\boldsymbol{\rho}_t &= \left(-\mathrm{i}\frac{\omega_{\mathrm{eg}}}{2}[\sigma_z,\boldsymbol{\rho}_t]+\frac{M}{4}(\sigma_z\boldsymbol{\rho}_t\sigma_z-\boldsymbol{\rho}_t)-\mathrm{i}\frac{u_{\mathrm{sf}}(\boldsymbol{\rho}_{t-\tau_{\mathrm{sf}}(t)})}{2}[\sigma_y,\boldsymbol{\rho}_t]\right)\mathrm{d}t+\\ &\quad \frac{\sqrt{\eta M}}{2}(\sigma_z\boldsymbol{\rho}_t+\boldsymbol{\rho}_t\sigma_z-2\,\mathrm{tr}(\boldsymbol{\rho}_t\sigma_z)\boldsymbol{\rho}_t)\mathrm{d}W_t\\ &= \Theta(\boldsymbol{\rho}_t,\boldsymbol{\rho}_{t-\tau_{\mathrm{sf}}(t)})\mathrm{d}t+\Omega(\boldsymbol{\rho}_t)\mathrm{d}W_t \end{aligned} \tag{7.1}$$

式中，$u_{\mathrm{sf}}(\boldsymbol{\rho}_{t-\tau_{\mathrm{sf}}(t)})$代表时滞状态反馈；$\tau_{\mathrm{sf}}(t)$代表状态反馈中的时变延时。

$$\Theta(\boldsymbol{\rho}_t,\boldsymbol{\rho}_{t-\tau_{\mathrm{sf}}(t)})=-\mathrm{i}\frac{\omega_{\mathrm{eg}}}{2}[\sigma_z,\boldsymbol{\rho}_t]+\frac{M}{4}(\sigma_z\boldsymbol{\rho}_t\sigma_z-\boldsymbol{\rho}_t)-\mathrm{i}\frac{u_{\mathrm{sf}}(\boldsymbol{\rho}_{t-\tau_{\mathrm{sf}}(t)})}{2}[\sigma_y,\boldsymbol{\rho}_t]$$

$$\Omega(\boldsymbol{\rho}_t)=\frac{\sqrt{\eta M}}{2}(\sigma_z\boldsymbol{\rho}_t+\boldsymbol{\rho}_t\sigma_z-2\,\mathrm{tr}(\boldsymbol{\rho}_t\sigma_z)\boldsymbol{\rho}_t) \tag{7.2}$$

而当时滞噪声辅助反馈作用于比特系统即式（4.6）时，$u_t\mathrm{d}t=u_{\mathrm{nf}}(\boldsymbol{\rho}_{t-\tau_{\mathrm{nf}}(t)})\mathrm{d}B_t$，其中 $\tau_{\mathrm{nf}}(t)$ 代表噪声辅助反馈中的时变延时，式（4.6）变为

$$\begin{aligned}\mathrm{d}\boldsymbol{\rho}_t&=\Gamma(\sigma_z\boldsymbol{\rho}_t\sigma_z-\boldsymbol{\rho}_t)\mathrm{d}t+u_{\mathrm{nf}}^2(\boldsymbol{\rho}_{t-\tau_{\mathrm{nf}}(t)})(\sigma_y\boldsymbol{\rho}_t\sigma_y-\boldsymbol{\rho}_t)\mathrm{d}t-\mathrm{i}u_{\mathrm{nf}}(\boldsymbol{\rho}_{t-\tau_{\mathrm{nf}}(t)})[\sigma_y,\boldsymbol{\rho}_t]\mathrm{d}B_t+\\&\quad\sqrt{\eta\Gamma}(\sigma_z\boldsymbol{\rho}_t+\boldsymbol{\rho}_t\sigma_z-2\,\mathrm{tr}(\boldsymbol{\rho}_t\sigma_z)\boldsymbol{\rho}_t)\mathrm{d}W_t\\&=\Lambda(\boldsymbol{\rho}_t,\boldsymbol{\rho}_{t-\tau_{\mathrm{nf}}(t)})\mathrm{d}t+\Xi(\boldsymbol{\rho}_t,\boldsymbol{\rho}_{t-\tau_{\mathrm{nf}}(t)})\mathrm{d}B_t+Y(\boldsymbol{\rho}_t)\mathrm{d}W_t\end{aligned} \tag{7.3}$$

其中

$$\begin{cases}\Lambda(\boldsymbol{\rho}_t,\boldsymbol{\rho}_{t-\tau_{\mathrm{nf}}(t)})=\Gamma(\sigma_z\boldsymbol{\rho}_t\sigma_z-\boldsymbol{\rho}_t)+u_{\mathrm{nf}}^2(\boldsymbol{\rho}_{t-\tau_{\mathrm{nf}}(t)})(\sigma_y\boldsymbol{\rho}_t\sigma_y-\boldsymbol{\rho}_t)\\\Xi(\boldsymbol{\rho}_t,\boldsymbol{\rho}_{t-\tau_{\mathrm{nf}}(t)})=-\mathrm{i}u_{\mathrm{nf}}(\boldsymbol{\rho}_{t-\tau_{\mathrm{nf}}(t)})[\sigma_y,\boldsymbol{\rho}_t]\\Y(\boldsymbol{\rho}_t)=\sqrt{\eta\Gamma}(\sigma_z\boldsymbol{\rho}_t+\boldsymbol{\rho}_t\sigma_z-2\,\mathrm{tr}(\boldsymbol{\rho}_t\sigma_z)\boldsymbol{\rho}_t)\end{cases} \tag{7.4}$$

量子随机主方程式（4.3）和式（4.6）分别对应随机微分方程

$$\mathrm{d}y_t=f_{\mathrm{sf}}(y_t,t)\mathrm{d}t+h_{\mathrm{sf}}(y_t,t)\mathrm{d}W_t \tag{7.5}$$

和

$$\mathrm{d}y_t=f_{\mathrm{nf}}(y_t,t)\mathrm{d}t+g_{\mathrm{nf}}(y_t,t)\mathrm{d}B_t+h_{\mathrm{nf}}(y_t,t)\mathrm{d}W_t \tag{7.6}$$

它们均属于下面所示的随机微分方程的特例，即

$$\mathrm{d}y_t=f(y_t,t)\mathrm{d}t+g(y_t,t)\mathrm{d}B_t+h(y_t,t)\mathrm{d}W_t \tag{7.7}$$

式中，$f:\mathbb{R}^n\times\mathbb{R}_+\to\mathbb{R}^n$，$g,h:\mathbb{R}^n\times\mathbb{R}_+\to\mathbb{R}^{n\times r}$；$B_t$ 和 W_t 是定义在经典完备概率空间 $(\Omega,\mathcal{F},\{\mathcal{F}_t\}_{t\geqslant 0},\mathbb{P})$ 中的 r 维相互独立的标准维纳过程。因此，为了统一性，本章重点关注式（7.7）而非式（7.5）和式（7.6）。随机微分方程式（7.7）对应的随机时滞微分方程可以写为

$$\mathrm{d}x_t=f(x_t,x_{t-\tau_1(t)},t)\mathrm{d}t+g(x_t,x_{t-\tau_2(t)},t)\mathrm{d}B_t+h(x_t,x_{t-\tau_3(t)},t)\mathrm{d}W_t \tag{7.8}$$

式中，$\tau_1(t)$、$\tau_2(t)$ 和 $\tau_3(t)$ 代表时变延时；初态为 $x_{t_0+u}=\xi_u$，$u\in[-\tau,0]$，$t_0\geqslant 0$，$\xi_u\in\mathfrak{L}^2_{\mathcal{F}_{t_0}}(\Omega;\mathcal{C}([-\tau,0];\mathbb{R}^n))$ 且 $\mathcal{X}_{t_0}=\sup\limits_{-\tau\leqslant u\leqslant 0}|\xi_u|$。

本章的研究目标是获得随机时滞量子系统的指数镇定，即分别为量子自旋 $-\frac{1}{2}$ 系统式（4.3）和单比特系统式（4.6）设计时滞状态反馈和时滞噪声辅助反馈，指数地驱动量子随机时滞主方程式（7.1）和（7.3）式在状态空间 $\mathcal{S}$ 中从任意初态 ρ_0 到期望的目标态 ρ_f。为保证随机时滞量子系统指数镇定问题的可解性，对量子自旋 $-\frac{1}{2}$ 系统式（4.3）和单比特系统式（4.6），目标态均选为测量算符的本征态。

考虑到状态反馈和噪声辅助反馈均已用于指数镇定随机非时滞量子系统，在设计时滞反馈时，采用与已有非时滞反馈相同的控制形式，包括状态反馈和噪声辅助反馈，并用时滞状态替换实时状态，即在反馈控制中用 $\rho_{t(t)}$ 替换 $\rho_{t-\tau(t)}$。对于以这种方式设计的时滞反馈能否实现随机时滞量子系统指数镇定的问题，当时变延时 $\tau(t)$ 以一个正数 τ^* 为上界且被控量子系统满足 Lipschitz 条件和线性增长条件时，将给出一个肯定答案。接下来将首先针对一般随机时滞微分方程即式（7.8）考虑这个问题，然后将得到的一般性结果应用于量子随机时滞主方程式（7.1）和式（7.3）中，具体技术细节将分别在 7.2 节和 7.3 节中呈现。

7.2　随机时滞微分方程的指数镇定

在描述主要结果之前，首先对一般随机时滞微分方程式（7.8）设定三个假设。

假设 7.1（Lipschitz 条件）　f、g 和 h 是布尔可测的且存在三个非负常数 K_1、K_2 和 K_3，使得对所有的 $x,\bar{x},y,\bar{y}\in\mathbb{R}^n$ 和 $t\geqslant 0$，有

$$\begin{cases}|f(x,y,t)-f(\bar{x},\bar{y},t)|\leqslant K_1(|x-\bar{x}|+|y-\bar{y}|)\\|g(x,y,t)-g(\bar{x},\bar{y},t)|\leqslant K_2(|x-\bar{x}|+|y-\bar{y}|)\\|h(x,y,t)-h(\bar{x},\bar{y},t)|\leqslant K_3(|x-\bar{x}|+|y-\bar{y}|)\end{cases}\tag{7.9}$$

假设 7.2（线性增长条件）　存在三个非负常数 C_1、C_2 和 C_3，使得对所有的 $x,y\in\mathbb{R}^n$ 和 $t\geqslant 0$，有

$$\begin{cases}|f(x,y,t)|\leqslant C_1(|x|+|y|)\\|g(x,y,t)|\leqslant C_2(|x|+|y|)\\|h(x,y,t)|\leqslant C_3(|x|+|y|)\end{cases} \tag{7.10}$$

注 7.1 令$\tilde{C}_1=\sqrt{2}C_1$，由于$(|x|+|y|)^2\leqslant 2(|x|^2+|y|^2)$，因此式（7.10）可替换为

$$\begin{cases}|f(x,y,t)|^2\leqslant \tilde{C}_1^2(|x|^2+|y|^2)\\|g(x,y,t)|^2\leqslant \tilde{C}_2^2(|x|^2+|y|^2)\\|h(x,y,t)|^2\leqslant \tilde{C}_3^2(|x|^2+|y|^2)\end{cases}$$

假设 7.3 初态为$y_{t_0}=y_0$的随机非时滞微分方程式（7.7），其中$t_0\geqslant 0$且$y_0\in\mathfrak{L}^2_{\mathcal{F}_{t_0}}(\Omega;\mathbb{R}^n)$，满足

$$\mathbb{E}|y_t|^p\leqslant \mathcal{M}\mathrm{e}^{-r(t-t_0)}\mathbb{E}|y_0|^p \tag{7.11}$$

式中，$\forall t\geqslant t_0$，$\mathcal{M}>0$，$r>0$，$0<p<1$。

基于假设 7.1、假设 7.2 和假设 7.3，可有定理 7.1。

定理 7.1 令假设 7.1、假设 7.2 和假设 7.3 成立，则对$\mathfrak{L}^2_{\mathcal{F}_{t_0}}(\Omega;\mathcal{C}([-\tau,0];\mathbb{R}^n))$中的任意初态，当$\tau<\tau^*$时，随机时滞微分方程式（7.8）的解满足$\limsup\limits_{t\to\infty}\frac{1}{t}\log|x_t|<0$，其中$\tau^*>0$是方程$\mathcal{H}(\tau,p,t,T)=1$的唯一解，有

$$\mathcal{H}(\tau,p,t,T)=\epsilon\mathrm{e}^{(2C_1+2C_2^2+2C_3^2)p\tau}+2^p\mathcal{H}_1(\tau,p,\tau+T)+4^p\mathcal{H}_2(\tau,p,t_0+\tau+T) \tag{7.12}$$

式中，$\epsilon\in(0,1)$，$T=\frac{1}{r}\ln\frac{2^{2.5p}\mathcal{M}}{\epsilon}$，且有

$$\mathcal{H}_1(\tau,p,t)=(12\tau(\tau C_1^2+4C_2^2+4C_3^2)\mathrm{e}^{4t(C_1+C_2^2+C_3^2)}(1+\mathrm{e}^{4\tau(C_1+C_2^2+C_3^2)}))^{\frac{p}{2}} \tag{7.13（a）}$$

$$\mathcal{H}_2(\tau,p,t)=\left(\frac{12\tau(\tau C_1^2+C_2^2+C_3^2)(K_1+2K_2^2+2K_3^2)}{C_1+C_2^2+C_3^2}\mathrm{e}^{(5K_1+6K_2^2+6K_3^2+4C_1+4C_2^2+4C_3^2)(t-t_0)}\right)^{\frac{p}{2}} \tag{7.13（b）}$$

证明　证明分为以下三步。

第 1 步　给出随机时滞微分方程式（7.8）解的 p 阶矩估计，其中 $p\in(0,1)$，即

$$\mathbb{E}|x_t|^p \leqslant (2\mathrm{e}^{4(C_1+C_2^2+C_3^2)(t-t_0)})^{\frac{p}{2}}\mathcal{X}_{t_0}^p$$

和

$$\mathbb{E}\left(\sup_{0\leqslant u\leqslant\tau}|x_{t+u}-x_t|^p\right)\leqslant \mathcal{H}_1(\tau,p,t-t_0)\mathcal{X}_{t_0}^p$$

第 2 步　估计随机微分方程式（7.7）和随机时滞微分方程式（7.8）解的 p 阶矩之差，即

$$\mathbb{E}|x_t-y_t|^2\leqslant \mathcal{H}_2(\tau,2,t)\mathcal{X}_{t_0}^2$$

第 3 步　借助第 1 步和第 2 步中的估计，证明定理 7.1 的主要结果。

（1）根据 Itô 公式（2.1）和随机时滞微分方程式（7.8），对 $t\geqslant t_0$ 易得

$$\begin{aligned}\mathbb{E}|x_t|^2=&|x_{t_0}|^2+2\mathbb{E}\int_{t_0}^t x_s f(x_s,x_{s-\tau_1(s)},s)\mathrm{d}s+\\&\mathbb{E}\int_{t_0}^t g^2(x_s,x_{s-\tau_2(s)},s)+h^2(x_s,x_{s-\tau_3(s)},s)\mathrm{d}s\end{aligned}\tag{7.14}$$

根据假设 7.2，式（7.14）变为

$$\begin{aligned}\mathbb{E}|x_t|^2\leqslant&|x_{t_0}|^2+(3C_1+2C_2^2+2C_3^2)\mathbb{E}\int_{t_0}^t|x_s|^2\mathrm{d}s+C_1\mathbb{E}\int_{t_0}^t|x_{s-\tau_1(s)}|^2\mathrm{d}s+\\&2C_2^2\mathbb{E}\int_{t_0}^t|x_{s-\tau_2(s)}|^2\mathrm{d}s+2C_3^2\mathbb{E}\int_{t_0}^t|x_{s-\tau_3(s)}|^2\mathrm{d}s\\\leqslant&|x_{t_0}|^2+4(C_1+C_2^2+C_3^2)\int_{t_0}^t\sup_{t_0-\tau\leqslant u\leqslant s}\mathbb{E}|x_u|^2\,\mathrm{d}s\end{aligned}\tag{7.15}$$

由于式（7.15）右边随时间 t 的增长性，因此有

$$\begin{aligned}\sup_{t_0-\tau\leqslant u\leqslant s}\mathbb{E}|x_u|^2\leqslant&\mathcal{X}_{t_0}^2+\sup_{t_0\leqslant u\leqslant t}\mathbb{E}|x_u|^2\\\leqslant&2|x_{t_0}|^2+4(C_1+C_2^2+C_3^2)\int_{t_0}^t\sup_{t_0-\tau\leqslant u\leqslant s}\mathbb{E}|x_u|^2\,\mathrm{d}s\end{aligned}\tag{7.16}$$

分别基于 Gronwall 不等式和 Hölder 不等式，可得

$$\sup_{t_0-\tau\leqslant u\leqslant s}\mathbb{E}|x_u|^2\leqslant 2\mathrm{e}^{4(C_1+C_2^2+C_3^2)(t-t_0)}\mathcal{X}_{t_0}^2 \tag{7.17}$$

和

$$\mathbb{E}|x_t|^p\leqslant (2\mathrm{e}^{4(C_1+C_2^2+C_3^2)(t-t_0)})^{\frac{p}{2}}\mathcal{X}_{t_0}^p \tag{7.18}$$

从而获得了 $\mathbb{E}|x_t|^p$ 的估计。

下面估计 $\mathbb{E}\left(\sup\limits_{0\leqslant u\leqslant\tau}|x_{t+u}-x_t|^p\right)$。随机时滞微分方程式（7.8）的积分形式为

$$x_t=x_{t_0}+\int_{t_0}^t f(x_s,x_{s-\tau_1(s)},s)\mathrm{d}s+\int_{t_0}^t g(x_s,x_{s-\tau_2(s)},s)\mathrm{d}B_s+\int_{t_0}^t h(x_s,x_{s-\tau_3(s)},s)\mathrm{d}W_s \tag{7.19}$$

从而有

$$x_{t+u}-x_t=\int_t^{t+u} f(x_s,x_{s-\tau_1(s)},s)\mathrm{d}s+\int_t^{t+u} g(x_s,x_{s-\tau_2(s)},s)\mathrm{d}B_s+\int_t^{t+u} h(x_s,x_{s-\tau_3(s)},s)\mathrm{d}W_s \tag{7.20}$$

因此，通过应用 $|a+b+c|^2\leqslant 3|a|^2+3|b|^2+3|c|^2$，可得

$$\begin{aligned}|x_{t+u}-x_t|^2\leqslant\ & 3\left|\int_t^{t+u} f(x_s,x_{s-\tau_1(s)},s)\mathrm{d}s\right|^2+3\left|\int_t^{t+u} g(x_s,x_{s-\tau_2(s)},s)\mathrm{d}B_s\right|^2+\\ & 3\left|\int_t^{t+u} h(x_s,x_{s-\tau_3(s)},s)\mathrm{d}W_s\right|^2\end{aligned} \tag{7.21}$$

基于 Itô 等距和式（7.21），进一步可得

$$\begin{aligned}\mathbb{E}\left(\sup_{0\leqslant u\leqslant\tau}|x_{t+u}-x_t|^2\right)\leqslant\ & 3\mathbb{E}\left(\sup_{0\leqslant u\leqslant\tau}\left|\int_t^{t+u} f(x_s,x_{s-\tau_1(s)},s)\mathrm{d}s\right|^2\right)+\\ & 3\mathbb{E}\left(\sup_{0\leqslant u\leqslant\tau}\int_t^{t+u}|g(x_s,x_{s-\tau_2(s)},s)|^2\mathrm{d}s\right)+\\ & 3\mathbb{E}\left(\sup_{0\leqslant u\leqslant\tau}\int_t^{t+u}|h(x_s,x_{s-\tau_3(s)},s)|^2\mathrm{d}s\right)\end{aligned} \tag{7.22}$$

利用 Doob 鞅不等式和 Cauchy-Schwarz 不等式，有

$$\mathbb{E}\left(\sup_{0\leqslant u\leqslant\tau}|x_{t+u}-x_t|^2\right)\leqslant 3\tau\mathbb{E}\int_t^{t+\tau}|f(x_s,x_{s-\tau_1(s)},s)|^2\mathrm{d}s+12\mathbb{E}\int_t^{t+\tau}|g(x_s,x_{s-\tau_2(s)},s)|^2\mathrm{d}s+$$

$$12\mathbb{E}\int_t^{t+\tau}|h(x_s,x_{s-\tau_3(s)},s)|^2\mathrm{d}s \tag{7.23}$$

根据假设 7.2 和式（7.23），可得

$$\mathbb{E}\left(\sup_{0\leqslant u\leqslant\tau}|x_{t+u}-x_t|^2\right)\leqslant 12\tau(\tau C_1^2+4C_2^2+4C_3^2)\mathrm{e}^{4(C_1+C_2^2+C_3^2)(t-t_0)}(1+\mathrm{e}^{4\tau(C_1+C_2^2+C_3^2)})\mathcal{X}_{t_0}^2$$

$$=\mathcal{H}_1(\tau,2,t-t_0)\mathcal{X}_{t_0}^2$$

再应用 Hölder 不等式，即可得到

$$\mathbb{E}\left(\sup_{0\leqslant u\leqslant\tau}|x_{t+u}-x_t|^p\right)\leqslant\mathcal{H}_1(\tau,p,t-t_0)\mathcal{X}_{t_0}^p \tag{7.24}$$

这样，就分别得到了式（7.18）和式（7.24）所示的 $\mathbb{E}|x_t|^p$ 和 $\mathbb{E}\left(\sup_{0\leqslant u\leqslant\tau}|x_{t+u}-x_t|^p\right)$ 的估计。

（2）在这一步中估计 x_t 与 y_t 之间的 p 阶矩的差异。当 $t\geqslant t_0+\tau$ 时，使用 Itô 公式可得

$$\mathbb{E}|x_t-y_t|^2=\mathbb{E}\left(|x_{t_0}-y_{t_0}|^2+2\int_{t_0}^t(x_s-y_s)(f(x_s,x_{s-\tau_1(s)},s)-f(y_s,y_s,s))\mathrm{d}s+\right.$$

$$\left.\int_{t_0}^t|g(x_s,x_{s-\tau_2(s)},s)-g(y_s,y_s,s)|^2\mathrm{d}s+\int_{t_0}^t|h(x_s,x_{s-\tau_3(s)},s)-h(y_s,y_s,s)|^2\mathrm{d}s\right) \tag{7.25}$$

根据假设 7.1，式（7.25）变为

$$\mathbb{E}|x_t-y_t|^2\leqslant\mathbb{E}\left(2K_1\int_{t_0}^t|x_s-y_s|^2+|x_s-y_s||x_{s-\tau_{1(s)}}-y_s|\,\mathrm{d}s+2K_2^2\int_{t_0}^t|x_s-y_s|^2+\right.$$

$$\left.|x_{s-\tau_{2(s)}}-y_s|^2\,\mathrm{d}s+2K_3^2\int_{t_0}^t|x_s-y_s|^2+|x_{s-\tau_{3(s)}}-y_s|^2\,\mathrm{d}s\right)$$

$$\leqslant\mathbb{E}\left((5K_1+6K_2^2+6K_3^2)\int_{t_0}^t|x_s-y_s|^2\,\mathrm{d}s+2K_1\int_{t_0}^t|x_s-x_{s-\tau_{1(s)}}|\mathrm{d}s+\right.$$

$$\left.4K_2^2\int_{t_0}^t|x_s-x_{s-\tau_{2(s)}}|^2\mathrm{d}s+4K_3^2\int_{t_0}^t|x_s-x_{s-\tau_{3(s)}}|^2\mathrm{d}s\right) \tag{7.26}$$

考虑到对 $i=1,2,3$，有

$$\begin{aligned}\mathbb{E}\left|x_s-x_{s-\tau_{i(s)}}\right|^2 &\leqslant \mathbb{E}\left(3\left|\int_{s-\tau_{i(s)}}^s f\left(x_u,x_{u-\tau_1(u)},u\right)\mathrm{d}u\right|^2+3\left|\int_{s-\tau_{i(s)}}^s g\left(x_u,x_{u-\tau_2(u)},u\right)\mathrm{d}B_u\right|^2+\right.\\&\quad\left.3\left|\int_{s-\tau_{i(s)}}^s h\left(x_u,x_{u-\tau_3(u)},u\right)\mathrm{d}W_u\right|^2\right)\\&\leqslant 6\left(\tau C_1^2+C_2^2+C_3^2\right)\int_{s-\tau_{i(s)}}^s \mathbb{E}|x_u|^2\,\mathrm{d}u+6\tau C_1^2\int_{s-\tau_{i(s)}}^s \mathbb{E}\left|x_{u-\tau_1(u)}\right|^2\mathrm{d}u+\\&\quad 6C_2^2\int_{s-\tau_{i(s)}}^s \mathbb{E}\left|x_{u-\tau_2(u)}\right|^2\mathrm{d}u+6C_3^2\int_{s-\tau_{i(s)}}^s \mathbb{E}\left|x_{u-\tau_3(u)}\right|^2\mathrm{d}u\\&\leqslant 12\left(\tau C_1^2+C_2^2+C_3^2\right)\int_{s-\tau_{i(s)}}^s 2\mathrm{e}^{4\left(C_1+C_2^2+C_3^2\right)(s-t_0)}\mathcal{X}_{t_0}^2\mathrm{d}u\\&\leqslant 24\tau\left(\tau C_1^2+C_2^2+C_3^2\right)\mathrm{e}^{4\left(C_1+C_2^2+C_3^2\right)(s-t_0)}\mathcal{X}_{t_0}^2\end{aligned}$$

根据 Gronwall 不等式，式（7.26）可变为

$$\begin{aligned}\mathbb{E}|x_t-y_t|^2 &\leqslant \mathrm{e}^{(5K_1+6K_2^2+6K_3^2)(t-t_0)}(2K_1+4K_2^2+4K_3^2)\int_{t_0}^t 24\tau(\tau C_1^2+C_2^2+C_3^2)\mathrm{e}^{4(C_1+C_2^2+C_3^2)(s-t_0)}\mathcal{X}_{t_0}^2\mathrm{d}s\\&\leqslant \frac{12\tau(\tau C_1^2+C_2^2+C_3^2)(K_1+2K_2^2+2K_3^2)}{C_1+C_2^2+C_3^2}\mathcal{X}_{t_0}^2\mathrm{e}^{(5K_1+6K_2^2+6K_3^2+4C_1+4C_2^2+4C_3^2)(t-t_0)}\\&=\mathcal{H}_2(\tau,2,t)\mathcal{X}_{t_0}^2\end{aligned} \tag{7.27}$$

应用 Hölder 不等式，式（7.27）意味着

$$\mathbb{E}|x_t-y_t|^p\leqslant \mathcal{H}_2(\tau,p,t)\mathcal{X}_{t_0}^p \tag{7.28}$$

此即为随机微分方程式（7.7）和随机时滞微分方程式（7.8）的解在 p 阶矩上的差异估计。（2）证明完成。

（3）在这一步中，在第 1 步和第 2 步估计的帮助下，将证明当 $\tau<\tau^*$ 时，随机时滞微分方程式（7.8）的解满足 $\limsup\limits_{t\to\infty}\frac{1}{t}\ln|x_t|<0$，其中 τ^* 是方程 $\mathcal{H}(\tau,p,t,T)=1$ 的根。应用不等式 $(a+b)^p\leqslant 2^p(a^p+b^p)$，有

$$\mathbb{E}|x_{t_0+\tau+T}|^p\leqslant 2^p\mathbb{E}|y_{t_0+\tau+T}|^p+2^p\mathbb{E}|x_{t_0+\tau+T}-y_{t_0+\tau+T}|^p \tag{7.29}$$

将式（7.11）和式（7.27）代入式（7.29）中并使用式（7.18），则式（7.29）变为

$$\begin{aligned}\mathbb{E}|x_{t_0+\tau+T}|^p &\leqslant 2^p\mathcal{M}\mathrm{e}^{-rT}\mathbb{E}|x_{t_0+\tau}|^p+2^p\mathcal{H}_2(\tau,p,t_0+\tau+T)\mathcal{X}_{t_0}^p\\&\leqslant 2^p\mathcal{M}\mathrm{e}^{-rT}(2\mathrm{e}^{4(C_1+C_2^2+C_3^2)\tau})^{\frac{p}{2}}\mathcal{X}_{t_0}^p+2^p\mathcal{H}_2(\tau,p,t_0+\tau+T)\mathcal{X}_{t_0}^p\end{aligned}\tag{7.30}$$

由式（7.24）和式（7.30）可得

$$\begin{aligned}\mathbb{E}|x_{t_0+2\tau+T}|^p &\leqslant 2^p\mathbb{E}|x_{t_0+\tau+T}|^p+2^p\mathbb{E}\left(\sup_{0\leqslant u\leqslant\tau}|x_{t_0+\tau+T}-x_{t_0+\tau+T+u}|^p\right)\\&\leqslant 2^p\mathbb{E}|x_{t_0+\tau+T}|^p+2^p\mathcal{H}_1(\tau,p,\tau+T)\mathcal{X}_{t_0}^p\\&\leqslant 4^p\mathcal{M}\mathrm{e}^{-rT}(2\mathrm{e}^{4(C_1+C_2^2+C_3^2)\tau})^{\frac{p}{2}}\mathcal{X}_{t_0}^p+4^p\mathcal{H}_2(\tau,p,t_0+\tau+T)\mathcal{X}_{t_0}^p+\\&\quad 2^p\mathcal{H}_1(\tau,p,\tau+T)\mathcal{X}_{t_0}^p\\&=(\epsilon\mathrm{e}^{(2C_1+2C_2^2+2C_3^2)p\tau}+2^p\mathcal{H}_1(\tau,p,\tau+T)+4^p\mathcal{H}_2(\tau,p,t_0+\tau+T))\mathcal{X}_{t_0}^p\\&=\mathcal{H}(\tau,p,t,T)\mathcal{X}_{t_0}^p\end{aligned}\tag{7.31}$$

根据式（7.12），当 $\tau<\tau^*$ 时，$\mathcal{H}(\tau,p,t,T)<1$，从而对一些 $\nu>0$，$\mathcal{H}(\tau,p,t,T)=\mathrm{e}^{-\nu(2\tau+T)}$。因此，式（7.31）可以写为 $\mathbb{E}|x_{t_0+2\tau+T}|^p\leqslant\mathrm{e}^{-\nu(2\tau+T)}\mathcal{X}_{t_0}^p$。

另外，根据式（7.8）的积分形即式（7.19）、Itô 等距、Doob 鞅不等式、Cauchy-Schwarz 不等式和假设 7.2，可得

$$\begin{aligned}\mathbb{E}\left(\sup_{t_0\leqslant u\leqslant t}|x_u|^2\right) &\leqslant 4\mathcal{X}_{t_0}^2+4(t-t_0)\mathbb{E}\int_{t_0}^t\tilde{C}_1^2(|x_s|^2+|x_{s-\tau_1(s)}|^2)\mathrm{d}s+\\&\quad 16\mathbb{E}\int_{t_0}^t\tilde{C}_2^2(|x_s|^2+|x_{s-\tau_2(s)}|^2)\mathrm{d}s+16\mathbb{E}\int_{t_0}^t\tilde{C}_3^2(|x_s|^2+|x_{s-\tau_3(s)}|^2)\mathrm{d}s\\&\leqslant\left(4+\frac{8(t-t_0)C_1^2+32C_2^2+32C_3^2}{C_1+C_2^2+C_3^2}\mathrm{e}^{4(C_1+C_2^2+C_3^2)(t-t_0)}\right)\mathcal{X}_{t_0}^2\end{aligned}\tag{7.32}$$

从而有

$$\mathbb{E}\left(\sup_{t_0\leqslant u\leqslant t}|x_u|^p\right)\leqslant\left(4+\frac{8(t-t_0)C_1^2+32C_2^2+32C_3^2}{C_1+C_2^2+C_3^2}\mathrm{e}^{4(C_1+C_2^2+C_3^2)(t-t_0)}\right)^{\frac{p}{2}}\mathcal{X}_{t_0}^p \tag{7.33}$$

因此，当$t\geqslant t_0+2\tau+T$时，通过与文献[119]中相似的讨论可得

$$\mathbb{E}\left(\sup_{t_0+k(2\tau+T)\leqslant t\leqslant t_0+(k+1)(2\tau+T)}|x_t|^p\right)\leqslant C\mathrm{e}^{-k\nu(2\tau+T)}\mathcal{X}_{t_0}^p$$

且对$k=0,1,2,\cdots$，有

$$\mathbb{P}\left(\sup_{t_0+k(2\tau+T)\leqslant t\leqslant t_0+(k+1)(2\tau+T)}|x_t|^p\geqslant\mathrm{e}^{-\frac{k}{2}\nu(2\tau+T)}\right)\leqslant C\mathrm{e}^{-0.5k\nu(2\tau+T)}\mathcal{X}_{t_0}^p \tag{7.34}$$

其中

$$C=4\left(1+\frac{2(2\tau+T)C_1^2+8C_2^2+8C_3^2}{C_1+C_2^2+C_3^2}\mathrm{e}^{4(C_1+C_2^2+C_3^2)(2\tau+T)}\right)^{\frac{p}{2}} \tag{7.35}$$

根据式（7.34）和 Borel–Cantelli 引理[120]，可得对$\forall k\geqslant k_0(\omega)$，$\omega\in\Omega$，有

$$\sup_{t_0+k(2\tau+T)\leqslant t\leqslant t_0+(k+1)(2\tau+T)}|x_t|^p<\mathrm{e}^{-\frac{k}{2}\nu(2\tau+T)}$$

即

$$\limsup_{t\to\infty}\frac{1}{t}\ln(|x_{t,\omega}|)\leqslant-\frac{\nu}{2p}$$

证毕。

注 7.2 与文献[119]中的随机微分方程相比，在随机微分方程式（7.7）中增加了另一个耗散项$g(y_t,t)\mathrm{d}B_t$以覆盖噪声辅助反馈作用下随机量子系统的动力学模型。此外，文献[119]中随机微分方程的系统部分和控制部分是解耦的，而随机主方程中这两部分是耦合的，导致随机微分方程式（7.7）中的确定项$f(y_t,t)$和随机项$h(y_t,t)$在文献[119]的随机时滞微分方程中分别变成了$f(x_{t-\tau_1(t)},t)$和$h(x_{t-\tau_2(t)},t)$，而在随机时滞微分方程式（7.8）中则分别变成了$f(x_t,x_{t-\tau_1(t)},t)$和$h(x_t,x_{t-\tau_1(t)},t)$。因此，在定理7.1的证明中突出了增加的耗散项和系统部分与控制部分耦合导致的证明不同，而省

略了相同之处。

7.3　基于时滞反馈的随机量子系统指数镇定

本节将定理 7.1 应用于随机时滞量子系统的指数镇定。考虑到状态反馈和噪声辅助反馈均可指数镇定两能级量子系统的本征态，因此分两小节讨论定理 7.1 的应用。

7.3.1　基于时滞状态反馈的随机量子系统指数镇定

随机时滞主方程式（7.1）对应随机时滞微分方程

$$\mathrm{d}x_t = f_{\mathrm{sf}}(x_t, x_{t-\tau_{\mathrm{sf}}(t)}, t)\mathrm{d}t + h_{\mathrm{sf}}(x_t, t)\mathrm{d}W_t \tag{7.36}$$

此为随机时滞微分方程式（7.8）中 $g(x_t,t)=0$ 和 $\tau_3(t)=0$ 的情况。对式（7.36），根据定理 7.1，可有定理 7.2。

定理 7.2　对随机时滞微分方程式（7.36），如果

$$\begin{cases} |f_{\mathrm{sf}}(x,y,t)-f_{\mathrm{sf}}(\bar{x},\bar{y},t)|\leqslant K_{1_{\mathrm{sf}}}(|x-\bar{x}|+|y-\bar{y}|) \\ |h_{\mathrm{sf}}(x,t)-f_{\mathrm{sf}}(y,t)|\leqslant K_{3_{\mathrm{sf}}}|x-y| \\ |f_{\mathrm{sf}}(x,y,t)|\leqslant C_{1_{\mathrm{sf}}}(|x|+|y|) \end{cases} \tag{7.37（a）}$$

$$|h_{\mathrm{sf}}(x,t)|\leqslant C_{3_{\mathrm{sf}}}|x| \tag{7.37（b）}$$

而式（7.36）对应的非时滞情况

$$\mathrm{d}y_t = f_{\mathrm{sf}}(y_t,t)\mathrm{d}t + h_{\mathrm{sf}}(y_t,t)\mathrm{d}W_t$$

满足

$$\mathbb{E}|y_t|^p \leqslant \mathcal{M}\mathrm{e}^{-r(t-t_0)}\mathbb{E}|y_0|^p$$

其中，$\forall t\geqslant t_0$，$\mathcal{M}>0$，$r>0$ 且 $0<p<1$，则对在 $\mathfrak{L}^2_{\mathcal{F}_{t_0}}(\Omega;\mathcal{C}([-\tau,0];\mathbb{R}^n))$ 中的任意初态，当 $\tau_{\mathrm{sf}}(t)<\tau^*_{\mathrm{sf}}$ 时，随机时滞微分方程式（7.36）的解满足 $\limsup\limits_{t\to\infty}\frac{1}{t}\ln|x_t|<0$，其中 $\tau^*_{\mathrm{sf}}>0$ 是方程 $\mathcal{H}_{\mathrm{sf}}(\tau,p,t,T)=1$ 的唯一解，有

$$\mathcal{H}_{\text{sf}}(\tau,p,t,T)=\epsilon \mathrm{e}^{(2C_{1_{\text{sf}}}+0.5C_{3_{\text{sf}}}^2)p\tau}+2^p\mathcal{H}_1^{\text{sf}}(\tau,p,\tau+T)+4^p\mathcal{H}_2^{\text{sf}}(\tau,p,t_0+\tau+T) \quad (7.38)$$

式中，$\epsilon\in(0,1)$，$T=\dfrac{1}{r}\ln\dfrac{2^{2.5p}\mathcal{M}}{\epsilon}$ 且

$$\mathcal{H}_1^{\text{sf}}(\tau,p,t)=(4\tau \mathrm{e}^{(4C_{1_{\text{sf}}}+C_{3_{\text{sf}}}^2)t}(\sqrt{2}\tau C_{1_{\text{sf}}}+4C_{3_{\text{sf}}}^2+2\tau C_{1_{\text{sf}}}^2\mathrm{e}^{(4C_{1_{\text{sf}}}+C_{3_{\text{sf}}}^2)\tau}))^{\frac{p}{2}} \quad (7.39\text{(a)})$$

$$\mathcal{H}_2^{\text{sf}}(\tau,p,t)=\left(\frac{8K_{1_{\text{sf}}}\tau(4\tau C_{1_{\text{sf}}}^2+C_{3_{\text{sf}}}^2)}{4C_{1_{\text{sf}}}+C_{3_{\text{sf}}}^2}\mathrm{e}^{(5K_{1_{\text{sf}}}+K_{3_{\text{sf}}}^2+4C_{1_{\text{sf}}}+C_{3_{\text{sf}}}^2)(t-t_0)}\right)^{\frac{p}{2}} \quad (7.39\text{(b)})$$

证明 本定理证明的主体部分与定理 7.1 的证明类似，因此这里主要呈现不同之处。

根据对式（7.15）～（7.18）的相似讨论，易知对随机时滞微分方程式（7.36），有

$$\mathbb{E}|x_t|^p\leqslant(2\mathrm{e}^{(4C_{1_{\text{sf}}}+C_{3_{\text{sf}}}^2)(t-t_0)})^{\frac{p}{2}}\mathcal{X}_{t_0}^p \quad (7.40)$$

与式（7.20）类似，有

$$x_{t+u}-x_t=\int_t^{t+u}f_{\text{sf}}(x_s,x_{s-\tau(s)},s)\mathrm{d}s+\int_t^{t+u}h_{\text{sf}}(x_s,s)\mathrm{d}W_s$$

因此

$$|x_{t+u}-x_t|^2\leqslant2\left|\int_t^{t+u}f_{\text{sf}}(x_s,x_{s-\tau_1(s)},s)\mathrm{d}s\right|^2+2\int_t^{t+u}|h_{\text{sf}}(x_s,s)|^2\mathrm{d}s$$

从而通过应用 Itô 等距、Doob 鞅不等式、Cauchy-Schwarz 不等式并基于式（7.37（b））可得

$$\begin{aligned}\mathbb{E}\left(\sup_{0\leqslant u\leqslant\tau}|x_{t+u}-x_t|^2\right)&\leqslant4\tau \mathrm{e}^{(4C_{1_{\text{sf}}}+C_{3_{\text{sf}}}^2)(t-t_0)}(\sqrt{2}\tau C_{1_{\text{sf}}}+4C_{3_{\text{sf}}}^2+2\tau C_{1_{\text{sf}}}^2\mathrm{e}^{(4C_{1_{\text{sf}}}+C_{3_{\text{sf}}}^2)\tau})\mathcal{X}_{t_0}^2\\&=\mathcal{H}_1^{\text{sf}}(\tau,2,t-t_0)\mathcal{X}_{t_0}^2\end{aligned} \quad (7.41)$$

根据 Hölder 不等式，式（7.41）意味着

$$\mathbb{E}\left(\sup_{0\leqslant u\leqslant\tau}|x_{t+u}-x_t|^p\right)\leqslant\mathcal{H}_1^{\text{sf}}(\tau,p,t-t_0)\mathcal{X}_{t_0}^p$$

另外，根据式（7.37（b））、式（7.36）的积分形式，有

$$\mathbb{E}\left(\sup_{t_0\leqslant u\leqslant t}|x_u|^2\right)\leqslant 3\mathcal{X}_{t_0}^2+3(t-t_0)\mathbb{E}\int_{t_0}^{t}|f_{\rm sf}(x_s,x_{s-\tau_{\rm sf}(s)},s)|^2{\rm d}s+12\mathbb{E}\int_{t_0}^{t}|h_{\rm sf}(x_s,s)|^2{\rm d}s$$

$$\leqslant\left(3+\frac{24(t-t_0)C_{1_{\rm sf}}^2+24C_{3_{\rm sf}}^2}{4C_{1_{\rm sf}}+C_{3_{\rm sf}}^2}{\rm e}^{(4C_{1_{\rm sf}}+C_{3_{\rm sf}}^2)(t-t_0)}\right)\mathcal{X}_{t_0}^2 \tag{7.42}$$

此外，通过与定理 7.1 证明中相似的推导并基于（7.37（a））和

$$\mathbb{E}|x_s-x_{s-\tau_{sf(s)}}|^2\leqslant 4\tau(4\tau C_{1_{\rm sf}}^2+C_{3_{\rm sf}}^2){\rm e}^{(4C_{1_{\rm sf}}+C_{3_{\rm sf}}^2)(s-t_0)}\mathcal{X}_{t_0}^2$$

可得

$$\mathbb{E}|x_t-y_t|^2\leqslant\frac{8K_{1_{\rm sf}}\tau(4\tau C_{1_{\rm sf}}^2+C_{3_{\rm sf}}^2)}{4C_{1_{\rm sf}}+C_{3_{\rm sf}}^2}{\rm e}^{(5K_{1_{\rm sf}}+K_{3_{\rm sf}}^2+4C_{1_{\rm sf}}+C_{3_{\rm sf}}^2)(t-t_0)}\mathcal{X}_{t_0}^2$$

$$=\mathcal{H}_2^{\rm sf}(\tau,2,t)\mathcal{X}_{t_0}^2 \tag{7.43}$$

证明的其余部分与定理 7.1 的证明类似，因此可以通过用 $\mathcal{H}_{\rm sf}(\tau,p,t,T)$ 和

$$C_{\rm sf}=3\left(1+\frac{8(2\tau+T)C_{1_{\rm sf}}^2+8C_{3_{\rm sf}}^2}{4C_{1_{\rm sf}}+C_{3_{\rm sf}}^2}{\rm e}^{(4C_{1_{\rm sf}}+C_{3_{\rm sf}}^2)(2\tau+T)}\right)^{\frac{p}{2}} \tag{7.44}$$

分别替换 $\mathcal{H}(\tau,p,t,T)$ 和式（7.35）来完成本定理的证明。

对于量子自旋 $-\frac{1}{2}$ 系统式（4.3），连续状态反馈式（4.30）可在状态子空间 $\mathcal{D}_\lambda=\{\boldsymbol{\rho}\in\mathcal{S}:0<\lambda<{\rm tr}(\boldsymbol{\rho}\boldsymbol{\rho}_f)\leqslant 1\}$ 中指数镇定本征态，即使 $\mathbb{E}V(\boldsymbol{\rho}_t)\leqslant V(\boldsymbol{\rho}_0){\rm e}^{-r_{\rm sf}(t-t_0)}$ 在 $\mathcal{D}_\lambda$ 成立，其中 $V(\boldsymbol{\rho}_t)=\sqrt{1-{\rm tr}(\boldsymbol{\rho}_t\boldsymbol{\rho}_f)}$ 。

根据定理 7.2 和状态反馈式（4.30），对随机时滞主方程式（7.1）可有定理 7.3。

定理 7.3　对随机时滞主方程式（7.1），当 $\tau_{\rm sf}(t)<\tau_{\rm sf}^*$ 时，时滞状态反馈

$$u_{\rm sf}(\boldsymbol{\rho}_{t-\tau_{\rm sf}(t)})=\alpha V^{\beta}(\boldsymbol{\rho}_{t-\tau_{\rm sf}(t)})-\gamma\,{\rm tr}({\rm i}[\sigma_y,\boldsymbol{\rho}_{t-\tau_{\rm sf}(t)}]\boldsymbol{\rho}_f)$$

$$=\alpha(1-{\rm tr}(\boldsymbol{\rho}_{t-\tau_{\rm sf}(t)}\boldsymbol{\rho}_f))^{\frac{\beta}{2}}-\gamma\,{\rm tr}({\rm i}[\sigma_y,\boldsymbol{\rho}_{t-\tau_{\rm sf}(t)}]\boldsymbol{\rho}_f) \tag{7.45}$$

可以在 $\mathcal{D}_\lambda$ 中指数镇定 ρ_f，其中 $\tau_{\text{sf}}^*>0$ 是方程 $\mathcal{H}_{\text{sf}}(\tau,p,t,T)=1$ 的唯一解，$T=\frac{1}{r_{\text{sf}}}\ln\frac{2^{2.5p}\mathcal{M}_{\text{sf}}}{\epsilon}$ 且

$$\begin{cases}C_{1_{\text{sf}}}\geqslant\max\left\{\sqrt{u_{\text{msf}}^2+\frac{3}{4}M^2+2\omega_{\text{eg}}^2},\sqrt{3\omega_{\text{eg}}^2+\frac{M^2}{2}},\sqrt{3}u_{\text{msf}}\right\}\\ C_{3_{\text{sf}}}\geqslant\sqrt{5\eta M}\\ K_{1_{\text{sf}}}\geqslant\max\left\{\sqrt{2u_{\text{msf}}^2+M^2+2\omega_{\text{eg}}^2},\sqrt{4\omega_{\text{eg}}^2+\frac{M^2}{2}},2u_{\text{msf}},\frac{3}{2}\alpha\beta,6\gamma\right\}\\ K_{3_{\text{sf}}}\geqslant\sqrt{23\eta M}\end{cases}\tag{7.46}$$

式中，$\mathcal{M}_{\text{sf}}=\left(\frac{\kappa_3}{\kappa_1}\right)^p$，$0<\kappa_1\leqslant\frac{\sqrt{2}}{2}$，$\kappa_3\geqslant\frac{\kappa_2}{\sqrt{|\boldsymbol{\rho}_0-\boldsymbol{\rho}_f|}}$，$\kappa_2\geqslant\sqrt{\frac{\sqrt{2}}{2}}$ 且 $u_{\text{msf}}=\max_{\boldsymbol{\rho}_t\in\mathcal{S}}|u_{\text{sf}}(\boldsymbol{\rho}_t)|$。

证明 目标本征态 $\boldsymbol{\rho}_f$ 设为 $\boldsymbol{\rho}_{\text{g}}$，由于相似性，因此目标态为 $\boldsymbol{\rho}_{\text{e}}$ 的情况此处不再赘述。首先，证明时滞状态反馈式（7.45）作用下的随机时滞主方程式（7.1）满足

$$|\Theta(\tilde{\boldsymbol{\rho}}_{t_1},\tilde{\boldsymbol{\rho}}_{t_1-\tau_{\text{sf}}(t_1)})-\Theta(\tilde{\boldsymbol{\rho}}_{t_2},\tilde{\boldsymbol{\rho}}_{t_2-\tau_{\text{sf}}(t_2)})|\leqslant K_{1_{\text{sf}}}|\tilde{\boldsymbol{\rho}}_{t_1}-\tilde{\boldsymbol{\rho}}_{t_2}|$$

$$|\Omega(\tilde{\boldsymbol{\rho}}_{t_1})-\Omega(\tilde{\boldsymbol{\rho}}_{t_2})|\leqslant K_{3_{\text{sf}}}|\tilde{\boldsymbol{\rho}}_{t_1}-\tilde{\boldsymbol{\rho}}_{t_2}|$$

$$|\Theta(\tilde{\boldsymbol{\rho}}_t,\tilde{\boldsymbol{\rho}}_{t-\tau_{\text{sf}}(t)})\leqslant C_{1_{\text{sf}}}(|\tilde{\boldsymbol{\rho}}_t+|\tilde{\boldsymbol{\rho}}_{t-\tau_{\text{sf}}(t)})$$

$$|\Omega(\tilde{\boldsymbol{\rho}}_t)|\leqslant C_{3_{\text{sf}}}|\tilde{\boldsymbol{\rho}}_t|\tag{7.47}$$

式中，$\tilde{\boldsymbol{\rho}}_t=\boldsymbol{\rho}_t-\boldsymbol{\rho}_f$；$\tau_{\text{sf}}(t_1)$ 和 $\tau_{\text{sf}}(t_2)$ 分别代表在 t_1 和 t_2 的延迟时间。根据式（4.2），令

$$\tilde{\boldsymbol{\rho}}_t=\boldsymbol{\rho}_t-\boldsymbol{\rho}_f=\frac{1}{2}\begin{bmatrix}z_t-1 & x_t-\mathrm{i}y_t\\ x_t+\mathrm{i}y_t & 1-z_t\end{bmatrix}\tag{7.48}$$

则当 $\boldsymbol{\rho}_t=\boldsymbol{\rho}_f$ 时，$\tilde{\boldsymbol{\rho}}_t=0$。将式（7.48）代入式（7.2）中，可得

$$\Theta(\tilde{\boldsymbol{\rho}}_t,\tilde{\boldsymbol{\rho}}_{t-\tau_{\mathrm{sf}}(t)})=\begin{bmatrix} -\dfrac{u_{\mathrm{sf}}(\tilde{\rho}_{t-\tau_{\mathrm{sf}}(t)})}{2}x_t & \Re_\Theta-\Im_\Theta \mathrm{i} \\ \Re_\Theta+\Im_\Theta \mathrm{i} & \dfrac{u_{\mathrm{sf}}(\tilde{\rho}_{t-\tau_{\mathrm{sf}}(t)})}{2}x_t \end{bmatrix} \tag{7.49 (a)}$$

$$\Omega(\tilde{\boldsymbol{\rho}}_t)=\frac{\sqrt{\eta M}}{2}\begin{bmatrix} (z_t-1)(2-z_t) & (1-z_t)(x_t-\mathrm{i}y_t) \\ (1-z_t)(x_t+\mathrm{i}y_t) & (z_t-1)z_t \end{bmatrix} \tag{7.49 (b)}$$

其中

$$\Re_\Theta=-\frac{\omega_{\mathrm{eg}}}{2}y_t-\frac{M}{4}x_t+\frac{u_{\mathrm{sf}}(\tilde{\rho}_{t-\tau_{\mathrm{sf}}(t)})}{2}(z_t-1)$$

且$\Im_\Theta=\dfrac{\omega_{\mathrm{eg}}}{2}x_t-\dfrac{M}{4}y_t$。基于式（7.49），可有

$$|\Theta(\tilde{\boldsymbol{\rho}}_t,\tilde{\boldsymbol{\rho}}_{t-\tau_{\mathrm{sf}}(t)})|=\sqrt{\frac{u_{\mathrm{sf}}^2(\tilde{\boldsymbol{\rho}}_{t-\tau_{\mathrm{sf}}(t)})}{2}x_t^2+2\Re_\Theta^2+2\Im_\Theta^2} \tag{7.50}$$

和

$$|\Omega(\tilde{\boldsymbol{\rho}}_t)|=\frac{\sqrt{2\eta M}}{2}\sqrt{(1-z_t)^2(2-2z_t+x_t^2+y_t^2+z_t^2)} \tag{7.51}$$

由于

$$\Re_\Theta^2\leqslant\frac{3}{4}\omega_{\mathrm{eg}}^2y_t^2+\frac{3}{16}M^2x_t^2+\frac{3}{4}u_{\mathrm{sf}}^2(\tilde{\rho}_{t-\tau_{\mathrm{sf}}(t)})(1-z_t)^2$$

和

$$\Im_\Theta^2\leqslant\frac{\omega_{\mathrm{eg}}^2}{2}x_t^2+\frac{M^2}{8}y_t^2$$

因此由式（7.50）可得

$$|\Theta(\tilde{\boldsymbol{\rho}}_t,\tilde{\boldsymbol{\rho}}_{t-\tau_{\mathrm{sf}}(t)})|\leqslant\sqrt{\left(\frac{u_{\mathrm{sf}}^2(\tilde{\boldsymbol{\rho}}_{t-\tau_{\mathrm{sf}}(t)})}{2}+\frac{3}{8}M^2+\omega_{\mathrm{eg}}^2\right)x_t^2+\left(\frac{3}{2}\omega_{\mathrm{eg}}^2+\frac{M^2}{4}\right)y_t^2+\frac{3}{2}u_{\mathrm{sf}}^2(\tilde{\boldsymbol{\rho}}_{t-\tau_{\mathrm{sf}}(t)})(1-z_t)^2}$$

而由于$2-2z_t\leqslant 4$和$x_t^2+y_t^2+z_t^2\leqslant 1$，因此由式(7.51)可得$|\Omega(\tilde{\boldsymbol{\rho}}_t)|\leqslant\dfrac{\sqrt{10\eta M}}{2}(1-z_t)$。

另外，有

$$|\tilde{\rho}_t| = \frac{\sqrt{2}}{2}\sqrt{x_t^2 + y_t^2 + (1 - z_t)^2} \tag{7.52}$$

因此，当 $C_{1_{\rm sf}}$ 和 $C_{3_{\rm sf}}$ 满足式（7.46）中的条件时，有

$$|\Theta(\tilde{\rho}_t, \tilde{\rho}_{t-\tau_{\rm sf}(t)})| \leqslant C_{1_{\rm sf}} |\tilde{\rho}_t| \leqslant C_{1_{\rm sf}}(|\tilde{\rho}_t| + |\tilde{\rho}_{t-\tau_{\rm sf}(t)}|)$$

且 $|\Omega(\tilde{\rho}_t)| \leqslant C_{3_{\rm sf}} |\tilde{\rho}_t|$。

根据式（7.49（a）），可有

$$\begin{aligned}
&\Theta(\tilde{\rho}_{t_1}, \tilde{\rho}_{t_1-\tau_{\rm sf}(t_1)}) - \Theta(\tilde{\rho}_{t_2}, \tilde{\rho}_{t_2-\tau_{\rm sf}(t_2)}) \\
&= \begin{bmatrix} \dfrac{u_{\rm sf}(\tilde{\rho}_{t_2-\tau_{\rm sf}(t_2)})}{2}x_{t_2} - \dfrac{u_{\rm sf}(\tilde{\rho}_{t_1-\tau_{\rm sf}(t_1)})}{2}x_{t_1} & (\Re_{\Theta_{t_1}} - \Re_{\Theta_{t_2}}) - (\Im_{\Theta_{t_1}} - \Im_{\Theta_{t_2}})\mathrm{i} \\ (\Re_{\Theta_{t_1}} - \Re_{\Theta_{t_2}}) + (\Im_{\Theta_{t_1}} - \Im_{\Theta_{t_2}})\mathrm{i} & \dfrac{u_{\rm sf}(\tilde{\rho}_{t_1-\tau_{\rm sf}(t_1)})}{2}x_{t_1} - \dfrac{u_{\rm sf}(\tilde{\rho}_{t_2-\tau_{\rm sf}(t_2)})}{2}x_{t_2} \end{bmatrix}
\end{aligned} \tag{7.53}$$

从而有

$$\begin{aligned}
|\Theta(\tilde{\rho}_{t_1}, \tilde{\rho}_{t_1-\tau_{\rm sf}(t_1)}) - \Theta(\tilde{\rho}_{t_2}, \tilde{\rho}_{t_2-\tau_{\rm sf}(t_2)})| = \bigg(&\frac{1}{2}(u_{\rm sf}(\tilde{\rho}_{t_2-\tau_{\rm sf}(t_2)})x_{t_2} - u_{\rm sf}(\tilde{\rho}_{t_1-\tau_{\rm sf}(t_1)})x_{t_1})^2 + \\
&2(\Re_{\Theta_{t_1}} - \Re_{\Theta_{t_2}})^2 + 2(\Im_{\Theta_{t_1}} - \Im_{\Theta_{t_2}})^2\bigg)^{\frac{1}{2}}
\end{aligned} \tag{7.54}$$

由于

$$\begin{aligned}
\Re_{\Theta_{t_1}} - \Re_{\Theta_{t_2}} = &\frac{\omega_{\rm eg}}{2}(y_{t_2} - y_{t_1}) + \frac{M}{4}(x_{t_2} - x_{t_1}) + \frac{u_{\rm sf}(\tilde{\rho}_{t_1-\tau_{\rm sf}(t_1)})}{2}(z_{t_1} - z_{t_2}) + \\
&\left(\frac{u_{\rm sf}(\tilde{\rho}_{t_2-\tau_{\rm sf}(t_2)})}{2} - \frac{u_{\rm sf}(\tilde{\rho}_{t_1-\tau_{\rm sf}(t_1)})}{2}\right)(z_{t_2} - 1)
\end{aligned} \tag{7.55}$$

和

$$\Im_{\Theta_{t_1}} - \Im_{\Theta_{t_2}} = \frac{\omega_{\rm eg}}{2}(x_{t_1} - x_{t_2}) + \frac{M}{4}(y_{t_2} - y_{t_1}) \tag{7.56}$$

因此应用 $|a + b|^2 \leqslant 2(|a|^2 + |b|^2)$ 可得

$$(\Re_{\Theta_{t_1}} - \Re_{\Theta_{t_2}})^2 \leqslant \omega_{\mathrm{eg}}^2 (y_{t_1} - y_{t_2})^2 + \frac{M^2}{4}(x_{t_1} - x_{t_2})^2 + 4(u_{\mathrm{sf}}(\tilde{\boldsymbol{\rho}}_{t_1-\tau_{\mathrm{sf}}(t_1)}) - u_{\mathrm{sf}}(\tilde{\boldsymbol{\rho}}_{t_2-\tau_{\mathrm{sf}}(t_2)}))^2 + u_{\mathrm{msf}}^2 (z_{t_1} - z_{t_2})^2$$

$$(\Im_{\Theta_{t_1}} - \Im_{\Theta_{t_2}})^2 \leqslant \frac{\omega_{\mathrm{eg}}^2}{2}(x_{t_1} - x_{t_2})^2 + \frac{M^2}{8}(y_{t_1} - y_{t_2})^2 \tag{7.57}$$

将式（7.57）代入式（7.54）中，可得

$$|\Theta(\tilde{\boldsymbol{\rho}}_{t_1}, \tilde{\boldsymbol{\rho}}_{t_1-\tau_{\mathrm{sf}}(t_1)}) - \Theta(\tilde{\boldsymbol{\rho}}_{t_2}, \tilde{\boldsymbol{\rho}}_{t_2-\tau_{\mathrm{sf}}(t_2)})| \leqslant \left(\left(u_{\mathrm{msf}}^2 + \frac{M^2}{2} + \omega_{\mathrm{eg}}^2\right)(x_{t_1} - x_{t_2})^2 + \left(2\omega_{\mathrm{eg}}^2 + \frac{M^2}{4}\right)(y_{t_1} - y_{t_2})^2 + 2u_{\mathrm{msf}}^2(z_{t_1} - z_{t_2})^2 + 9(u_{\mathrm{sf}}(\tilde{\boldsymbol{\rho}}_{t_1-\tau_{\mathrm{sf}}(t_1)}) - u_{\mathrm{sf}}(\tilde{\boldsymbol{\rho}}_{t_2-\tau_{\mathrm{sf}}(t_2)}))^2\right)^{\frac{1}{2}} \tag{7.58}$$

考虑到$u_{\mathrm{sf}}(\tilde{\boldsymbol{\rho}}_{t-\tau_{\mathrm{sf}}(t)}) = \alpha\left(\dfrac{1 - z_{t-\tau_{\mathrm{sf}}(t)}}{2}\right)^{\frac{\beta}{2}} - \gamma x_t$，有

$$u_{\mathrm{sf}}(\tilde{\boldsymbol{\rho}}_{t_1-\tau_{\mathrm{sf}}(t)}) - u_{\mathrm{sf}}(\tilde{\boldsymbol{\rho}}_{t_2-\tau_{\mathrm{sf}}(t)}) = \alpha\left(\left(\frac{1 - z_{t_1-\tau_{\mathrm{sf}}(t)}}{2}\right)^{\frac{\beta}{2}} - \left(\frac{1 - z_{t_2-\tau_{\mathrm{sf}}(t)}}{2}\right)^{\frac{\beta}{2}}\right) + \gamma(x_{t_2-\tau_{\mathrm{sf}}(t)} - x_{t_1-\tau_{\mathrm{sf}}(t)})$$

从而有

$$|u_{\mathrm{sf}}(\tilde{\boldsymbol{\rho}}_{t_1-\tau_{\mathrm{sf}}(t_1)}) - u_{\mathrm{sf}}(\tilde{\boldsymbol{\rho}}_{t_2-\tau_{\mathrm{sf}}(t_2)})| \leqslant \frac{1}{8}\alpha^2\beta^2(z_{t_1-\tau_{\mathrm{sf}}(t_1)} - z_{t_2-\tau_{\mathrm{sf}}(t_2)})^2 + 2\gamma^2(x_{t_1-\tau_{\mathrm{sf}}(t_1)} - x_{t_2-\tau_{\mathrm{sf}}(t_2)})^2 \tag{7.59}$$

将式（7.59）代入式（7.58）中，可得

$$|\Theta(\tilde{\boldsymbol{\rho}}_{t_1},\tilde{\boldsymbol{\rho}}_{t_1-\tau_{\mathrm{sf}}(t_1)})-\Theta(\tilde{\boldsymbol{\rho}}_{t_2},\tilde{\boldsymbol{\rho}}_{t_2-\tau_{\mathrm{sf}}(t_2)})|\leqslant\left(\left(u_{\mathrm{msf}}^2+\frac{M^2}{2}+\omega_{\mathrm{eg}}^2\right)(x_{t_1}-x_{t_2})^2+\left(2\omega_{\mathrm{eg}}^2+\frac{M^2}{4}\right)(y_{t_1}-y_{t_2})^2+2u_{\mathrm{msf}}^2(z_{t_1}-z_{t_2})^2+\frac{9}{8}\alpha^2\beta^2(z_{t_1-\tau_{\mathrm{sf}}(t_1)}-z_{t_2-\tau_{\mathrm{sf}}(t_2)})^2+18\gamma^2(x_{t_1-\tau_{\mathrm{sf}}(t_1)}-x_{t_2-\tau_{\mathrm{sf}}(t_2)})^2\right)^{\frac{1}{2}} \tag{7.60}$$

另外，根据式（7.48），有

$$\tilde{\boldsymbol{\rho}}_{t_1}-\tilde{\boldsymbol{\rho}}_{t_2}=\frac{1}{2}\begin{bmatrix} z_{t_1}-z_{t_2} & (x_{t_1}-x_{t_2})-(y_{t_1}-y_{t_2})\mathrm{i} \\ (x_{t_1}-x_{t_2})+(y_{t_1}-y_{t_2})\mathrm{i} & z_{t_2}-z_{t_1} \end{bmatrix} \tag{7.61}$$

从而有

$$|\tilde{\boldsymbol{\rho}}_{t_1}-\tilde{\boldsymbol{\rho}}_{t_2}|=\frac{\sqrt{2}}{2}\sqrt{(z_{t_1}-z_{t_2})^2+(x_{t_1}-x_{t_2})^2+(y_{t_1}-y_{t_2})^2} \tag{7.62}$$

基于式（7.60）和式（7.62），易得

$$|\Theta(\tilde{\boldsymbol{\rho}}_{t_1},\tilde{\boldsymbol{\rho}}_{t_1-\tau_{\mathrm{sf}}(t_1)})-\Theta(\tilde{\boldsymbol{\rho}}_{t_2},\tilde{\boldsymbol{\rho}}_{t_2-\tau_{\mathrm{sf}}(t_2)})|\leqslant K_{1_{\mathrm{sf}}}|\tilde{\boldsymbol{\rho}}_{t_1}-\tilde{\boldsymbol{\rho}}_{t_2}|$$

相似地，由式（7.49（b））有

$$\Omega(\tilde{\boldsymbol{\rho}}_{t_1})-\Omega(\tilde{\boldsymbol{\rho}}_{t_2})=\frac{\sqrt{\eta M}}{2}\begin{bmatrix} 3z_{t_1}-z_{t_1}^2-3z_{t_2}+z_{t_2}^2 & \Re_\Omega-\Im_\Omega\mathrm{i} \\ \Re_\Omega+\Im_\Omega\mathrm{i} & z_{t_1}^2-z_{t_1}-z_{t_2}^2+z_{t_2} \end{bmatrix} \tag{7.63}$$

使得

$$|\Omega(\tilde{\boldsymbol{\rho}}_{t_1})-\Omega(\tilde{\boldsymbol{\rho}}_{t_2})|\leqslant\frac{\sqrt{\eta M}}{2}\sqrt{46(z_{t_1}-z_{t_2})^2+12(x_{t_1}-x_{t_2})^2+12(y_{t_1}-y_{t_2})^2} \tag{7.64}$$

其中

$$\Re_\Omega=(1-z_{t_1})x_{t_1}-(1-z_{t_2})x_{t_2}$$

$$\Im_\Omega=(1-z_{t_1})y_{t_1}-(1-z_{t_2})y_{t_2}$$

根据式（7.64）和式（7.62），当$K_{3_{\mathrm{sf}}} \geqslant \sqrt{23\eta M}$时，有

$$|\Omega(\tilde{\rho}_{t_1}) - \Omega(\tilde{\rho}_{t_2})| \leqslant K_{3_{\mathrm{sf}}} |\tilde{\rho}_{t_1} - \tilde{\rho}_{t_2}|$$

下面证明

$$\mathbb{E}|\rho_t - \rho_f|^p \leqslant \mathcal{M}_{\mathrm{sf}} |\rho_0 - \rho_f|^p \mathrm{e}^{-r_{\mathrm{sf}} p(t-t_0)}$$

根据文献[72]中的定理 4.3，在状态反馈式（4.30）作用下，$\mathcal{L}V(\rho_t) \leqslant -r_{\mathrm{sf}} V(\rho_t)$，根据定理 2.2 可得

$$\mathbb{E}V(\rho_t) \leqslant V(\rho_0)\mathrm{e}^{-r_{\mathrm{sf}}(t-t_0)}$$

由于

$$V(\rho_t) = \sqrt{1 - \mathrm{tr}(\rho_t \rho_f)} = \frac{\sqrt{2}}{2}\sqrt{1 - z_t}$$

且

$$|\rho_t - \rho_f| \leqslant \sqrt{1 - z_t}$$

因此当$0 < \kappa_1 \leqslant \dfrac{\sqrt{2}}{2}$时，$\kappa_1 |\rho_t - \rho_f| \leqslant \kappa_1 \sqrt{1 - z_t} \leqslant V(\rho_t)$成立。

另外，$|\rho_t - \rho_f| \geqslant \dfrac{\sqrt{2}}{2}(1 - z_t) = \sqrt{2} V^2(\rho_t)$，从而当$\kappa_2 \geqslant \sqrt{\dfrac{\sqrt{2}}{2}}$时，有

$$V(\rho_t) \leqslant \sqrt{\frac{\sqrt{2}}{2}} \sqrt{|\rho_t - \rho_f|} \leqslant \kappa_2 \sqrt{|\rho_t - \rho_f|}$$

因此当$\kappa_3 \geqslant \dfrac{\kappa_2}{\sqrt{|\rho_0 - \rho_f|}}$时，有

$$\mathbb{E}|\rho_t - \rho_f| \leqslant \frac{1}{\kappa_1} V(\rho_0)\mathrm{e}^{-r_{\mathrm{sf}}(t-t_0)} \leqslant \frac{\kappa_2}{\kappa_1}\sqrt{|\rho_t - \rho_f|}\mathrm{e}^{-r_{\mathrm{sf}}(t-t_0)} \leqslant \frac{\kappa_3}{\kappa_1} |\rho_t - \rho_f| \mathrm{e}^{-r_{\mathrm{sf}}(t-t_0)}$$

这意味着$\mathbb{E}|\rho_t - \rho_f|^p \leqslant \mathcal{M}_{\mathrm{sf}} |\rho_0 - \rho_f|^p \mathrm{e}^{-r_{\mathrm{sf}} p(t-t_0)}$。根据定理 7.2，结论易得。证毕。

注 7.3 在状态子空间 $\mathcal{D}_\lambda$ 是不变集的假设条件下，状态反馈式（4.30）仅能使 $\mathbb{E}V(\rho_t)\leqslant V(\rho_0)\mathrm{e}^{-r_{\mathrm{sf}}(t-t_0)}$ 在 $\mathcal{D}_\lambda$ 而非 $\mathcal{S}$ 中成立，即局部指数镇定成立。这个假设条件在定理 7.3 中依然被使用。事实上，对量子自旋 $-\dfrac{1}{2}$ 系统而言，这样的不变性条件是一个强约束，因此在 4.4 节中使用状态反馈并借助噪声辅助反馈研究了量子自旋 $-\dfrac{1}{2}$ 系统的全局指数镇定。由于如何使用状态反馈实现随机非时滞量子系统的全局指数镇定不是本章的重点，因此这里对相关技术不再赘述，其更多细节可见 4.4 节。

7.3.2 基于时滞噪声辅助反馈的随机量子系统指数镇定

随机时滞主方程式（7.3）对应随机时滞微分方程，即

$$\mathrm{d}x_t = f_{\mathrm{nf}}(x_t, x_{t-\tau_{\mathrm{nf}}(t)}, t)\mathrm{d}t + g_{\mathrm{nf}}(x_t, x_{t-\tau_{\mathrm{nf}}(t)}, t)\mathrm{d}B_t + h_{\mathrm{nf}}(x_t, t)\mathrm{d}W_t \tag{7.65}$$

此为随机时滞微分方程式（7.8）中 $\tau_2(t)=0$ 的情况。根据定理 7.1，对式（7.65）可有定理 7.4。

定理 7.4 对随机时滞微分方程式（7.65），如果

$$\begin{cases}|f_{\mathrm{nf}}(x,y,t)-f_{\mathrm{nf}}(\overline{x},\overline{y},t)|\leqslant K_{1_{\mathrm{nf}}}(|x-\overline{x}|+|y-\overline{y}|)\\ |g_{\mathrm{nf}}(x,y,t)-g_{\mathrm{nf}}(\overline{x},\overline{y},t)|\leqslant K_{2_{\mathrm{nf}}}(|x-\overline{x}|+|y-\overline{y}|)\\ |h_{\mathrm{nf}}(x,t)-h_{\mathrm{nf}}(y,t)|\leqslant K_{3_{\mathrm{nf}}}|x-y|\\ |f_{\mathrm{nf}}(x,y,t)|\leqslant C_{1_{\mathrm{nf}}}(|x|+|y|)\\ |g_{\mathrm{nf}}(x,y,t)\leqslant C_{2_{\mathrm{nf}}}(|x|+|y|)\\ |h_{\mathrm{nf}}(x,t)|\leqslant C_{3_{\mathrm{nf}}}|x|\end{cases} \tag{7.66}$$

而式（7.65）对应的非时滞情况

$$\mathrm{d}y_t = f_{\mathrm{nf}}(y_t,t)\mathrm{d}t + g_{\mathrm{nf}}(y_t,t)\mathrm{d}B_t + h_{\mathrm{nf}}(y_t,t)\mathrm{d}W_t$$

满足

$$\mathbb{E}|y_t|^p\leqslant \mathcal{M}\mathrm{e}^{-r(t-t_0)}\mathbb{E}|y_0|^p$$

其中，$\forall t \geqslant t_0$，$\mathcal{M}>0$，$r>0$ 且 $0<p<1$，则对在 $\mathcal{L}^2_{\mathcal{F}_{t_0}}(\Omega;\mathcal{C}([-\tau,0];\mathbb{R}^n))$ 中的任意初态，当 $\tau_{\text{nf}}(t)<\tau^*_{\text{nf}}$ 时，随机时滞微分方程式（7.65）的解满足 $\limsup\limits_{t\to\infty}\frac{1}{t}\ln|x_t|<0$，其中 $\tau^*_{\text{nf}}>0$ 是方程 $\mathcal{H}_{\text{nf}}(\tau,p,t,T)=1$ 的唯一解，有

$$\mathcal{H}_{\text{nf}}(\tau,p,t,T)=\epsilon \mathrm{e}^{(2C_{1_{\text{nf}}}+2C^2_{2_{\text{nf}}}+0.5C^2_{3_{\text{nf}}})p\tau}+2^p\mathcal{H}^{\text{nf}}_1(\tau,p,\tau+T)+4^p\mathcal{H}^{\text{nf}}_2(\tau,p,t_0+\tau+T) \quad (7.67)$$

式中，$\epsilon\in(0,1)$，$T=\frac{1}{r}\ln\frac{2^{2.5p}\mathcal{M}}{\epsilon}$ 且

$$\mathcal{H}^{\text{nf}}_1(\tau,p,t)=(2\tau \mathrm{e}^{(4C_{1_{\text{nf}}}+4C^2_{2_{\text{nf}}}+C^2_{3_{\text{nf}}})t}(3\tau C^2_{1_{\text{nf}}}+13C^2_{2_{\text{nf}}}+6C^2_{3_{\text{nf}}}+(3\tau C^2_{1_{\text{nf}}}+12C^2_{2_{\text{nf}}})\mathrm{e}^{(4C_{1_{\text{nf}}}+4C^2_{2_{\text{nf}}}+C^2_{3_{\text{nf}}})\tau}))^{\frac{p}{2}} \quad (7.68(\text{a}))$$

$$\mathcal{H}^{\text{nf}}_2(\tau,p,t)=\left(\frac{12\tau(4\tau C^2_{1_{\text{nf}}}+4C^2_{2_{\text{nf}}}+C^2_{3_{\text{nf}}})(K_{1_{\text{nf}}}+2K^2_{2_{\text{nf}}})}{4C_{1_{\text{nf}}}+4C^2_{2_{\text{nf}}}+C^2_{3_{\text{nf}}}}\mathrm{e}^{(5K_{1_{\text{nf}}}+6K^2_{2_{\text{nf}}}+K^2_{3_{\text{nf}}}+4C_{1_{\text{nf}}}+4C^2_{2_{\text{nf}}}+C^2_{3_{\text{nf}}})(t-t_0)}\right)^{\frac{p}{2}} \quad (7.68(\text{b}))$$

证明　本定理证明的主要部分与定理 7.1 的证明类似。通过对式（7.15）～（7.18）的相似讨论，根据式（7.66）并应用 Itô 等距、Doob 鞅不等式和 Cauchy-Schwarz 不等式，对随机时滞微分方程式（7.36）可得

$$\mathbb{E}|x_t|^p\leqslant(2\mathrm{e}^{(4C_{1_{\text{nf}}}+4C^2_{2_{\text{nf}}}+C^2_{3_{\text{nf}}})(t-t_0)})^{\frac{p}{2}}\mathcal{X}^p_{t_0}$$

$$\mathbb{E}\left(\sup_{0\leqslant u\leq\tau}|x_{t+u}-x_t|^p\right)\leqslant\mathcal{H}^{\text{nf}}_1(\tau,p,t-t_0)\mathcal{X}^p_{t_0}$$

且

$$\mathbb{E}|x_t-y_t|^2\leqslant\mathcal{H}^{\text{nf}}_2(\tau,2,t)\mathcal{X}^2_{t_0}$$

这样，可以通过用 $\mathcal{H}_{\text{nf}}(\tau,p,t,T)$ 和

$$C_{\text{nf}}=4\left(1+\frac{8(2\tau+T)C^2_1+32C^2_2+8C^2_3}{4C_1+4C^2_2+C^2_3}\mathrm{e}^{(4C_1+4C^2_2+C^2_3)(2\tau+T)}\right)^{\frac{p}{2}} \quad (7.69)$$

分别替换 $\mathcal{H}(\tau,p,t,T)$ 和式（7.35）来完成本定理的证明。

对于单比特系统即式（4.6），4.2 节中设计了连续线性噪声辅助反馈式（4.9）指数镇定本征态。基于定理 7.4 和式（4.9），对随机时滞主方程式（7.3）可有定理 7.5。

定理 7.5 对随机时滞主方程式（7.3），当 $\tau_{\text{nf}}(t)<\tau_{\text{nf}}^*$ 时，时滞噪声辅助反馈

$$u_{\text{nf}}(\boldsymbol{\rho}_{t-\tau_{\text{nf}}(t)})=\vartheta V(\boldsymbol{\rho}_{t-\tau_{\text{nf}}(t)})=\vartheta\sqrt{1-\operatorname{tr}(\boldsymbol{\rho}_{t-\tau_{\text{nf}}(t)}\boldsymbol{\rho}_f)} \tag{7.70}$$

可指数镇定 $\boldsymbol{\rho}_f$，其中 $\tau_{\text{nf}}^*>0$ 是方程 $\mathcal{H}_{\text{nf}}(\tau,p,t,T)=1$ 的唯一解，$T=\dfrac{1}{r_{\text{nf}}}\ln\dfrac{2^{2.5p}\mathcal{M}_{\text{nf}}}{\epsilon}$ 且有

$$\begin{cases}C_{1_{\text{nf}}}\geqslant\max\{2\sqrt{2}\vartheta^2,2\sqrt{2}(\varGamma+\vartheta^2),2\sqrt{2}\varGamma\}\\ C_{2_{\text{nf}}}\geqslant 2\sqrt{2}\vartheta^2\\ C_{3_{\text{nf}}}\geqslant\sqrt{20\eta\varGamma}\\ K_{1_{\text{nf}}}\geqslant\max\{4\sqrt{\varGamma^2+\vartheta^2},2\sqrt{3}\vartheta^2\}\\ K_{2_{\text{nf}}}\geqslant\max\{4\vartheta,2\sqrt{2}\vartheta^2\}\\ K_{3_{\text{nf}}}\geqslant 10\sqrt{\eta\varGamma}\end{cases} \tag{7.71}$$

式中，$\mathcal{M}_{\text{nf}}=\left(\dfrac{\kappa_3}{\kappa_1}\right)^p$ 且 $r_{\text{nf}}=\dfrac{1}{2}\eta\varGamma$。

证明 与定理 7.3 的证明类似，在本定理的证明中目标本征态 $\boldsymbol{\rho}_f$ 设为 $\boldsymbol{\rho}_{\text{g}}$。首先，证明时滞噪声辅助反馈式（7.70）作用下的随机时滞主方程式（7.3）满足

$$\begin{cases}|\varLambda(\tilde{\boldsymbol{\rho}}_{t_1},\tilde{\boldsymbol{\rho}}_{t_1-\tau_{\text{nf}}(t_1)})-\varLambda(\tilde{\boldsymbol{\rho}}_{t_2},\tilde{\boldsymbol{\rho}}_{t_2-\tau_{\text{nf}}(t_2)})|\leqslant K_{1_{\text{nf}}}(|\tilde{\boldsymbol{\rho}}_{t_1}-\tilde{\boldsymbol{\rho}}_{t_2}|+|\tilde{\boldsymbol{\rho}}_{t_1-\tau_{\text{nf}}(t_1)}-\tilde{\boldsymbol{\rho}}_{t_2-\tau_{\text{nf}}(t_2)}|)\\ |\varXi(\tilde{\boldsymbol{\rho}}_{t_1},\tilde{\boldsymbol{\rho}}_{t_1-\tau_{\text{nf}}(t_1)})-\varXi(\tilde{\boldsymbol{\rho}}_{t_2},\tilde{\boldsymbol{\rho}}_{t_2-\tau_{\text{nf}}(t_2)})|\leqslant K_{2_{\text{nf}}}(|\tilde{\boldsymbol{\rho}}_{t_1}-\tilde{\boldsymbol{\rho}}_{t_2}|+|\tilde{\boldsymbol{\rho}}_{t_1-\tau_{\text{nf}}(t_1)}-\tilde{\boldsymbol{\rho}}_{t_2-\tau_{\text{nf}}(t_2)}|)\\ |Y(\tilde{\boldsymbol{\rho}}_{t_1})-Y(\tilde{\boldsymbol{\rho}}_{t_2})|\leqslant K_{3_{\text{nf}}}|\tilde{\boldsymbol{\rho}}_{t_1}-\tilde{\boldsymbol{\rho}}_{t_2}|\\ |\varLambda(\tilde{\boldsymbol{\rho}}_t,\tilde{\boldsymbol{\rho}}_{t-\tau_{\text{nf}}(t)})|\leqslant C_{1_{\text{nf}}}(|\tilde{\boldsymbol{\rho}}_t|+|\tilde{\boldsymbol{\rho}}_{t-\tau_{\text{nf}}(t)}|)\\ |\varXi(\tilde{\boldsymbol{\rho}}_t,\tilde{\boldsymbol{\rho}}_{t-\tau_{\text{nf}}(t)})|\leqslant C_{2_{\text{nf}}}(|\tilde{\boldsymbol{\rho}}_t|+|\tilde{\boldsymbol{\rho}}_{t-\tau_{\text{nf}}(t)}|)\\ |Y(\tilde{\boldsymbol{\rho}}_t)|\leqslant C_{3_{\text{nf}}}|\tilde{\boldsymbol{\rho}}_t|\end{cases} \tag{7.72}$$

式中，$\tau_{\mathrm{nf}}(t_1)$ 和 $\tau_{\mathrm{nf}}(t_2)$ 分别代表在 t_1 和 t_2 的延迟时间。

将式（7.48）代入式（7.4）中，有

$$\Lambda(\tilde{\boldsymbol{\rho}}_t,\tilde{\boldsymbol{\rho}}_{t-\tau_{\mathrm{nf}}(t)})=\begin{bmatrix} u_{\mathrm{nf}}^2(\boldsymbol{\rho}_{t-\tau_{\mathrm{nf}}(t)})(1-z_t) & -(\Gamma+u_{\mathrm{nf}}^2(\boldsymbol{\rho}_{t-\tau_{\mathrm{nf}}(t)}))x_t+\Gamma y_t\mathrm{i} \\ -(\Gamma+u_{\mathrm{nf}}^2(\boldsymbol{\rho}_{t-\tau_{\mathrm{nf}}(t)}))x_t-\Gamma y_t\mathrm{i} & u_{\mathrm{nf}}^2(\boldsymbol{\rho}_{t-\tau_{\mathrm{nf}}(t)})(z_t-1)\end{bmatrix} \tag{7.73（a）}$$

$$\Xi(\tilde{\boldsymbol{\rho}}_t,\tilde{\boldsymbol{\rho}}_{t-\tau_{\mathrm{nf}}(t)})=\vartheta^2V^2(\boldsymbol{\rho}_{t-\tau_{\mathrm{nf}}(t)})\begin{bmatrix} -x_t & z_t-1 \\ z_t-1 & x_t\end{bmatrix} \tag{7.73（b）}$$

$$Y(\tilde{\boldsymbol{\rho}}_t)=\sqrt{\eta\Gamma}\begin{bmatrix} (z_t-1)(2-z_t) & (1-z_t)(x_t-y_t\mathrm{i}) \\ (1-z_t)(x_t+y_t\mathrm{i}) & (z_t-1)z_t\end{bmatrix} \tag{7.73（c）}$$

从而有

$$|\Lambda(\tilde{\boldsymbol{\rho}}_t,\tilde{\boldsymbol{\rho}}_{t-\tau_{\mathrm{nf}}(t)})|\leqslant\sqrt{2(1-z_t)^2\vartheta^4+2(\Gamma+\vartheta^2)^2x_t^2+2\Gamma^2y_t^2}$$

$$\left|\Xi(\tilde{\boldsymbol{\rho}}_t,\tilde{\boldsymbol{\rho}}_{t-\tau_{\mathrm{nf}}(t)})\right|\leqslant\vartheta^2\sqrt{2x_t^2+2(1-z_t)^2}$$

$$\left|Y(\tilde{\boldsymbol{\rho}}_t)\right|\leqslant\sqrt{10\eta\Gamma}(1-z_t) \tag{7.74}$$

根据式（7.52）和式（7.74），有如下几点。

①当 $C_{1_{\mathrm{nf}}}\geqslant\max\{2\sqrt{2}\vartheta^2,2\sqrt{2}(\Gamma+\vartheta^2),2\sqrt{2}\Gamma\}$ 时，有

$$|\Lambda(\tilde{\boldsymbol{\rho}}_t,\tilde{\boldsymbol{\rho}}_{t-\tau_{\mathrm{nf}}(t)})|\leqslant C_{1_{\mathrm{nf}}}|\tilde{\boldsymbol{\rho}}_t|\leqslant C_{1_{\mathrm{nf}}}(|\tilde{\boldsymbol{\rho}}_t|+|\tilde{\boldsymbol{\rho}}_{t-\tau_{\mathrm{nf}}(t)}|)$$

②当 $C_{2_{\mathrm{nf}}}\geqslant2\sqrt{2}\vartheta^2$ 时，有

$$|\Xi(\tilde{\boldsymbol{\rho}}_t,\tilde{\boldsymbol{\rho}}_{t-\tau_{\mathrm{nf}}(t)})|\leqslant C_{2_{\mathrm{nf}}}\left|\tilde{\boldsymbol{\rho}}_t\right|\leqslant C_{2_{\mathrm{nf}}}(|\tilde{\boldsymbol{\rho}}_t|+|\tilde{\boldsymbol{\rho}}_{t-\tau_{\mathrm{nf}}(t)}|)$$

③当 $C_{3_{\mathrm{nf}}}\geqslant\sqrt{20\eta\Gamma}$ 时，有

$$|Y(\tilde{\boldsymbol{\rho}}_t)|\leqslant C_{3_{\mathrm{nf}}}|\tilde{\boldsymbol{\rho}}_t|$$

另外，由式（7.73（a））可得

$$\Lambda(\tilde{\boldsymbol{\rho}}_{t_1},\tilde{\boldsymbol{\rho}}_{t_1-\tau_{\mathrm{nf}}(t_1)})-\Lambda(\tilde{\boldsymbol{\rho}}_{t_2},\tilde{\boldsymbol{\rho}}_{t_2-\tau_{\mathrm{nf}}(t_2)})=\begin{bmatrix} \mathfrak{D}_\Lambda & \mathfrak{R}_\Lambda+\mathfrak{I}_\Lambda\mathrm{i} \\ \mathfrak{R}_\Lambda-\mathfrak{I}_\Lambda\mathrm{i} & -\mathfrak{D}_\Lambda\end{bmatrix} \tag{7.75}$$

其中

$$\mathfrak{D}_{\Lambda}=u_{\mathrm{nf}}^{2}(\boldsymbol{\rho}_{t_2-\tau_{\mathrm{nf}}(t_2)})z_{t_2}-u_{\mathrm{nf}}^{2}(\boldsymbol{\rho}_{t_1-\tau_{\mathrm{nf}}(t_1)})z_{t_1}+u_{\mathrm{nf}}^{2}(\boldsymbol{\rho}_{t_1-\tau_{\mathrm{nf}}(t_1)})-u_{\mathrm{nf}}^{2}(\boldsymbol{\rho}_{t_2-\tau_{\mathrm{nf}}(t_2)})$$

$$\Re_{\Lambda}=\Gamma(x_{2_t}-x_{1_t})+u_{\mathrm{nf}}^{2}(\boldsymbol{\rho}_{t_2-\tau_{\mathrm{nf}}(t_2)})x_{t_2}-u_{\mathrm{nf}}^{2}(\boldsymbol{\rho}_{t_1-\tau_{\mathrm{nf}}(t_1)})x_{t_1}$$

$$\Im_{\Lambda}=\Gamma(y_{t_1}-y_{t_2})$$

根据式（7.75）和式（7.62）并考虑到

$$\mathfrak{D}_{\Lambda}^{2}\leqslant 2\vartheta^{2}(z_{t_2}-z_{t_1})+\frac{1}{2}\vartheta^{4}(z_{t_1-\tau_{nf(t_1)}}-z_{t_2-\tau_{nf(t_2)}})^{2}(z_{t_1}-1)^{2}$$

和

$$\Re_{\Lambda}^{2}\leqslant 4(\gamma^{2}+\vartheta^{2})^{2}(x_{t_2}-x_{t_1})^{2}+\vartheta^{4}(z_{t_1-\tau_{nf(t_1)}}-z_{t_2-\tau_{nf(t_2)}})^{2}(z_{t_1}-1)^{2}x_{t_1}^{2}$$

可得当 $K_{1_{\mathrm{nf}}}\geqslant\max\{4\sqrt{\Gamma^{2}+\vartheta^{2}},2\sqrt{3}\vartheta^{2}\}$ 时，有

$$\begin{aligned}
&|\Lambda(\tilde{\boldsymbol{\rho}}_{t_1},\tilde{\boldsymbol{\rho}}_{t_1-\tau_{\mathrm{nf}}(t_1)})-\Lambda(\tilde{\boldsymbol{\rho}}_{t_2},\tilde{\boldsymbol{\rho}}_{t_2-\tau_{\mathrm{nf}}(t_2)})|\\
&=\sqrt{2\mathfrak{D}_{\Lambda}^{2}+2\Re_{\Lambda}^{2}+2\Im_{\Lambda}^{2}}\\
&\leqslant\sqrt{4\vartheta^{2}(z_{1_t}-z_{2_t})^{2}+8(\Gamma^{2}+\vartheta^{2})(x_{1_t}-x_{2_t})^{2}+2\Gamma^{2}(y_{1_t}-y_{2_t})+6\vartheta^{4}(z_{t_1-\tau_{nf(t_1)}}-z_{t_2-\tau_{nf(t_2)}})^{2}}\\
&\leqslant K_{1_{\mathrm{nf}}}(|\tilde{\boldsymbol{\rho}}_{t_1}-\tilde{\boldsymbol{\rho}}_{t_2}|+|\tilde{\boldsymbol{\rho}}_{t_1-\tau_{\mathrm{nf}}(t_1)}-\tilde{\boldsymbol{\rho}}_{t_2-\tau_{\mathrm{nf}}(t_2)}|)
\end{aligned}\tag{7.76}$$

相似地，由式（7.73（b））和式（7.73（c））可得

$$\Xi(\tilde{\boldsymbol{\rho}}_{t_1},\tilde{\boldsymbol{\rho}}_{t_1-\tau_{\mathrm{nf}}(t_1)})-\Xi(\tilde{\boldsymbol{\rho}}_{t_2},\tilde{\boldsymbol{\rho}}_{t_2-\tau_{\mathrm{nf}}(t_2)})=\begin{bmatrix}\mathfrak{D}_{\Xi} & \Re_{\Xi}\\ \Re_{\Xi} & -\mathfrak{D}_{\Xi}\end{bmatrix}$$

$$Y(\tilde{\boldsymbol{\rho}}_{t_1})-Y(\tilde{\boldsymbol{\rho}}_{t_2})=\sqrt{\eta\Gamma}\begin{bmatrix}z_{t_2}^{2}-z_{t_1}^{2}+3(z_{t_1}-z_{t_2}) & \Re_{Y}+\Im_{Y}\mathrm{i}\\ \Re_{Y}-\Im_{Y}\mathrm{i} & z_{t_1}^{2}-z_{t_1}-z_{t_2}^{2}+z_{t_2}\end{bmatrix}\tag{7.77}$$

其中

$$\mathfrak{D}_{\Xi}=u_{\mathrm{nf}}^2(\boldsymbol{\rho}_{t_2-\tau_{\mathrm{nf}}(t_2)})x_{t_2}-u_{\mathrm{nf}}^2(\boldsymbol{\rho}_{t_1-\tau_{\mathrm{nf}}(t_1)})x_{t_1}$$

$$\mathfrak{R}_{\Xi}=u_{\mathrm{nf}}^2(\boldsymbol{\rho}_{t_1-\tau_{\mathrm{nf}}(t_1)})z_{t_1}-u_{\mathrm{nf}}^2(\boldsymbol{\rho}_{t_2-\tau_{\mathrm{nf}}(t_2)})z_{t_2}+u_{\mathrm{nf}}^2(\boldsymbol{\rho}_{t_2-\tau_{\mathrm{nf}}(t_2)})-u_{\mathrm{nf}}^2(\boldsymbol{\rho}_{t_1-\tau_{\mathrm{nf}}(t_1)})$$

$$\mathfrak{R}_{Y}=x_{t_1}-x_{t_2}+z_{t_2}x_{t_2}-z_{t_1}x_{t_1}$$

$$\mathfrak{I}_{Y}=y_{t_2}-y_{t_1}+z_{t_1}y_{t_1}-z_{t_2}y_{t_2}$$

根据式（7.77），当 $K_{2_{\mathrm{nf}}}\geqslant\max\{4\vartheta,2\sqrt{2}\vartheta^2\}$ 且 $K_{3_{\mathrm{nf}}}\geqslant 10\sqrt{\eta\varGamma}$ 时，由式（7.76）易得

$$\begin{aligned}
&|\varXi(\tilde{\boldsymbol{\rho}}_{t_1},\tilde{\boldsymbol{\rho}}_{t_1-\tau_{\mathrm{nf}}(t_1)})-\varXi(\tilde{\boldsymbol{\rho}}_{t_2},\tilde{\boldsymbol{\rho}}_{t_2-\tau_{\mathrm{nf}}(t_2)})|\\
&=\sqrt{2\mathfrak{D}_{\Xi}^2+2\mathfrak{R}_{\Xi}^2}\\
&\leqslant\sqrt{4\vartheta^4(x_{t_1}-x_{t_2})^2+8\vartheta^2(z_{t_1}-z_{t_2})^2+4\vartheta^4(z_{t_1-\tau_{\mathrm{nf}}(t_1)}-z_{t_2-\tau_{\mathrm{nf}}(t_2)})^2}\\
&\leqslant K_{2_{\mathrm{nf}}}(|\tilde{\boldsymbol{\rho}}_{t_1}-\tilde{\boldsymbol{\rho}}_{t_2}|+|\tilde{\boldsymbol{\rho}}_{t_1-\tau_{\mathrm{nf}}(t_1)}-\tilde{\boldsymbol{\rho}}_{t_2-\tau_{\mathrm{nf}}(t_2)}|)\\
&|Y(\tilde{\boldsymbol{\rho}}_{t_1})-Y(\tilde{\boldsymbol{\rho}}_{t_2})|\\
&=\sqrt{\eta\varGamma((z_{t_1}-z_{t_2})^2((z_{t_1}+z_{t_2}-3)^2+(z_{t_1}+z_{t_2}-1)^2)+2\mathfrak{R}_Y^2+2\mathfrak{I}_Y^2)}\\
&\leqslant\sqrt{\eta\varGamma}\sqrt{50(z_{t_1}-z_{t_2})^2+12(x_{t_1}-x_{t_2})^2+12(y_{t_1}-y_{t_2})^2}\\
&\leqslant K_{3_{\mathrm{nf}}}|\tilde{\boldsymbol{\rho}}_{t_1}-\tilde{\boldsymbol{\rho}}_{t_2}|
\end{aligned}\tag{7.78}$$

由定理 4.1 可知，在噪声辅助反馈式（4.9）作用下，$\mathcal{L}V(\boldsymbol{\rho}_t)\leqslant -r_{\mathrm{nf}}V(\boldsymbol{\rho}_t)$，从而本定理的剩余证明过程与定理 7.3 的证明类似，且可通过 $\mathbb{E}V(\boldsymbol{\rho}_t)\leqslant V(\boldsymbol{\rho}_0)\mathrm{e}^{-r_{\mathrm{nf}}(t-t_0)}$ 替换 $\mathbb{E}V(\boldsymbol{\rho}_t)\leqslant V(\boldsymbol{\rho}_0)\mathrm{e}^{-r_{\mathrm{sf}}(t-t_0)}$ 来完成本定理的证明。

注 7.4　本节分别给出时滞状态反馈式（7.45）和时滞连续线性噪声辅助反馈式（7.70）的延时上界 τ^*，如定理 7.3 和定理 7.5 所示。对于量子自旋 $-\dfrac{1}{2}$ 系统，在第 4 章中，切换状态反馈、改进状态反馈和组合反馈都可以指数镇定本征态，相应的 τ^* 可借助定理 7.1 通过对定理 7.3 和定理 7.5 的相似讨论得到。此外，n 能级量子系统和多比特量子系统的指数镇定也可以通过状态反馈和噪声辅助反馈实现，其存在延迟时间情况下的相应 τ^* 也可以根据定理 7.1 获得。由于相似性，因此这里不再

赘述。

注 7.5 定理 7.1 中的结果和本章研究随机时滞量子系统指数镇定的方法不仅适用于已经存在的反馈策略，而且对以后提出的指数镇定随机量子系统的新反馈策略在考虑时滞情况下的应用也具有启发意义。本章所提技术路线示意图如图 7.1 所示。

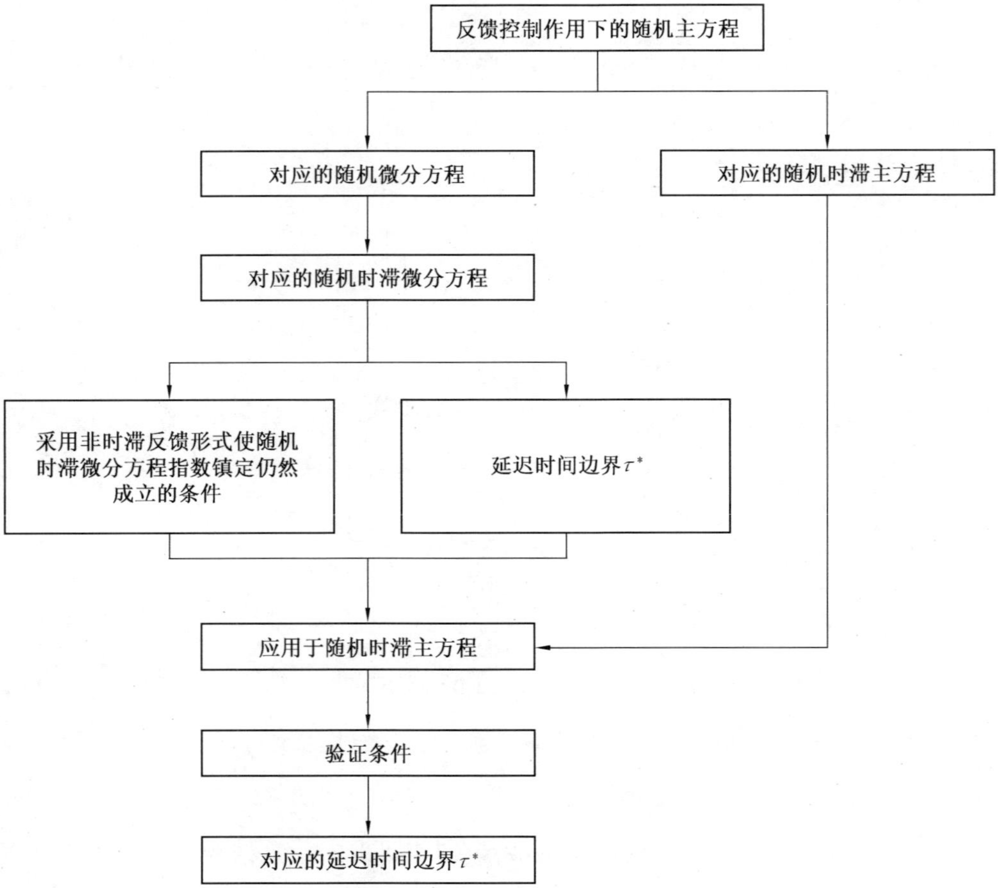

图 7.1　本章所提技术路线示意图

从图 7.1 中可以看出，为获得延迟时间的上界，需要经过以下三步。

（1）根据反馈控制作用下的随机主方程获得对应的随机微分方程和随机时滞微分方程。

（2）根据随机微分方程获得对应的随机时滞微分方程，并推导应用与非时滞控制形式相同的时滞反馈使随机微分方程指数镇定的条件和延迟时间的上界。

（3）通过验证条件将随机时滞微分方程的结果应用于随机时滞主方程并获得对应的延迟时间上界。

注 7.6　以量子自旋 $-\frac{1}{2}$ 系统和状态反馈为例，应用时滞状态反馈式（7.45）的步骤如下。

（1）确定本章获得的结果是否适用于考虑的实际物理系统。为此，需完成以下工作。

①对可以作为量子自旋 $-\frac{1}{2}$ 系统的实际物理系统，根据设备配置和操作经验，给出实际实验执行过程中延迟时间范围或最大延迟时间 τ^*_{real} 的估计值。

②基于实际物理系统的参数，根据定理 7.3 计算并获得时滞状态反馈式（7.45），使被控量子系统指数镇定的最大延迟时间 τ^*_{sf} 。

③比较 τ^*_{real} 和 τ^*_{sf} ，如果 $\tau^*_{\text{real}} \leqslant \tau^*_{\text{sf}}$ ，则时滞状态反馈式（7.45）可使对应实验系统指数镇定的结论成立，否则该结论不成立。

（2）如果 $\tau^*_{\text{real}} \leqslant \tau^*_{\text{sf}}$ ，即时滞状态反馈式（7.45）可指数镇定对应的实际物理系统，则式（7.45）可按照如下步骤应用于实际物理系统。

①获得当前的实时系统状态 $\boldsymbol{\rho}_t$ 。

②将 $\boldsymbol{\rho}_t$ 代入式（7.45），即

$$u_{\text{sf}}(\boldsymbol{\rho}_t) = \alpha(1-\text{tr}(\boldsymbol{\rho}_t\boldsymbol{\rho}_f))^{\frac{\beta}{2}} - \gamma\,\text{tr}(\text{i}[\sigma_y, \boldsymbol{\rho}_t]\boldsymbol{\rho}_f)$$

然后执行计算获得状态反馈 $u_{\text{sf}}(\boldsymbol{\rho}_t)$ 的具体值，且计算操作会花费一定的时间。

③将状态反馈 $u_{\text{sf}}(\boldsymbol{\rho}_t)$ 应用于实际物理系统。需要注意的是，此刻系统的状态为 $\boldsymbol{\rho}_{t+\tau_{\text{sf}}(t)}$ ，其中的延迟 $\tau_{\text{sf}}(t)$ 包含计算和应用状态反馈 $u_{\text{sf}}(\boldsymbol{\rho}_t)$ 的时间且是时变的，并对不同的系统状态， $\boldsymbol{\rho}_t$ 是不同的，而此时状态反馈 $u_{\text{sf}}(\boldsymbol{\rho}_t)$ 的值基于系统状态 $\boldsymbol{\rho}_t$ 。换句话说，系统状态从 $\boldsymbol{\rho}_t$ 变成了 $\boldsymbol{\rho}_{t+\tau_{\text{sf}}(t)}$ ，但是由于计算和应用式（7.45）的时间是不可避免的，因此状态反馈式（7.45）仍然是基于 $\boldsymbol{\rho}_t$ 的。

为更好地理解状态反馈式（7.45）的应用过程，满足前提条件$\tau_{sf}^* \geqslant \tau_{real}^*$的示意图如图 7.2 所示，其中$t_5 > t_4 > t_3 > t_2$且$t_1$是$t_2$之前的一个时间。在图 7.2 中，以时刻$t_3$为例。在$t_3$时刻，可以获得系统状态$\boldsymbol{\rho}_{t_3}$且状态反馈控制$u_{sf}(\boldsymbol{\rho}_{t_2})$（即$u_{sf}(\boldsymbol{\rho}_{t_3-\tau_{sf}(t_2)})$）被应用。并不知道$\tau_{sf}(t_2)$，但是由于已经在$t_2$时刻获得了$\boldsymbol{\rho}_{t_2}$且$t_2$在$t_3$之前，因此$u_{sf}(\boldsymbol{\rho}_{t_2})$是已知的，即可以在时刻$t_3$直接应用$u_{sf}(\boldsymbol{\rho}_{t_2})$且并不需要实时知道时变延迟的值。简单地说，一旦计算得出来控制器u_{sf}，那么就可以直接应用u_{sf}以获得被控系统的指数镇定，而无须考虑u_{sf}所依赖的系统状态是多久之前获得的。

时滞噪声辅助反馈式（7.70）的应用步骤与时滞状态反馈式（7.45）的应用步骤类似，因此这里不再赘述。

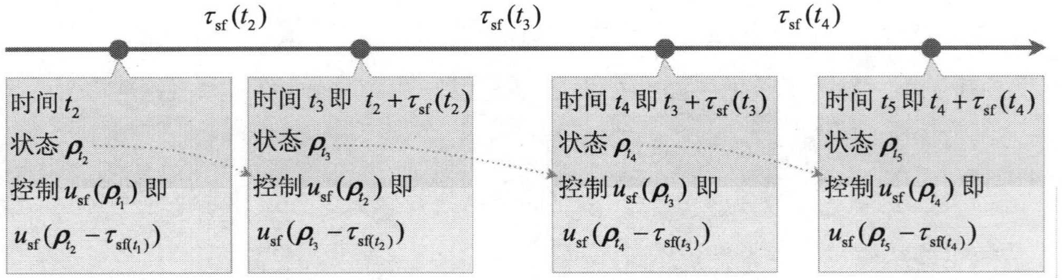

图 7.2　应用控制器即式（7.45）的示意图

7.4　时滞反馈的应用

本节将分别展示应用状态反馈和噪声辅助反馈的最大延迟时间τ^*。

对于状态反馈，令$\epsilon = 0.1$，$p = 0.6$，$\mathcal{M}_{sf} = r_{sf} = 1$，$K_{1_{sf}} = K_{3_{sf}} = 0.1$，$C_{1_{sf}}$和$C_{3_{sf}} \in [0.01, 0.5]$，则对应的$\tau_{sf}^*$可通过式（7.38）获得并如图 7.3（a）所示，而$C_{1_{sf}} = C_{3_{sf}} = 0.1$且$K_{1_{sf}}$，$K_{3_{sf}} \in [0.01, 0.5]$时对应的$\tau_{sf}^*$如图 7.3（b）所示，图 7.3（a）和图 7.3（b）的顶视图分别如图 7.3（c）和图 7.3（d）所示。从图 7.3 中可以看出，通过调节$C_{1_{sf}}$和$C_{3_{sf}}$而非$K_{1_{sf}}$和$K_{3_{sf}}$可以获得更大的τ_{sf}^*，而当$K_{1_{sf}}$和$K_{3_{sf}}$变化时，τ_{sf}^*的变化更平滑。针对状态反馈计算τ_{sf}^*的 Matlab 源代码见附录 B.5。

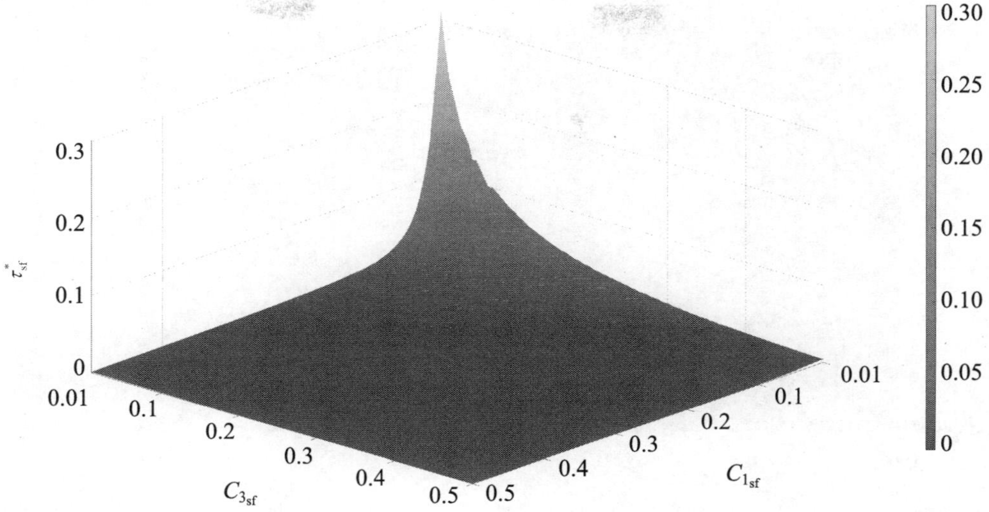

（a）固定 $K_{1_{sf}}$ 和 $K_{3_{sf}}$ 情况下的 τ_{sf}^*

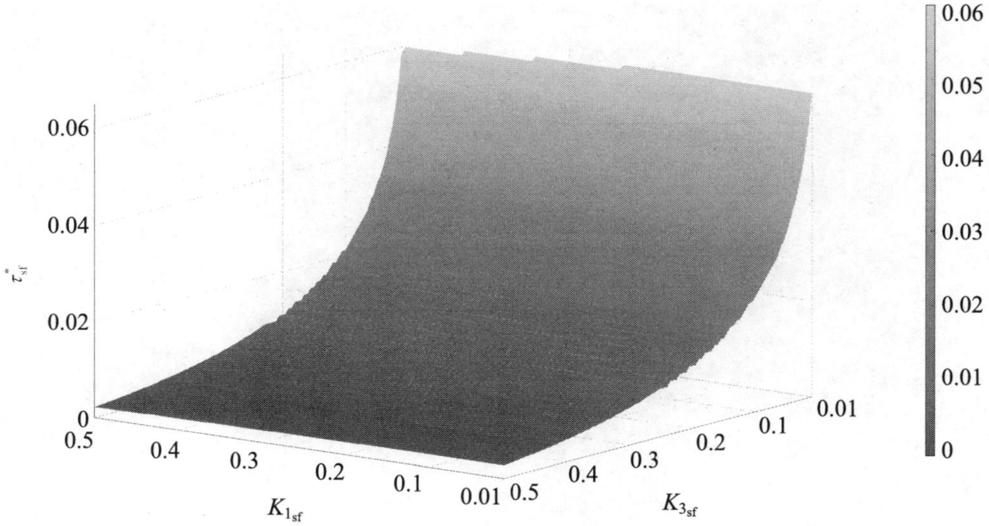

（b）固定 $C_{1_{sf}}$ 和 $C_{3_{sf}}$ 情况下的 τ_{sf}^*

图 7.3　状态反馈的 τ^*

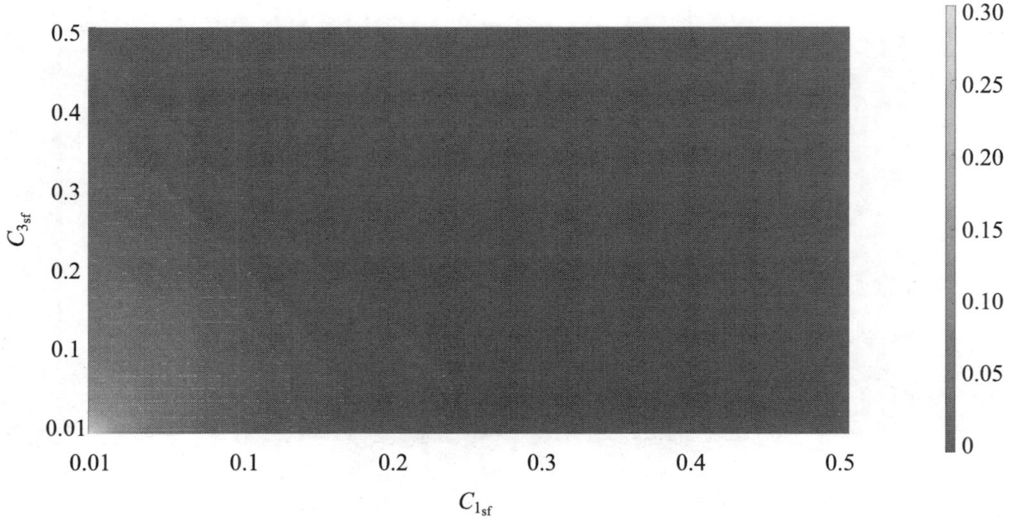

（c）图 7.3（a）的顶视图

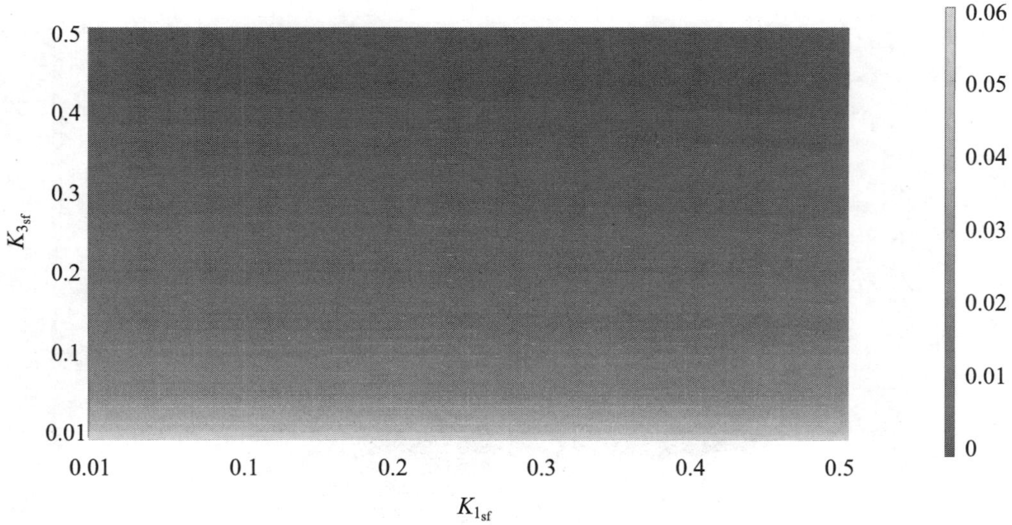

（d）图 7.3（b）的顶视图

续图 7.3

对于噪声辅助反馈，令 $\epsilon=0.1$，$p=0.6$，$\mathcal{M}_{\text{nf}}=r_{\text{nf}}=1$，$K_{i_{\text{nf}}}=0.1$ 且 $C_{i_{\text{nf}}}\in[0.01,0.5](i=1,2,3)$，则根据式（7.67）可获得对应的 τ_{nf}^{*} 并如图 7.4（a）所示，当 $C_{i_{\text{nf}}}=0.1$ 且 $K_{i_{\text{nf}}}\in[0.01,0.5](i=1,2,3)$ 时对应的 τ_{nf}^{*} 如图 7.4（b）所示，而图 7.4（a）的前视图和图 7.4(b)的底视图分别如图 7.4（c）和图 7.4（d）所示。从图 7.4 中可以看出，当 $K_{i_{\text{nf}}}$ 和 $C_{i_{\text{nf}}}$ 更小时，最大延迟时间 τ_{nf}^{*} 更大。也就是说，如果式（7.3）中的系统参数 η、$\varGamma$ 和式（7.70）中的控制参数 ϑ 较小，则根据式（7.71），即使取较大的延迟时间 τ_{nf}，使用与现有非时滞噪声辅助反馈相同的控制形式且用延时状态代替实时状态仍能指数镇定随机量子系统。由图 7.3 可知，该结论对状态反馈也适用。

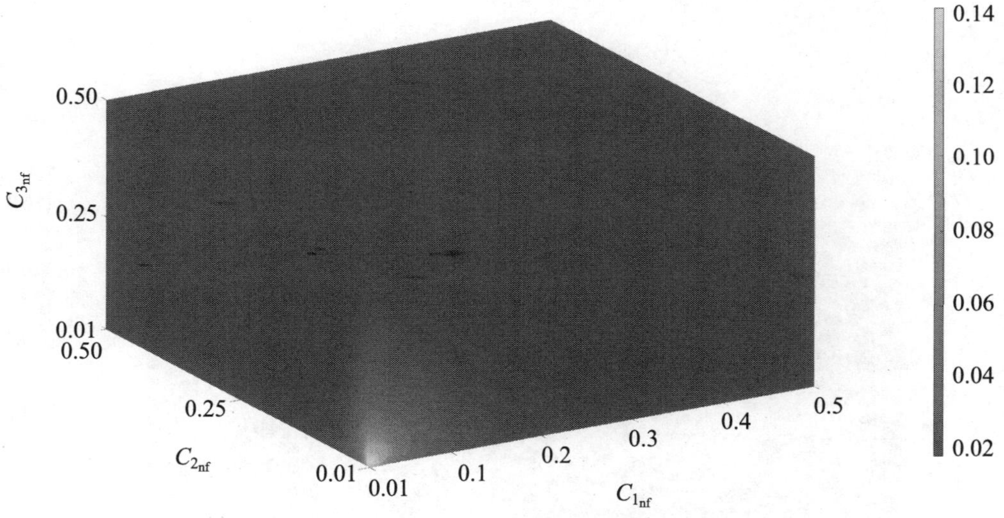

（a）固定 $K_{i_{\text{nf}}}(i=1,2,3)$ 情况下的 τ_{nf}^{*}

图 7.4　状态反馈的 τ^{*}

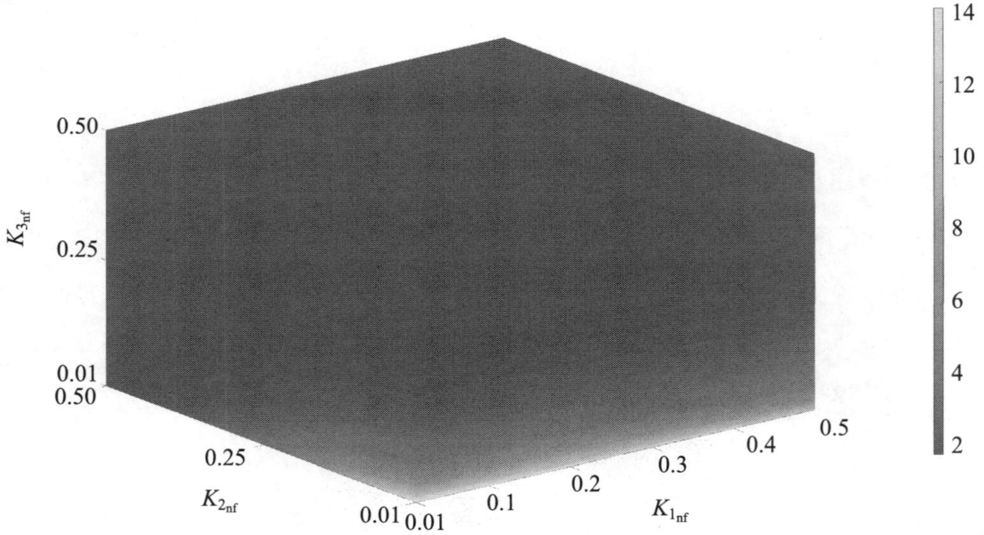

（b）固定 $C_{i_{nf}}\,(i=1,2,3)$ 情况下的 τ^*_{nf}

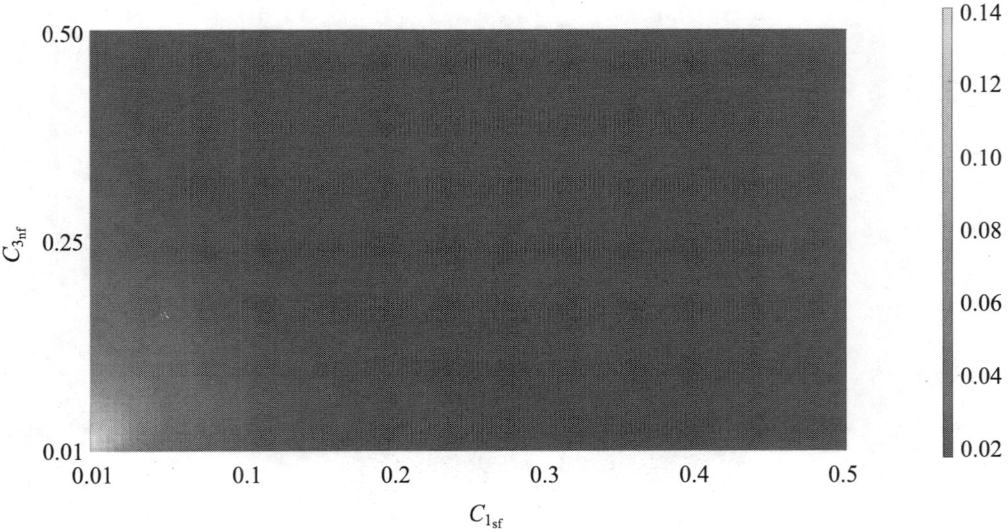

（c）图 7.4（a）的前视图

续图 7.4

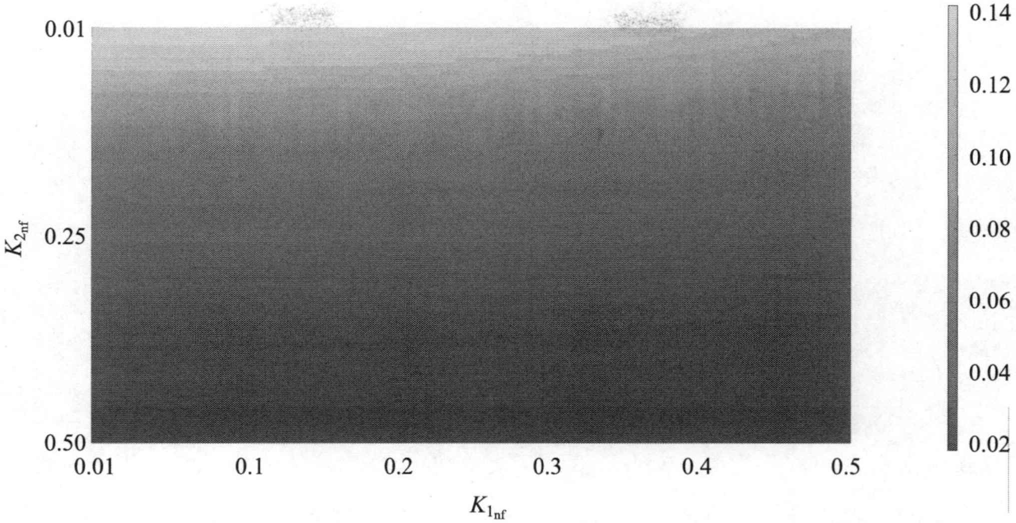

（d）图 7.4（b）的底视图

续图 7.4

7.5　本章小结

本章研究了基于连续测量反馈（包括状态反馈和噪声辅助反馈）的随机时滞量子系统的指数镇定问题。证明了存在延迟时间的上界 τ^*，只要覆盖状态反馈和噪声辅助反馈作用下的随机非时滞微分方程是可指数镇定的且延迟时间不大于 τ^*，则对应的随机时滞微分方程也是可指数镇定的。延迟时间的上界 τ^* 以隐式表达，并可通过数值计算得到。在此基础上，基于一般随机时滞微分方程的结果，分别实现了时滞状态反馈和时滞噪声辅助反馈作用下随机量子系统的指数镇定，并在数值实验中分别展示了状态反馈和噪声辅助反馈情况的延迟时间上界 τ^*。

第 8 章　总结与展望

8.1　总　　结

量子技术作为当前世界上最具颠覆性的前沿技术之一，已经成为世界各国进行高新技术竞争的重要领域。因此，量子系统的主动控制已成为促进新兴量子技术领域发展的关键要素，它提出了许多不同于经典控制系统的具有挑战性的新问题。

本书主要关注随机量子系统的镇定控制，并按照快速镇定和时滞控制两个方面对其进行了详细研究。第 3 章研究了随机量子系统的全局镇定，此为镇定控制的最低要求，仅解决了镇定控制的可行性问题。第 4 章和第 5 章关注随机量子系统的快速镇定，其中第 4 章重点研究两能级量子系统，采用多种反馈控制实现了其指数镇定，而第 5 章则提出了一个具有更广适用范围的快速镇定随机量子系统的统一框架，并应用于不同量子系统的多种状态。第 6 章重点关注实现随机量子系统快速镇定的时滞控制，借助提出的类李雅普诺夫-拉塞尔定理设计了快速镇定本征态和 Bell 态的状态反馈。第 7 章同时考虑随机量子系统的快速镇定和时滞控制，研究了随机时滞量子系统的指数镇定，通过应用随机时滞微分方程的一般性结果获得了保证时滞系统指数镇定延时上界的数值解。

8.2　展　　望

尽管本书呈现了随机量子系统镇定控制的若干结果，也有很多文献对其进行了深入研究（表 8.1），但是仍有很多问题未解决且需进一步研究探索。

表 8.1　随机量子系统镇定控制现状

<table>
<tr><th>镇定控制</th><th colspan="2">系统</th><th>反馈策略</th></tr>
<tr><td rowspan="9">全局镇定</td><td colspan="2">两能级量子系统</td><td>[1], [9], [47]</td></tr>
<tr><td rowspan="3">n 能级量子系统</td><td>角动量系统</td><td>[2], [3], [4]</td></tr>
<tr><td rowspan="2">一般系统</td><td>[8], [19], [20], [23], [24], [46]</td></tr>
<tr><td>纯态及子空间[43]</td></tr>
<tr><td colspan="2">两比特量子系统</td><td>[5], [6], [25], [29], [44]</td></tr>
<tr><td colspan="2" rowspan="2">多比特量子系统</td><td>[45], [27], [46]</td></tr>
<tr><td>Dicke 态[7]</td></tr>
<tr><td rowspan="2">时滞量子系统</td><td>n 能级量子系统</td><td>[21], [33], [37]</td></tr>
<tr><td>多比特量子系统</td><td>[26], [28], [33]</td></tr>
<tr><td rowspan="9">指数镇定</td><td colspan="2" rowspan="2">两能级量子系统</td><td>[10], [15], [18], [55], [56], [58]</td></tr>
<tr><td>噪声辅助反馈：[17], [18], [55], [56], [58]</td></tr>
<tr><td rowspan="3">能级量子系统</td><td>角动量系统</td><td>[11]</td></tr>
<tr><td rowspan="2">一般系统</td><td>子空间[22], 纯态和子空间[53]</td></tr>
<tr><td>噪声辅助反馈[16], [32]</td></tr>
<tr><td colspan="2">两比特量子系统</td><td>[30]</td></tr>
<tr><td colspan="2" rowspan="2">多比特量子系统</td><td>[31]</td></tr>
<tr><td>噪声辅助反馈[32]</td></tr>
<tr><td colspan="2">时滞量子系统</td><td></td></tr>
</table>

注：（1）未加特别说明，单比特系统镇定的目标态均为本征态，多比特系统镇定的目标态均为最大纠缠态；

（2）未加特别说明，反馈控制采用是状态反馈。

第 4 章研究了两能级量子系统的指数镇定，而文献[73]研究了 n 维量子角动量系统的指数镇定，其为特殊的一般维随机量子系统，文献[76]采用噪声辅助反馈研究了一般维随机量子系统的指数镇定，但根据图论对被控量子系统设定了苛刻的约束条件，因此一般维随机量子系统的指数镇定仍然未完全解决。第 5 章提出了快速镇定随机量子系统的统一框架，但是基于此框架设计的状态反馈未能实现整个状态空间的指数镇定，因此如何设计状态反馈实现被控随机量子系统在整个状态空间的指数镇定亦是一个未解决的问题。第 7 章设计的时滞反馈控制仅能实现随机量子系统的快速镇定而非指数镇定，而第 7 章中也仅给出了保证时滞量子系统指数镇定延时上界的数值解而非解析解。因此，一个悬而未决的问题是如何设计保证随机量子系统指数镇定的时滞反馈控制，包括时滞状体反馈和时滞噪声辅助反馈，目前仍未见有相关的文献报导相关结果。此外，本书呈现的随机量子系统镇定控制主要是针对特殊量子态，如本征态、Bell 态及 GHZ 态等。因此，如何设计使随机量子系统一般量子态全局镇定甚至全局指数镇定的（时滞）反馈控制也是一个值得关注的研究方向。另外，本书设计的反馈控制在实际物理系统的应用也是一个具有挑战性的研究方向，而这需要系统控制、量子物理和量子工程等不同领域的研究人员通力合作，从而促进量子技术的发展。

附录 A　Euler–Maruyama 法

对于随机微分方程

$$dx(t) = f(x(t))dt + g(x(t))dW(t), \quad x(0) = x_0, 0 \leqslant t \leqslant T \tag{A.1}$$

在区间[0, T]对其进行数值计算的 Euler–Maruyama 法为

$$x_j = x_{j-1} + f(x_{j-1})\Delta t + g(x_{j-1})(W(\tau_j) - W(\tau_{j-1})), \quad j = 1, 2, \cdots, L \tag{A.2}$$

式中，x_j 为 $x(\tau_j)$ 的近似；$\tau_j = j\Delta t$；$\Delta t = \dfrac{T}{L}$。

令 $f(X) = \lambda X$，$g(X) = \mu X$，λ 和 μ 为实常数，则式（A.1）变为线性随机微分方程，即

$$dx(t) = \lambda x(t)dt + \mu x(t)dW(t), \quad x(0) = x_0 \tag{A.3}$$

对其应用 Euler–Maruyama 法的 Matlab 源代码如下：

```
randn('state',100)
lambda = 2;
mu = 1;
xzero = 1;
T = 1;
N = 2^8;
dt = 1/N;
dW = sqrt(dt)*randn(1,N);
W = cumsum(dW);

plot([0:dt:T], xzero, 'm-');
hold on;
```

```
R = 4;
Dt = R*dt;
L = N/R;
xem = zeros(1,L);
xtemp = xzero;
for j = 1:L
 Winc = sum(dW(R*(j-1)+1:R*j));
 xtemp = xtemp + Dt*lambda*xtemp + mu*xtemp*Winc;
 xem(j) = xtemp;
end
plot([0:Dt:T],[xzero,xem], 'r--*');
hold off
xlabel('t', 'FontSize',12)
ylabel('x', 'FontSize',16, 'Rotation',0, 'HorizontalAlignment', 'right')
```

附录 B 数值实验源代码

B.1 随机量子系统混合态全局镇定的源代码

```
H0=[1 -1/6 0;-1/6 2 0;0 0 -1];
H1=[0 1 i;1 0 0.5*i;-i -0.5*i 0];
L=diag([1,1,2]);
p0=diag([0,1,0]);
pf=[0.8 0.1 0;0.1 0.2 0;0 0 0];
pIn=diag([1/3,1/3,1/3]);
pI2=diag([0.5,0.5,0]);

T=10;
N=4000;
dt=T/N;
dW=sqrt(dt)*randn(1,N);
R=1;
Dt=R*dt;
l=N/R;
Winc_m=rand(1);
p=repmat(zeros(3,3),[1 1,l]);
n=3;
A=[1 -8+i 0;-8-i 4 0;0 0 0];
c=0.1;
k=0.5;

V0=trace(p0*p0)-2*trace(p0*pf)+trace(pf*pf)+c*(trace(A*p0))^2;
V=V0;
```

```
VpIn=trace(pIn*pIn)-2*trace(pIn*pf)+trace(pf*pf)+c*(trace(A*pIn))^2;
VpI2=trace(pI2*pI2)-2*trace(pI2*pf)+trace(pf*pf)+c*(trace(A*pI2))^2;

Q=min(VpI2,1+trace(pf*pf))-VpIn;
M=VpIn+Q/2;

pt=p0;
eta=0.5;
Ut_m=1;

for j=1:N;
    Winc=sum(dW(R*(j-1)+1:R*j));
    if trace(pt*pt)-2*trace(pt*pf)+trace(pf*pf)+c*(trace(A*pt))^2<=M
        alf=-i*(H0*pt-pt*H0)+L*pt*L-0.5*L*L*pt-0.5*pt*L*L;
        sigm=sqrt(eta)*(L*pt+pt*L-2*(trace(L*pt))*pt);
        g=trace(-i*H1*(pt*(2*c*trace(A*pt)*A-2*pf)-(2*c*trace(A*pt)*A-2*pf)*pt));
        G=2*c*trace(A*pt)*trace(A*alf)+c*(trace(A*sigm))^2+trace(sigm*sigm)+ 2*trace
            (pt*(L*pt-pt*L)*L);
        Ut=-k*g-G/g;
    end
    if trace(pt*pt)-2*trace(pt*pf)+trace(pf*pf)+c*(trace(A*pt))^2>=(M+Q/4)
        Ut=1;
        alf=-i*(H0*pt-pt*H0)+L*pt*L-0.5*L*L*pt-0.5*pt*L*L;
        sigm=sqrt(eta)*(L*pt+pt*L-2*(trace(L*pt))*pt);
        g=trace(-i*H1*(pt*(2*c*trace(A*pt)*A-2*pf)-(2*c*trace(A*pt)*A-2*pf)*pt));
        G=2*c*trace(A*pt)*trace(A*alf)+c*(trace(A*sigm))^2+trace(sigm*sigm)+2*trace
            (pt*(L*pt- pt*L)*L);
    end
    if trace(pt*pt)-2*trace(pt*pf)+trace(pf*pf)+c*(trace(A*pt))^2>M && trace(pt*pt)-2*
        trace(pt*pf)+trace(pf*pf)+c*(trace(A*pt))^2<(M+Q/4)
        if j>=3 && trace(p(:,:,(j-2))*p(:,:,(j-2)))-2*trace(p(:,:,(j-2))*pf)+trace(pf*pf)+
            c*(trace(A*p(:,:,(j-2))))^2<=M
```

```
            alf=-i*(H0*pt-pt*H0)+L*pt*L-0.5*L*L*pt-0.5*pt*L*L;
            sigm=sqrt(eta)*(L*pt+pt*L-2*trace(L*pt)*pt);
            g=trace(-i*H1*(pt*(2*c*trace(A*pt)*A-2*pf)-(2*c*trace(A*pt)*A-2*pf)*pt)); +
            G=2*c*trace(A*pt)*trace(A*alf)+c*(trace(A*sigm))^2+trace(sigm*sigm)+
                2*trace(pt*(L*pt-pt*L)*L);
            Ut=-k*g-G/g;
        else
            alf=-i*(H0*pt-pt*H0)+L*pt*L-0.5*L*L*pt-0.5*pt*L*L;
            sigm=sqrt(eta)*(L*pt+pt*L-2*(trace(L*pt))*pt);
            g=trace(-i*H1*(pt*(2*c*trace(A*pt)*A-2*pf)-(2*c*trace(A*pt)*A-2*pf)*pt)); +
            G=2*c*trace(A*pt)*trace(A*alf)+c*(trace(A*sigm))^2+trace(sigm*sigm)+
                2*trace(pt*(L*pt-pt*L)*L);
            Ut=1;
        end
    end
    afbt=-i*(H0*pt-pt*H0)+L*pt*L-0.5*L*L*pt-0.5*pt*L*L-i*(H1*pt-pt*H1)*Ut;
    sigm=sqrt(eta)*(L*pt+pt*L-2*trace(L*pt)*pt);
    pt1=pt+afbt*Dt+sigm*sqrt(Dt);
    sigm1=sqrt(eta)*(L*pt1+pt1*L-2*trace(L*pt1)*pt1);
    pt=pt+Dt*afbt+sigm*Winc+1/2*(sigm1-sigm)*( Winc^2-Dt)*Dt^(-1/2);
    p(:,:,j)=pt;
    Vpt=trace(pt*pt)-2*trace(pt*pf)+trace(pf*pf)+c*(trace(A*pt))^2;
    V=[V Vpt];
    Ut_m=[Ut_m Ut];
end

t=0:Dt:T;
figure(1)
plot(t,Ut_m,'b-','linewidth',1);
xlabel('Time(a.u.)');
ylabel('Control Law');

```

```
figure(2)
plot(t,abs(V),'r-','linewidth',1);
xlabel('Time(a.u.)');
ylabel('V');
```

B.2 两能级量子系统指数镇定的源代码

B.2.1 连续线性噪声辅助反馈

```
I=[1 0;0 1];
delta_z=[1 0;0 -1];
delta_y=[0 -i;i 0];

big_gamma=0.25;
rho_f=[0 0;0 1];
t0=0;
tf=100;
N=10000;
dt=(tf-t0)/N;
path_num=100;

eta=0.5;
alpha_min=2*sqrt(eta*big_gamma);
alpha=0.5;

for K=1:path_num
        rho=[1 0;0 0];
        for k=0:N
                v_rho=sqrt(1-trace(rho*rho_f));
                if k==0
                        V_rho=v_rho;
```

```
            U=alpha*v_rho;
        else
            V_rho=[V_rho v_rho];
            U=[U alpha*v_rho];
        end
        u_t=alpha*v_rho;
        dWt=randn*sqrt(dt);
        dBt=randn*sqrt(dt);
        rho=rho+big_gamma*(delta_z*rho*delta_z-rho)*dt+u_t^2*(delta_y*rho*delta_y-rho)*dt-sqrt(eta*big_gamma)*(delta_z*rho+rho*delta_z-2*trace(rho*delta_z)*rho)*dWt-i*u_t^2*(delta_y*rho-rho*delta_y)*dBt;
    end
    if K==1
        VV_rho=V_rho;
        UU=U;
    else
        VV_rho=[VV_rho;V_rho];
        UU=[UU;U];
    end
end

VV_rho_mean=mean(VV_rho,1);

t=t0:dt:tf;
figure(1);
plot(t,VV_rho);

figure(2);
plot(t,UU);

figure(3);
plot(t,VV_rho_mean,'r');
```

```
hold on;
rho=[1 0;0 0];
rho_f=[0 0;0 1];
V0=sqrt(1-trace(rho*rho_f));
plot(t,V0*exp(-0.5*eta*big_gamma*t),'b','LineWidth',4);
hold off;
```

B. 2. 2 组合反馈

```
I=[1 0;0 1];
delta_z=[1 0;0 -1];
delta_y=[0 -i;i 0];

big_gamma=0.25;
rho_f=[0 0;0 1];
t0=0;
tf=100;
N=10000;
dt=(tf-t0)/N;
path_num=10;

eta=0.5;
alpha_hat_min=2*sqrt(eta*big_gamma);
alpha_hat=0.4;
r=0.1;
beta=8;
lamda=0.8;
alpha_max=eta*4*big_gamma*lamda^2/((1-lamda)^(0.5*(beta-1)));
alpha=1;
mu=alpha/2;
R=r/2;

for K=1:path_num
```

```
    rho=[1 0;0 0];
    for k=0:N
        v_rho=sqrt(1-trace(rho*rho_f));
        u_naf_t=alpha_hat*v_rho;
        u_sf_t=mu*v_rho^beta-R*trace(i*(delta_y*rho-rho*delta_y)*rho_f);
        dWt=randn*sqrt(dt);
        dBt=randn*sqrt(dt);
        if mu*trace(i*(delta_y*rho-rho*delta_y)*rho_f)*v_rho^(beta-2)+(alpha_hat^2/4
          -R)*(trace(i*(delta_y*rho-rho*delta_y)*rho_f)/v_rho)^2<alpha_hat^2*(1-2*v_rho^2)
          &&lamda<trace(rho*rho_f)&&trace(rho*rho_f)<=1
            ind=0;
        else
            ind=1;
        end
        if k==0
            V_rho=v_rho;
            Utdt=ind*u_naf_t+(1-ind)*u_sf_t;
            IND=ind;
        else
            V_rho=[V_rho v_rho];
            Utdt=[Utdt ind*u_naf_t+(1-ind)*u_sf_t];
            IND=[IND ind];
        end
        rho=rho+big_gamma*(delta_z*rho*delta_z-rho)*dt+sqrt(eta*big_gamma)*(delta_z*rho+
            rho*delta_z-2*trace(rho*delta_z)*rho)*dWt+ind^2*u_naf_t^2*
            (delta_y*rho*delta_y-rho)*dt-i*ind*u_naf_t^2*(delta_y*rho-rho*delta_y)*
            dBt-i*(1-ind)*u_sf_t*(delta_y*rho-rho*delta_y)*dt;
    end

    if K==1
        VV_rho=V_rho;
        UUtdt=Utdt;
```

```
            IIND=IND;
      else
            VV_rho=[VV_rho;V_rho];
            UUtdt=[UUtdt;Utdt];
            IIND=[IIND;IND];
      end
end
VV_rho_mean=mean(VV_rho,1);

t=t0:dt:tf;
figure(1);
plot(t,VV_rho);
hold on;
plot(t,IIND,'r');
hold on;
plot([0,100],[sqrt(1-lamda),sqrt(1-lamda)],'k');
hold off;
axis([0 100 -0.1 1.1]);

figure(2);
plot(t,UUtdt);

figure(3);
plot(t,VV_rho_mean,'r');
hold on;
rho=[1 0;0 0];
rho_f=[0 0;0 1];
V0=sqrt(1-trace(rho*rho_f));
convergence_rate_NAF=eta*big_gamma;
convergence_rate_SF=eta*4*big_gamma;
plot(t,V0*exp(-0.5*convergence_rate_NAF*t),'b','LineWidth',4);
hold on;
```

```
plot(t,V0*exp(-0.5*convergence_rate_SF*t),'r','LineWidth',4);
hold off;
```

B. 3 应用统一框架快速镇定 GHZ 态的源代码

```
delta_z=[1 0;0 -1];
delta_y=[0 -i;i 0];
delta_x=[0 1;1 0];
I_2=eye(2);
I_4=eye(4);

rho_f=0.5*[1 0 0 -1;0 0 0 0;0 0 0 0;-1 0 0 1];
rho_0=0.5*[1 0 0 1;0 0 0 0;0 0 0 0;1 0 0 1];

A1=kron(delta_z,I_2)-kron(I_2,delta_z);
A2=kron(delta_x,delta_x);
gamma1=1;
gamma2=1;
eta1=0.8;
eta2=0.8;
H1=kron(delta_z+delta_x,I_2);
X=[0 0 -0.5i -i;0 0 0 0.5i;0.5i 0 0 0;i -0.5i 0 0];

t0=0;
tf=30;
N=6000;
dt=(tf-t0)/N;
n=1;
path_num=1;
Num_tau=40;
tau=Num_tau*dt;
```

```
for K=1:path_num
    rho=rho_0;
    mark_u=2;
    for k=0:N
        distance=1-trace(rho*rho_f);
        cert=trace(-i*(X*H1-H1*X)*rho);
        xf=-2*imag(rho(2,4)+rho(1,3)+2*rho(4,1));

        if k==0
            Distance=distance;
            Z_rho=0.5*rho(1,4)+1;
            Rho=rho;
            Cert=cert;
            Xf=xf;
        else
            Z_rho=[Z_rho 0.5*rho(1,4)+1];
            Distance=[Distance distance];
            Rho=[Rho rho];
            Cert=[Cert cert];
            Xf=[Xf xf];
        end

        if k==0
            u_tau=0;
            U=u_tau;
        elseif k<Num_tau
            u_tau=0;
            U=[U u_tau];
        elseif k>=Num_tau && trace(-i*(X*H1-H1*X)*Rho(1:4,4*(k-Num_tau)+1:4*
                (k-Num_tau)+4))>=0.9
            u_tau=-4.5/0.9;
```

```
                U=[U u_tau];
            else
                u_tau=0;
                U=[U u_tau];
            end

            dWt1=normrnd(0,dt^0.5,[1 1]);
            dYt1=dWt1+(eta1*gamma1)^0.5*trace(A1*rho+rho*A1')*dt;
            dWt2=normrnd(0,dt^0.5,[1 1]);
            dYt2=dWt2+(eta2*gamma2)^0.5*trace(A2*rho+rho*A2')*dt;
        M_dYt=I_4-(i*H1*u_tau+0.5*A1'*A1+0.5*A2'*A2)*dt+(eta1*gamma1)^0.5*dYt1*A1+
                    (eta2*gamma2)^0.5*dYt2*A2;
            delta_rho=M_dYt*rho*M_dYt'+(1-eta1*gamma1)*A1*rho*A1'*dt+
                    (1-eta2*gamma2)*A2*rho*A2'*dt;
            rho=delta_rho/trace(delta_rho);
        end

        if K==1
            ZZ_rho=Z_rho;
            DDistance=Distance;
            CCert=Cert;
            XXf=Xf;
            UU=U;
        else
            ZZ_rho=[ZZ_rho;Z_rho];
            DDistance=[DDistance;Distance];
            CCert=[CCert;Cert];
            XXf=[XXf;Xf];
            UU=[UU;U];
        end
    end

```

```
DDistance_mean=mean(DDistance,1);

t=t0:tf/N:tf;
figure(1);
plot(t,CCert);

figure(2);
plot(t,ZZ_rho);

figure(3);
plot(t,DDistance_mean);

figure(4);
plot(t,UU);

figure(5);
plot(t,XXf);
```

B.4 随机时滞量子系统快速镇定本征态的源代码

```
delta_z=[1 0;0 -1];
delta_y=[0 -i;i 0];
delta_x=[0 1;1 0];
I_2=eye(2);
I_4=eye(4);

rho_f=[1 0;0 0;];
rho_0=0.5*[1 0;0 1];

A=delta_z;
eta=0.9;
```

```
H1=delta_y;
X=[0 0;-1 0];

t0=0;
tf=10;
N=2000;
dt=(tf-t0)/N;
path_num=5;
Num_tau=40;
tau=Num_tau*dt;

for K=1:path_num
    rho=rho_0;
    for k=0:N
        distance=1-trace(rho*rho_f);
        cert=trace(-i*(X*H1-H1*X)*rho);
        if k==0
            Distance=distance;
            Rho=rho;
            Cert=cert;
        else
            Distance=[Distance distance];
            Rho=[Rho rho];
            Cert=[Cert cert];
        end
        if k==0
            u_tau=0;
            U=u_tau;
        elseif k<Num_tau
            u_tau=0;
            U=[U u_tau];
        elseif k>=Num_tau && trace(-i*(X*H1-H1*X)*Rho(1:2,2*(k-Num_tau) +
```

```
                    1:2*(k-Num_tau)+2))>=0.75
                    u_tau=-1.5/0.75;
                    U=[U u_tau];
                else
                    u_tau=0;
                    U=[U u_tau];
                end

                dWt=normrnd(0,dt^0.5,[1 1]);
                dYt=dWt+eta^0.5*trace(A*rho+rho*A')*dt;
                M_dYt=I_2-(i*H1*u_tau+0.5*A'*A)*dt+eta^0.5*dYt*A;
                delta_rho=M_dYt*rho*M_dYt'+(1-eta)*A*rho*A'*dt;
                rho=delta_rho/trace(delta_rho);
            end

            if K==1
                DDistance=Distance;
                CCert=Cert;
                UU=U;
            else
                DDistance=[DDistance;Distance];
                CCert=[CCert;Cert];
                UU=[UU;U];
            end
end

DDistance_mean=mean(DDistance,1);

t=t0:tf/N:tf;
figure(1);
plot(t,CCert);

```

```
figure(2);
plot(t,DDistance_mean);

figure(3);
plot(t,UU);
```

B. 5　时滞状态反馈指数镇定本征态的源代码

```
C1=0.1;
C2=0.1;

K1_min=0.01;
K1_max=0.5;
K1_h=0.005;
K2_min=0.01;
K2_max=0.5;
K2_h=0.005;

p=0.6;
gama=1;
epslon=0.1;
M=1;
T=(1/gama)*log((2^(2.5*p)*M)/epslon);
t0=0;
N=15;

for K1=K1_min:K1_h:K1_max
    for K2=K2_min:K2_h:K2_max
        tau=100;
        for n=1:N
            tauplusT=tau+T;
```

```
        t0plustauplusT=t0+tauplusT;
        H1_tau_tauplusT_p=(4*tau*exp((4*C1+C2^2)*tauplusT)*(sqrt(2)*tau*C1+
                                  4*C2^2+2*tau*C1^2*exp((4*C1+C2^2)*tau)))^(p/2);
        H2_tau_t0plustauplusT_p=(8*K1*tau*(4*tau*C1^2+C2^2)*(exp(5*K1+K2^2+
                                  4*C1+C2^2)*(t0plustauplusT-t0))/(4*C1+C2^2))^(p/2);
        EQ=epslon*exp((2*C1+0.5*C2^2)*tau*p)+4^p*H2_tau_t0plustauplusT_p+
            2^p*H1_tau_tauplusT_p;
        if EQ>1 && n<N
            tau=tau/10;
        elseif EQ>1 && n==N
            tau=0;
        elseif EQ<=1 && n<=N
            tau_min=tau;
            tau_max=tau*10;
            tau_h=tau_min/10;
        else
            break;
        end
    end
    for tau=tau_min:tau_h:tau_max
        tauplusT=tau+T;
        t0plustauplusT=t0+tauplusT;
        H1_tau_tauplusT_p=(4*tau*exp((4*C1+C2^2)*tauplusT)*(sqrt(2)*tau*C1+
                                  4*C2^2+2*tau*C1^2*exp((4*C1+C2^2)*tau)))^(p/2);
        H2_tau_t0plustauplusT_p=(8*K1*tau*(4*tau*C1^2+C2^2)*(exp(5*K1+
                    K2^2+4*C1+C2^2)*(t0plustauplusT-t0))/(4*C1+C2^2))^(p/2);
        EQ=epslon*exp((2*C1+0.5*C2^2)*tau*p)+4^p*H2_tau_t0plustauplusT_p+
            2^p*H1_tau_tauplusT_p;
        if EQ<=1
            tau_der=tau;
        else
            break;
```

```
            end
        end
        if K2==K2_min
            tau_K2=tau_der;
        else
            tau_K2=[tau_K2 tau_der];
        end
    end
    if K1==K1_min
        tau_K1=tau_K2;
    else
        tau_K1=[tau_K1; tau_K2];
    end
end
K1=K1_min:K1_h:K1_max;
K2=K2_min:K2_h:K2_max;
surf(K1,K2,tau_K1)
xlabel('$K_{1_{sf}}$','interpreter','latex')
ylabel('$K_{3_{sf}}$','interpreter','latex')
zlabel('$\tau_{sf}^*$','interpreter','latex')
set(gca,'LooseInset',[0,0,0,0]);
```

参考文献

[1] ARUTE F, ARYA K, BABBUSH R, et al. Quantum supremacy using a programmable superconducting processor[J]. Nature, 2019, 574(7779): 505-510.

[2] GONG M, WANG S, ZHA C, et al. Quantum walks on a programmable two-dimensional 62-qubit superconducting processor[J]. Science, 2021, 372(6545): 948-952.

[3] WU Y, BAO W S, CAO S, et al. Strong quantum computational advantage using a superconducting quantum processor[J]. Physical review letters, 2021, 127(18): 180501.

[4] ZHONG H S, WANG H, DENG Y H, et al. Quantum computational advantage using photons[J]. Science, 2020, 370(6523): 1460-1463.

[5] ZHONG H S, DENG Y H, QIN J, et al. Phase-programmable gaussian boson sampling using stimulated squeezed light[J]. Physical review letters, 2021, 127(18): 180502.

[6] DENG Y H, GU Y C, LIU H L, et al. Gaussian boson sampling with pseudo-photon-number resolving detectors and quantum computational advantage[J]. Physical review letters, 2023, 131(15): 150601.

[7] ALBERTINI F, D'ALESSANDRO D. Time-optimal control of a two level quantum system via interaction with an auxiliary system[J]. IEEE transactions on automatic control, 2014, 59(11): 3026-3032.

[8] WEN J, SHI Y, PANG X, et al. Optimization of boiler soot blowing based on Hamilton–Jacobi–Bellman equation[J]. IEEE access, 2019, 7: 20850-20862.

[9] WEN J, SHI Y, PANG X, et al. Optimal soot blowing and repair plan for boiler based on HJB equation[J]. Optimization, 2022, 71(16): 4603-4622.

[10] DONG D, PETERSEN I R. Sliding mode control of two-level quantum systems[J]. Automatica, 2012, 48(5): 725-735.

[11] DONG D, PETERSEN I R. Sliding mode control of quantum systems[J]. New journal of physics, 2009, 11(10): 105033.

[12] MAALOUF A I, PETERSEN I R. Time-varying H∞ control for a class of linear quantum systems: A dynamic game approach[J]. Automatica, 2012, 48(11): 2908-2916.

[13] ZHU J J, CHEN X, JAUSLIN H R, et al. Robust control of unstable nonlinear quantum systems[J]. Physical review A, 2020, 102(5): 052203.

[14] KUANG S, CONG S. Lyapunov control methods of closed quantum systems[J]. Automatica, 2008, 44(1): 98-108.

[15] KUANG S, DONG D, PETERSEN I R. Lyapunov control of quantum systems based on energy-level connectivity graphs[J]. IEEE transactions on control systems technology, 2018, 27(6): 2315-2329.

[16] WEN J, SHI Y, LU X. Stabilizing a rotary inverted pendulum based on logarithmic Lyapunov function[J]. Journal of control science and engineering, 2017, 2017: 4091302.

[17] WEN J, CONG S. Transfer from arbitrary pure state to target mixed state for quantum systems[J]. IFAC proceedings volumes, 2011, 44(1): 4638-4643.

[18] CONG S, WEN J, KUANG S, et al. Global stabilization of an eigenstate for stochastic quantum systems[C]//2016 12th IEEE International Conference on Control and Automation (ICCA). IEEE, 2016: 966-971.

[19] CONG S, WEN J, MENG F, et al. Global stabilization of mixed-states for stochastic quantum systems via switching control[J]. IFAC-papers online, 2017, 50(1):

13032-13037.

[20] CONG S, WEN J, ZOU X. Comparison of time optimal control for two level quantum systems[J]. Journal of systems engineering and electronics, 2014, 25(1): 95-103.

[21] WEN J, CONG S. Preparation of quantum gates for open quantum systems by Lyapunov control method[J]. Open systems & information dynamics, 2016, 23(1): 1650005.

[22] WEN J, CONG S, ZOU X. Realization of quantum hadamard gate based on Lyapunov method[C]//Proceedings of the 10th World Congress on Intelligent Control and Automation. IEEE, 2012: 5096-5101.

[23] WEN J, CONG S. Lyapunov-based control for the operator preparation in Markovian open quantum systems[C]//2014 IEEE International Conference on Information and Automation (ICIA). IEEE, 2014: 229-234.

[24] ZHANG J, WU R B, LI C W, et al. Protecting coherence and entanglement by quantum feedback controls[J]. IEEE transactions on automatic control, 2010, 55(3): 619-633.

[25] HUANG G M, TARN T J, CLARK J W. On the controllability of quantum-mechanical systems[J]. Journal of mathematical physics, 1983, 24(11): 2608-2618.

[26] ONG C K, HUANG G M, TARN T J, et al. Invertibility of quantum-mechanical control systems[J]. Mathematical systems theory, 1984, 17(1): 335-350.

[27] CLARK J W, ONG C K, TARN T J, et al. Quantum nondemolition filters[J]. Mathematical systems theory, 1985, 18(1): 33-55.

[28] LAN C, TARN T J, CHI Q S, et al. Analytic controllability of time-dependent quantum control systems[J]. Journal of mathematical physics, 2005, 46(5).

[29] WU R B, TARN T J, LI C W. Smooth controllability of infinite-dimensional quantum-mechanical systems[J]. Physical review A, 2006, 73(1): 012719.

[30] ALTAFINI C. Controllability properties for finite dimensional quantum Markovian master equations[J]. Journal of mathematical physics, 2003, 44(6): 2357-2372.

[31] YUAN H. Reachable set of open quantum dynamics for a single spin in Markovian environment[J]. Automatica, 2013, 49(4): 955-959.

[32] WU R, PECHEN A, BRIF C, et al. Controllability of open quantum systems with Kraus-map dynamics[J]. Journal of physics A: mathematical and theoretical, 2007, 40(21): 5681.

[33] YUAN H, KHANEJA N. Time optimal control of coupled qubits under nonstationary interactions[J]. Physical review A, 2005, 72(4): 040301.

[34] BOSCAIN U, CHITOUR Y. Time-optimal synthesis for left-invariant control systems on SO(3)[J]. SIAM journal on control and optimization, 2005, 44(1): 111-139.

[35] BOSCAIN U, MASON P. Time minimal trajectories for a spin 1/2 particle in a magnetic field[J]. Journal of mathematical physics, 2006, 47(6).

[36] LOU Y, CONG S. State transfer control of quantum systems on the Bloch sphere[J]. Journal of systems science and complexity, 2011, 24: 506-518.

[37] MANCINI S, WISEMAN H M. Optimal control of entanglement via quantum feedback[J]. Physical review A, 2007, 75(1): 012330.

[38] GEREMIA J M, RABITZ H. Optimal identification of Hamiltonian information by closed-loop laser control of quantum systems[J]. Physical review letters, 2002, 89(26): 263902.

[39] RABITZ H, DE VIVIE-RIEDLE R, MOTZKUS M, et al. Whither the future of controlling quantum phenomena?[J]. Science, 2000, 288(5467): 824-828.

[40] SHAPIRO M, BRUMER P. Principles of the quantum control of molecular processes[M]. Hoboken: Wiley, 2003.

[41] CHEN B S, CHEN W H, HSU F, et al. Optimal tracking control design of quantum systems via tensor formal power series method[J]. The open automation and control systems journal, 2008, 1(1): 50-64.

[42] MENDES R V, MAN'KO V I. Quantum control and the Strocchi map[J]. Physical review A, 2003, 67(5): 053404.

[43] MANDILARA A, CLARK J W. Probabilistic quantum control via indirect measurement[J]. Physical review A, 2005, 71(1): 013406.

[44] ROA L, DELGADO A, DE GUEVARA M L L, et al. Measurement-driven quantum evolution[J]. Physical review A, 2006, 73(1): 012322.

[45] DONG D, CHEN C, TARN T J, et al. Incoherent control of quantum systems with wavefunction-controllable subspaces via quantum reinforcement learning[J]. IEEE transactions on systems, man, and cybernetics, Part B, 2008, 38(4): 957-962.

[46] DONG D, LAM J, PETERSEN I R. Robust incoherent control of qubit systems via switching and optimisation[J]. International journal of control, 2010, 83(1): 206-217.

[47] MIRRAHIMI M, ROUCHON P, TURINICI G. Lyapunov control of bilinear Schrödinger equations[J]. Automatica, 2005, 41(11): 1987-1994.

[48] KUANG S, CONG S. Lyapunov stabilization strategy of mixed-state quantum systems with ideal conditions[J]. Control and decision, 2010, 25(2): 273-277.

[49] WANG X, SCHIRMER S G. Analysis of Lyapunov method for control of quantum states[J]. IEEE transactions on automatic control, 2010, 55(10): 2259-2270.

[50] CONG S, MENG F. A survey of quantum Lyapunov control methods[J]. The scientific world journal, 2013, 2013: 967529

[51] ZHAO S, LIN H, XUE Z. Switching control of closed quantum systems via the Lyapunov method[J]. Automatica, 2012, 48(8): 1833-1838.

[52] WANG L C, HOU S C, YI X X, et al. Optimal Lyapunov quantum control of two-level systems: Convergence and extended techniques[J]. Physics letters A, 2014, 378(16-17): 1074-1080.

[53] CONG S, GAO M Y, CAO G, et al. Ultrafast manipulation of a double quantum-dot charge qubit using Lyapunov-based control method[J]. IEEE journal of quantum electronics, 2015, 51(8): 1-8.

[54] SRINIVAS M D, DAVIES E B. Photon counting probabilities in quantum optics[J]. Optica acta: international journal of optics, 1981, 28(7): 981-996.

[55] DIÓSI L. Stochastic pure state representation for open quantum systems[J]. Physics letters A, 1986, 114(8-9): 451-454.

[56] BARCHIELLI A, LUPIERI G. Quantum stochastic calculus, operation valued stochastic processes, and continual measurements in quantum mechanics[J]. Journal of mathematical physics, 1985, 26(9): 2222-2230.

[57] BELAVKIN V. Non-demolition measurement and control in quantum dynamical systems[C]//Information Complexity and Control in Quantum Physics: Proceedings of the 4th International Seminar on Mathematical Theory of Dynamical Systems and Microphysics Udine, September 4-13, 1985. Vienna: Springer Vienna, 1987: 311-329.

[58] DIÓSI L. Continuous quantum measurement and Itô formalism[J]. Physics letters A, 1988, 129(8-9): 419-423.

[59] DIÓSI L. Localized solution of a simple nonlinear quantum Langevin equation[J]. Physics letters A, 1988, 132(5): 233-236.

[60] WISEMAN H M, MILBURN G J. Quantum theory of field-quadrature measurements[J]. Physical review A, 1993, 47(1): 642.

[61] WISEMAN H M, MILBURN G J. Quantum theory of optical feedback via homodyne detection[J]. Physical review letters, 1993, 70(5): 548.

[62] WISEMAN H M. Quantum theory of continuous feedback[J]. Physical review A, 1994, 49(3): 2133.

[63] YANAGISAWA M, KIMURA H. A control problem for Gaussian states[M]//Learning, control and hybrid systems: Festschrift in honor of Bruce Allen Francis and Mathukumalli Vidyasagar on the occasion of their 50th birthdays. London: Springer, 2007: 294-313.

[64] DOHERTY A C, JACOBS K. Feedback control of quantum systems using continuous state estimation[J]. Physical review A, 1999, 60(4): 2700.

[65] LLOYD S. Coherent quantum feedback[J]. Physical review A, 2000, 62(2): 022108.

[66] VAN HANDEL R, STOCKTON J K, MABUCHI H. Feedback control of quantum state reduction[J]. IEEE transactions on automatic control, 2005, 50(6): 768-780.

[67] MIRRAHIMI M, VAN HANDEL R. Stabilizing feedback controls for quantum systems[J]. SIAM journal on control and optimization, 2007, 46(2): 445-467.

[68] TSUMURA K. Global stabilization of *N*-dimensional quantum spin systems via continuous feedback[C]//2007 American Control Conference. IEEE, 2007: 2129-2134.

[69] TSUMURA K. Global stabilization at arbitrary eigenstates of *N*-dimensional quantum spin systems via continuous feedback[C]//2008 American Control Conference. IEEE, 2008: 4148-4153.

[70] ALTAFINI C, TICOZZI F. Almost global stochastic feedback stabilization of conditional quantum dynamics[J/OL]. arXiv preprint arXiv: quant-ph/0510222, 2005.

[71] GE S S, VU T L, HANG C C. Non-smooth Lyapunov function-based global stabilization for quantum filters[J]. Automatica, 2012, 48(6): 1031-1044.

[72] LIANG W, AMINI N H, MASON P. On exponential stabilization of spin-systems[C]//2018 IEEE Conference on Decision and Control (CDC). IEEE, 2018:

6602-6607.

[73] LIANG W, AMINI N H, MASON P. On exponential stabilization of *N*-level quantum angular momentum systems[J]. SIAM journal on control and optimization, 2019, 57(6): 3939-3960.

[74] LIANG W, AMINI N H, MASON P. On the robustness of stabilizing feedbacks for quantum spin-1/2 systems[C]//2020 59th IEEE Conference on Decision and Control (CDC). IEEE, 2020: 3842-3847.

[75] LIANG W, AMINI N H, MASON P. Robust feedback stabilization of *N*-level quantum spin systems[J]. SIAM journal on control and optimization, 2021, 59(1): 669-692.

[76] CARDONA G, SARLETTE A, ROUCHON P. Exponential stabilization of quantum systems under continuous non-demolition measurements[J]. Automatica, 2020, 112: 108719.

[77] KASHIMA K, YAMAMOTO N. Control of quantum systems despite feedback delay[J]. IEEE transactions on automatic control, 2009, 54(4): 876-881.

[78] GE S S, VU T L, LEE T H. Quantum measurement-based feedback control: A nonsmooth time delay control approach[J]. SIAM journal on control and optimization, 2012, 50(2): 845-863.

[79] ZHOU J, KUANG S. Feedback preparation of maximally entangled states of two-qubit systems[J]. IET control theory & applications, 2016, 10(3): 339-345.

[80] VU T L, GE S S, HANG C C. Real-time deterministic generation of maximally entangled two-qubit and three-qubit states via bang-bang control[J]. Physical review A, 2012, 85(1): 012332.

[81] LIU Y, KUANG S, CONG S. Lyapunov-based feedback preparation of GHZ entanglement of *N*-qubit systems[J]. IEEE transactions on cybernetics, 2017, 47(11): 3827-3839.

[82] LIU Y, DONG D, KUANG S, et al. Two-step feedback preparation of entanglement for qubit systems with time delay[J]. Automatica, 2021, 125: 109174.

[83] VU T L, GE S S, LEE T H. Coupling Lyapunov functions approach for quantum control[C]//2015 54th IEEE Conference on Decision and Control (CDC). IEEE, 2015: 7749-7754.

[84] KUANG S, LI G, LIU Y, et al. Rapid feedback stabilization of quantum systems with application to preparation of multiqubit entangled states[J]. IEEE transactions on cybernetics, 2021, 52(10): 11213-11225.

[85] LI G, LIU Y, KUANG S, et al. Approximate bang-bang control assisted rapid switching feedback stabilization for stochastic qubit systems[J]. Journal of the Franklin institute, 2022, 359(5): 2073-2091.

[86] WEN J, SHI Y, PANG X, et al. Rapid stabilization of time delay stochastic quantum systems based on continuous measurement feedback[J]. Journal of the Franklin institute, 2020, 357(12): 7515-7536.

[87] LIANG W, AMINI N H, MASON P. On exponential stabilization of two-qubit systems[C]//2019 IEEE 58th Conference on Decision and Control (CDC). IEEE, 2019: 2304-2309.

[88] LIANG W, AMINI N H, MASON P. Feedback exponential stabilization of GHZ states of multiqubit systems[J]. IEEE transactions on automatic control, 2022, 67(6): 2918-2929.

[89] SANCHEZ G C. Exponential stabilization of quantum systems subject to non-demolition measurements in continuous time[D]. Paris: Université Paris Sciences et Lettres, 2019.

[90] TICOZZI F, NISHIO K, ALTAFINI C. Stabilization of stochastic quantum dynamics via open-and closed-loop control[J]. IEEE transactions on automatic control, 2013, 58(1): 74-85.

[91] BENOIST T, PELLEGRINI C, TICOZZI F. Exponential stability of subspaces for quantum stochastic master equations[J]. Annales henri poincaré, 2017, 18: 2045-2074.

[92] LIANG W, AMINI N H. Model robustness for feedback stabilization of open quantum systems[J]. Automatica, 2024, 163: 111590.

[93] GRIGOLETTO T, TICOZZI F. Stabilization via feedback switching for quantum stochastic dynamics[J]. IEEE control systems letters, 2021, 6: 235-240.

[94] LIANG W, GRIGOLETTO T, TICOZZI F. Dissipative feedback switching for quantum stabilization[J]. Automatica, 2024, 165: 111659.

[95] TEUFEL J D, DONNER T, LI D, et al. Sideband cooling of micromechanical motion to the quantum ground state[J]. Nature, 2011, 475(7356): 359-363.

[96] GAVARTIN E, VERLOT P, KIPPENBERG T J. A hybrid on-chip optomechanical transducer for ultrasensitive force measurements[J]. Nature nanotechnology, 2012, 7(8): 509-514.

[97] KERCKHOFF J, ANDREWS R W, KU H S, et al. Tunable coupling to a mechanical oscillator circuit using a coherent feedback network[J]. Physical review X, 2013, 3(2): 021013.

[98] JAMES M, NURDIN H, PETERSEN I. H∞ control of linear quantum stochastic systems[J]. IEEE transactions on automatic control, 2008, 53(8): 1787-1803.

[99] GOUGH J, JAMES M R. The series product and its application to quantum feedforward and feedback networks[J]. IEEE transactions on automatic control, 2009, 54(11): 2530-2544.

[100] MABUCHI H. Nonlinear interferometry approach to photonic sequential logic[J]. Applied physics letters, 2011, 99(15): 153103.

[101] KERCKHOFF J, LEHNERT K W. Superconducting microwave multivibrator produced by coherent feedback[J]. Physical review letters, 2012, 109(15): 153602.

[102] ZHANG J, WU R B, LIU Y, et al. Quantum coherent nonlinear feedback with applications to quantum optics on chip[J]. IEEE transactions on automatic control, 2012, 57(8): 1997-2008.

[103] LIU Y, CHEN T Y, WANG L J, et al. Experimental measurement-device-independent quantum key distribution[J]. Physical review letters, 2013, 111(13): 130502.

[104] NURDIN H I, JAMES M R, PETERSEN I R. Coherent quantum LQG control[J]. Automatica, 2009, 45(8): 1837-1846.

[105] JACOBS K, WANG X, WISEMAN H M. Coherent feedback that beats all measurement-based feedback protocols[J]. New journal of physics, 2014, 16(7): 073036.

[106] BOUTEN L, HANDEL R V. On the separation principle in quantum control[M]// Quantum stochastics and information: statistics, filtering and control. 2008: 206-238.

[107] VAN HANDEL R, STOCKTON J K, MABUCHI H. Modelling and feedback control design for quantum state preparation[J]. Journal of optics B: quantum and semiclassical optics, 2005, 7(10): S179-S197.

[108] MANCINI S, BOSE S. Engineering an interaction and entanglement between distant atoms[J]. Physical review A, 2004, 70(2): 022307.

[109] DYNKIN E B. Markov processes[M]. Berlin: Springer, 1965.

[110] KLENKE A. Probability theory: a comprehensive course[M]. Berlin: Springer Science & Business Media, 2013.

[111] KUSHNER H J. Numerical methods for stochastic control problems in continuous time[J]. SIAM journal on control and optimization, 1990, 28(5): 999-1048.

[112] DENG H, KRSTIC M, WILLIAMS R J. Stabilization of stochastic nonlinear systems driven by noise of unknown covariance[J]. IEEE transactions on automatic control, 2001, 46(8): 1237-1253.

[113] KUANG S, DONG D, PETERSEN I R. Rapid Lyapunov control of finite-dimensional quantum systems[J]. Automatica, 2017, 81: 164-175.

[114] LIU S J, GE S S, ZHANG J F. Adaptive output-feedback control for a class of uncertain stochastic non-linear systems with time delays[J]. International journal of control, 2008, 81(8): 1210-1220.

[115] YU X, XIE X J. Output feedback regulation of stochastic nonlinear systems with stochastic iISS inverse dynamics[J]. IEEE transactions on automatic control, 2009, 55(2): 304-320.

[116] DUAN G, HU W. On matrix equation $AX-XC=Y$[J]. Control and decision, 1992, 7(2): 143-147.

[117] JONES J, LEW C. Solutions of the Lyapunov matrix equation $BX-XA=C$[J]. IEEE transactions on automatic control, 1982, 27(2): 464-466.

[118] AMINI H, MIRRAHIMI M, ROUCHON P. On stability of continuous-time quantum filters[C]//2011 50th IEEE Conference on Decision and Control and European Control Conference. IEEE, 2011: 6242-6247.

[119] GUO Q, MAO X, YUE R. Almost sure exponential stability of stochastic differential delay equations[J]. SIAM journal on control and optimization, 2016, 54(4): 1919-1933.

[120] MAO X. Stochastic differential equations and applications[M]. Cambridge: Woodhead Publishing, 2007.

[121] GE S S, VU T L, HE W, et al. Non-smooth Lyapunov function-based global stabilization for 2-dimensional quantum filters[C]//49th IEEE Conference on Decision and Control (CDC). IEEE, 2010: 3772-3777.

[122] TSUMURA K. Stabilization of quantum spin systems via continuous feedback[C]//Proc. 35th SICE Symposium on Control Theory, September 19-21, Osaka (2006), 2006: 105-110.

[123] CONG S, WEN J, KUANG S, et al. Global stabilization control of stochastic quantum systems[J]. Science China information science, 2016, 59(11): 112502.

[124] WEN J, SHI Y, LU X. Stabilizing a class of mixed states for stochastic quantum systems via switching control[J]. Journal of the Franklin institute, 2018, 355(5): 2562-2582.

[125] ABE T, TSUMURA K. Generation of quantum entangled state via continuous feedback control[C]//2008 SICE Annual Conference. IEEE, 2008: 3305-3308.

[126] SUN X, KUANG S, DONG D. Rapid control of two-qubit systems based on measurement feedback[C]//2017 IEEE International Conference on Systems, Man, and Cybernetics (SMC). IEEE, 2017: 310-315.

[127] STOCKTON J K, VAN HANDEL R, MABUCHI H. Deterministic Dicke-state preparation with continuous measurement and control[J]. Physical review A, 2004, 70(2): 022106.

[128] WEN J, SHI Y, JIA J, et al. Exponential stabilization of spin-systems based on switching state feedback[J]. Romanian journal of physics, 2022, 67(9-10): 119.

[129] WEN J, SHI Y, JIA J, et al. Exponential stabilization of stochastic quantum systems via combined feedback[J]. Results in physics, 2021, 30: 104862.

[130] WEN J, WANG F, SHI Y, et al. Rapid stabilization of stochastic quantum systems in a unified framework[J]. Chinese physics B, 2023, 32(7): 070203.

[131] WEN J, SHI Y, PANG X, et al. Global exponential stabilization of quantum spin-systems via improved feedback control[J]. Journal of the Franklin institute, 2023, 360(17): 13798-13821.

[132] WEN J, WANG F, SHI Y, et al. Feedback exponential stabilization of stochastic quantum systems based on state space division[J]. Results in physics, 2022, 37: 105525.

[133] WEN J, SHI Y, JIA J, et al. Exponential stabilization of two-level quantum systems based on continuous noise-assisted feedback[J]. Results in physics, 2021, 22: 103929.